Protel 2004电路原理图及印刷电路板设计技术

贺哲荣　贺文娟　主编

西安电子科技大学出版社

内 容 简 介

本书以当前最新版本 Protel 2004 为依据，详细介绍了电路原理图(SCH)设计技术和印刷电路板(PCB)设计技术。电路原理图(SCH)设计技术主要包括以下内容：Protel 2004 软件介绍、电路图编辑环境设置、电路原理图绘制及编辑技巧、层次原理图设计、电路元件的制作及电路原理图的后期处理。印制电路板(PCB)设计技术主要包括以下内容：印刷电路板设计基础知识、制作印刷电路板、制作 PCB 元件、生成印刷电路报表及电路仿真设计。

本书对从事电子线路印刷电路板制作工作的工程技术人员有很高的参考价值，也可供电气工程及自动化、自动控制、电工电子、机电一体化、计算机等相关专业的大专院校的学生参考使用。

图书在版编目(CIP)数据

Protel 2004 电路原理图及印刷电路板设计技术/贺哲荣，贺文娟主编.

—西安：西安电子科技大学出版社，2011.12

ISBN 978-7-5606-2692-5

Ⅰ. ①P… Ⅱ. ①贺… ②贺… Ⅲ. ①印刷电路—计算机辅助设计—应用软件，Protel 2004

②印刷电路板(材料)—设计 Ⅳ. ①TN410.2 ②TM215

中国版本图书馆 CIP 数据核字(2011)第 227698 号

策　　划　云立实

责任编辑　云立实　张俊利

出版发行　西安电子科技大学出版社(西安市太白南路 2 号)

电　　话　(029)88242885　88201467　　邮　　编　710071

网　　址　www.xduph.com　　电子邮箱　xdupfxb001@163.com

经　　销　新华书店

印刷单位　西安文化彩印厂

版　　次　2011 年 12 月第 1 版　2011 年 12 月第 1 次印刷

开　　本　787 毫米×1092 毫米　1/16　印 张　16.5

字　　数　388 千字

印　　数　1～3000 册

定　　价　29.00 元

ISBN 978 - 7 - 5606 - 2692 - 5/TN · 0630

XDUP 2984001-1

前　言

随着电子技术的飞速发展，新型电子器件和集成电路的应用越来越广泛，电子电路也变得越来越复杂，这给电子电路的设计工作增加了很大的难度。因此，应用计算机进行电路的辅助设计必然会成为设计制作电路板的一种基本手段。

Protel 2004 是 Altium 公司于 2004 年发布的新版本，该产品是第一套完整的板卡级设计系统，可以真正实现在单个应用程序中的集成。Protel 2004 可以选择适当的设计途径，并按用户指定的方式工作。Protel 2004 构建了一整套板卡级设计，其中包括电路原理图(SCH)设计、印刷电路板(PCB)设计、混合信号电路仿真、规则驱动 PCB 布局与编辑、改进型拓扑自动布线及计算机辅助制造(CAM)输出等。

本书从实用角度出发，着重介绍了 Protel 2004 的两个主要部分，即电路原理图(SCH)设计和印刷电路板(PCB)设计，同时也简要介绍了电路仿真分析方面的设计技巧。书中应用实际例子，讲解了如何应用 Protel 2004 电路设计软件完成电路原理图(SCH)的设计和印刷电路板(PCB)的制作。

全书共 13 章，第 1 章～第 8 章讲述了 Protel 2004 电路原理图(SCH)的设计；第 9 章～第 12 章讲述了印刷电路板(PCB)的设计；第 13 章简要讲述了电路仿真的基础知识。

本书可作为电工电子、自动控制、机电一体化、计算机、电气工程及自动化等专业的大专院校学生的学习用书，还可供大专院校的教师及从事电子电路设计的工程技术人员作为学习参考书使用。

由于编者水平有限，书中存在不妥之处，恳请广大读者批评指正。

编　者

2011 年 8 月

第 1 章 Protel 2004 系统概述

本章主要介绍 Protel 2004 的新特性、发展、体系组成及功能特点等。通过本章的学习，读者将对 Protel 2004 有一个初步的了解。

1.1 Protel 2004 简介

Protel 2004 是 Altium 公司于 2004 年发布的新版本的电路设计软件。它整合了 VHDL 设计和 FPGA 设计系统，是目前最优秀的板卡级设计软件。

1.1.1 Protel 电路设计软件的发展

20 世纪 90 年代初，Protel Technology 公司推出了 Protel 的 DOS 版本。自从微软公司推出 Windows 以来，Windows 操作系统占领了整个计算机行业。在这种背景下，Altium 公司于 1991 年发行了世界上第一套基于 Microsoft Windows 的印刷电路板软件。Protel 的后续版本有 Protel 98、Protel 99、Protel 99 SE、Protel DXP 等。

1.1.2 Protel 2004 组成与特性

Protel 2004 是一个独立的应用程序，它能够提供从概念到完整板卡设计项目的所有功能要求，其集成程度在 PCB 设计领域中是很高的。Protel 2004 采用全新方法来进行板卡设计，这使得设计人员享有极大的设计自由度，从而能够在设计的不同阶段随意转换，按正常的设计流程进行工作。Protel 2004 已经不再是单纯的电路原理图(SCH)、印刷电路板(PCB)设计工具，而是由以下几个功能模块组成的系统工具：

(1) 分级线路图输入；
(2) 自动布局、布线；
(3) 设计前、后的信号线传输效应分析；
(4) 规则驱动下的板卡设计和编辑；
(5) Spice 3f5 混合电路仿真模拟；
(6) 完全支持线路图基础上的 FPGA 设计；
(7) 完整 CAM 输出。

Protel 2004 完全利用了 Windows XP 和 Windows 2000 平台的优势，除了具有改进后的稳定性、增强的图形功能和超强的用户界面外，还具有以下特点：

(1) 全新的可定制设计环境。完全集成的直观设计环境，支持双显示器；增强的用户界面，在每个编辑环境中均可保持一致性；可固定、浮动以及弹出面板；可完全定制工具条和外观；具有强大的过滤及对象定位功能；可应用公式来隐藏、选择或放大被确定对象；设计对象为电子数据表型“查看列表”，可同时选择和编辑多个对象。

(2) 项目管理和设计合成。项目级双向同步，可进行错误检查、文件对比；项目级设计验证和调试；可使用项目文档存储关于项目文件和项目设置的信息；通用的输出配置。

(3) 设计输入。电路图和 FPGA 应用程序的设计输入；多页分级电路图输入(页数或分级深度不受限制)；可对阶层式设计和连通性进行导航；具有通用的输入特性。

(4) 工程分析与验证。真正的混合 3f5 compliant、混合电路模拟器；数字 SimCode 语言对 XSpice 的扩展可以进行数字程序传播延迟、输入和输出加载以及独立电源状态的模拟，完全支持模拟波形的数学后处理；在板卡最终设计和布线完成之前可从源电路图上运行初步阻抗和反应模拟。

(5) 设计实施。32 个信号、16 个平面和 16 个机械覆层，完全支持盲/埋孔、互动和自动化布局，真正的多通道设计、多板卡变量、项目级双向同步、源文件和对象板卡设计自动同步和更新。

(6) 输出设置和发生。输出文件的项目级定义，支持装配图和插置文件、电路图和 PCB 制图输出，完全的 CAM 功能，拥有全面的打印和检查工具。

1.2 Protel 2004 的运行环境及安装

1.2.1 Protel 2004 的运行环境

Protel 2004 的运行环境如表 1-1 所示。

表 1-1 Protel 2004 的运行环境

主要指标	最 低 配 置	推 荐 配 置
CPU	Pentium PC 500 MHz	Pentium PC 1.2 GHz 或更高
内存	128 MB	512 MB
硬盘空间	650 MB	1 GB
显卡	8 M 显存，支持 1024×768 增强 16 色	32 M 显存，支持 1024×768 真彩 32 色
操作系统	Windows 2000	Windows XP

1.2.2 Protel 2004 的安装

将 Protel 2004 安装光盘放入光驱中，出现如图 1-1 所示的提示页面。点击“Next”按钮，出现如图 1-2 所示的提示页面。选择“I accept the license agreement”，然后点击“Next”按钮，出现如图 1-3 所示的提示页面。继续点击“Next”按钮，出现如图 1-4 所示的提示页面。在图 1-4 中，如果继续点击“Next”按钮，则 Protel 2004 将被安装在默认的安装路径下，如果点击“Browse”按钮，则可修改安装路径。我们这里选择点击“Next”按钮，出现如图

1-5 所示的提示页面。继续点击“Next”按钮，如图 1-6 所示，进入软件安装状态。经过一段时间后，出现如图 1-7 所示的提示页面。此时，点击“Finish”按钮，即完成 Protel 2004 的安装。如果对软件进行了部分汉化处理，Protel 2004 在运行中将会出现部分汉化界面。本书所介绍的是从网上下载的 Protel 2004 学习软件经部分汉化后的操作界面。

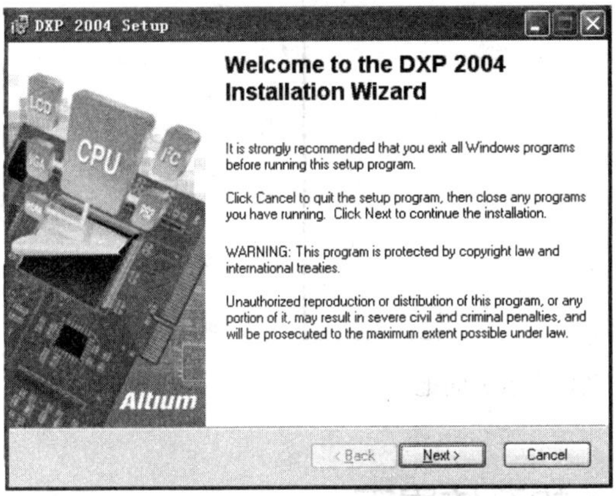

图 1-1　Protel 2004 安装提示页面一

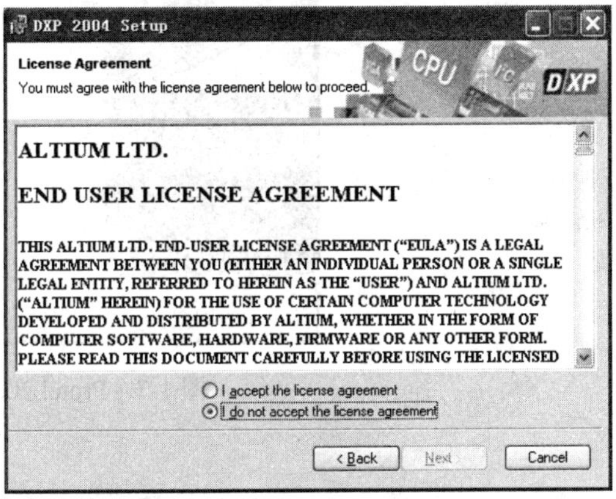

图 1-2　Protel 2004 安装提示页面二

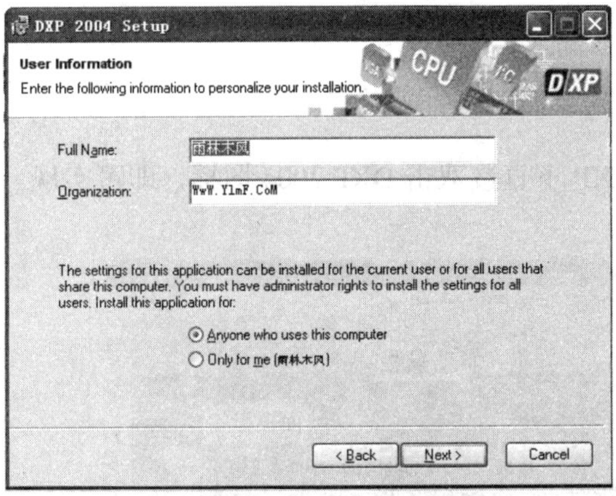

图 1-3　Protel 2004 安装提示页面三

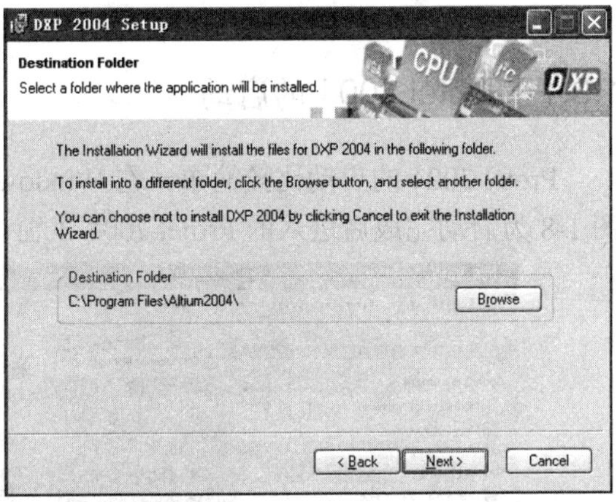

图 1-4　Protel 2004 安装提示页面四

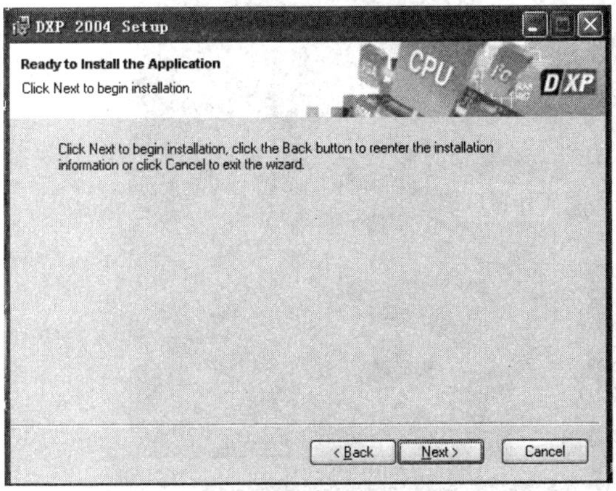

图 1-5　Protel 2004 安装提示页面五

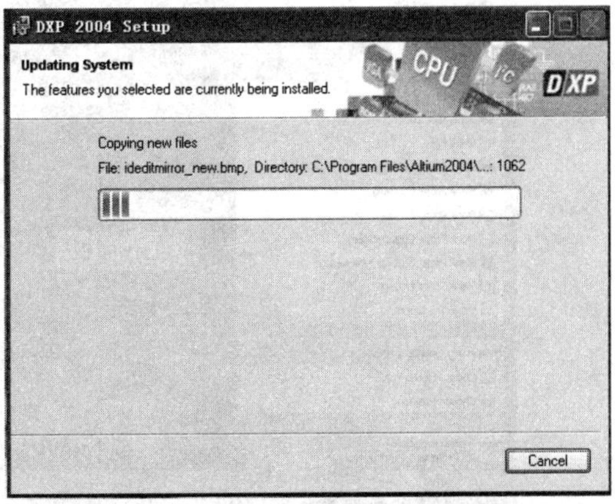

图 1-6　Protel 2004 安装提示页面六

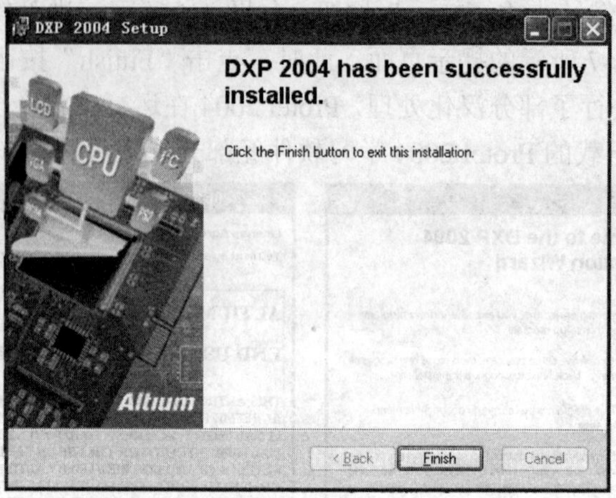

图 1-7 Protel 2004 安装提示页面七

1.3 Protel 2004 的系统界面

1.3.1 Protel 2004 的启动

Protel 2004 的启动比较简单，在 Windows XP 下直接双击 DXP 2004 图标，即可实现。图 1-8 为启动完成后进入的 Protel 2004 主窗口。

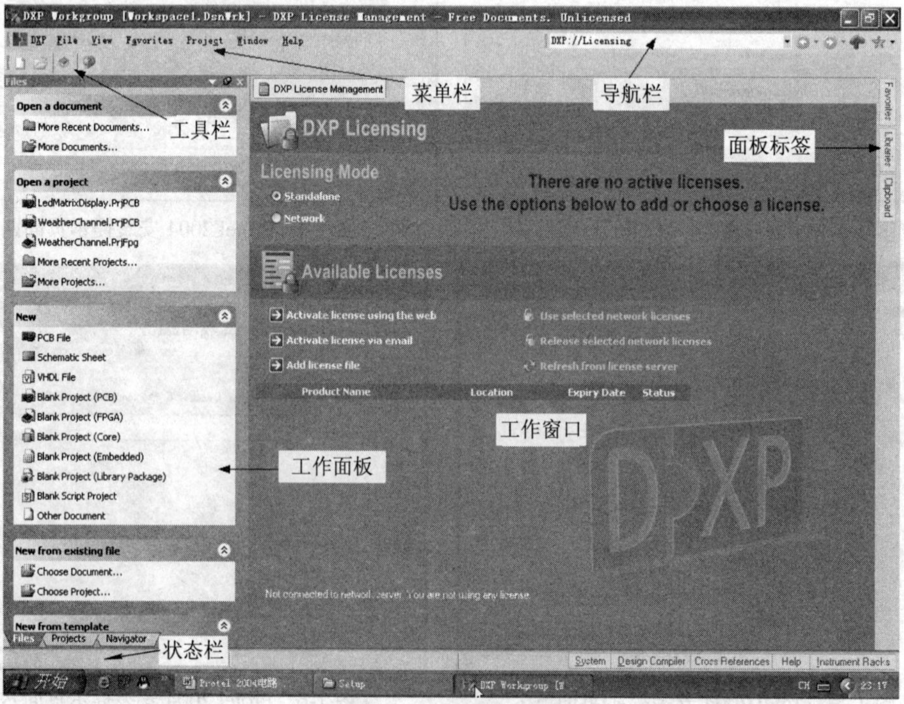

图 1-8 Protel 2004 主窗口

1.3.2　Protel 2004 的初始界面

从图 1-8 中可以看到，Protel 2004 的主窗口主要包括六个部分，分别为菜单栏、工具栏、工作窗口、工作面板(打开或以标签形式隐藏的)、状态栏、导航栏。

1. 菜单栏

菜单栏包括 1 个用户配置按钮和 6 个菜单按钮，如图 1-9 所示。

图 1-9　菜单栏

1) 用户配置按钮“DXP(X)”

单击用户配置按钮“DXP(X)”会弹出如图 1-10 所示的配置菜单，该菜单中包括一些用户配置选项。

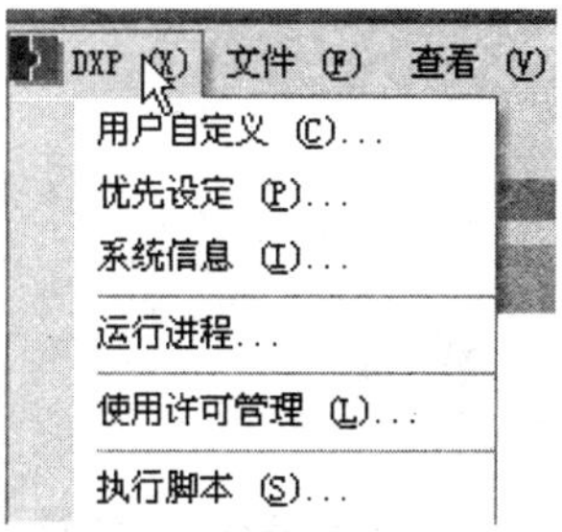

图 1-10　配置菜单

(1) “用户自定义(C)”菜单项：帮助用户自定义界面，如移动、删除、修改菜单栏或菜单选项，创建或修改快捷键等，从而为自己的工作设置最方便快捷的设计界面。

(2) “优先设定(P)”菜单项：用于设置 Protel 2004 的工作状态。

(3) “系统信息(I)”菜单项：列出 Protel 2004 的系统信息，包括各种功能模块以及它们的当前状态。

(4) “运行进程”菜单项：给出了命令的启动进程。

(5) “使用许可管理(L)”菜单项：帮助用户管理授权协议，如设置授权许可的方式和数目。

(6) “执行脚本(S)”菜单项：用于运行脚本文件。

2) “文件(F)”菜单

“文件(F)”菜单主要用于文件的创建、打开和保存等，如图 1-11 所示。

(1) “创建(N)”菜单项：主要用于新建一个文件，可新建的主要文件类型如图 1-11 所示。

(2) “打开(O)”菜单项：用于打开 Protel 2004 可以识别的各种文件。

(3) “关闭(C)”菜单项：用于关闭已打开的各种文件。

(4) “打开项目(I)”菜单项：用于打开各种项目文件。

(5) “打开设计工作区(K)”菜单项：用于打开设计项目组。

(6) “保存项目”菜单项：用于保存当前的项目文件。

(7) “另存项目为”菜单项：用于另存当前的项目文件。

(8) “保存设计工作区”菜单项：用于保存当前设计项目组。

(9) “另存设计工作区为”菜单项：用于另存当前设计项目组。

(10) “全部保存(L)”菜单项：用于保存所有的文件。

(11) “99 SE 导入向导器”菜单项：用于打开 Protel 99 SE 文件。

(12) “最近使用的文档(R)”菜单项：用于打开最近打开过的文件。

(13) “最近使用的项目”菜单项：用于打开最近打开过的项目文件。

(14) “最近使用的工作区(T)”菜单项：用于打开最近打开过的设计项目组。

(15) “退出(X)”菜单项：用于退出 Protel 2004。

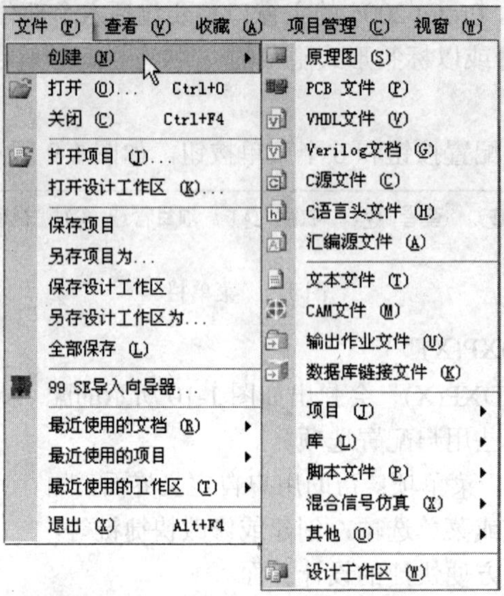

图 1-11 “文件”菜单

3) “查看(V)” 菜单

“查看(V)”菜单主要用于工具栏、工作窗口视图、命令行以及状态栏的显示与隐藏，如图 1-12 所示。

(1) “工具栏(T)”菜单项：用于控制工具栏的显示和隐藏。点击一次开启工具栏，再点击一次则关闭打开的工具栏。

(2) “工作区面板(W)”菜单项：用于控制工作窗口面板的打开与关闭。

(3) “桌面布局(Y)”菜单项：用于控制桌面层次的显示。

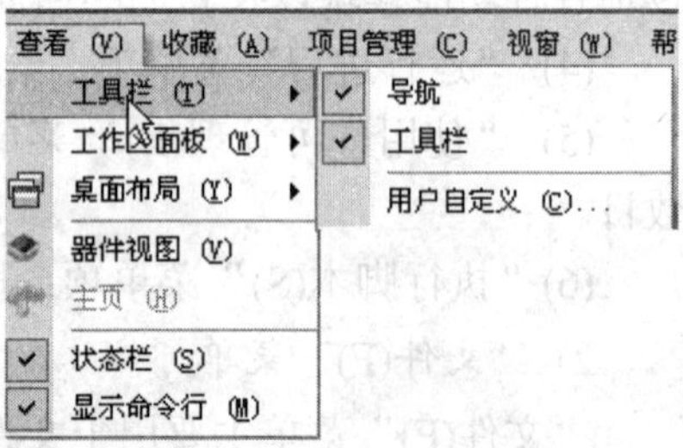

图 1-12 “查看”菜单

(4) “器件视图(V)”菜单项：用于打开设备视图窗口。

(5) “主页(H)”菜单项：用于打开主页窗口，一般与缺省的窗口布局相同。

(6) “状态栏(S)”菜单项：用于控制工作窗口下方的状态栏中的标签的显示与隐藏。

(7) “显示命令行(M)”菜单项：用于控制命令行的显示与隐藏。

4) “收藏(A)” 菜单

“收藏(A)”菜单主要对“收藏”面板进行操作，如图 1-13 所示。

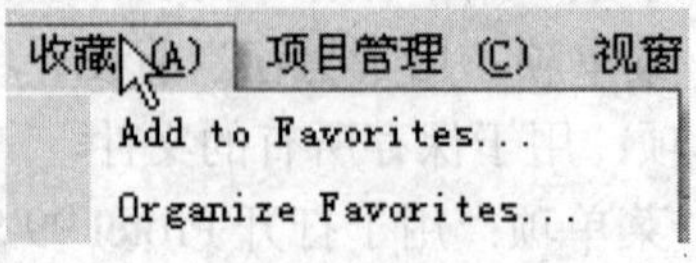

图 1-13 “收藏”菜单

(1) “Add to Favorites”菜单项：用于添加页面到“收藏”列表中。

(2) “Organize Favorites”菜单项：用于组织、管理自己的“收藏”文件，如在“收藏”中添加文件夹或文件等。

5) “项目管理(C)”菜单

“项目管理(C)”菜单主要用于项目文件的管理、编译、添加、删除，显示项目文件的不同点的版本控制等菜单项。

6) “视窗(W)”菜单

“窗口(W)”菜单主要用于对窗口进行纵铺、横铺、打开、隐藏以及关闭等操作。

7) “帮助(H)”菜单

“帮助(H)”菜单主要用于打开各种帮助信息的操作。

2. 工具栏

主工具栏有 4 个按钮，如图 1-14 所示，分别为“打开一个文件”、“打开已存在的文件”、“打开设备视图页面”和“打开帮助顾问”。

3. 工作面板

Protel 2004 启动后，系统将自动激活“Files(工作)”面板，如图 1-15 所示，其具体应用将在以后的操作过程中详细介绍。

图 1-14　工具栏

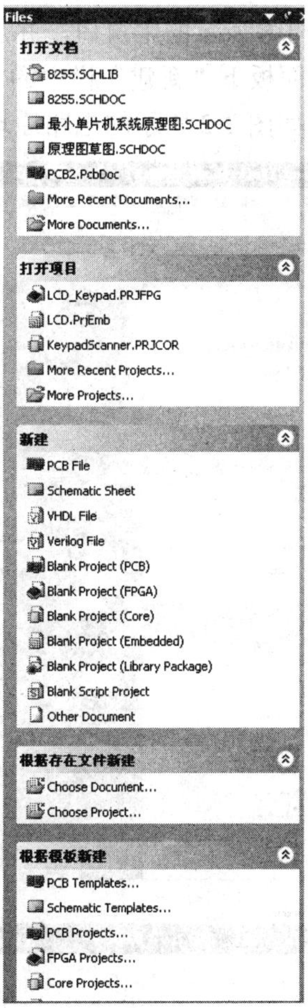

图 1-15　“Files(工作)”面板

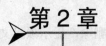

第 2 章 Protel 2004 快速入门

电路原理图设计是电路板设计的开始，Protel 2004 为用户提供了快速、智能化的电路原理图编辑功能。通过本章的学习，读者能快速掌握电路原理图设计的基本步骤和方法。

2.1 电路原理图设计环境

2.1.1 电路原理图编辑器的启动

进入如图 1-8 所示的主窗口，并加“使用许可证”后，进入如图 2-1 所示的图形界面。选择“Files”面板下“新建”栏中的“Schematic Sheet”项，或执行菜单命令“文件/创建/原理图”进入如图 2-2 所示的电路原理图编辑器界面。

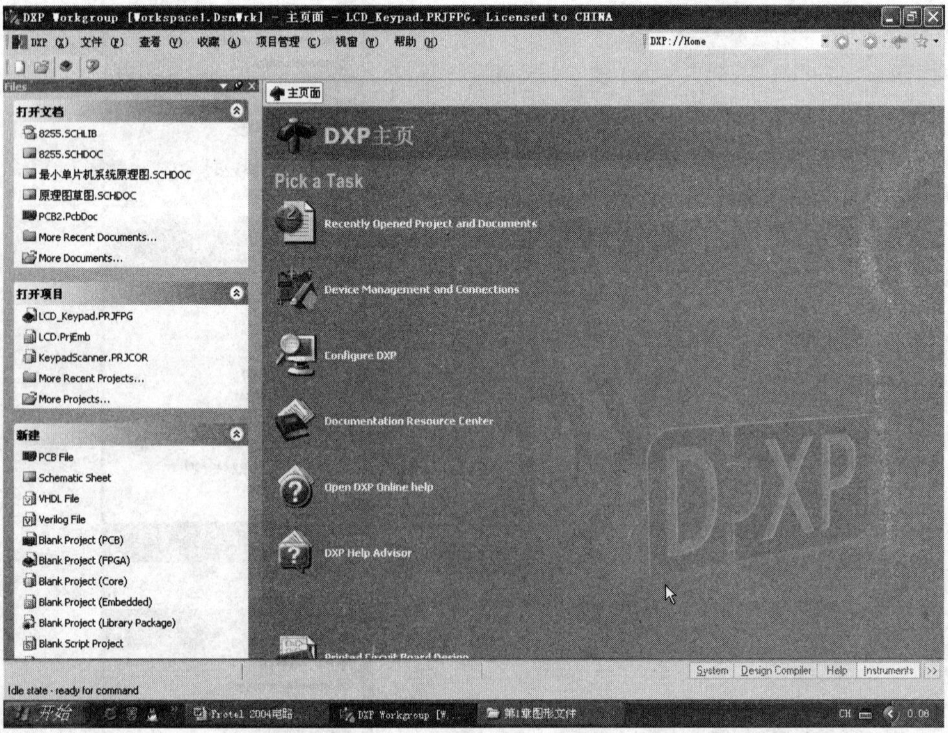

图 2-1 DXP 主页面

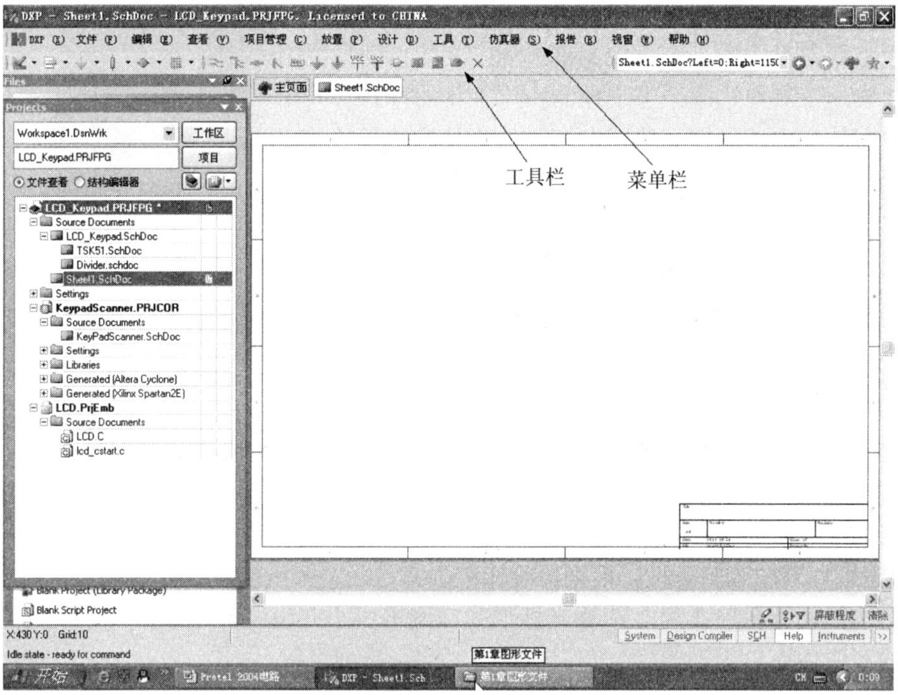

图 2-2　电路原理图编辑器界面

2.1.2　电路原理图编辑器的界面

电路原理图编辑器界面中主要显示了菜单栏和工具栏。

1. 菜单栏

电路原理图编辑器界面中，菜单栏中有 10 个菜单项，它们的主要用途如下。

- “文件(F)”菜单：主要用于文件的打开、关闭、保存或打印等操作。
- “编辑(E)”菜单：主要用于对象的选取、复制、粘贴与查找等编辑操作。
- “查看(V)”菜单：主要用于对视图的各种管理等操作。
- “项目管理(C)”菜单：主要用于设置与项目有关的各种操作。
- “放置(P)”菜单：主要用于放置各种元件及完成各种电气特性的连接等操作。
- “设计(D)”菜单：主要用于添加/删除元件库、生成网络报表及完成与层次原理图有关的各种操作。
- “工具(T)”菜单：主要用于为原理图的设计提供各种工具，如元件的快速定位、原理图注释的添加以及与元件库的同步更新等操作。
- “报告(R)”菜单：主要用于生成原理图的各种相关报表等操作。
- “视窗(W)”菜单：主要用于对窗口的各种操作。
- “帮助(H)”菜单：主要用于生成帮助文件的操作。

2. 工具栏

在工具栏的空白区单击鼠标右键，弹出工具栏的快捷菜单。各菜单的主要用途如下。

- “原理图标准”选项：用于控制原理图标准工具栏的打开与关闭。

- “混合仿真”选项：用于混合信号仿真工具的打开与关闭。
- “格式化”选项：用于控制格式化工具的打开与关闭。
- “实用工具”选项：用于控制实用工具的打开与关闭。
- “配线”选项：用于放置电气元件工具的打开与关闭。
- “导航”选项：用于导航工具的打开与关闭。
- “Customize…”选项：用户自定义设置。

2.1.3 电路原理图设计步骤

电路原理图的设计分为如下几个步骤。

(1) 创建原理图设计文档。启动 Protel 2004 之后，首先要创建一个设计数据库，然后在这个数据库中或者在它的某个文件夹内再建立一个电路原理图设计文档。

(2) 启动电路原理图编辑器。在设计工作区的文档浏览窗口中，用鼠标双击新建立的电路图文档图标，便可启动电路图编辑器，进入电路原理图设计环境。

(3) 设置原理图编辑环境。根据原理图的要求，确定图纸的大小和方向；再根据个人的爱好和习惯，调整窗口布局，选择光标形式、网格大小并设置环境参数等，从而营造一个个性化的工作环境。

(4) 加载电路图元件库。为了在图纸上放置元件，必须首先打开电路图元件库。当然，设计者必须知道电路图上包含哪些元件，这些元件存放在哪个元件库以及它们在元件库中的图形样本名，即元件名称。

(5) 元件放置与调整。根据电路图的构思，在图纸上放置各种元件，为每个元件安排一个序号。必要时，还要进行删除、修改、移位等基本的编辑操作。

(6) 其他电路部件的放置与互连。在图纸上除了放置各种元件以外，还要放置电路端口、电源、总线、总线引入线等其他各种电路部件，最后用导线(或者放置网络标号)将各个电路部件加以物理连接或构成逻辑连接。

(7) 整体编辑和完善。对初步绘制完成的电路原理图进行修改、调整，必要时还可以在图纸上绘制一些图形元素，以增加电路原理图的可读性。

(8) 输出各种报表。依据绘制好的电路图，产生并输出各种报表，如网络表、电路原理图器材清单、设计工程层次结构表、元件交叉参考报告、网络比较表等。

(9) 设计结果的保存与输出。电路原理图设计的最后一步是，将设计结果存盘，必要时还可以将电路图打印输出。

2.1.4 印刷电路板设计步骤

印刷电路板的设计过程大致可以划分为下列几个步骤。

1. 设计电路原理图

设计电路原理图，是设计印刷电路板的第一步。只有依据正确的电路原理图，才能设计出正确的 PCB(印刷电路板)图。用电路设计软件进行电路原理图设计的最大优点是修改方便。现在，电路板设计软件很多，均可使用。当然，用配套的软件进行电路原理图设计和

PCB 设计，往往会有许多方便之处。电路原理图设计要经过反复核对、修改，才能确保设计出的电路原理图正确无误。

2．生成网络表

网络表中包含有元件描述和电连接关系的描述，是 PCB 设计软件与原理图设计软件的接口。网络表文件可以由 CAD 软件根据电路原理图自动生成，也可以用文字编辑软件进行编辑。由于一般的电路原理图比网络表文件直观、易读且修改方便，因而在实际工作时，绝大多数的网络表是用 CAD 软件自动生成的。

当电路原理图和 PCB 设计均在 Protel 2004 环境下进行时，可以不需要生成网络表，直接从电路原理图设计进入到 PCB 设计，并且可以用同步设计的方法，使得电路原理图设计与 PCB 设计具有相同的电连接关系。

3．启动并设置 PCB 设计软件

第一次进入 PCB 设计软件(环境)，了解并设置其工作环境是很重要的。通过设置工作环境，可以将元件布局参数、布线参数、板层参数、界面等设置成个人习惯(喜爱)和需要的方式。以后再启动 PCB 设计软件时，只需要作必要的参数修改即可。Protel 2004 设计软件可以设置成“保存环境参数作为默认参数”的方式，这样，修改后的环境设置参数在下次启动时依然有效。

4．布局

布局就是将组件放在合适的位置进行布线。布局是印刷电路板设计的一个非常重要的环节。布局的好坏，不仅影响布通率，甚至会影响电路板的性能。

对于布局，首先应该有一个大致的规划。比如：电路板做多少层，板子大致多大及大致的形状，接插件的位置等，这些都在一定程度上影响着布局的效果。

布局可以由手工进行，也可以由计算机自动进行。

手工布局时，要想高效率地布好局，首先要根据自己对电路板尺寸、形状、接插件位置、电路原理以及布板的某些特殊要求等已经知道的约束条件，在纸上作一个粗略的布局，再在计算机上进行精确的布局。

利用网络表，由 CAD 软件自动地装入元器件封装图形之后，用 CAD 软件也可以进行自动布局。自动布局结束后，可以通过手工再对布局作一些调整。

复杂电路的布局往往需要反复修改，甚至有可能在布线快结束时由于某些问题，还需要再次修改布局。布局是电路板设计中很费精力的事情，要认真、耐心地对待。

5．布线

布线就是在 PCB 设计图上通过放置线条来实现元器件引脚间的电连接，以完成电路设计所预定的功能，这是 PCB 设计的另一项重要任务。布线的好坏，有时也会对电路性能产生明显的影响。

放置线条的工作由手工完成，则称为手工布线；由计算机完成，则称为自动布线。手工布线效率低，但所布线条的形状、走向等完全受控。

Protel 2004 设计工具中的自动布线工具引入了包括神经网络在内的先进技术，若善于利用，将会收到事半功倍的效果。

6. 设计规则校验

设计规则校验(Design Rule Check，DRC)是由计算机按照网络表及设计参数对 PCB 进行的自动校验检查。通过了 DRC 校验的 PCB 设计图，原则上就可以制作电路板了；没有通过 DRC 校验的 PCB 设计图，需要通过分析校验结果来决定是修改电路板设计还是去制板。由计算机进行的 DRC 校验，代替了人工检查 PCB 设计，可为 PCB 设计把关，一定要善于使用。在 Protel 2004 设计软件中进行的 DRC 校验不仅可以生成校验报告，而且可以在 PCB 设计图上将未校验通过的地方标示出来，使修改更直观、方便。

7. 输出调整(字符)

在 PCB 布局时，随组件放置在 PCB 设计图上的元件描述字符往往交叉叠套在一起。如果不经调整就去制作电路板，制作出的电路板上的字符就有可能分辨不清，丧失了字符层的意义。要发挥字符层的意义，就要在 PCB 设计的大部分工作结束后，通过移动字符串的操作，将字符串移到合适的位置，以合适的方向放置，并且将字符的大小调整到合适的尺寸。

8. 存储与输出 PCB 图

无论在何时退出 PCB 编辑软件，均应将有价值的编辑结果保存起来。

通过了 DRC 校验的 PCB 设计，就可以进行输出制板了。输出的方式有 3 种：打印机、绘图仪和光学绘图机。在输出方式的选择上，要结合电路板生产厂家的设备和工艺情况。

一般情况下，打印机和绘图仪输出的是黑白图，厂家要用工业照相机翻拍成胶片之后才能用来制作线路板，因而要输出 4∶1 或 2∶1 的图纸。光学绘图机则接受磁盘文件，可以直接将 PCB 设计输出在透明底片上。

2.2 简单电路原理图的设计

下面我们以一个简单的电路设计为例，说明电路原理图设计的过程。通过此过程的学习，使大家对电路原理图的设计有一个初步的了解。

2.2.1 设计前的准备工作

图 2-3 是一个三端固定集成正稳压电路原理图，以这个电路原理图为例，介绍电路原理图的设计过程。

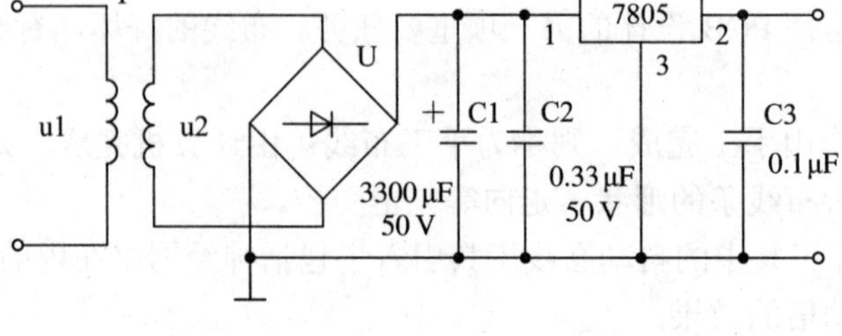

图 2-3 三端固定集成正稳压电路

在设计前应该做些什么准备呢？我们有了电路原理图以后，为了使设计工作做得有条不紊，首先必须将电路图中的所有元件的名称、拟采用的编号和元件类型加以整理，以方便后续的设计工作。接下来就是打开软件，根据电路原理图的大小，设置设计图纸尺寸。

1. 电路原理图的整理

我们将图 2-3 所示的电路原理图中的元件整理成表，如表 2-1 所示。

表 2-1　三端固定集成正稳压电路元件信息表

元件(Part)	元件名称(Lib Ref)	元件编号(Designator)	元件类型(Part Type)
电源变压器	TRANS	B1	AC20∶1
整流桥	BRIDGE1	D1	1A20V
电解电容	CapPol2	C1	3300 μF/50 V
普通电容	Cap	C2	0.33 μF
普通电容	Cap	C3	0.1 μF
稳压电源	Volt reg	U1	7805

2. 设置设计图纸尺寸

打开 Protel 2004，新建原理图，选择“设计/文档选项”菜单命令，或在键盘上输入“DO”，出现如图 2-4 所示的图形界面。

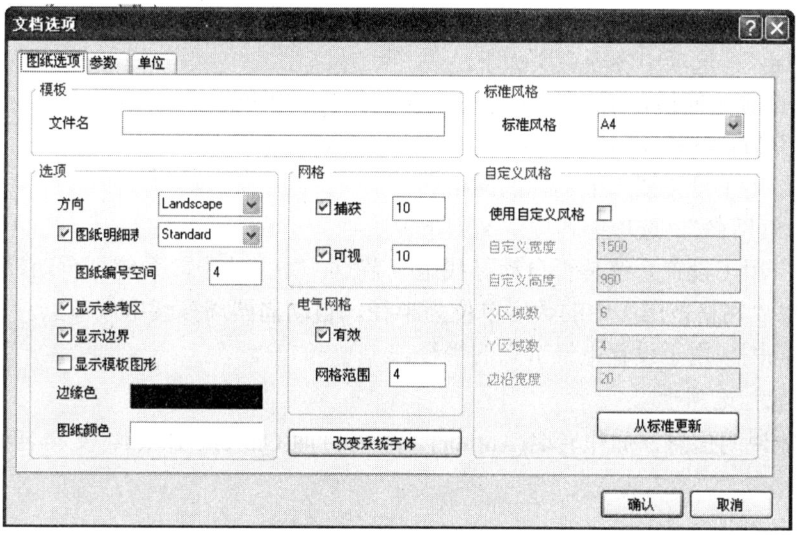

图 2-4　“文档选项”对话框

1) “图纸选项”选项卡

(1) “标准风格”：默认的图纸尺寸为 A4。点击“标准风格”下拉列表框的下拉按钮，可选择公制图纸尺寸 A0(最大)、A1、A2、A3、A4(最小)，或英制图纸尺寸 A(最小)、B、C、D、E(最大)，还可选择 orcad 图纸 orcadA、orcadB、orcadC、orcadD、orcadE 以及其他图纸 Letter、Legal、Tabloid。

(2) “自定义风格”：如果用户有自己的特殊要求，可以点击“使用自定义风格”项。在“使用自定义风格”项中，各项意义如下。

a. 自定义宽度：表示自定义图纸宽度，最大宽度为6500个单位。

b. 自定义高度：表示自定义图纸高度，最大高度为6500个单位。

c. X区域数：表示水平方向参考边框等分数。

d. Y区域数：表示垂直方向参考边框等分数。

e. 边沿宽度：表示图纸边框的宽度。

(3) “选项”：选项中各项意义如下。

a. 方向：方向下拉列表框中有Landscape和Portrait两项。

- Landscape：表示图纸为水平方向摆放。
- Portrait：表示图纸为垂直方向摆放。

b. 图纸明细表：如果选择这一项，则可使标题栏出现在图纸上。其下拉列表框中有Standard和ANSI两项。

- Standard：代表标准型标题栏。
- ANSI：代表美国国家标准协会模式标题栏。

c. 显示参考区：选中这一项后，可以在图纸上显示参考边框。

d. 显示边界：选中这一项后，可以在图纸上显示图纸边框。

e. 显示模板图形：选中这一项后，图纸设置可以显示模板图形。

f. 边缘色：用于设置图纸的边框颜色。

g. 图纸颜色：用于设置图纸的颜色。

(4) “网格”：选项中各项意义如下。

a. 捕获(或锁定网格)：用于设置光标位移的步长。如果设定为 10，则光标在移动时以10个长度单位为基础移动。

b. 可视：用于设置图纸上实际的网格。

(5) “电气网格”：选项中各项意义如下。

a. 有效：用于设置系统是否自动寻找电气节点，如果选中，系统则自动以箭头鼠标指针为圆心，以“网格范围”中的数字单位为半径，自动向四周搜索电气节点。

b. 网格范围：用于设置电气节点的半径。

2) “参数”选项卡

用于添加说明信息，如作者名(Author)、当前日期(Current Date)、文档名称(Document Name)等。

3) “单位”选项卡

用于设置电路原理图的单位。电路原理图的设计单位有“公制”和“英制”之分。“公制”的单位为“毫米(mm)”，“英制”的单位为“米尔(mil)”。一般情况下，用英制单位“米尔(mil)”。

我们了解以上基本知识后，将图纸设为A4，其他信息按图2-4所示进行设置。

2.2.2 加载电路原理图元件库

要进行电路原理图的设计，首先必须加载必要的原理图元件库文件。原理图的库文件加载方法如下。

选择“设计/浏览元件库”菜单，出现如图 2-5 所示的图形界面。

点击图 2-5 中“元件库”按钮，出现如图 2-6 所示的图形界面。还可通过选择“设计/追加/删除元件库”菜单，进入该图形界面。在图 2-6 所示的界面中，可以看到 3 个选项卡。

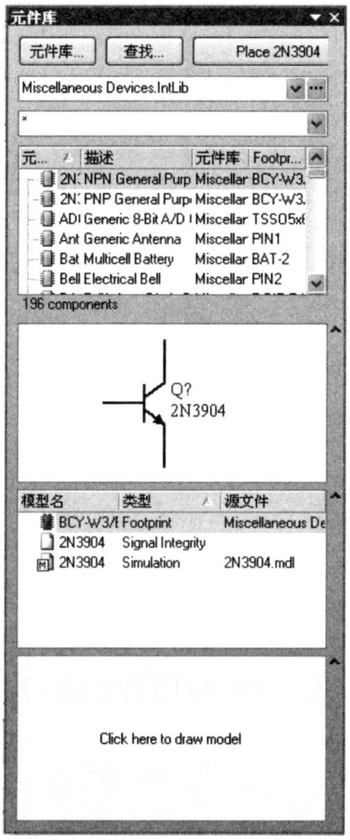

图 2-5　“元件库”界面

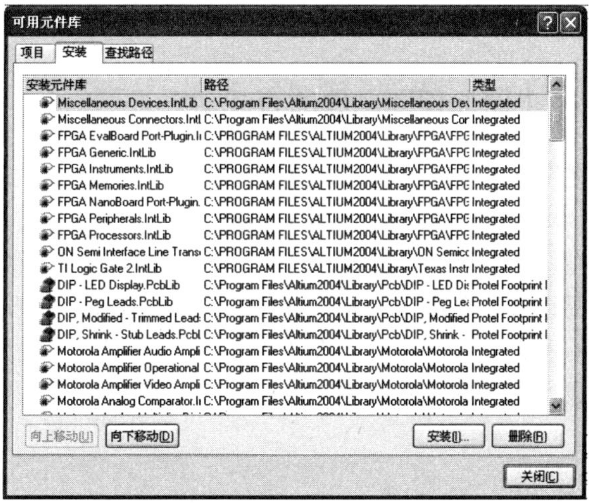

图 2-6　“可用元件库”界面

(1) “项目”选项卡：显示当前项目的 SCH 元件库。

(2) “安装”选项卡：显示已经安装的 SCH 元件库。一般情况下，如果要装载外部的元件库，则在该选项卡中实现。

(3) “查找路径”选项卡：显示搜索的路径，即如果当前安装的元件库中没有需要的封装元件，可以按照搜索的路径对元件进行搜索。

在图 2-6 中，选择“向上移动(U)”或“向下移动(D)”按钮，则可以将在列表中的元件库上移或下移。如果选中表中某一个元件库，单击“删除(R)”按钮，则可将该元件库移出。如果要添加一个新的元件库，单击“安装(I)”按钮，出现如图 2-7 所示图形界面。从这个界面中，用户可以选择自己需要的元件库。如果要设计 FPGA 原理图，则可选择 Xilinx-II.Intlib 元件库，然后点击“关闭(C)”按钮即可。

Protel 公司已经将各大半导体公司的常用元件分类做成了专用的元件库，只要装载所需元件的生产公司的元件库，就可以从中选择自己所需要的元件。其中有两个常用的元件库：Sim 元件库，包括了一般电路仿真所需要的元件；PLD 元件库，主要包括逻辑元件设计所需要用到的元件。

图 2-7 打开元件库

2.2.3 电路原理图元件的查找

在图 2-5 所示的图形界面中，按下“查找…”(或“Search”)或点击“工具/查找元件”菜单，出现如图 2-8 所示的图形界面。

在图 2-8 所示的图形界面中，将所要查找的元件填入对话框的空行中，例如在图 2-8 中填入要查找的电路元件为“NPN”。在“范围”各选项中分别选择“可用元件库”选项或“路径中的库”选项，然后点击“查找(S)”按钮，系统开始对用户所需要的元件进行查找。查找完成后的图形界面如图 2-9 所示。

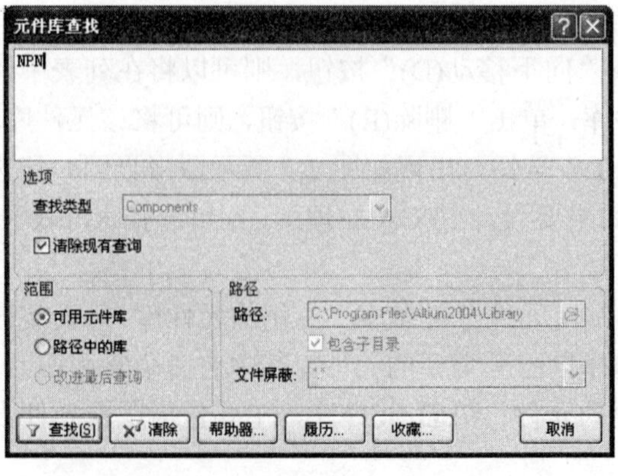

图 2-8 “元件库查找”对话框

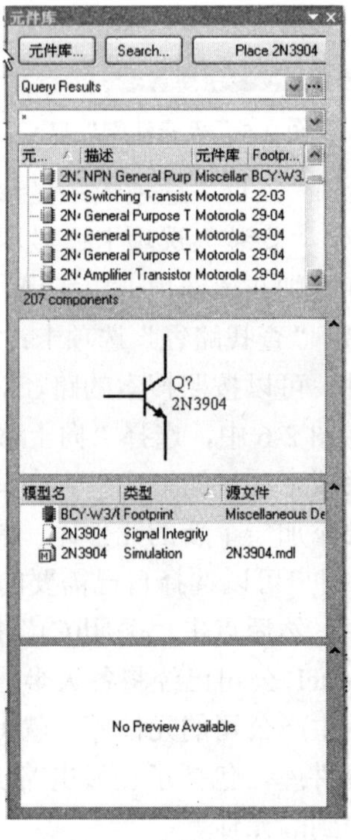

图 2-9 查找 NPN 元件

从图 2-9 中可以看出，含有 NPN 元件的库共有 207 个。

2.2.4　电路原理图元件的放置

电路原理图元件的放置可以按以下三个途径进行。

(1) 若在图 2-9 所示的图形界面中可以查找到或浏览到的元件，单击右上角的“Place”按钮，元件即可放置到原理图图纸上。

(2) 选择“放置/元件”菜单项，出现如图 2-10 所示图形界面。在图 2-10 中，“库参考(L)”对话框中填入原理图元件名称；“标识符(D)”对话框中填入元件编号；“注释(C)”对话框中填入元件规格型号；“封装(F)”则为元件在印刷电路板中的引脚封装形式，一般系统自动给出，如果系统不能自动给出，则需人工填入。将以上对话框填好后，按下“确认”按钮即可将所要放置的元件放置到原理图图纸上。

(3) 使用“实用工具”栏放置元件。实用工具栏为用户提供了常用规格的电阻、电容、与非门、寄存器等常用的元件，如图 2-11 所示。

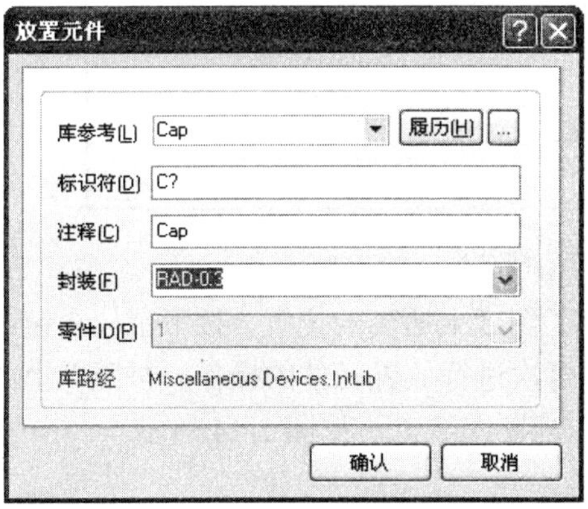

图 2-10　“放置元件”对话框

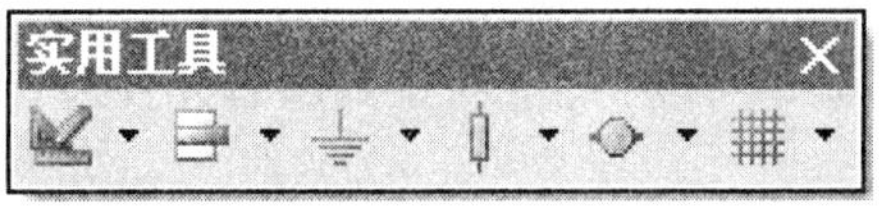

图 2-11　实用工具

下面以图 2-3 中的电解电容器 C1 为例，说明电路原理图元件的具体放置方法。

选择“放置/元件”菜单，出现如图 2-10 所示的“放置元件”对话框。在“库参考(L)”选项框中输入“Cap Pol2”，“标识符(D)”选项框中将“C？”改为“C1”，“注释(C)”选项框可暂不输入，“封装(F)”选项框中系统自动生成“POLAR0.8”。设置好的电解电容器 C1 的信息如图 2-12 所示。单击“确认”按钮，此时电解电容元件 C1 悬浮在十字光标上，并随着光标的移动而移动。

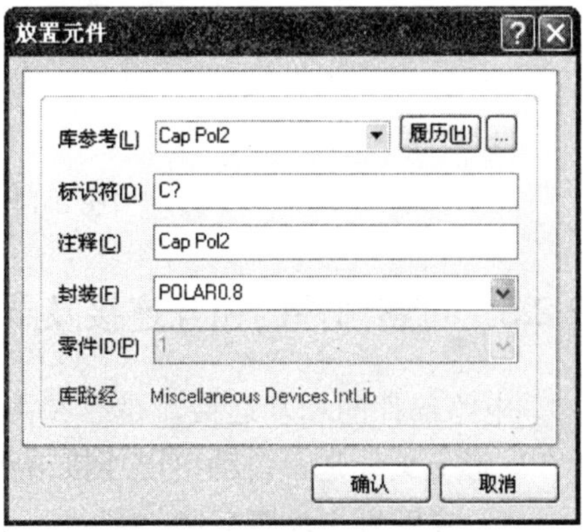

图 2-12　“放置元件”对话框

在元件尚未定位的情况下，每按一次空格键可使元件逆时针旋转 90°；如果按下 X 键或 Y 键，那么该元件将分别在水平或垂直方向上翻转一次。

此时，按下 Tab 键，则可弹出“元件属性”对话框。除了可重新修改元件的编号或其他属性以外，还可以在“注释”栏或“Parameters for

C1.cap Pol2”中的“value”选项框中输入电解电容的值 3300 μF/50 V，但必须关掉其中一个的“可视”项，如图 2-13 所示。在图 2-13 中，关掉了“注释”栏中的可视项，选择了“Parameters for C1.cap Pol2”中的“value”选项框输入电解电容的值 3300 μF/50 V。

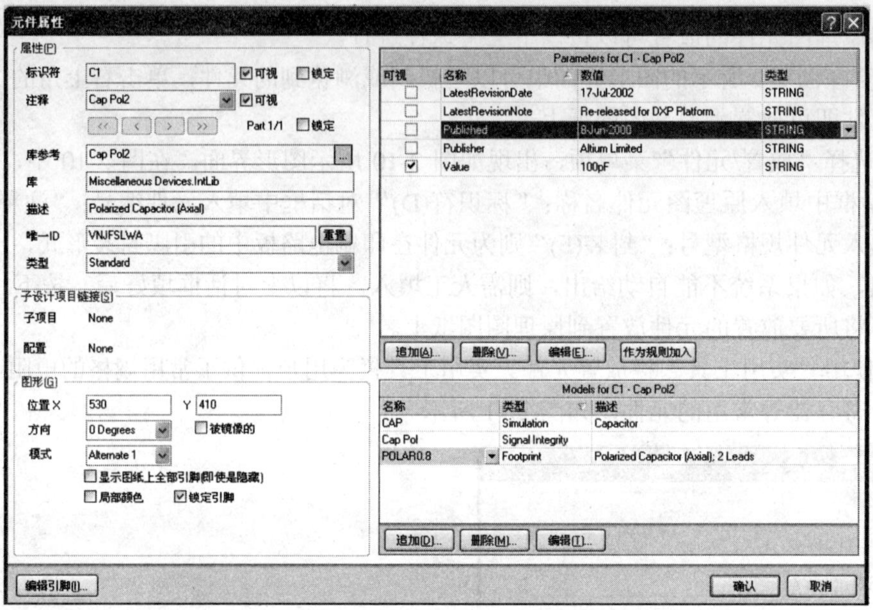

图 2-13 “元件属性”对话框

按下“确认”按钮，则将电解电容器 C1 放在了图纸上适当的位置。按下鼠标右键或按下 Esc 键，再次弹出“放置元件”对话框，以便再次进行放置元件的操作。按照以上的操作步骤，可以将表 2-1 中的所有元件逐个放置在原理图图纸上，如图 2-14 所示。

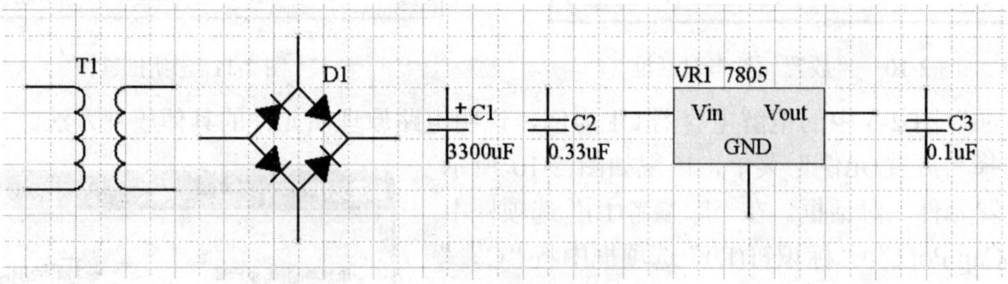

图 2-14 放置在图纸上的所有元件

2.2.5 电路部件的相互连接及节点放置

电路部件的相互连接，是靠在图纸上放置导线或网络标号完成的。而在导线与导线的“T”形交叉处是否自动出现连接节点，则是设计者应当注意的问题。

1. 在图纸上放置导线

(1) 执行菜单命令“放置(P)/导线(W)”，将光标移向要连线的起点。若起点附近有电气部件的连接点，就会在光标和该连接点处出现一个大圆点，单击左键确定连线的一端。

(2) 移动鼠标到另一个拟连接的电气节点附近，光标便会被吸引过去并在该点产生一个大圆点。此时每按下“Shift+ 空格键”一次，连线的模式便会变化一次。连线模式显示在状态栏上，其中 Any Angle 表示任意角度即两点直接相连；Auto wire 表示自动决定连线方式；90° Start 表示在起点处转弯 90° 后相连；90° End 表示在终点处转弯 90° 后相连；45° Start 表示在起点处转弯 45° 后相连；45° End 表示在终点处转弯 45° 后相连。

对于前两种模式，只要在终点单击一次，即可完成连线；但对于后四种模式，由于连线产生转弯，因此在终点处必须单击两次，才能完成连线。

(3) 第一段连线完成后，可继续移动鼠标以便将终点与其他点相连。但是如果需要重新开始绘制另外一条独立连线，则应先按 Esc 键或单击右键，此时系统仍处于连线命令状态。

(4) 重复以上第(2)、(3)步，完成所有电气部件之间的连接。

2．关于放置节点的说明

在进行电气部件连接的过程中，当两条连线构成“T”形交叉点时，按照环境参数设置的不同，将有以下两种可能的情况。

(1) 在“T”形交叉点不加入电气节点：在这种情况下，就需要在应该相连接的交叉点上人工放置节点。放置节点的方法是：首先执行菜单命令“放置(P)\手工放置节点(J)”，然后将十字光标移到“T”形交叉点并单击左键即可。

(2) 在“T”形交叉点自动加入电气节点：在这种情况下，系统将在所有“T”形交叉点上自动放置一个节点，其中必有一些节点是不应该有的。因此，需要人工将不必要的节点删去。删去节点的方法是：首先用鼠标在待删去的节点上单击，节点周围将出现一个虚线方框，然后按 Delete 键即可。

到此为止，我们所绘制的电路图在电气连接关系上已基本完成，如图 2-15 所示。

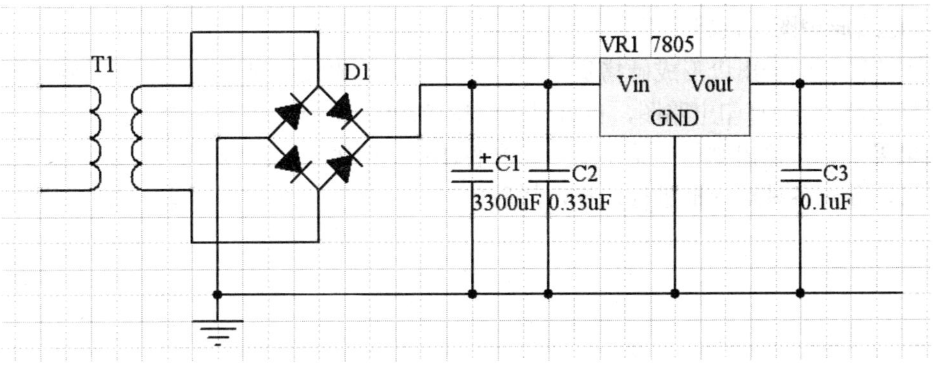

图 2-15　绘制完成的电路图

2.2.6　电路原理图的保存与输出

设计好的电路原理图应当及时加以保存，必要时还要将它进行打印输出。

1．保存电路图设计文档

根据设计者的具体要求，绘制完成的电路图可以有以下几种不同的保存方式。

(1) 保存当前文档：执行菜单命令“文件(F)/保存(S)”，或者单击主工具栏上“保存当前文件”按钮。

(2) 保存所有文档：执行菜单命令“文件(F)/全部保存(L)”，可将当前设计数据库中的所有文档都加以保存。

(3) 将当前文档改名另存：执行菜单命令“文件(F)/另存为(A)”，可弹出如图 2-16 所示的“Save As”对话框。

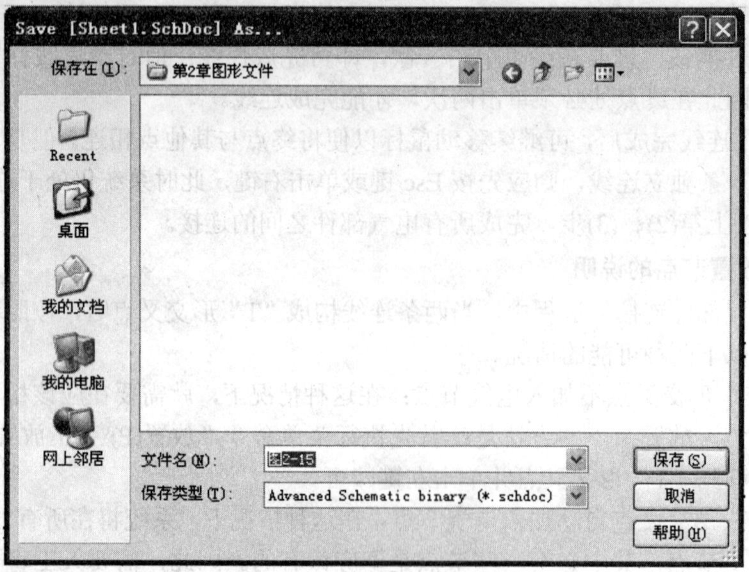

图 2-16 “Save As”对话框

在这个对话框的“文件名(N)”栏内，重新输入一个文件名后，单击“保存”按钮，即可将当前文档用另一个名称加以保存。

2．电路原理图的输出

将电路图打印输出以形成硬拷贝，有利于设计文档的长期保存。在 Protel 2004 系统中，可以用打印机(Print)打印电路图，也可以用绘图仪(Plot)绘制电路图。

如果采用打印输出则使用菜单命令“文件(F)/打印(P)”，并在随后弹出的对话框中选择好打印机，并对各种对话框进行选择，然后单击“确认”按钮，即可输出原理图图形。

第 3 章 电路图编辑环境设置

本章介绍有关电路原理图编辑环境的各种设置方法，内容包括：电路原理图编辑窗口的设置；图纸及图纸模板的设置；电路图编辑环境的参数选择；电路设计系统的参数设置等。通过本章的学习，读者便可以根据电路图设计的具体需要，结合自己的爱好和习惯，编制一个个性化的电路图编辑环境。

3.1 电路图编辑窗口设置

3.1.1 窗口部件的操作

我们为了扩大设计工作区的显示区域，有必要将那些不太使用或者暂时不用的部件予以隐藏，等用到时再打开。此外，窗口中某些部件的位置也可以进行移动。这样，通过某些窗口部件的隐藏或移位，就可以最大限度地扩大设计工作区视野，改善设计环境。

1. 窗口部件的打开与隐藏

在电路图编辑窗口中，通过主菜单或者右键快捷式菜单“查看(V)”中的有关命令，可以实现各个部件的显示与隐藏，如图 3-1 所示。

(1) 工作区面板的打开与隐藏：打开“查看(V)”菜单，从中选择“工作区面板(W)”，可以将打开的工作区面板关闭，或者将隐藏的工作区面板打开。

(2) 状态栏的打开与隐藏：打开“查看(V)”菜单，从中选择“状态栏(S)”，若本项前面出现“√”标记，则状态栏被打开；否则，状态栏被隐藏。

(3) 显示命令行的打开与隐藏：打开“查看(V)”菜单，从中选择“显示命令行(M)”，若本项前面出现“√”标记，则显示命令行被打开；否则，显示命令行被隐藏。

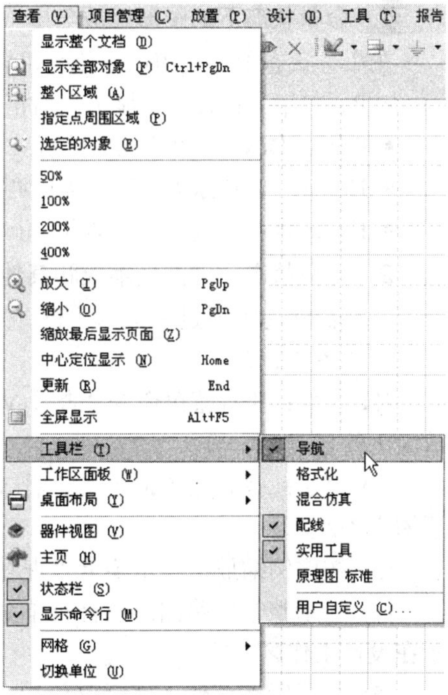

图 3-1　窗口部件的打开与隐藏

(4) 工具栏的打开与隐藏：打开“查看(V)”菜单，选定“工具栏(T)”，弹出其下级菜单，在这个菜单中单击一种工具栏名称，便可打开或隐藏相应的工具栏。

这些工具栏包括：导航、格式化、混合仿真、配线、实用工具、原理图标准等。

上面几种工具栏也可以用鼠标右键单击任意一个工具栏，出现如图 3-2 所示图形界面，鼠标左键单击相应的工具栏即可实现该工具栏的打开或关闭。

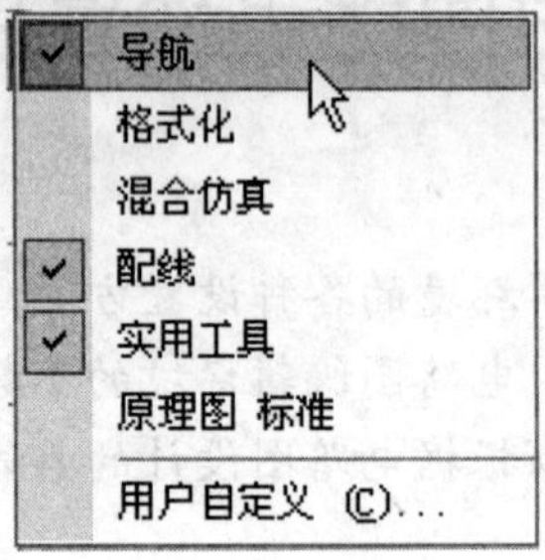

图 3-2　工具栏

2．工具栏位置的移动

各种工具栏打开后，可以用鼠标将其进行移动。具体方法是：用鼠标指向浮动工具栏的标题栏，按下左键将其拖动到窗口的左、右、顶和底部即可。

3.1.2　图形缩放与屏幕刷新

在闲置状态或者命令状态下，随时都可以将当前正在编辑的图形进行放大、缩小，或者改变当前图形的查看方式，也可以随时将当前屏幕进行刷新。

1．命令状态下的图形缩放与屏幕刷新

在命令状态下，使用以下热键可以进行图形缩放与屏幕刷新。

- Page Up：放大 1 倍显示当前正在编辑的图形。
- Page：Down：缩小 1/2 显示当前正在编辑的图形。
- Home：以光标所在位置为中心，重画画面。
- End：刷新当前屏幕，以消除画面上可能存在的局部变形或残留的点、线等。

2．待命状态下的图形缩放和其他查看方式

在待命状态下通过主菜单“查看(V)”中的有关命令，可以缩放图形或改变图形的查看方式，如图 3-1 所示。

(1) 放大：执行菜单命令“查看(V)/放大(I)”，将以光标所在位置的坐标为中心，将图形放大 1 倍显示。

(2) 缩小：执行菜单命令“查看(V)/缩小(O)”，将以光标所在位置的坐标为中心，将图形缩小 1/2 显示。

(3) 按比例缩放：单击菜单“查看(V)”下的百分值，可将图形按比例进行缩放。

(4) 显示整幅电路图：执行菜单命令“查看(V)/显示整个文档(D)”，可使整幅电路图显示在设计工作区。

(5) 显示所有部件：执行菜单命令“查看(V)/显示全部对象(F)”，可以将电路图中的所有已画好的元件显示在窗口中。

(6) 放大以对角线为基准选定的矩形区域：首先执行“查看(V)/整个区域(A)”，光标变为十字形光标；然后将光标移到设计区，在待选定区域对角线的一个顶点单击，接着移动鼠标到另一个对角线顶点，单击左键，便可将选定矩形的区域放大显示在工作区中。

(7) 放大以中心点为基准选定的区域：首先执行菜单命令“查看(V)/指定点周围区域(P)”，光标变为十字形光标，然后将光标移到设计区，在待查看的区域中心点单击，接着将光标移动到待选定区域的边沿某点，单击左键，便可将选定的区域放大显示。

(8) 刷新画面：执行菜单命令“查看(V)/更新(R)”，可以在不改变显示中心的条件下，重新显示当前正在编辑的电路图，以消除画面上残留的点、线或者图形的变形。

3.1.3　设置网格与电气节点功能

在主菜单或右键快捷式菜单“查看(V)/网格(G)”中，有关网格与电气节点功能的设置命令如图 3-3 所示。

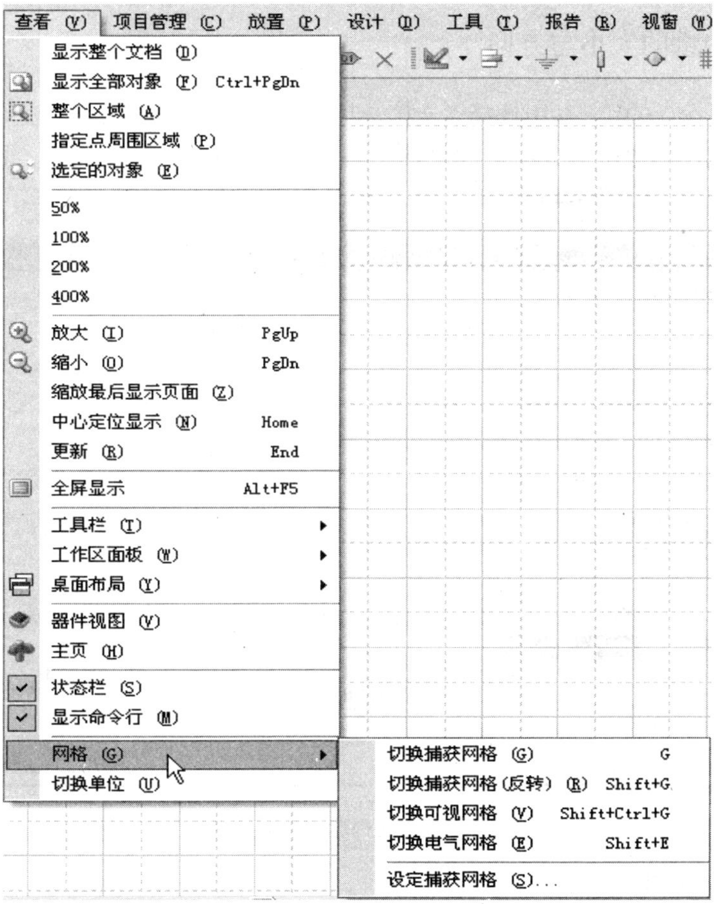

图 3-3　网格与电气节点的功能设置

(1) 显示或隐藏图纸上的网格：执行菜单命令“查看(V)/网格(G)/切换可视网格(V)”，可显示或者隐藏图纸上的网格。若设置了显示网格的功能，则图纸上可显示出用于定位的线状或点状网格。

(2) 锁定或不锁定网格的切换：执行菜单命令“查看(V)/网格(G)/切换捕获网格(G)”，或执行菜单命令“查看(V)/网格(G)/切换捕获网格(反转)(R)”，可以在三种设置锁定网格之间相互转换。

(3) 打开或关闭搜索电气节点功能：执行菜单命令“查看(V)/网格(G)/切换电气网格(E)”，可以在三种设置电气网格之间相互转换。系统在绘制导线时，将以一个预定的数值为半径，以光标所在位置为中心，向周围搜索电气节点，如果在此搜索半径内发现电气节点，便会自动将光标移到该节点上，并显示出一个圆点。

(4) 设定捕获网格：执行菜单命令“查看(V)/网格(G)/设定捕获网格(S)”，出现捕获网格对话框，在对话框中输入所需要的数值，即可设置捕获网格。

3.2　图纸与图纸模板设置

3.2.1　设置图纸的大小与方向

打开菜单“设计(D)”，从中选择“文档选项(D)”，或者在图纸上单击右键，并从快捷式菜单中选择“选项/文档选项(D)”，便可弹出题为“文档选项”的对话框。此时默认“图纸选项”标签被选中，如图 3-4 所示。

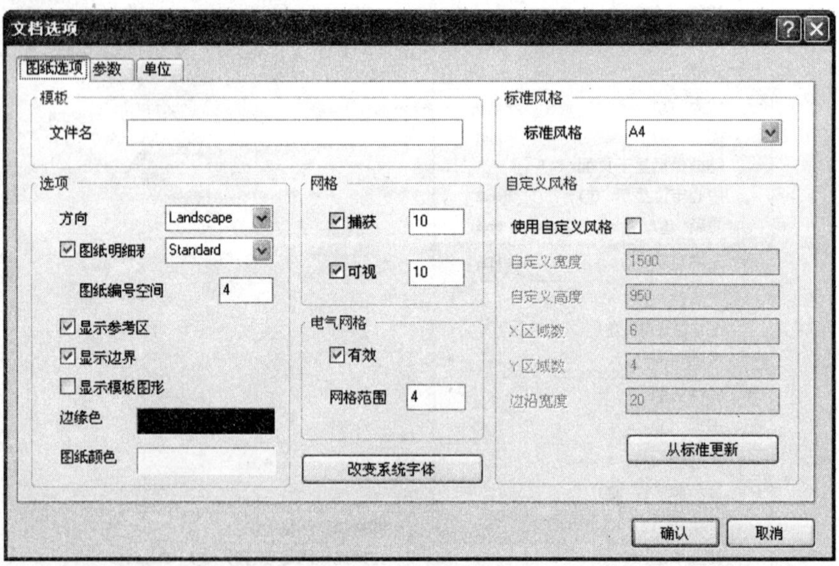

图 3-4　“文档选项”对话框

1. 选择标准图纸

系统共提供了 18 种规格的标准图纸，每一种规格的标准图纸都有一个代号，均按从小到大的顺序排列，其中 A4～A0 为公制，A～E 为英制。此外还有 OrCAD，Leter，Legal 和 Tabloid 等其他标准。表 3-1 仅列出了英制 A～E 号和公制 A4～A0 号标准图纸的具体尺寸，供设计者参考。

表 3-1　英制 A～E 号和公制 A4～A0 号标准图纸的具体尺寸

图纸标号	宽度×高度/mm×mm	图纸标号	宽度×高度/mm×mm
A4	297×210	A	279.42×215.90
A3	420×297	B	431.80×279.40
A2	594×420	C	558.80×431.80
A1	840×594	D	863.60×558.80
A0	1188×840	E	1078.00×863.60

选择标准图纸的方法如下：

(1) 参见图 3-4 所示的对话框，在“标准风格”区域栏内，打开“标准风格”栏内的隐藏式列表，可以看到各种规格的标准图纸代号，如 A4，A3，A2，Al，A0，…，OrCAD 等。

(2) 在列表中单击所需要的一种标准图纸代号即可。

2．自定义图纸

如果不打算采用以上标准规格的图纸，也可以自行定义图纸的大小。自定义图纸的具体步骤如下：

(1) 参见图 3-4 所示的对话框，在“自定义风格”区域栏内，选中“使用自定义风格”，此时，该项下面的各个文本栏便从灰色(不可操作状态)变为黑色(可操作状态)。

(2) 在“在自定义宽度”栏内，输入图纸的宽度值，单位为 mil(密尔，1 英寸等于 1000 mil)。

(3) 在“在自定义高度”栏内，输入图纸的高度值，同样单位为 mil。

(4) 在“X 区域数”栏内，输入 X 轴参考坐标的格数，图纸在水平方向将按此值进行等分。

(5) 在“Y 区域数”栏内，输入 Y 轴参考坐标的格数，图纸在垂直方向将按此值进行等分。

(6) 在“边沿宽度”栏内，输入图纸边框(双线之间空白部分)的宽度值。

3．选择图纸方向

设置图纸摆放方向的方法如下：

参见图 3-4 所示的对话框，在“选项”区域栏内，打开“方向”栏内的隐藏式列表，从中选择一种图纸的摆放方向。其中“Landscape”表示图纸横放，“Portrait”表示图纸竖放。

3.2.2　图纸设置的其他选项

除了图纸的大小和方向必须设置以外，根据需要还可以对以下内容进行设置。

1．选择标题栏类型

参见图 3-4 所示的对话框，在“选项”区域栏内，打开“图纸明细表”栏内的隐藏式列表，可以看出有两种类型的图纸标题栏可供选择。其中“Standard”代表标准型标题栏，而“ANSI”代表美国国家标准协会规定的标题栏。根据需要，从列表中选择一种图纸标题栏。

对于尺寸较大的图纸，可以采用“ANSI”标题栏。但对于尺寸较小的图纸，最好采用“Standard”标题栏。

标准型标题栏的样式如图 3-5 所示，各个栏目的含义如下。

(1) Title：电路图图名。可放置通用文本，也可放置特殊字符串.Title。

(2) Size：图纸规格。系统将设计者在“文档选项”对话框内所选择的图纸尺寸自动填写在本栏中。

(3) Number：文件编号。可放置通用文本，也可放置特殊字符串.Documentnumber。

(4) Revision：版本号。可放置通用文本，也可放置特殊字符串.Revision。

(5) Date：当前日期。系统自动将当前日期填入此栏。

(6) Sheet x of y：图号及图数。x 代表图号，可放置通用文本或特殊字符串.Sheetnumber；y 代表图数，可放置通用文本或特殊字符串.Sheettotal。

(7) File：电路图文档名及其路径。此栏内的信息由系统自动填入。

(8) Drawn By：电路图设计者所在的单位或公司名。此栏内可放置通用文本，也可放置特殊字符串.Organization。

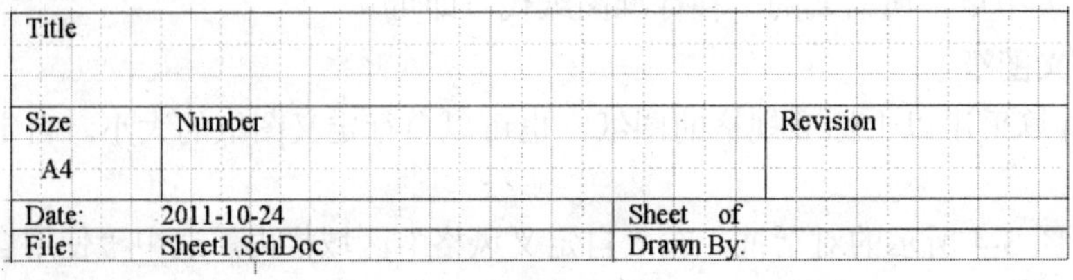

图 3-5　标准型标题栏

2．设置是否显示参考坐标

参见图 3-4 所示的对话框，在“选项”区域栏内，若选中“显示参考区”项，则可显示图纸边框中的参考坐标。

3．设置是否显示图纸边框

参见图 3-4 所示的对话框，在“选项”区域栏内，若选中“显示边界”项，则可显示和输出图纸边框。

4．设置是否显示图纸模板内的图形

参见图 3-4 所示的对话框，在“选项”区域栏内，若选中“显示模板图形”项，则可显示图纸模板中的标题栏、图形和文字等信息。

5．设置图纸边框的显示颜色

参见图 3-4 所示的对话框，设置图纸边框颜色的方法如下：

(1) 在“选项”区域栏内，在“边缘色”栏中单击鼠标，可弹出一个题为“选择颜色”的对话框。

(2) 在这个对话框的“基本”框内，选择一种合适的颜色，单击“确认”按钮即可。

6．设置工作区颜色

参见图 3-4 所示的对话框，设置工作区颜色的方法如下：

(1) 在“选项”区域栏内，在“图纸颜色”栏中单击鼠标，可弹出一个题为“选择颜色”的对话框。

(2) 在这个对话框的“基本”框内，选择一种合适的颜色，单击“确认”按钮即可。

3.2.3　设置网格与电气节点参数

在图 3-4 所示的“文档选项”对话框中，还可以设置图纸上网格的大小、电气节点之间的距离等。

1．有关网格的设置

在“网格”区域栏内，包含设置网格的两个选项如下。

(1) 捕捉网格功能及其距离的设置：若选中“捕获”项，在其后的文本栏中输入一个具体的数值，它便作为光标移动时的基本单位。

(2) 可视网格及其大小的设置：若选中“可视”项，则可在图纸上显示线状或点状网格。此时可在其后的文本栏中输入一个合适数值，系统便以此值为依据在图纸上显示网格。可视网格有助于光标的定位，仅有视觉效果，对电路图本身并无影响。

2．设置搜索电气节点的距离

在“电气网格”区域栏内，若选中“有效”项，则系统便具有自动搜索电气节点的功能。此时，可在“网格范围”栏中输入一个数值，则在绘制电路图时，将以当前光标为圆心，以此值为半径搜索电气节点。若搜索到电气节点，便将光标定位在该节点上，并显示一个圆点。

3.2.4　设置系统默认字体

在图纸上放置字符(包括汉字和英文字符)时，一般都要指定其字体。如果不指定，则自动使用系统默认的字体。

参见图 3-4 所示的对话框，设置系统默认字体的方法如下：

(1) 单击“改变系统字体”按钮，可弹出“字体”设置对话框。

(2) 在“字体”对话框中的“字体(F)”栏内选择西文或中文字体；在“字形(Y)”栏内选择字的形状；在“大小(S)”栏内选择字号；在“效果”栏内可选择“删除线”或“下划线”项目；在“颜色”栏内可选择字体的颜色。

(3) 单击“确定”按钮，完成系统默认字体的设置。

3.2.5　设置图纸的组织信息

在图 3-4 所示的“文档选项”对话框中，单击“参数”标签，可进入图纸信息标签页，设置图纸的信息，如图 3-6 所示。

(1) “Organization(组织)”：本栏用来输入设计单位名称。

(2) “Address(地址)”：本栏用来输入设计单位地址。

(3) “Sheet(图纸)”：其中“Sheet Number”栏中为当前图纸的编号；“Sheet Total”栏内为图纸总数。

(4) “Document(文字信息)”：其中“Document Title”为图纸标题，“Document Number”为图纸编号。

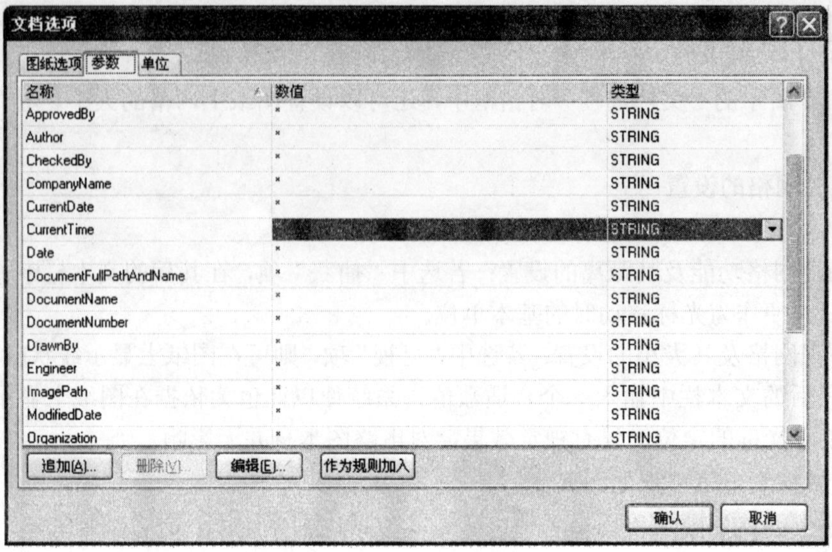

图 3-6 图纸信息标签页

3.3 网格和光标的设置

在设计原理图时，图纸上的网格为放置元件、连接线路等设计工作带来了极大的方便。在进行图纸的显示操作时，可以设置网格的种类以及是否显示网格，也可以对光标的形状进行设置。

3.3.1 网格的设置

如果想设置网格的大小或网格是否可见，可以在图 3-4 所示的 “网格”区域栏内实现。

1. 网格大小的设置

在“网格”框中，选择“捕获”项，并在对话框中填入所需数值(图中为“10 mil”)即可。如果不选中此项，则光标移动时以 1 mil 为基本单位移动；选择了此项，则光标以填入的数字为基本单位移动。

2. 网格可见性设置

在“网格”框中，选择“可视”项，并在对话框中填入所需数值(图中为“10 mil”)即可。如果不选中此项，表示在图纸上不显示网格；如果选择了此项，则图纸上以填入的数字为单位显示网格。

3. 设置网格的形状

Protel 2004 提供了两种不同形状的网格，分别是“线状(Line)”网格和“点状(Dot)”网格。

打开“工具(T)”菜单，选择“原理图优先设定(P)”，出现“优先设定”对话框。在“优先设定”对话框中选择“Schematic/Grids”项，出现“Schematic-Grids”对话框，如图 3-7 所示。

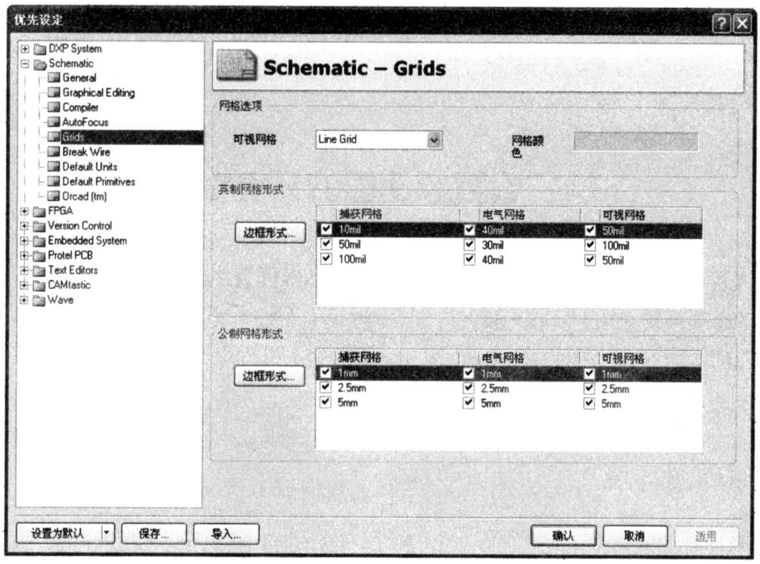

图 3-7　“Schematic-Grids”对话框

在图 3-7 的“可视网格”栏中有“Line Grid(线状网格)”和“Dot Grid(点状网格)”两项隐藏式列表。在隐藏式列表中，如果选择“Line Grid”项，则图纸中的网格显示为直线形的网格；如果选择了“Dot Grid”项，则图纸中的网格显示为点状的网格。

在“网格颜色”栏中，单击框内颜色，有 240 种颜色可供选择。

3.3.2　光标的设置

打开“工具(T)”菜单，选择“原理图优先设定(P)”，出现“优先设定”对话框。在“优先设定”对话框中选择“Schematic/Graphical Editing”项，出现“Schematic-Graphical Editing”对话框，如图 3-8 所示。

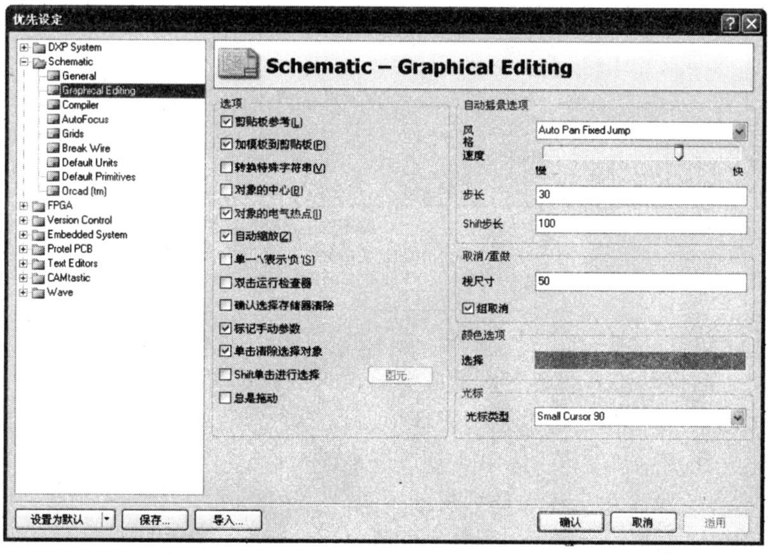

图 3-8　“Schematic-Graphical Editing”对话框

在图 3-8“光标”区域栏中，点击“光标类型”栏中下拉框按钮，系统提供了四种光标类型：Large Curosr 90(90° 大光标)；Small Curosr 90(90° 小光标)；Small Curosr 45(45° 小光标)；Tiny Curosr 45(45° 微小光标)。

3.4 设置原理图的环境参数

原理图的环境参数设置可以执行“工具(T)/原理图优先设定(P)”菜单命令来实现。执行命令后，出现如图 3-8 所示的“优先设定”对话框。在“优先设定”对话框中选中“Schematic”项中的“General”、“Graphical Editing”和“Compiler”项，可分别设置原理图环境、图形编辑环境和原始默认状态等。

3.4.1 设置原理图环境

在图 3-8 中选中“Schematic”项中的“General”项，出现如图 3-9 所示的对话框。通过设置“Schematic-General”各选项可以设置原理图的环境。

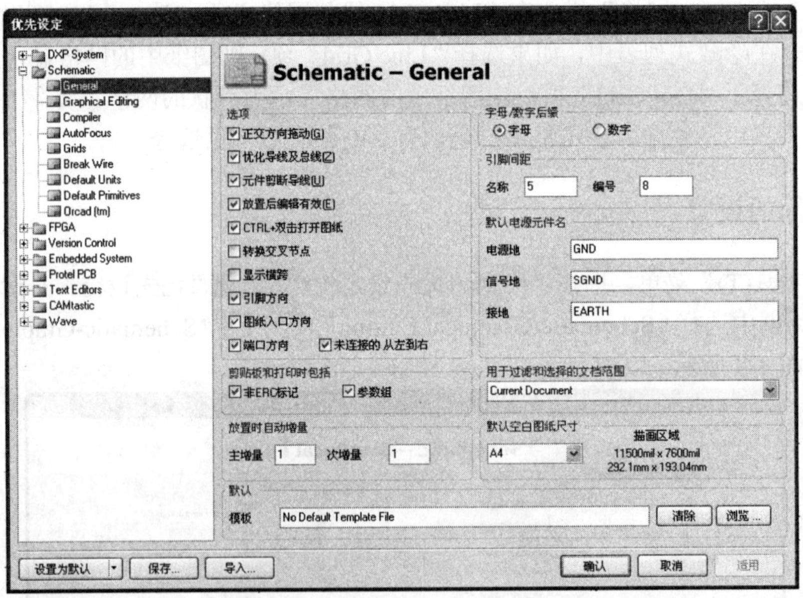

图 3-9 “Schematic-General”对话框

1. “选项”区域栏

“选项”区域栏各选项意义如下。

(1) “正交方向拖动(G)”：选中该复选框后，只能以正交方式拖动、插入元件，或者绘制图形对象。如果不选中此复选框，则以环境所设置的分辨率拖动对象。

(2) “优化导线及总线(Z)”：选中该复选框后，可以防止多余的导线、多段线或总线相互重叠，相互重叠的导线和总线等会被自动去除。

(3) “元件剪断导线(U)”：当选中了“优化导线及总线(Z)”后，“元件剪断导线(U)”复选框项才可操作。选中“元件剪断导线(U)”复选框后，可以拖动一个元件到原理图导线上，导线将被切割成两段，并且各段导线能自动连接到该元件的敏感管脚上。

(4) “放置后编辑有效(E)”：选中该复选框后，用户可以对嵌套对象进行编辑，即可以对插入的连接对象进行编辑。

(5) “CTRL+双击打开图纸”：选中该复选框后，双击原理图中的符号(包括元件或子图)，则会选中元件或打开对应的子原理图，否则会弹出属性对话框。

(6) “转换交叉节点”：选中该复选框后，当用户在“T”字连接处增加一段导线形成 4 个方向的连接时，会自动产生 2 个相邻的三向连接点。如果没有选中该复选框，则会形成两条交叉的导线，并且没有电气连接。

(7) “显示横跨”：选中该复选框后，在无连接的十字相交处显示一个拐过的曲线桥。

(8) “引脚方向”：选中该复选框后，在原理图中会显示元件引脚的方向，并且引脚的方向用一个符号表示。

(9) “图纸入口方向”：选中该复选框后，层次原理图中入口的方向会显示出来，否则只显示入口的基本形状，即双向显示。

(10) “端口方向”：选中该复选框后，端口属性对话框中的样式的设置被 I/O 类型选项所覆盖。

(11) “未连接的从左到右”：该选项只有在选择了“端口方向”项后才有效。选中该复选框后，原理图中未连接的端口将显示为从左到右的方向。

2. “字母/数字后缀”区域栏

该区域栏主要用于设置多元件流水号的后缀。在原理图编辑过程中，有些元件是由多个元件组成，在放置元件当中必须用后缀对元件进行编号，通过该区域栏可以设置元件的后缀。

(1) “字母”：选中该单选框后，后缀以字母表示，如 A、B…。

(2) “数字”：选中该单选框后，后缀以数字表示，如 1、2、3…。

3. “引脚间距”区域栏

该区域栏用于设置元件的引脚号和名称与边界(元件的主图形)的距离。

(1) “名称”：在该编辑框中输入数值，可以设置元件引脚名称与元件边界的距离。

(2) “编号”：在该编辑框中输入数值，可以设置元件引脚号与元件边界的距离。

4. “默认电源元件名”区域栏

该区域栏中各操作项用来设置默认的电源的接地名称。

(1) “电源地”：该编辑框用来设置电源地名称，例如 GND。

(2) “信号地”：该编辑框用来设置信号地名称，例如 SGND。

(3) “接地”：该编辑框用来设置地球地名称，例如 EARTH。

5. “剪贴板和打印时包括” 区域栏

该区域栏的设置项用来设置粘贴和打印时的相关属性。

(1) “非 ERC 标记”：当选中该选项时，在复制设计对象到剪贴板或打印时，会包括非 ERC 标记。

(2) “参数组”：当选中该选项时，在复制设计对象到剪贴板或打印时，会包括参数组。

6．“用于过滤和选择的文档范围”区域栏

该区域栏用来选择应用到文档的过滤和选择的范围。可以分别选择应用到当前文档或任意打开的文档。

7．“放置时自动增量”区域栏

该区域栏用来设置放置元件时，元件号或元件的引脚号的自动增量大小。

(1) “主增量”：设置该项的值后，在放置元件时，元件号会按设置的值自动增加。

(2) “次增量”：该选项在编辑元件库时有效。设置该项的值后，在编辑元件库时，放置的引脚号会按设定的值自动增加。

8．“默认空白图纸尺寸”区域栏

该区域栏用来设置默认的空白原理图图纸的大小。用户可以在其下拉列表中选择图纸的型号，在下一次新建原理图文件时，就会自动选取所选择的默认图纸大小。

9．“默认”区域栏

该区域栏可以用来设置默认的模板文件。当设置了该文件后，下次进行新的原理图设计时，就会调用该模板文件来设置新文件的环境变量。单击“浏览”按钮可以从一个对话框中选择模板文件。单击“清除”按钮则清除模板文件。

3.4.2 设置图形编辑环境

通过设置图 3-8 所示对话框下的各选项，可以对图形的环境进行编辑。

1．“选项”区域栏

该区域栏可用于设置图形编辑环境的一些基本参数，设置如下。

(1) “剪贴板参考(L)”：选中该复选框后，当用户执行“编辑(E)/复制(C)”或“编辑(E)/裁剪(T)”命令时，将会被要求选择一个参考点，这对于复制一个将要粘贴回原位置的原理图很重要，该参考点粘贴时被保留部分的点。

(2) “加模板到剪贴板(P)”：选中该复选框后，当用户执行“编辑(E)/复制(C)”或“编辑(E)/裁剪(T)”命令时，系统将会把模板文件添加到剪贴印刷电路板上。

(3) “转换特殊字符串(V)”：选中该复选框后，用户可以在屏幕上看到特殊字符串的内容。

(4) “对象的中心(B)”：选中该复选框后，可以使对象通过参考点或对象的中心进行移动或拖动。

(5) “对象的电气热点(I)”：选中该复选框后，可以使对象通过与对象最近的电气点进行移动或拖动。

(6) “自动缩放(Z)”：选中该复选框后，当插入元件时，原理图可以自动实现缩放。

(7) “单一‘\’表示‘负’(S)”：选中该复选框后，可以以‘\’表示某字符为非或负。

(8) “双击运行检查器”：选中该复选框后，在一个设计对象上双击鼠标时，将会激活一个“检查器(Inspector)”对话框，而不是“对象属性”对话框。

(9) “确认选择存储器清除”：选中该复选框后，选择集存储空间可以用于保存一组对象的选择状态。为了防止一个选择集存储空间被覆盖，应该选择该选项。

(10) “标记手动参数”：当用一个点来显示参数时，这个点表示自动定位已经被关闭，并且这些参数被移动或旋转。选择该选项则显示这个点。

(11) “单击清除选择对象”：选中该复选框后，则用鼠标单击原理图的任何位置都可以取消设计对象的选中状态。

(12) “Shift 单击进行选择”：选中该复选框后，必须使用 Shift 键，同时使用鼠标才能选中对象。

2．“颜色选项”区域栏

该区域栏用于设置所选择的对象的颜色。

3．“自动摇景选项”区域栏

该区域栏中各操作项用来设置自动移动参数，即绘制原理图时，常常要平移图形，通过该区域栏可设置移动的速度和形式。

4．“光标”区域栏

该区域栏用来设置光标的类型。

5．“取消/重做”区域栏

该区域栏用来设置撤销操作和重新操作的最深堆栈次数。设置了该数目后，用户可以执行此数目的撤销和重新操作。

第 4 章 电路原理图设计提高

本章介绍绘制电路原理图的基本技术，内容主要包括：各种电路部件的放置方法及其属性设置；若干指示性标志与文字信息的放置方法及其属性设置；常用几何图形的绘制方法及其属性设置。最后通过一个电路图绘制实例，进一步学习电路原理图设计方面的相关知识，全面掌握绘制电路原理图的基本方法。

4.1 在图纸上放置电路部件

4.1.1 放置电路部件的途径

电路部件不仅包括各种元件、电源和连线等显示电气性质的元素，而且包括总线、总线引入线等非电气性质的元素，它们都是电路原理图中不可缺少的部件。

在图纸上放置电路部件时，一般有三种途径：执行菜单命令；利用工具按钮；使用快捷键。

1. 执行菜单命令放置电路部件

在电路图编辑窗口中，打开主菜单栏上的“放置(P)”菜单，其中与放置电路部件有关的操作命令如图 4-1 所示。利用这些菜单命令，可以在图纸上放置各种电路部件。

2. 利用工具按钮放置电路部件

为了操作方便，Prote1 2004 提供了如图 4-2 所示的“配线”工具栏。利用工具栏上的命令按钮，也可以在图纸上放置各种电路部件。

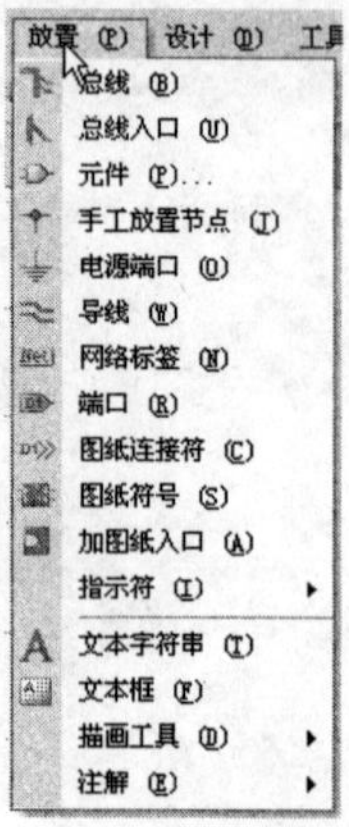

图 4-1 放置菜单

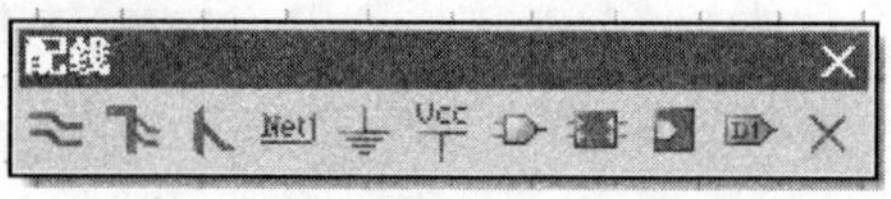

图 4-2 “配线”工具栏

3. 使用快捷键放置电路部件

在 Protel 2004 中，使用快捷键也可以在图纸上放置各种电路部件。

以上放置电路部件的各种途径以及它们之间的对应关系，如表 4-1 所示。

表 4-1　放置电路部件的各种途径及其对应关系

菜单命令	工具按钮	快捷键	命令功能
放置(P)/总线(B)		P-B	放置总线
放置(P)/总线入口(U)		P-U	放置总线入口线
放置(P)/元件(P)		P-P	放置元件
放置(P)/手工放置节点(J)	—	P-J	放置电气节点
放置(P)/电源端口(O)		P-O	放置电源对象
放置(P)/导线(W)		P-W	放置连接导线
放置(P)/网络标号(N)		P-N	放置网络标号
放置(P)/端口(R)		P-R	放置电路端口
放置(P)/图纸符号(S)		P-S	放置子图符号
放置(P)/加图纸入口(A)		P-A	放置子图入口

从以上述叙可知，绘制电路部件有三种不同的途径，读者可以根据本人的爱好与习惯选取。

4.1.2　放置元件

元件(Part)是电路图中最重要的部件。放置元件的过程，就是从激活的元件库里选择相应的图形样本，并把它布放在图纸上的过程。

利用上述三种不同途径放置电路部件的命令进行操作，是放置元件的基本方法。此外，还可以利用元件管理器或放置数字电路元件的工具栏进行操作。

1. 放置元件命令的启动

启动放置元件命令时，有以下几种不同的途径。

(1) 利用菜单命令：放置(P)/元件(P)。

(2) 使用快捷键：在键盘上按 P-P 键(即先按下 P 字母键，释放后再按下 P 字母键。其他快捷键操作方法与此相同)。

(3) 利用工具栏：单击“配线”工具栏上的按钮。

2. 放置元件一般操作过程

利用放置元件命令在图纸上绘制元件时，其操作过程如下：

(1) 启动放置元件命令后，首先弹出如图 4-3 所示的“放置元件”对话框。

图 4-3　“放置元件”对话框

(2) 在“库参考(L)”栏中，可以直接输入元件名称，即该元件在元件库里的图形样本名。

我们假设输入的元件名称为 SN74F00D。

(3) 在“标识符(D)”栏内，可以输入一个确定的元件编号，如“U1”等。也可保留原来的非确定格式，如“U?”等，留待以后人工或自动处理。

(4) 在“注释(C)”栏内，可以输入元件的具体型号，也可暂时取默认字符，留待属性编辑时再作修改。本例的元件类型取名与其元件名称相同，即 SN74F00D。

(5) 在“封装(F)”栏内系统自动产生“D014”封装形式。如果仅从绘制电路图的角度出发，而不考虑印刷电路板的设计，此栏也可不作选择。

(6) 在“零件 ID(P)”栏内，我们看到系统自动产生“A”字符，这是因为 SN74F00D 是一个“四 2 输入与非门”，如果打开它的隐藏式列表，我们可以看到有 A、B、C、D 四个字母供选择，这是 SN74F00D 的子元件的编号。

(7) 单击“确认”按钮后，光标变为十字形工作光标，上面悬挂着该元件的图形，如图 4-4 所示。

(8) 将光标移动到图纸上适当的位置后，单击左键或按下 Enter 键，便可将该元件放置在图纸上。

(9) 放置一个 SN74F00D 子元件后，可以看到，子元件的标识符为“U1A”，而在光标上仍悬挂着该元件的图形，但标识符变成了“U1B”，如图 4-5 所示。单击左键或按下 Enter 键，便可将 SN74F00D 的第二个子元件放置在图纸上。以此类推，直到完成第四个子元件的放置。

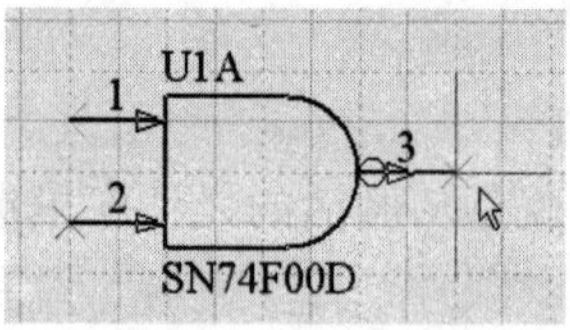

图 4-4　放置元件

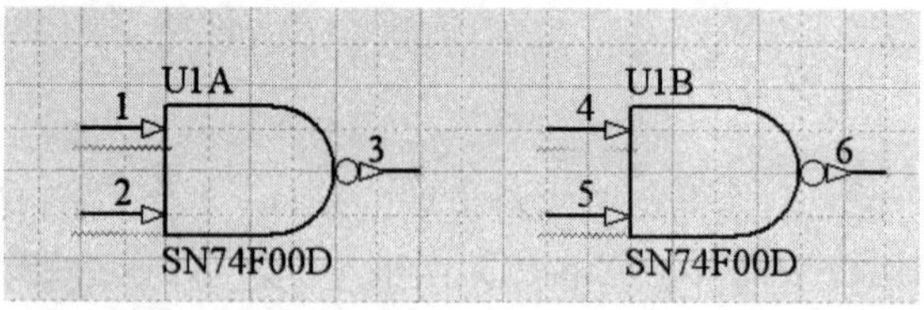

图 4-5　放置相同子元件

(10) 放置完一个元件后，系统自动递增元件的标识符，如图 4-6 所示。若要继续放置该元件，只需单击左键或按下 Enter 键，便可将第二个 SN74F00D 元件放置在图纸上。

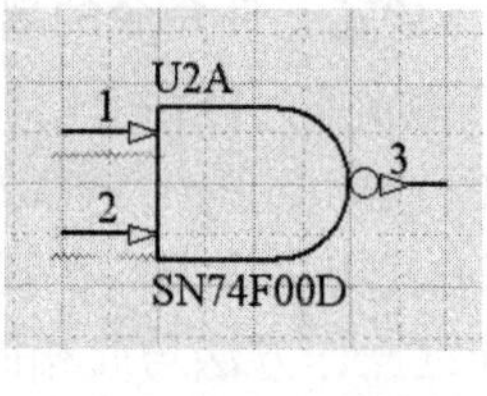

图 4-6　元件标识符的自动递增

(11) 若要放置名称不同的另一种元件，单击鼠标的右键，出现如图 4-3 的对话框，重复以上各过程，便可将所需元件放置在图纸上。

(12) 若要结束放置元件操作，应单击对话框中的“取消”按钮，或者按下 Esc 键。

3. 利用元件管理器放置元件

利用元件管理器放置元件的步骤如下：

(1) 利用菜单的“设计(D)/浏览元件库(B)”命令打开元件管理器，使之处于元件管理状态，如图 4-7 所示，同时激活所需要的元件库。

(2) 在元件管理器上半部的列表中选定一个元件库，该库包含的全部元件名便显示在元件管理器下半部的列表中。为了快速查找元件，可在“*”栏内输入过滤条件，以便只将那些符合条件的元件筛选出来，并显示在列表中。例如可以在图 4-7 中输入“ca”表示将电容器元件过滤出来。

(3) 在元件管理器下半部的列表中，选定待放置的元件(例如 Cap)，再单击右上方“Place Cap”按钮，或者直接双击该元件，此时光标变为十字形工作光标，上面悬挂着该元件的图形。

(4) 将光标移动到图纸上适当的位置，单击鼠标左键，便可将该元件放置在图纸上。

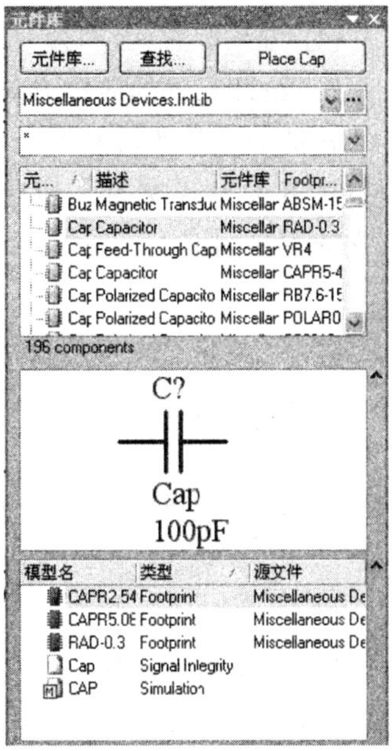

图 4-7　元件管理状态

(5) 若要继续放置同一种元件，则应重复第(4)步的操作；若要放置另一种元件，则应重复执行第(2)、(3)、(4)步的操作。否则，在图纸上单击鼠标右键或者按下 Esc 键，结束放置元件的操作。

4. 利用数字式设备工具栏放置元件

在电路图编辑窗口中，打开“查看(V)/工具栏(T)”菜单，选定“实用工具”便可打开数字式设备工具栏，如图 4-8 所示。

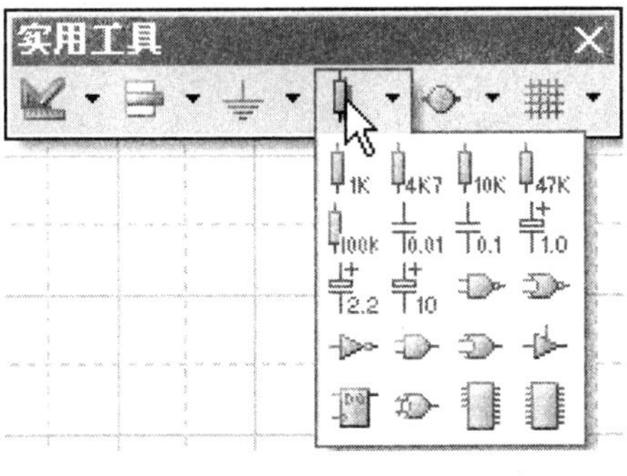

图 4-8　数字式设备工具栏

在数字式设备工具栏中，系统提供了放置元件的 20 种工具按钮，包括常用规格的电阻、电容、与非门、或非门、非门、与门、或门、三态门、数字信号触发器、异或门、3-8 线译码器和总线传输器等。利用数字式设备工具栏放置这些元件时，不需要预先载入元件库。

利用数字式设备工具栏放置元件的过程如下：

(1) 保证数字式设备工具栏处于打开状态。

(2) 在数字式设备工具栏上，用鼠标单击相应元件的按钮。此时，光标变为十字形工作光标，上面悬挂着该元件的图形。

(3) 将光标移动到图纸上适当的位置，单击鼠标左键，便可将该元件放置在图纸上。

(4) 继续放置元件时，重复执行第(2)、(3)步的操作。

5．改变元件的放置方向

在放置元件的状态下，每按下空格键一次，悬浮在光标上的元件便逆时针旋转 90°；也可按下 X 键或 Y 键，使其在水平或垂直方向翻转。当元件的方向满足要求时，移动光标将它放置在图纸上。元件的各种放置方向如图 4-9 所示。

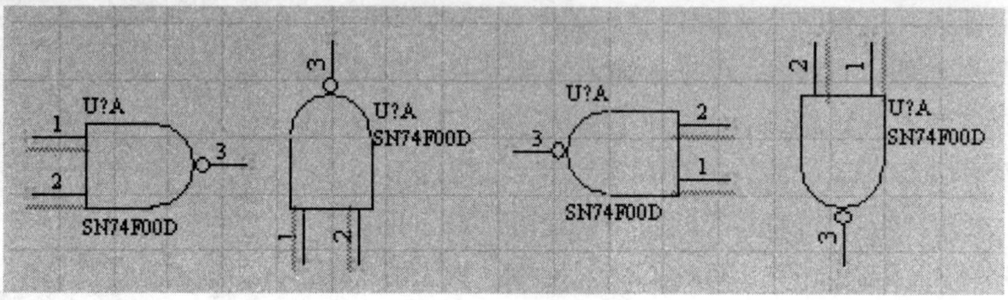

图 4-9　元件的各种放置方向

6．设置元件属性

在放置元件的状态下，按下 Tab 键或双击已放置的元件，可弹出如图 4-10 所示的“元件属性”对话框。这个属性对话框的各选项说明如下。

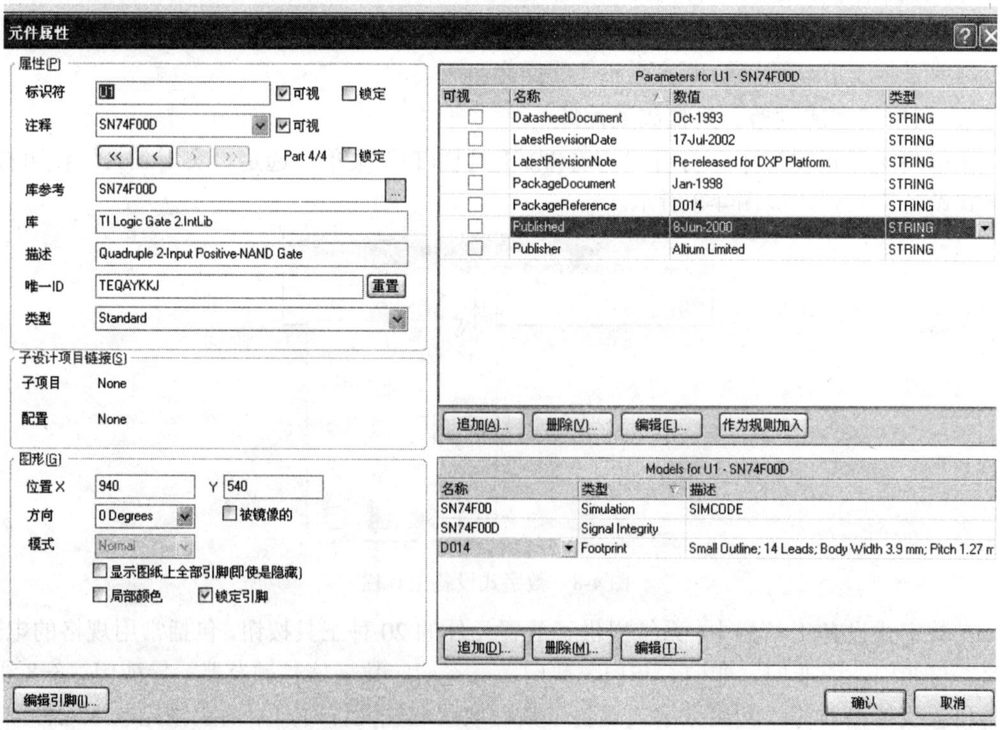

图 4-10　“元件属性”对话框

1)　“属性(P)”区域栏

在该区域栏内可设定元件的属性，各项含义如下。

(1)　“标识符”栏：此项主要用来给当前元件分配标识(编号)，这样就可以方便地区分原理图上不同的元件。其右边的“可视”复选项用来设定是否在图纸上显示该元件的标识符。

(2) “注释”栏：用来描述元件。用户可以在该输入栏直接输入字符串，也可以单击下拉箭头按钮从下拉列表中选择一个参数。其右边的“可视”复选项用来设定是否在图纸上显示该元件的注释项。

(3) “Part”栏：该项只对多组件的器件起作用，可以用来调整当前组件在整个器件中的序号。单击小箭头可将当前组件调整为第二个或任意一个。

(4) “库参考”栏：显示当前元件在库文件中的元件名，实际上就是要放置的元件。

(5) “库”栏：显示当前元件所用的库文件名。

(6) “描述”栏：对当前元件进行描述，一般用来说明元件的功能。允许用户修改。

(7) “唯一 ID”栏：是由系统产生的当前元件的特殊识别码。允许用户输入一个新值或按 Reset 按钮产生一个新值，然后将该元件链接到与之相关联的 PCB 封装。

(8) “类型”栏：默认。

2) “子设计项目链接(S)”区域栏

在该项目栏中，可以输入一个链接到当前原理图元件的子设计项目文件。子设计项目可以是一个可编程的逻辑元件，或者是一张子原理图。

3) “图形(G)”区域栏

在该区域栏内可设置元件的图形参数，各项含义如下。

(1) “位置”栏：用来设置元件的左上方相对于图纸的左下方的坐标，单位为 mil。

(2) “方向”栏：用来设置元件的放置角度，单击右边的下拉箭头按钮，可以从下拉列表中选取 0°、90°、180°、270° 中的一种。

(3) “被镜像的”栏：用来选择元件是否关于 X 轴对称，当钩选该复选项时，显示为对称方式。

(4) “显示图纸上全部引脚(即使是隐藏)”栏：如果选中此项，屏幕上会显示出元件的所有管脚，不论其管脚是否隐藏。

(5) “局部颜色”栏：如果选中此项，则对话框会增加“填充”、“直线”、“引脚”等新的内容。通过这些内容可以分别设定其局部颜色。

(6) “锁定引脚”栏：选中此项后，Protel 2004 会将元件的引脚锁定，以防止管脚的属性被意外修改。

4) “Parameters…”区域栏

这一部分区域主要包含一组变量，用来设置元件、管脚、端口及子图符号等参数。单击“追加(A)”按钮可以增加一个新变量，单击“删除(V)”按钮则可删除变量，单击“编辑(T)”按钮则可以对所选择的变量进行编辑。

5) “Models…”区域栏

在这个区域内除了可以设置元件的封装形式以外，还可以指定与原理图符号相关联的混合信号方针模块、PCB 封装及信号的完整性分析等模块。

(1) 设置元件的封装。如果元件的引脚封装需要重新定义或在绘制原理图时没有封装，则要对元件的引脚进行重新封装。在“Models”区域栏单击“追加(D)”按钮，出现“加新的模型”的对话框，如图 4-11 所示。

在该对话框的“模型类型”栏中选择“Footprint”项，单击“确认”按钮，出现“PCB 模型”对话框，如图 4-12 所示。单击图 4-12 中的“浏览(B)”按钮，出现“库浏览”对话框，如图 4-13 所示。

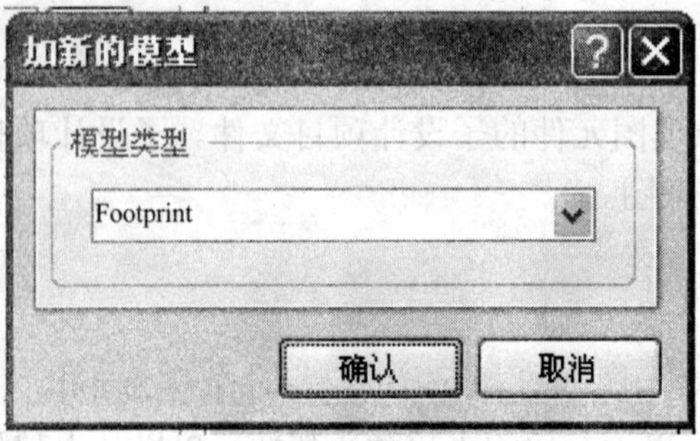

图 4-11 “加新的模型”对话框

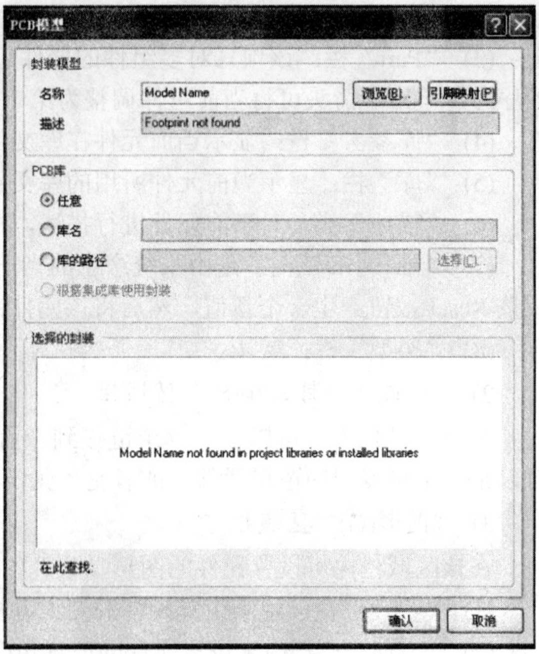

图 4-12 “PCB 模型”对话框

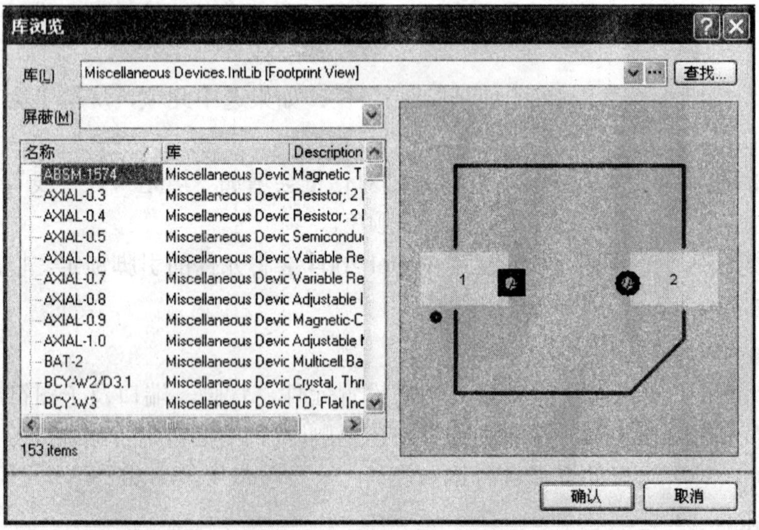

图 4-13 “库浏览”对话框

在图 4-13 中，用户可以根据需要给元件选择合适的封装，然后单击“确认”按钮即可。

(2) 设置元件的仿真属性。图 4-11 中，在“模型类型”栏中选择“Simulation”项，然后单击“确认”按钮，出现“Sim Model”对话框，具体设置参见第 13 章的 13.2 节内容。

4.1.3　放置导线

导线是具有电气意义的部件，用来实现各个电气部件之间的相互连接。导线并非普通直线。

1．放置导线命令的启动

启动放置导线命令时，有以下几种不同的途径。

(1) 利用菜单命令：放置(P)/导线(W)。

(2) 使用快捷键：　按 P-W 键。

(3) 利用工具栏：单击“配线”工具栏上的 ≈ 按钮。

2．放置导线的一般过程

在图纸上放置导线的一般过程如下：

(1) 启动放置导线命令，光标变为十字形工作光标，表示进入放置导线的状态。

(2) 先将光标移动到该导线的起点，若附近有元件的引脚等电气热点，光标便被吸引过去，如图 4-14 所示；单击鼠标左键定位。

(3) 再将光标移动到下一个折点(或者导线的终点)，同样，若附近有元件的引脚等电气热点，光标便被吸引过去，如图 4-15 所示；单击鼠标左键，便可放置一条导线。绘制连续导线时，则以此折点为新的起点，继续移动鼠标并重复以上操作，如图 4-16 所示。

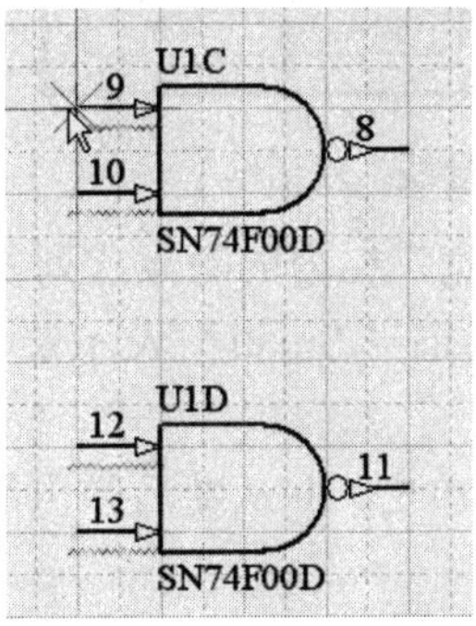

图 4-14　起点处的光标

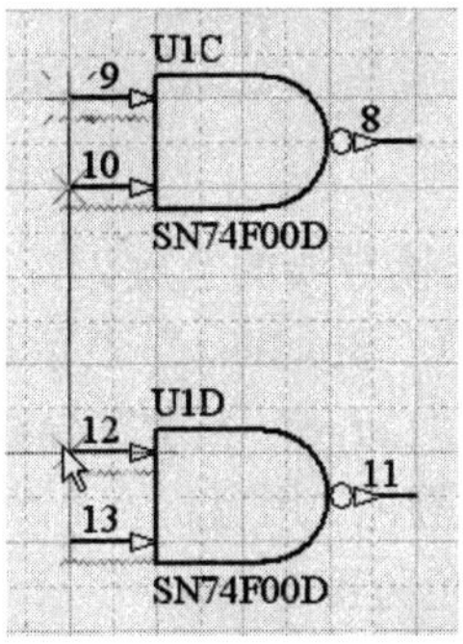

图 4-15　起点与终点连线

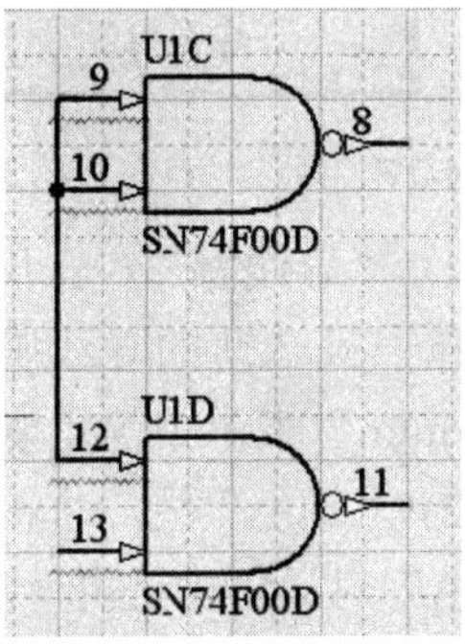

图 4-16　绘制连续导线

(4) 如果不打算绘制连续的导线，应在放置好一条导线后，按下 Esc 键或者单击鼠标右键，表示要以另一个点为起点，放置另一条导线。

(5) 放置完所有导线之后，按下 Esc 键或者单击鼠标右键，便可结束放置导线的操作。

3．改变导线走线模式

在放置导线命令的状态下，每按空格键一次，可以改变一种走线模式。导线的走线模式从状态栏上的提示信息可以看出，它们的具体含义解释如下。

(1) Any Angle：任意角度走线。

(2) Auto Wire：自动走线。

(3) 90 Degree Start：90° 起始。

(4) 90 Degree end：90° 终止。

(5) 45 Degree Start：45° 起始。

(6) 45 Degree end：45° 终止。

4．自动走线选项设置

在自动走线模式下，只要指定导线的起点与终点，不需要考虑它们之间如何走线，系统将会按照最佳的方法走线。当走线模式处于自动走线模式时，按下 Tab 键，可弹出如图 4-17 所示的对话框。

在这个对话框中，可以对以下选项进行设置。

(1) “超时设定”栏：在“超时设定”栏内输入对超时时间的设置值，以秒为单位。在自动走线时，若计时超过此处设置的时限，将不一定按照最优化的方式走线。

(2) “避免剪断导线”栏：在“避免剪断导线”栏中，用鼠标拖动滑动块，可将走线时自动切断导线的优先级别由低(L)调高(H)。

当走线模式处于非自动走线模式时，按下 Tab 键，可弹出如图 4-18 所示的“导线”对话框。在这个对话框中，可以对导线的以下属性进行设置。

图 4-17 “点对点布线器选项”对话框

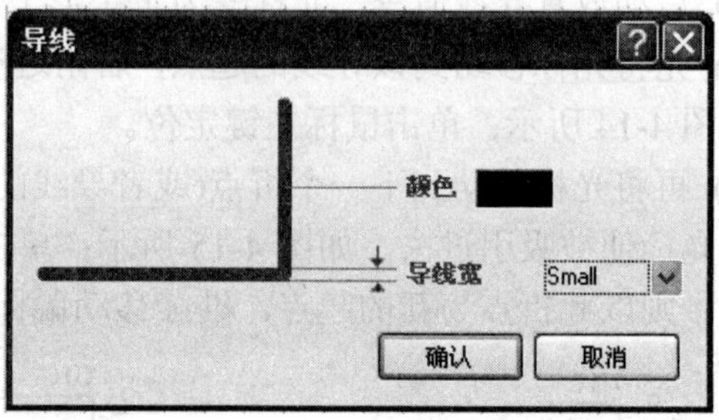

图 4-18 “导线”对话框

(1) “导线宽”栏：用来设置连接导线的宽度。打开“导线宽”栏内的隐藏式列表，从中选择一种合适的导线宽度。其中“Smallest”表示最窄的导线；“Small”表示窄导线；“Medium”表示中等宽度的导线；“Large”表示宽导线。

(2) “颜色”栏：用来设置导线颜色。用鼠标在“颜色”栏内单击，并从随后弹出的“选择颜色”对话框中选择一种标准配色方案。

设置完毕后按“确认”键即可。

4.1.4 放置总线

总线是具有相关特性的一组线条，如数据总线、地址总线和控制总线等。总线本身并不具备电气意义，它在电气上的连接是由总线引入线上的网络标号决定的。使用总线的好处在于，简化图纸结构，使信号线的走向和整体布局清晰明了。

1．放置总线命令的启动

启动放置总线命令时，有以下几种不同的途径。

(1) 利用菜单命令：放置(P)/总线(B)。

(2) 使用快捷键：按 P-B 键。

(3) 利用工具栏：单击“配线”工具栏上的 按钮。

2．放置总线过程

在图纸上放置总线的一般过程如下：

(1) 启动放置总线命令，光标变为十字形工作光标，这表示进入放置总线的状态。

(2) 先将光标移动到待放置总线的起点，单击鼠标左键定位。

(3) 再将光标移动到下一个折点(或者总线的终点)，单击鼠标左键，便可放置一条总线。绘制连续总线时，则以此折点为新的起点，继续移动鼠标并重复以上操作。如果不打算绘制连续总线，则应在放置好一条总线后，按下Esc键或者单击鼠标右键，表示要以另一个点为起点，放置另一条总线。

(4) 放置完所有总线之后，按下Esc键或者单击鼠标右键，便可结束放置总线的操作。此时，光标将恢复为普通形式的光标。图4-19所示为在SN74F00D旁边放置好的两条总线。

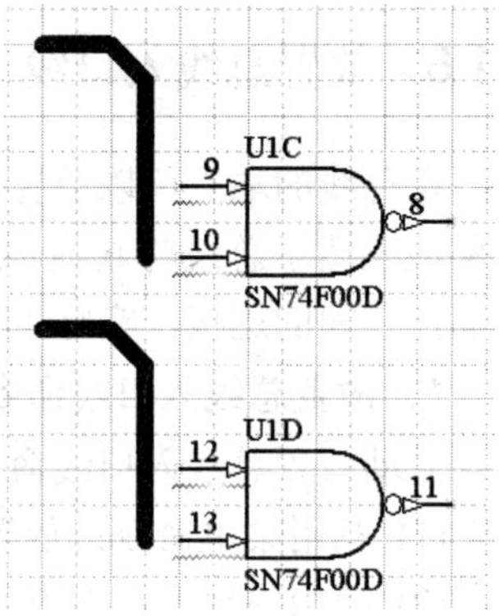

图4-19 放置好的总线

3. 改变总线走线模式

在执行放置总线命令的状态下，每按一次空格键，可以设置一种总线的走线模式。总线的走线模式从状态栏上的提示信息中可以看到，它们的含义与改变导线走线模式完全相同。总线在转弯时采用45°走线模式。

4. 自动走线设置

在自动走线模式下，只要指定总线的起点与终点，就不需要考虑它们之间如何走线，系统将会按照最佳的方法走线。

当走线模式处于自动走线方式时，若按下Tab键，可弹出如图4-17所示的对话框。在该对话框中，也可以如同设置导线自动走线一样，设置总线的超时时间和避免剪断导线等。

5. 总线属性设置

当走线模式处于非自动走线方式时，按下Tab键，可弹出如图4-20所示的对话框。在这个对话框中，可以对总线的各种属性进行设置。设置的内容包括：总线宽度、总线颜色等，它们的含义及设置方法，与导线的属性设置完全相同。

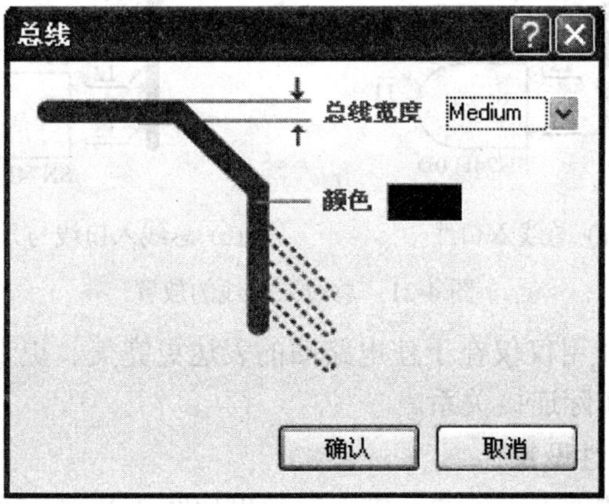

图4-20 “总线”对话框

在设置总线属性的过程中，若单击“取消”按钮，则表示放弃本次对总线属性的设置；若单击“确认”按钮，则关闭对话框，并使各项设置生效。

4.1.5　放置总线入口线

在总线的端点可以放置一组 45° 方向的短斜线，它们被称为总线入口线。总线入口线形象地表达了总线与其他部件的连接情况，总线入口线本身也不具备电气意义。总线与其他部件之间的连接，实际上是通过网络标号来实现的。

1．放置总线入口线命令的启动

启动放置总线入口线命令时，有以下几种不同的途径。

(1) 利用菜单命令：放置(P)/总线入口(U)。

(2) 使用快捷键：按 P-U 键。

(3) 利用工具栏：单击“配线”工具栏上的按钮。

2．放置总线入口线的过程

放置总线入口线的一般过程如下。

(1) 启动放置总线入口线命令，光标变成十字形工作光标，同时在光标上悬浮一条 45°(或 135°，205°，305°)的短斜线，即为总线入口线，如图 4-21(a)所示。

(2) 每按一次空格键，可使总线入口线的方向变化一次，以便适应绘图的需要。

(3) 将光标移到要放置总线入口线的总线附近，单击鼠标左键，即可放置一条总线入口线。

(4) 按照同样的方法，可以在总线上放置多条总线入口线，并用导线将总线入口线与元件引脚连接起来，如图 4-21(b)所示。

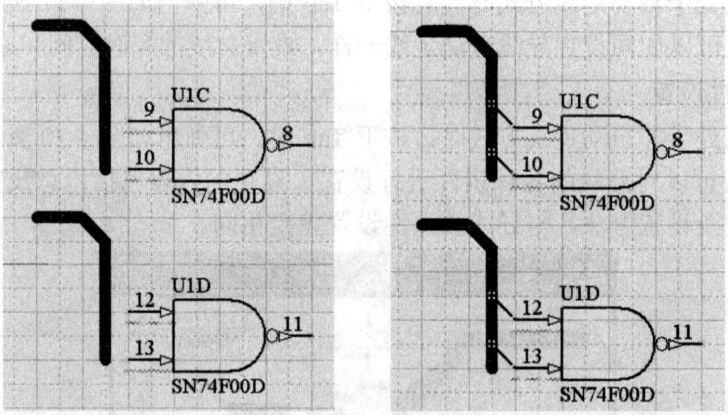

(a) 总线入口线　　(b) 总线入口线与元件的连接

图 4-21　总线入口线的放置

放置总线入口线的作用仅仅在于使电路图的表达更完美、更专业，但有没有总线入口线，并不影响电路图的实际连接关系。

3．总线入口线的属性设置

在放置总线入口线状态下，按 Tab 键，可弹出如图 4-22 所示的属性设置对话框。总线入口线的属性设置主要有以下内容。

(1) X1：总线入口线第一个点的横向坐标值。

(2) Y1：总线入口线第一个点的纵向坐标值。

(3) X2：总线入口线第二个点的横向坐标值。

(4) Y2：总线入口线第二个点的纵向坐标值。

(5) “线宽”：总线入口线宽度。打开“线宽”栏内的隐藏式列表，从中选择一种合适的连线宽度。其中“Smallest”表示最窄的连线；“Small”表示窄连线；“Medium”表示中等宽度的连线；“Large”表示宽连线。

(6) “颜色”：总线入口线颜色。用鼠标在“颜色”栏内单击，并从随后弹出的“颜色选择”对话框中选择一种颜色方案。

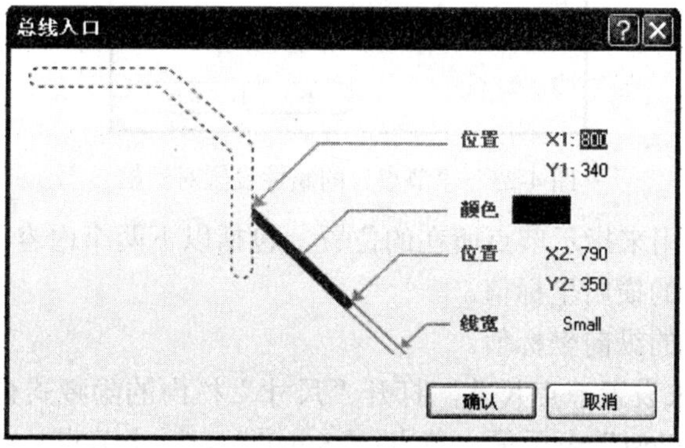

图 4-22　“总线入口”的属性设置对话框

4.1.6　放置节点

导线交叉处的电连接点称为节点。当两条导线成“T”形交叉时，只有在它们的交叉点手动或自动放置一个节点，才能实现二者之间的真正互连。当两条导线成“十”字形交叉时，只有在它们的交叉点手动放置一个节点，才能实现二者之间的电气互连。

1．放置节点命令的启动

启动放置节点命令时，有以下几种不同的途径。

(1) 利用菜单命令：放置(P)/手工放置节点(J)。

(2) 使用快捷键：按 P-J 键。

2．放置节点的过程

在图纸上放置节点的一般过程如下：

(1) 启动放置节点的命令，光标变为十字形工作光标，其中心悬挂着一个小圆点。

(2) 移动光标，在需要放置节点的位置上单击鼠标左键，即可放置一个节点。依次类推，可以继续在其他位置放置多个节点。

(3) 结束放置节点的命令时，按下 Esc 键或者单击鼠标右键。

3．节点的属性设置

在放置节点状态下，按 Tab 键，可弹出如图 4-23 所示的对话框。

节点的属性设置包括以下内容：

(1) “颜色”栏：用来设置节点颜色。用鼠标在“颜色”栏内单击，并从随后弹出的“选择颜色”对话框中选择节点的颜色。

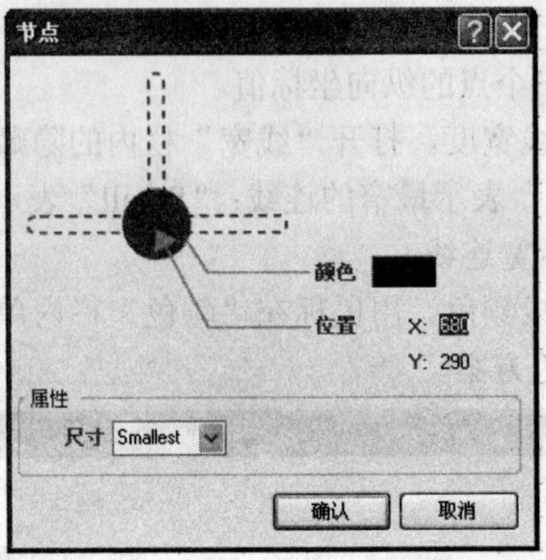

图 4-23 “节点”的属性设置对话框

(2) “位置”栏：用来指示节点所在的位置，包括以下两个内容。

X：节点所在位置的横向坐标值。

Y：节点所在位置的纵向坐标值。

(3) “尺寸”：用来设置节点尺寸。打开“尺寸”栏内的隐藏式列表，从中选择节点的尺寸大小。其中“Smallest”表示最小节点；“Small”表示小节点；“Medium”表示中等大小的节点；“Large”表示大节点。

4.1.7 放置电源对象

在图纸上放置电源对象时，可以有两种不同的方法：利用放置电源对象命令进行操作；利用放置电源对象工具栏进行操作。利用第一种方法放置电源对象时，必须明确区分电源对象的种类，即所放置的对象究竟是电源符号还是接地符号。这一点，可以通过网络名称将它们加以区分。此外，还需选择电源对象的图形样式。如果利用第二种方法放置电源对象，在选择放置对象时便已确定了电源对象的种类和图形样式。

1. 放置电源对象命令的启动

启动放置电源对象命令，可有以下几种途径。

(1) 利用菜单命令：放置(P)/电源端口(O)。

(2) 使用快捷键：按 P-O 键。

(3) 利用连线工具栏：单击“配线”工具栏上的 ⏚ 按钮。

2. 放置电源对象的一般方法

在图纸上放置电源对象的一般方法如下：

(1) 启动放置电源对象命令，光标变为十字形工作光标，上面悬挂一个电源或接地符号，如图 4-24 所示。

(2) 将光标移动到待放置电源或接地对象的位置上，单击鼠标左键，即可放置一个电源符号或接地符号。该电源对象的性质与形状由电源对象的属性设置确定。

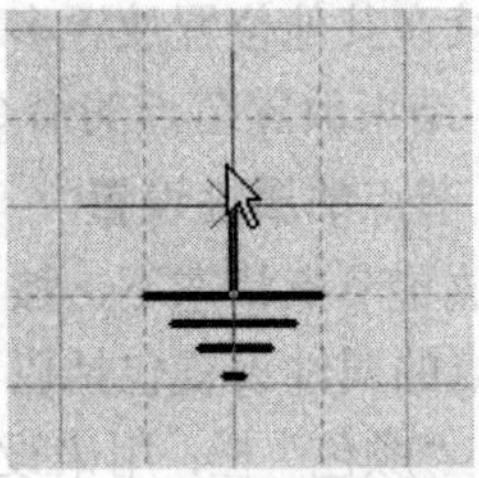

图 4-24 悬挂有接地符号的十字形光标

(3) 重复第(2)步操作，可以连续放置多个电源对象。

(4) 结束放置电源对象操作时，按下 Esc 键或者单击鼠标右键。

3. 利用“实用工具”栏进行操作

(1) 在“实用工具”栏中点击⏚按钮，出现如图 4-25 所示的电源图例。

(2) 在电源图例中，用鼠标单击相应对象的按钮。此时，光标变为十字形工作光标，上面悬挂着该对象的图形。

(3) 将光标移动到图纸上适当的位置，单击鼠标左键，便可将该符号放置在图纸上。

(4) 继续放置电源或接地符号时，重复执行第(2)、(3)步操作。

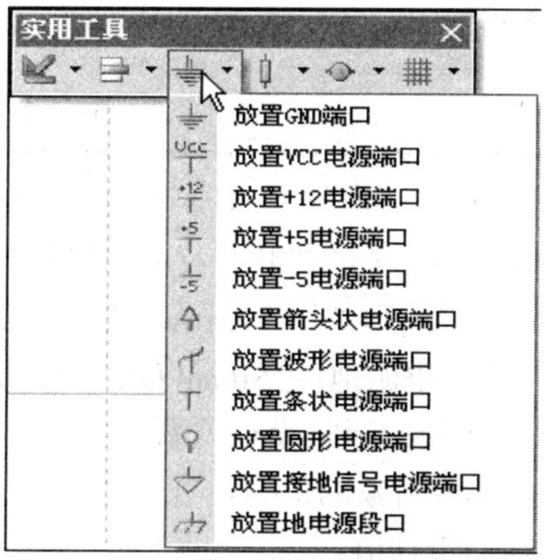

图 4-25　电源图例

4. 改变电源对象放置方向

进入放置电源对象状态后，每按一次空格键，可以改变一次电源对象的放置方向。同一种电源对象的各种不同的放置方向如图 4-26 所示。

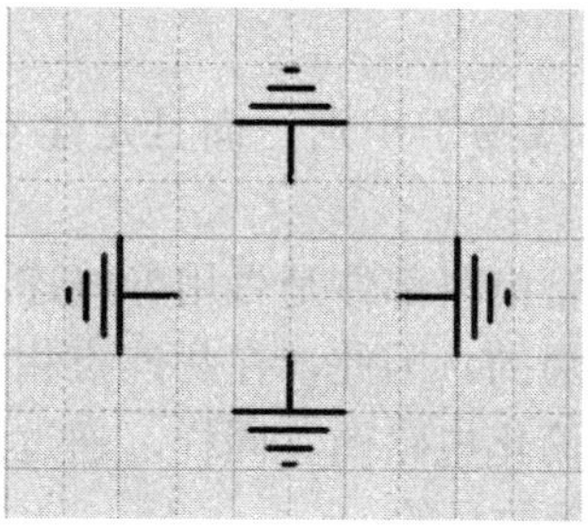

图 4-26　电源的各种放置方向

5. 电源对象的属性设置

在执行放置电源对象命令的状态下，按 Tab 键，可弹出如图 4-27 所示的属性设置对话框。利用这个对话框，可以设置电源对象的各种属性。

(1) “颜色”栏：用来设置电源对象的颜色。用鼠标在“颜色”栏内单击，并从随后弹出的“选择颜色”对话框中选择电源对象的颜色。

(2) “网络”栏：用来设置电源对象的名称。例如 GND(电源地)，EARTH(大地)，SGND(信号地)，VCC(电源)等。电源对象的名称是电源或地线的唯一标识符，名称相同的电源或地线在电气上一定是相连的。

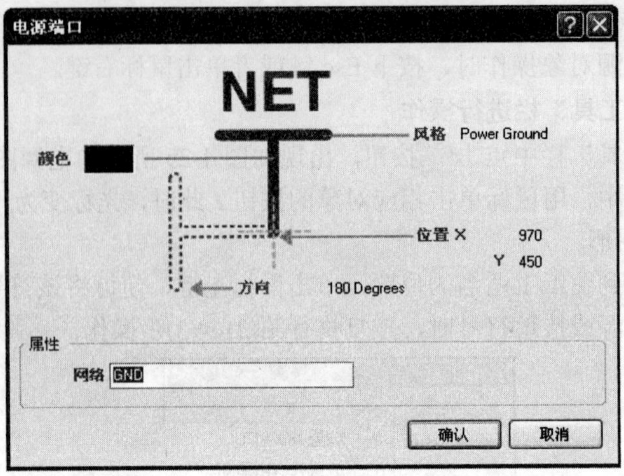

图 4-27 “电源端口”的属性设置对话框

(3) “风格”栏：用来设置电源对象的形状。打开“风格”栏内的隐藏式列表，从中选择电源对象的形状。其中，“Circle”表示圆圈；“Arrow”表示箭头；“Bar”表示条状；“Wave”表示波浪状；“Power Ground”表示电源地；“Signal Ground”表示信号地；“Earth”表示大地。电源对象的连接关系与其所采用的形状没有关系。

(4) “位置”栏：用来指示电源对象的位置。

X：电源对象所在位置的横向坐标值。

Y：电源对象所在位置的纵向坐标值。

(5) “方向”栏：电源对象放置的方向。打开“方向”栏内的隐藏式列表，从中选择电源对象的放置方向。可供选择的放置方向有 0°、90°、180° 和 270°。

4.1.8 放置网络标号

网络标号不仅使网络或者总线易于识别，而且是建立电路部件之间相互连接的重要依据。

在同一张电路原理图中，不管电路部件是否用导线连在一起，只要是具有相同的网络标号名称的点，在电气上都是相通的。因此，在相连点相距较远不便直接走线时，可以利用网络标号来代替物理连线，以简化电路图。同样，通过总线相连接的各条导线也必须通过网络标号才能真正达到电气连接的目的。

在同一设计项目中，不同图纸上的同名网络是否在电气上相通，取决于设计者在生成网络表时对网络标号作用范围的设置。

1. 放置网络标号命令的启动

启动放置网络标号命令，有以下几种不同的途径。

(1) 利用菜单命令：放置(P)/网络标签(N)。

(2) 使用快捷键：按 P-N 键。

(3) 利用工具栏：单击“配线”工具栏上的 Net1 按钮。

2. 放置网络标号的过程

在图纸上放置网络标号的一般过程如下：

(1) 启动放置网络标号命令，光标变为十字形工作光标，上面悬挂着一个虚线方框，如图 4-28 所示。

(2) 在放置网络标号的状态下，每按一次空格键，可以改变一次网络标号的放置方向。在没有给网络标号命名之前，可暂时取其默认名，如“NetLabel1”、“NetLabel2”等，也可按 Tab 键并在其属性设置对话框中，输入该网络标号的名称。

(3) 将光标移到待放置网络标号的位置上，单击鼠标左键，即可放置一个网络标号。但应注意，一定要将网络标号的基准点放在所属的导线或总线上，否则，网络标号与该连线无关。

(4) 按照同样的方法，可继续在其他位置放置多个网络标号，如图 4-29 所示。

(5) 不再放置网络标号时，按下 Esc 键或单击鼠标右键，结束放置网络标号命令的执行。

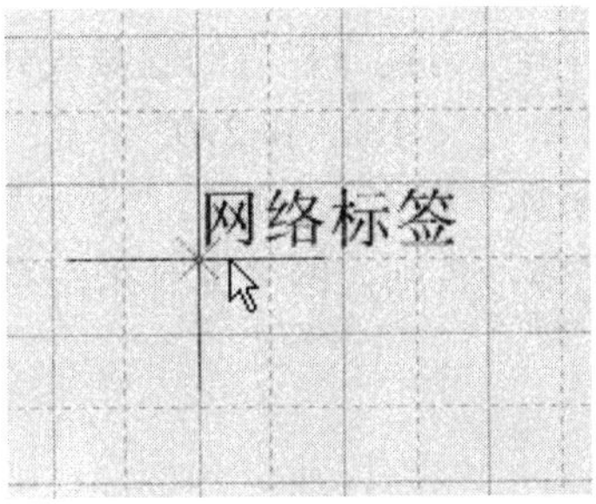

图 4-28　悬挂虚线框的光标

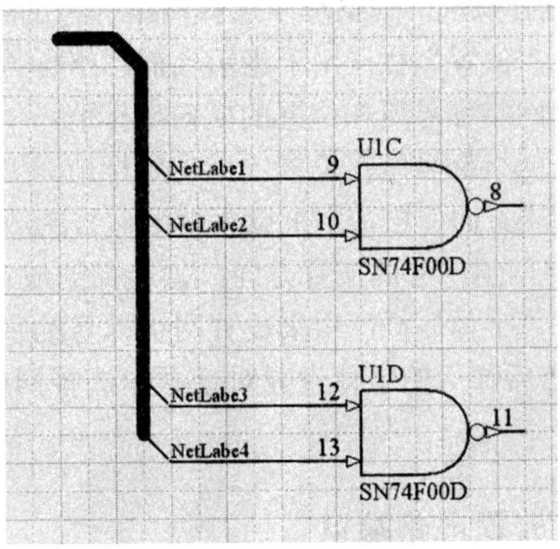

图 4-29　多个网络标号的放置

3. 网络标号的属性设置

在执行放置网络标号命令的状态下，按 Tab 键，可弹出如图 4-30 所示的属性设置对话框。

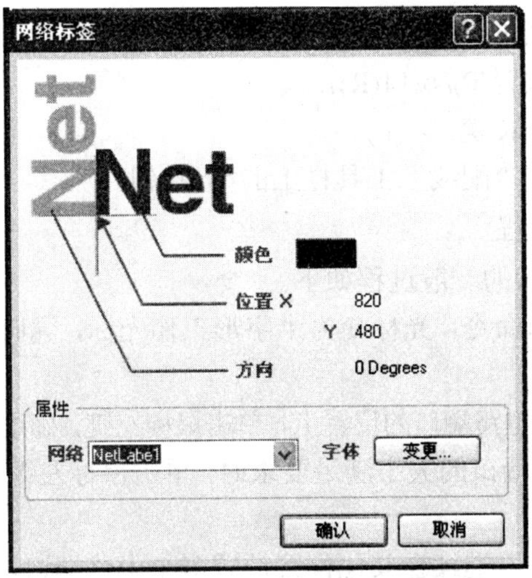

图 4-30　网络标号的属性设置对话框

利用这个对话框，可以设置网络标号的以下属性。

(1) “网络”栏：用来设置网络标号名称。在“网络”栏内可以直接输入网络标号的名称，也可以选择一种通用标识符作为网络标号的名称，例如，Vcc，Gnd，Input，Output 等。

若上次放置的网络标号不是以数字结尾，则再次放置的网络标号与上次放置的网络标号相同；若上次放置的网络标号以数字结尾，则再次放置的网络标号与上次放置的网络标号中的字符相同，而数字自动递增。例如，上次放置的网络标号是 NetLabell，再次放置时的网络标号便是 NetLabel2，依次类推。

在输入网络标号名称时，若在字符后面加一个反斜杠“\”，则该字符放置在图纸上时，其上面就会显示一个横线，表示“逻辑非”或低电平信号。

(2) “颜色”栏：用来设置网络标号的颜色。用鼠标在“颜色”栏内单击，并从随后弹出的“选择颜色”对话框中选择网络标号的颜色。

(3) “位置”栏：用于指示当前网络标号的位置。

X：网络标号所在位置的横向坐标值。

Y：网络标号所在位置的纵向坐标值。

(4) “方向”栏：用来设置网络标号的放置方向。打开“方向”栏内的隐藏式列表，从中可选择网络标号的放置方向。供选择的放置方向有 0°、9°、180° 和 270°。

(5) “字体”栏：用来设置网络标号的字体。在“字体”栏内，若单击“变更”按钮，便可从随后弹出的字体设置对话框中选择网络标号的字体，否则，网络标号采用系统默认的字体。

4.1.9 放置电路端口

电路端口就是电路图的输入/输出接口，它是一个网络与另一个网络之间建立电气互连的纽带。如果将电路端口的作用范围设置为全局有效，那么，同一个设计项目内的各张图纸，具有相同名称的那些电路端口，它们在电气上一定是相连的。

1. 放置电路端口命令的启动

启动放置电路端口命令的方法有以下几种。

(1) 利用菜单命令：放置(P)/端口(R)。

(2) 利用快捷键：按 P-R 键。

(3) 利用工具栏：单击“配线”工具栏上的  按钮。

2. 放置电路端口的过程

在图纸上放置电路端口的一般过程如下。

(1) 启动放置电路端口命令，光标变为十字形工作光标，同时光标上还悬挂着一个电路端口符号，如图 4-31 所示。

(2) 将光标移到待放置电路端口的位置上，单击鼠标左键，确定电路端口符号一侧的位置。

(3) 继续移动光标，当端口的大小满足要求时，单击鼠标左键，即可放置一个电路端口，如图 4-32 所示。

(4) 按照同样的方法，可继续在其他位置放置多个电路端口。

(5) 不再放置电路端口时，按下 Esc 键或单击鼠标右键，结束放置电路端口命令的执行。

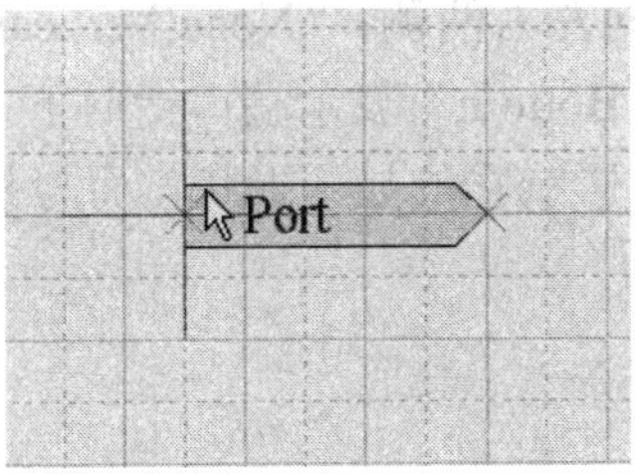

图 4-31　悬挂电路端口符号的光标

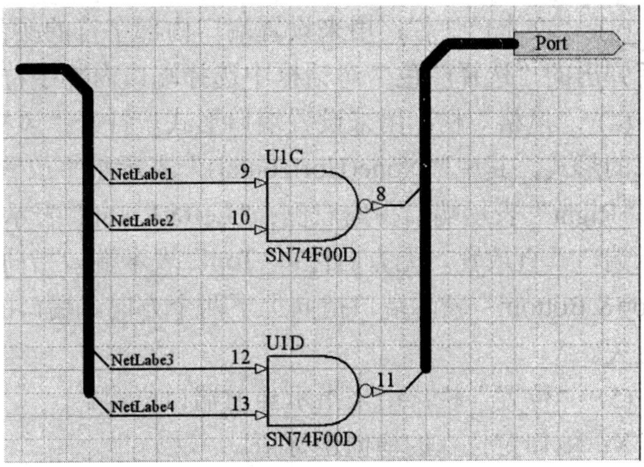

图 4-32　电路端口的放置

3. 电路端口的属性设置

在执行放置电路端口命令的状态下，按 Tab 键，可弹出如图 4-33 所示的“端口属性”对话框。

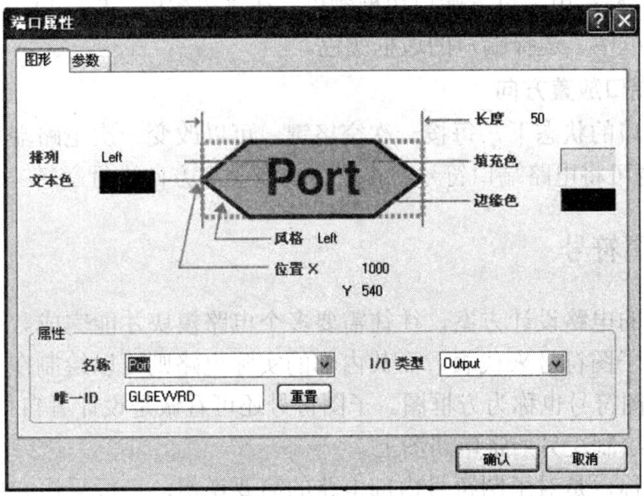

图 4-33　“端口属性”对话框

利用这个对话框，可以设置电路端口的以下属性。

(1) “属性”区域栏。

• “名称”栏：用来设置端口名称。在“名称”栏中，输入或选择端口的名称。端口名称决定它与哪个网络在电气上是互连关系。

• “I/O 类型”栏：用来设置输入/输出类型。打开“I/O 类型”栏内的隐藏式列表，从中选择端口的输入/输出类型。其中，“Unspecified”表示不标明输入/输出类型；“Output”表示输出型端口；“Input”表示输入型端口；“Bidirectional”表示双向型端口。端口的输入/输出类型主要用于电气法则检查(ERC)。

(2) “排列”栏：用来设置端口名称在端口符号中的位置。打开“排列”栏内的隐藏式列表，从中选择端口名称在端口符号中的放置位置。其中，“Center”表示居中；“Left”表示左对齐；“Right”表示右对齐。

(3) “文本色”栏：用来设置端口内部字符的颜色。用鼠标在“颜色”栏内单击，并从随后弹出的“选择颜色”对话框中选择端口内部字符的颜色。

(4) “风格”栏：用来设置端口形式。打开“风格”栏内的隐藏式列表，从中选择一种端口的形式。其中“None(Horizontal)”表示水平放置，无方向性；“Left”表示端口指向左侧；“Right”表示端口指向右侧；“Left&Right”表示端口指向左右两侧；“None(Vertical)”表示端口垂直放置，无方向性；“Top”表示端口指向上方；“Bottom”表示端口指向下方；“Top&Bottom”表示端口指向上下两个方向。端口的形式只影响它的显示形状，而与其内容无关。

(5) “位置”栏：用来指示当前端口位置。

X：端口定位点的横向坐标值。

Y：端口定位点的纵向坐标值。

(6) “长度”栏：用来设置端口符号长度。在“长度”栏中，可以输入端口的长度值。

(7) “填充色”栏：用来设置端口填充颜色。在“填充色”栏内单击，并从随后弹出的“选择颜色”对话框中，选择端口符号内部的填充颜色。

(8) “边缘色”栏：用来设置端口边框颜色。在“边缘色”栏内单击，并从随后弹出的“选择颜色”对话框中，选择端口的边框颜色。

4. 改变电路端口放置方向

在放置电路端口的状态下，每按一次空格键，可以改变一次电路端口的放置方向。按下X键或Y键，也可将电路端口符号在水平方向或垂直方向进行翻转。

4.1.10 放置子图符号

对于一个复杂的电路设计方案，往往需要多个电路模块才能完成。这样的电路模块在电路图上可用一个子图符号来代表，而其内部的实际电路则可以绘制在另一张图纸上。从这个意义上说，子图符号也称为方框图。子图符号还可看做是设计者自行定义的一个器件，该器件的内部电路绘制在另一张电路图上。

子图符号的名称，是对子图符号内部电路的简要说明，一般采用它所代表的电路图的标题；而子图符号的文件名，则是它所代表的电路原理图的文档名。

1. 放置子图符号命令的启动

启动放置子图符号命令时，有以下几种不同的途径。

(1) 利用菜单命令：放置(P)/图纸符号(S)。

(2) 使用快捷键：按P-S键。

(3) 利用工具栏：单击“配线”工具栏上的 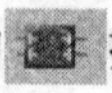 按钮。

2. 放置子图符号的过程

在图纸上放置子图符号的一般过程如下：

(1) 启动放置子图符号命令，光标变为十字形工作光标，同时光标上还悬挂着一个代表子图符号的矩形，如图4-34所示。

(2) 将光标移到待放置子图符号的位置，单击鼠标左键，确定子图符号一个对角点的位置。

(3) 继续移动光标，矩形的宽度和高度都将变化。当子图符号的大小满足要求时，单击鼠标左键，即可放置一个子图符号。子图符号的左上侧显示子图符号的名称和子图符号图纸文件名(其缺省名分别为 Designator 和 File Name，在属性设置时可由设计者重新指定)，如图 4-35 所示。

(4) 按照同样的方法，可继续在其他位置放置多个子图符号。

(5) 不再放置子图符号时，按下 Esc 键或单击右键，结束放置子图符号命令的执行。

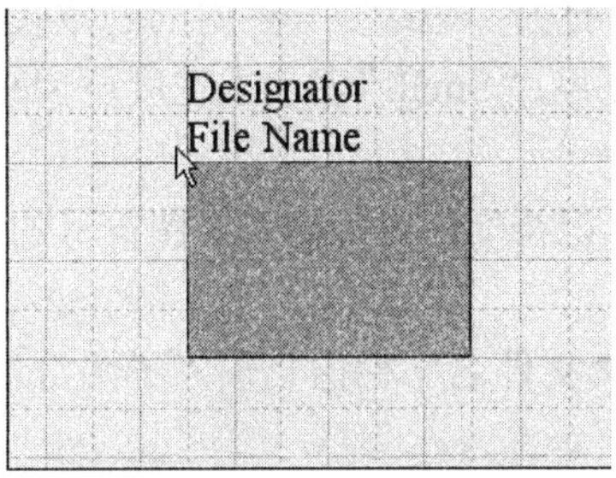

图 4-34　悬挂子图符号的光标

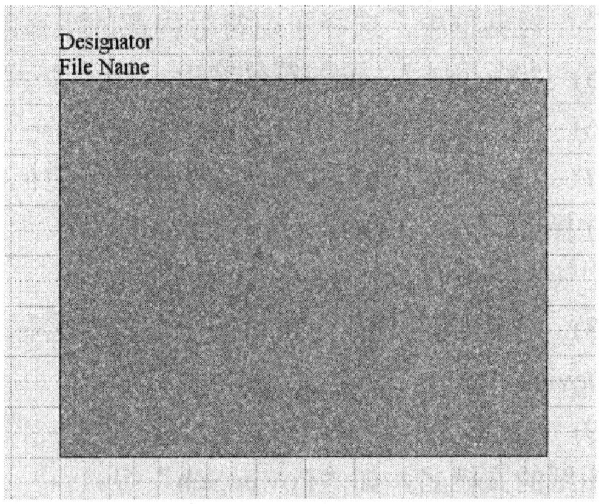

图 4-35　子图符号的名称及图纸文件名

3．子图符号的属性设置

在执行放置子图符号命令的状态下，按 Tab 键，可弹出如图 4-36 所示的对话框。利用这个对话框，可以设置子图符号的以下属性。

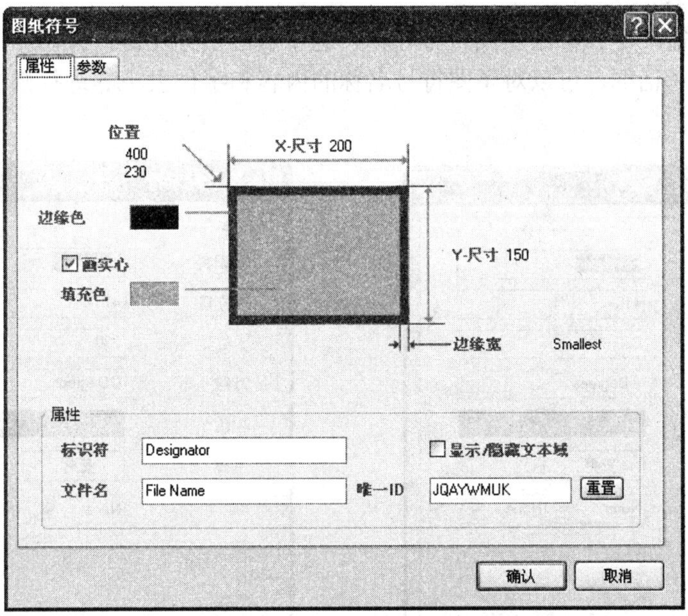

图 4-36　“图纸符号”属性对话框

(1) “位置”栏：用来指示当前子图符号的位置。

X：子图符号定位点的横向坐标值。

Y：子图符号定位点的纵向坐标值。

(2)“边缘色”栏：用来设置子图符号边框的颜色。在“边缘色”栏内单击，并从随后弹出的“选择颜色”对话框中，选择子图符号的边框颜色。

(3) “画实心”栏：用来设置画实心图形。若选中“画实心”，则允许在子图符号内部填充颜色。

(4)“填充色”栏：用来设置内部填充色。在“填充色”栏内单击，并从随后弹出的“选择颜色”对话框中，选择子图符号内部的填充颜色。

(5) “X-尺寸”：子图符号宽度。在“X-尺寸”栏内，输入子图符号的宽度值。

(6) “Y-尺寸”：子图符号高度。在“Y-尺寸”栏内，输入子图符号的高度值。

(7) “边缘宽”栏：用来设置子图符号边框的宽度。打开“边缘宽”栏内的隐藏式列表，从中选择合适的边框宽度。其中“Smallest”表示最小的宽度；“Small”表示小宽度；“Medium”表示中等宽度；“Large”表示大宽度。

(8) “标识符”栏：用来设置子图符号名称。在“标识符”栏内，输入子图符号的名称，如“Device”等。

(9) “文件名”栏：用来设置子图符号文件名。在“文件名”栏内，输入子图符号所代表的图纸的文档名，如“Power.Seh”等。

(10) “显示/隐藏文本域”栏：用来设置显示/隐藏信息。若选中“显示/隐藏文本域”，则可显示/隐藏子图名称和子图文件名。

当子图符号放置在图纸上之后，如果需要单独修改子图符号文件名，可双击鼠标左键，弹出如图 4-37 所示的对话框。利用这个对话框，可以对子图符号文件名的内容和字体大小等进行修改。

同样，如果需要单独修改子图符号名称，也可双击鼠标左键，弹出如图 4-38 所示的对话框。利用这个对话框，可以对子图符号名称的内容和字体大小等进行修改，按下“确认”按钮，加以确认。

图 4-37 “图纸符号文件名”对话框

图 4-38 “图纸符号标示符”对话框

4.1.11　放置子图入口

子图符号的对外连接，是通过子图入口实现的。子图符号可以看做是设计者自己定义的一个复杂器件，而子图入口就是该器件的引脚，一个没有入口的子图符号是毫无意义的。

1．放置子图入口命令的启动

启动放置子图入口命令时，有以下几种不同的途径。

(1) 利用菜单命令：放置(P)/加图纸入口(A)。

(2) 使用快捷键：按 P-A 键。

(3) 利用工具栏：单击“配线”工具栏上的 按钮。

2．放置子图入口的过程

在图纸上放置子图入口的一般过程如下：

(1) 启动放置子图入口命令，光标变为十字形工作光标。

(2) 将光标移到待放置子图符号的内部，单击鼠标左键，光标上将出现一个小圆点，同时悬挂一个代表子图入口的图形，如图 4-39 所示。

(3) 在子图符号的边框内移动光标，当光标接近子图符号的内边界时，子图入口便自动被吸附在一个可供选择的位置，单击鼠标左键即可在该处放置一个子图入口，如图 4-40 所示。

(4) 继续移动光标，按照同样的方法，可在其他位置放置多个子图入口。

(5) 不再放置子图入口时，按下 Esc 键或单击鼠标右键，结束放置子图入口命令的执行。

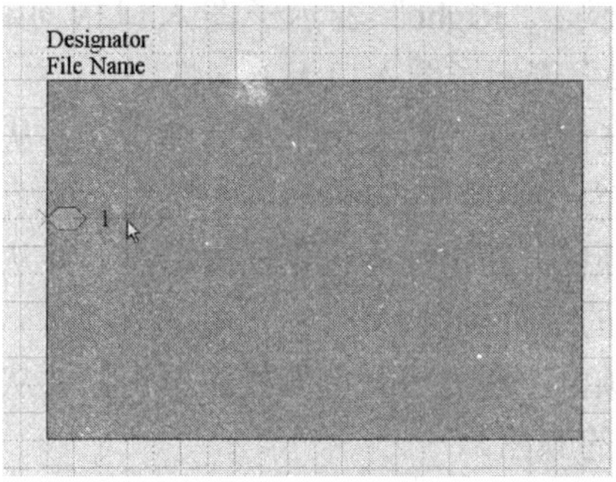

图 4-39　悬挂子图入口的光标

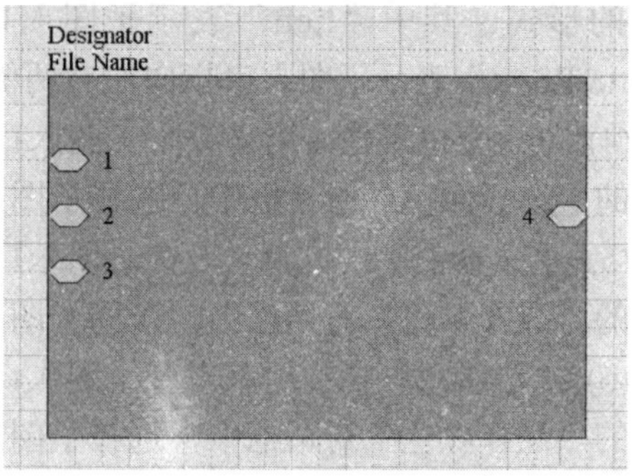

图 4-40　放置子图入口

3．子图入口的属性设置

在执行放置子图入口命令的状态下，按 Tab 键，可弹出如图 4-41 所示的对话框。在该对话框中，可以设置如下内容。

(1) “属性”区域栏。

- “名称”栏：用来设置子图入口名称。在“名称”栏中，可以选择或输入子图入口的名称。子图入口的名称必须与子图中相应的端口名称保持一致。若子图入口的名称以数字结尾，则当重复放置子图入口时，数字值将会递增。
- “I/O 类型”栏：用来设置子图入口类型。打开“I/O 类型”栏内的隐藏式列表，从中选择子图入口的类型。其中“Unspecifled”表示无方向性入口；“Output”表示输出型入口；“Input”表示输入型入口；“Bidirectional”表示双向型入口。
- “位置”栏：用来设置子图入口图形符号的中心位置到子图符号上端的距离。

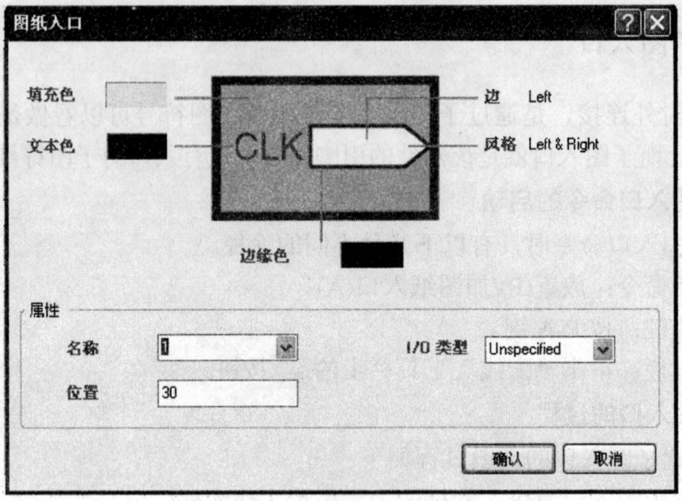

图 4-41 “图纸入口”对话框

(2) “边”栏：用来设置子图入口放置位置。打开“边”栏内的隐藏式列表，从中选择在子图符号内放置入口的位置。其中“Left”表示将入口放置在子图符号内的左侧；“Right”表示将入口放置在子图符号内的右侧；“Top”表示将入口放置在子图符号内的上侧；“Bottom”表示将入口放置在子图符号内的下侧。

(3) “风格”栏：用来设置子图入口形式。打开“风格”栏内的隐藏式列表，从中选择入口的形式。其中“Left”表示子图入口指向左侧；“Right”表示子图入口指向右侧；“Left&Right”表示子图入口指向左右两侧；“None”表示子图入口无方向性。

(4) “填充色”栏：用来设置子图入口内部填充色。在“填充色”栏内单击，并从随后弹出的“选择颜色”对话框中，选择子图入口符号内部的填充颜色。

(5) “文本色”栏：用来设置子图入口字符的颜色。在“文本色”栏内单击，并从随后弹出的“选择颜色”对话框中，选择子图入口名称的字符颜色。

(6) “边缘色”栏：用来设置子图入口轮廓的颜色。在“边缘色”栏内单击，并从随后弹出的“选择颜色”对话框中，选择子图入口轮廓的颜色。

4.2 在图纸上放置指示标志

4.2.1 放置指示标志的途径

在 Protel 2004 中，系统提供了在电路图上放置各种指示标志的功能，这些指示标志包括：忽略 ERC 检查、探针、测试向量、激励信号和 PCB 布局等。在电路图上放置指示标志的目的在于为电路图设计的后续工作如电路模拟仿真、数字电路的 PLD 以及 PCB 设计做好准备。

当在图纸上放置指示标志时，一般有两种不同的途径：执行菜单命令和使用快捷键，其中有些指示标志的放置还可以使用工具按钮。

1. 利用菜单命令放置指示标志

在电路图编辑器中，打开主菜单上的“放置(P)”菜单，选定其中的“指示符(I)”，弹出其下一级菜单，如图 4-42 所示。利用这个菜单内的各种命令，可以在图纸上放置相应的指示标志。

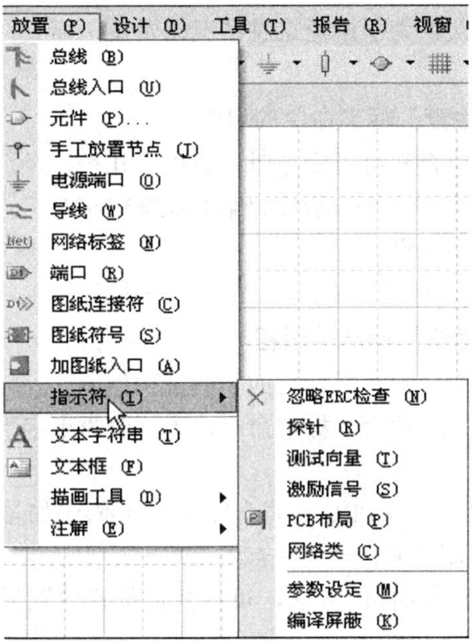

图 4-42　指示符菜单

2. 利用快捷键放置指示标志

使用系统提供的快捷键，可以快速启动在图纸上放置各种指示标志的操作命令。

利用“配线”工具栏可放置“忽略 ERC 检查”标志，即用鼠标单击“配线”工具栏上按钮，可启动放置“忽略 ERC 检查”指示标志的操作命令。

放置指示标志的各种途径及其对应关系，如表 4-2 所示。

表 4-2　放置指示标志的各种途径及其对应关系

菜单命令	工具按钮	快捷键	命令功能
放置(P)/指示符(I)/忽略 ERC 检查(N)	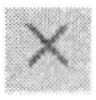	P-I-N	放置忽略 ERC 检查标志
放置(P)/指示符(I)/探针(R)	—	P-I-R	放置探针标志
放置(P)/指示符(I)/测试向量(T)	—	P-I-T	放置测试向量标志
放置(P)/指示符(I)/激励信号(S)	—	P-I-S	放置激励信号标志
放置(P)/指示符(I)/PCB 布局(P)	—	P-I-P	放置 PCB 布局标志
放置(P)/指示符(I)/网络类(C)	—	P-I-C	放置网络类标志

本节主要叙述放置“忽略 ERC 检查”标志和“PCB 布局”标志的方法。

4.2.2 放置“忽略 ERC 检查”标志

Protel 2004 具有对电路图进行电气规则检查(ERC)的功能。在实际电路设计中，有时为了特殊的需要，某些元件的接法看起来可能不合常规，例如，输入点悬空等。系统在进行 ERC 时将认为这是一种错误。为了避免这种情况的发生，需要在类似这样的点上放置一个忽略 ERC 的标志。

1. 放置“忽略 ERC 检查”标志命令的启动

启动放置“忽略 ERC 检查”标志命令时，有以下几种途径。

(1) 利用菜单命令：放置(P)/指示符(I)/忽略 ERC 检查(N)。

(2) 使用快捷键：按 P-I-N 键。

(3) 利用工具栏：单击“配线”工具栏上的按钮。

2. 放置“忽略 ERC 检查”标志的过程

在图纸上放置“忽略 ERC 检查”标志的一般过程如下：

(1) 启动放置“忽略 ERC 检查”标志命令，光标变为十字形工作光标，其上悬浮一个红色的“×”形标志。

(2) 将光标移到待放置“忽略 ERC 检查”标志的位置(例如悬空的管脚)，单击鼠标左键后，即可在该处放置一个忽略 ERC 检查标志。

(3) 继续移动光标，按照同样的方法，可在其他位置放置另一个“忽略 ERC 检查”标志。

(4) 不再放置“忽略 ERC 检查”标志时，按下 Esc 键或单击鼠标右键，结束放置“忽略 ERC 检查”标志命令的执行。

3.“忽略 ERC 检查”的属性设置

在执行放置“忽略 ERC 检查”标志的命令状态下，按 Tab 键，可弹出如图 4-43 所示的对话框。利用这个对话框，可以设置“忽略 ERC 检查”标志的以下属性。

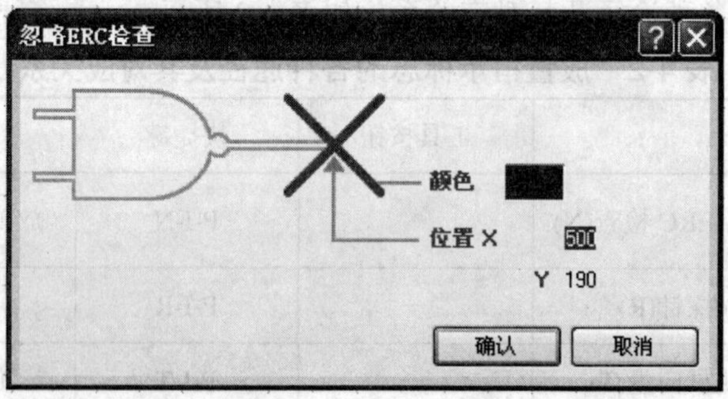

图 4-43 “忽略 ERC 检查”的属性设置对话框

(1) “颜色”栏：用来设置“忽略 ERC 检查”标志的颜色。在“颜色”栏内单击，并从随后弹出的“选择颜色”对话框中，选择“忽略 ERC 检查”标志的颜色。

(2) “位置”栏：用来指示“忽略 ERC 检查”标志的位置。

① X：“忽略 ERC 检查”标志定位点的横向坐标值。

② Y：“忽略 ERC 检查”标志定位点的纵向坐标值。

4.2.3　放置“PCB 布局”标志

在绘制电路原理图的过程中，可以对指定网络在 PCB 设计时所用的一些参数进行设置，这些参数将在 PCB 编辑器中生效。

1．放置“PCB 布局”标志命令的启动

启动放置“PCB 布局”标志命令，有以下几种途径。

(1) 利用菜单命令：放置(P)/指示符(I)/PCB 布局(P)。

(2) 使用快捷键：按 P-I-P 键。

2．放置“PCB 布局”标志的过程

在图纸上放置“PCB 布局”标志的一般过程如下：

(1) 启动放置“PCB 布局”标志命令，光标变为十字形工作光标，上面悬浮着一个代表“PCB 布局”标志的符号。

(2) 将光标移到待放置“PCB 布局”标志的位置，单击鼠标左键后，即可在该处放置一个“PCB 布局”标志。

(3) 继续移动光标，按照同样的方法，可在其他位置放置另一个“PCB 布局”标志。

(4) 不再放置“PCB 布局”标志时，按下 Esc 键或单击鼠标右键，结束放置“PCB 布局”标志命令的执行。

3．“PCB 布局”标志的属性设置

在执行放置“PCB 布局”标志的命令状态下，按 Tab 键，可弹出如图 4-44 所示的对话框。在该对话框中可以对 PCB 布局的名称、位置、旋转角度、布线规则等进行设置，同时还可以通过对话框左下角的 4 个按钮进行添加、删除或编辑布线规则等操作。

图 4-44　“PCB 布局”标志的属性设置对话框

4.3 在图纸上绘制图形部件

4.3.1 绘制图形部件的途径

在电路原理图上，有时需要放置或绘制一些非电气性的图形部件，比如添加文本字符串，绘制几何图形，甚至插入一些图片等。图形部件也是组成电路原理图的元素之一，其主要作用是美化电路图，增强图纸的表达力或说明等。

在图纸上绘制或插入图形部件时，一般有 3 种途径：执行菜单命令；利用工具按钮；使用快捷键。

1. 利用菜单命令绘制图形部件

在电路原理图编辑窗口中，绘制图形部件的各种操作命令包括在主菜单“放置(P)”及其“描画工具(D)”子菜单中，如图 4-45 所示。

为了便于绘制图形部件，系统提供了一个“实用工具”栏，如图 4-46 所示。利用这个“实用工具”栏上的按钮，可以在图纸上绘制或插入图形部件。

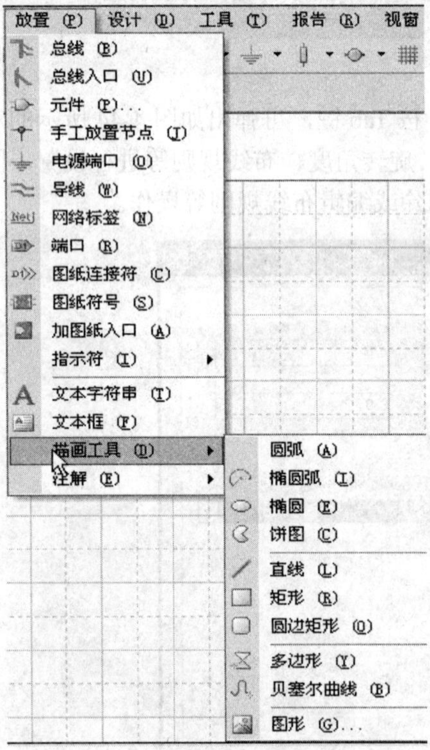

图 4-45 “描画工具”菜单

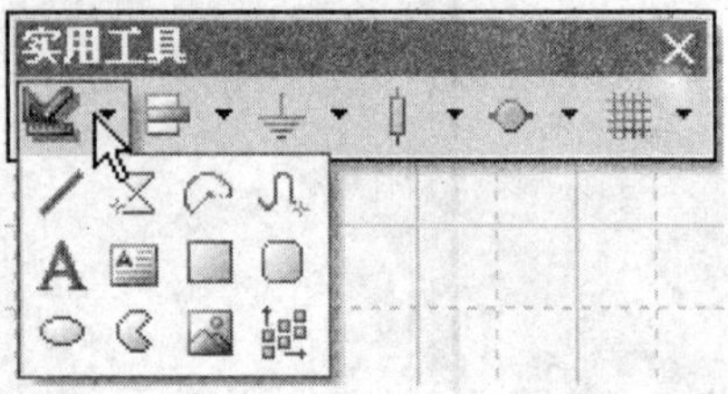

图 4-46 实用工具栏

2. 利用快捷键绘制图形部件

使用系统提供的快捷键，也可以在图纸上绘制或插入图形部件。

绘制图形部件的各种途径及其对应关系如表 4-3 所示。

表 4-3　绘制图形部件的各种途径及其对应关系

菜单命令	工具按钮	快捷键	命令功能
放置(P)/描画工具(D)/直线(L)		P-D-L	绘制直线
放置(P)/描画工具(D)/多边形(Y)		P-D-Y	绘制多边形
放置(P)/描画工具(D)/圆弧(A)	—	P-D-A	绘制圆弧
放置(P)/描画工具(D)/椭圆弧(I)		P-D-I	绘制椭圆弧
放置(P)/描画工具(D)/贝赛尔曲线(B)		P-D-B	绘制贝赛尔曲线
放置(P)/文本字符串(T)	A	P-T	放置文本字符串
放置(P)/文本框(F)		P-F	放置文本框
放置(P)/描画工具(D)/矩形(R)		P-D-R	绘制矩形
放置(P)/描画工具(D)/圆边矩形(O)		P-D-O	绘制圆边矩形
放置(P)/描画工具(D)/椭圆(E)		P-D-E	绘制椭圆
放置(P)/描画工具(D)/饼图(C)		P-D-C	绘制饼图
放置(P)/描画工具(D)/图形(G)		P-D-G	插入图片
编辑(E)/粘贴队列(Y)		E-Y	矩阵式粘贴

4.3.2　绘制直线

直线与导线的绘制方法虽然基本相同，但是二者的性质完全不同。首先，导线是一种电气部件，而直线是一种几何图形。其次，导线只有实线一种形式，而直线却可以有实线、虚线和点状线等 3 种形式。直线的基本要素是：起点、终点和直线长度。

1．绘制直线命令的启动

启动绘制直线命令时，有以下几种不同的途径。

(1) 利用菜单命令：放置(P)/描画工具(D)/直线(L)。

(2) 使用快捷键：按 P-D-L 键。

(3) 利用工具栏：单击“实用工具”栏上的按钮。

2．绘制直线的过程

在图纸上绘制直线的一般过程如下：

(1) 启动绘制直线命令，光标变为十字形工作光标。

(2) 移动光标，在图纸上适当的位置单击鼠标左键，确定直线的第一个端点。

(3) 移动光标，在图纸上适当的位置单击鼠标左键，确定直线的第二个端点。

(4) 若要绘制连续的直线，则可移动光标，在图纸上适当的位置单击鼠标左键，确定直线的下一个端点。若要重新绘制另一条直线，则应按下 Esc 键或者单击鼠标右键，完成本条直线的绘制。

(5) 继续绘制其他直线时，可重复执行第(2)～(4)步的操作；否则，按下 Esc 键或者单击鼠标右键，结束绘制直线命令的执行。

3．改变直线的模式

在执行绘制直线命令的状态下，当确定了一个端点后，每按一次空格键，直线的走线模式便发生一次变化，以满足绘图的要求。直线的走线模式与导线的走线模式相同。

4．直线的属性设置

除了没有自动走线模式以外，其他各种模式在执行绘制直线命令的状态下，按 Tab 键，可弹出如图 4-47 所示的属性设置对话框。利用这个对话框，可以设置直线的以下属性。

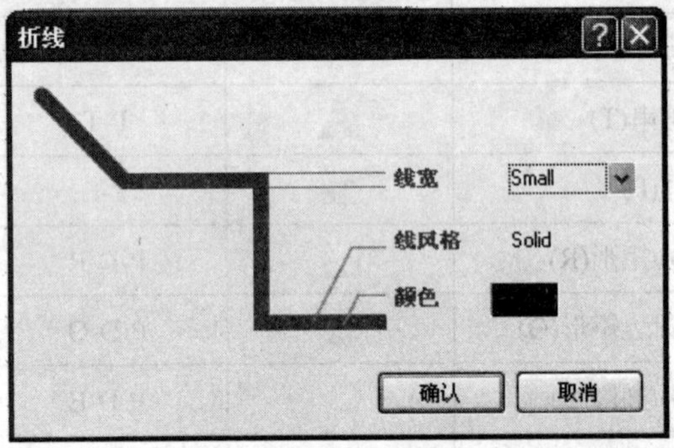

图 4-47 直线的属性设置对话框

(1)“线宽”栏：用来设置直线的宽度。可供选择的类型有：“Smallest(最细)”、“Small(细)”、“Medium(中等)”和“Large(粗)”4 种。

(2) “线风格”栏：用来设置直线的形式。其中“Solid”表示实线；“Dashed”表示虚线；“Dotted”表示点状线。

(3) “颜色”栏：用来设置直线的颜色。在“颜色”栏内单击，并从随后弹出的“选择颜色”对话框中，选择直线的颜色。

4.3.3 绘制多边形

多边形为一个空心或实心的由直线围成的封闭图形，其要素为：多边形的各个顶点。

1．绘制多边形命令的启动

启动绘制多边形命令时，有以下几种不同的途径。

(1) 利用菜单命令：放置(P)/描画工具(D)/多边形(Y)。

(2) 使用快捷键：按 P-D-Y 键。

(3) 利用工具栏：单击“实用工具”栏上的按钮。

2．绘制多边形的过程

在图纸上绘制多边形的一般过程如下：

(1) 启动绘制多边形命令，光标变为十字形工作光标。

(2) 移动光标，在图纸上适当的位置单击鼠标左键，确定多边形的一个顶点。

(3) 移动光标，在图纸上适当的位置单击鼠标左键，确定多边形的又一个顶点。

(4) 重复第(3)步的操作，直至绘制出需要的一个多边形时，按 Esc 键或者单击鼠标右键，完成多边形的绘制，如图 4-48 所示。

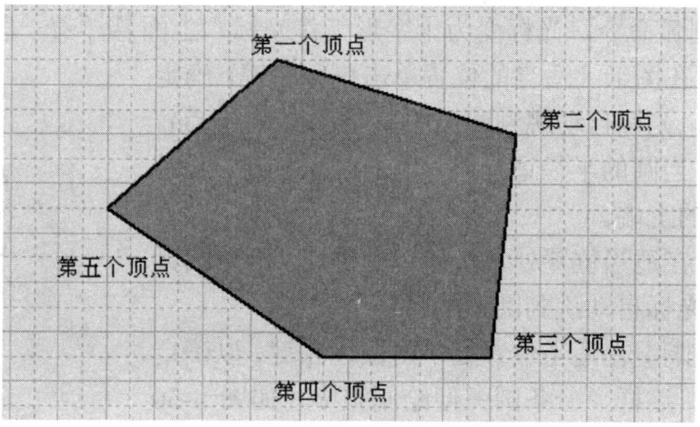

图 4-48　多边形的绘制

3. 多边形的属性设置

在执行绘制多边形命令的状态下，按 Tab 键，可弹出如图 4-49 所示的对话框。利用这个对话框，可以设置多边形的以下属性。

(1) “边缘宽”栏：用来设置多边形边界线的宽度。

(2) “边缘色”栏：用来设置多边形边界线的颜色。

(3) “填充色”栏：用来设置多边形内部的填充色。

(4) “画实心”栏：用来设置是否用选定的颜色填充多边形内部。

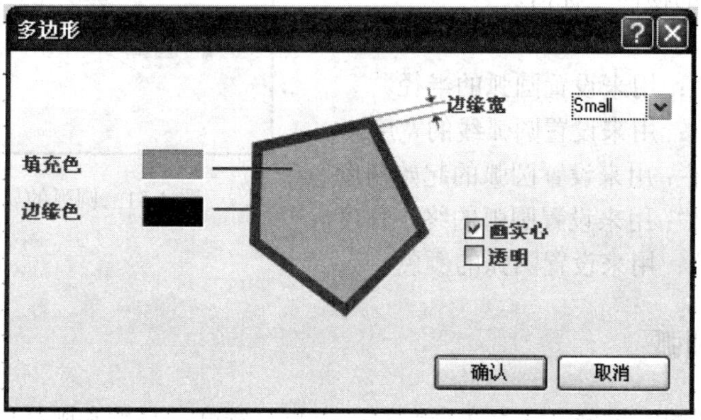

图 4-49　多边形的属性设置对话框

4.3.4　绘制圆弧

圆弧是圆的一部分，它有 3 个要素：圆心、半径和圆弧线的两个端点。

1. 绘制圆弧命令的启动

启动绘制圆弧命令时，有以下几种不同的途径。

(1) 利用菜单命令：放置(P)/描画工具(D)/圆弧(A)。

(2) 使用快捷键：按 P-D-A 键。

2. 绘制圆弧的过程

在图纸上绘制圆弧的一般步骤如下：

(1) 启动绘制圆弧命令，光标变为十字形工作光标，上面悬浮着一段圆弧。

(2) 移动光标，在图纸上适当的位置单击鼠标左键，确定圆弧的圆心。此时，光标自动跳到圆弧的左端点(或右端点)。

(3) 移动光标，当圆的半径适当时，单击鼠标左键。此时光标自动跳到椭圆的上端。

(4) 移动光标，在适当位置处单击鼠标左键，以确定圆弧的一个端点。此时光标自动跳到圆弧的另一个端点。

(5) 继续移动光标，在适当位置处单击鼠标左键，以确定圆弧的另一个端点。这样，一条圆弧便绘制完毕，如图 4-50 所示。

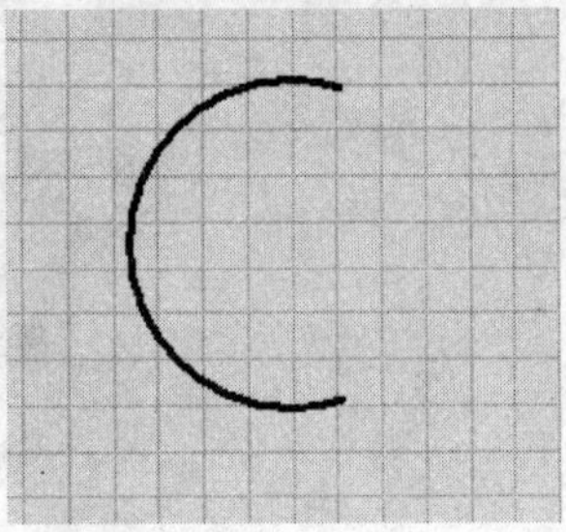

图 4-50　绘制的圆弧

(6) 若要继续绘制圆弧，则需重复执行第(2)～(5)步的操作；否则，按下 Esc 键或者单击鼠标右键，结束绘制圆弧命令的执行。

3．圆弧的属性设置

圆弧的属性设置在执行绘制圆弧的命令状态下，按 Tab 键，可弹出如图 4-51 所示的对话框。利用这个对话框，可以设置圆弧的以下属性。

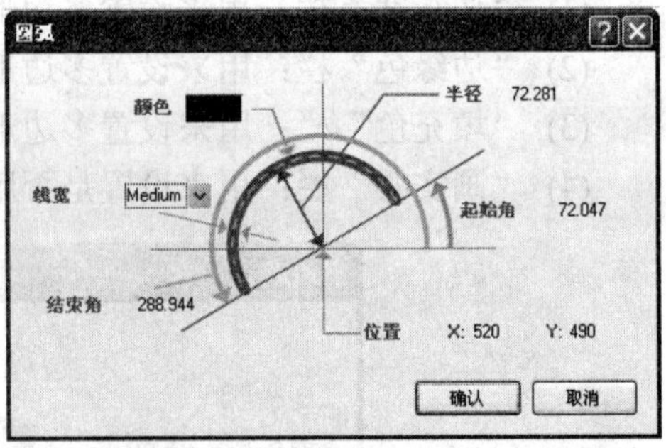

图 4-51　圆弧的属性设置对话框

(1) “位置”栏：用来指示圆弧当前的位置。

X：圆弧圆心的横向坐标值。

Y：圆弧圆心的纵向坐标值。

(2) “半径”栏：用来设置圆弧的半径。

(3) “线宽”栏：用来设置圆弧线的宽度。

(4) “起始角”栏：用来设置圆弧的起始角度。

(5) “结束角”栏：用来设置圆弧的终止角度。

(6) “颜色”栏：用来设置圆弧的颜色。

4.3.5　绘制椭圆弧

椭圆弧是椭圆的一部分，它有 4 个要素：中心、宽度、高度和弧线的两个端点。

1．绘制椭圆弧命令的启动

启动绘制椭圆弧命令有以下几种不同的途径。

(1) 利用菜单命令：放置(P)/描画工具(D)/椭圆弧(I)。

(2) 使用快捷键：按 P-D-I 键。

(3) 利用工具栏：单击“实用工具”栏上的 按钮。

2．绘制椭圆弧的过程

在图纸上绘制椭圆弧的一般过程如下：

(1) 启动绘制椭圆弧命令，光标变为十字形工作光标，上面悬浮着一段椭圆弧。

(2) 移动光标，在图纸上适当的位置单击鼠标左键，确定椭圆的中心。此时，光标自动跳到椭圆弧的左端点(或右端点)。

(3) 移动光标，当椭圆的宽度适中时，单击鼠标左键。此时光标自动跳到椭圆的上端。

(4) 继续移动光标，当椭圆的高度适中时，单击鼠标左键。此时光标自动跳到椭圆弧的上端点。

(5) 移动光标，在适当位置处单击鼠标左键，以确定椭圆弧的一个端点。此时，光标自动跳到椭圆弧的另一个端点。

(6) 继续移动光标，在适当位置处单击鼠标左键，以确定椭圆弧的另一个端点位置。这样，一条椭圆弧便绘制完毕，如图 4-52 所示。

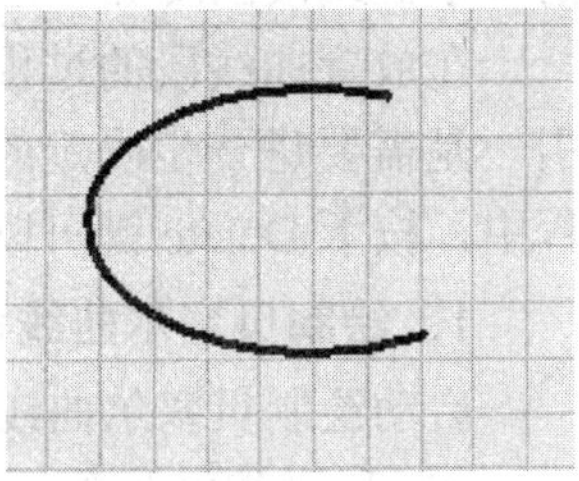

图 4-52　绘制的椭圆弧

(7) 若要继续绘制椭圆弧，则需重复执行第(2)～(6)步的操作；否则，按下 Esc 键或者单击鼠标右键，结束绘制椭圆弧命令的执行。

3. 椭圆弧的属性设置

在执行绘制椭圆弧的命令状态下，按 Tab 键，可弹出如图 4-53 所示的对话框。利用这个对话框，可以设置椭圆弧的以下属性。

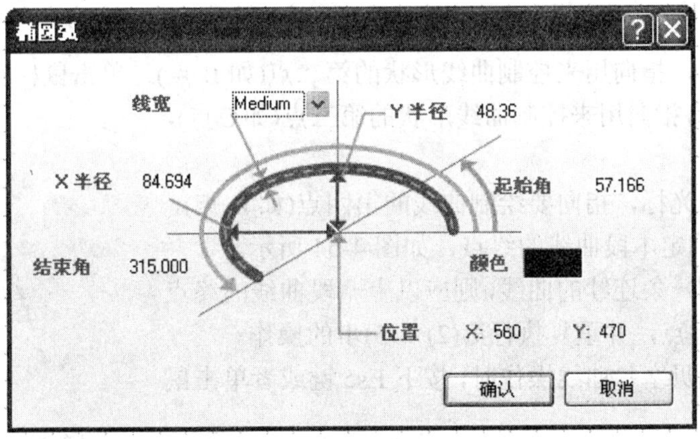

图 4-53　椭圆弧的属性设置对话框

(1) “位置”栏：用来指示椭圆弧当前的位置。

“X”：椭圆弧圆心的横向坐标值。

“Y”：椭圆弧圆心的纵向坐标值。

(2) “X 半径”：用来设置椭圆弧的横向半径值。

“Y 半径”：用来设置椭圆弧的纵向半径值。

(3) “线宽”栏：用来设置椭圆弧线的宽度。

(4) “起始角”栏：用来设置椭圆弧的起始角度。

(5) “结束角”栏：用来设置椭圆弧的终止角度。

(6) “颜色”栏：用来设置椭圆弧的颜色。

4.3.6 绘制贝塞尔曲线

贝塞尔曲线是一种平滑的向量式曲线，可用来表达信号的波形。一条曲线最多可由 16 段曲线组成，每一个曲线段由 4 个顶点确定。第 1 个顶点是曲线段的起点，第 4 个顶点是曲线段的终点，第 2 个顶点和第 3 个顶点确定曲线的形状。当贝塞尔由多个曲线段组成时，前一条曲线段的终点就是后一条曲线段的起点。

在放置曲线段的过程中，工作窗口中显示着曲线段及其顶点。活动的曲线段由光标牵引，是需要进一步确定的曲线段，固定的曲线段是已放置了的曲线段。在放置曲线段的过程中，按下 Delete 键可以取消已放置完的上一个曲线段。

1．绘制贝塞尔曲线命令的启动

启动绘制贝塞尔曲线命令时，有以下几种不同的途径。

(1) 利用菜单命令：放置(P)/描画工具(D)/贝赛尔曲线(B)。

(2) 使用快捷键：按 P-D-B 键。

(3) 利用工具栏：单击“实用工具”栏上的按钮。

2．绘制贝塞尔曲线的过程

绘制一段贝塞尔曲线的过程如下：

(1) 启动绘制贝塞尔曲线命令，光标变为十字形工作光标。

(2) 移动光标，指向要绘制曲线的第一点(如 A 点)，单击鼠标左键以确定本段曲线的起点。

(3) 移动光标，指向用来控制曲线形状的第二点(如 B 点)，单击鼠标左键。

(4) 移动光标，指向用来控制曲线形状的第三点(如 C 点)，单击鼠标左键。

(5) 继续移动光标，指向要绘制曲线的第四点(如 D 点)，单击鼠标左键以确定本段曲线的终点，如图 4-54 所示。

(6) 若需绘制一条连续的曲线，则应以上一段曲线的终点为下一段曲线的起点，并重复执行第(2)～(5)步的操作。

(7) 结束绘制贝塞尔曲线操作时，按下 Esc 键或者单击鼠标右键即可。

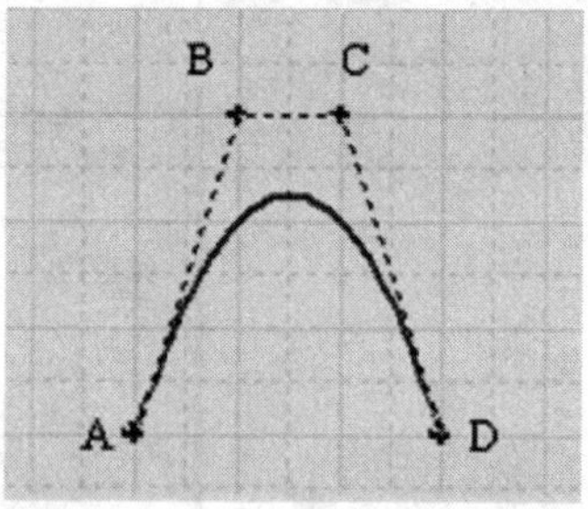

图 4-54　绘制的贝塞尔曲线

3．贝塞尔曲线的属性设置

在执行绘制贝塞尔曲线命令的状态下，按 Tab 键，可弹出如图 4-55 所示的对话框。利用这个对话框，可以设置贝塞尔曲线的以下属性。

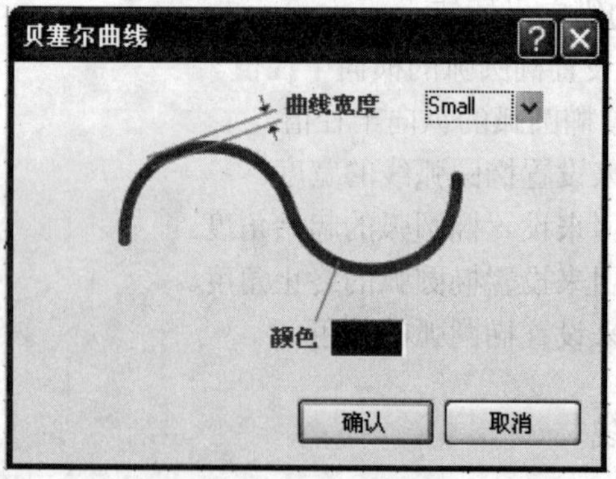

图 4-55　贝塞尔曲线的属性设置对话框

(1) “曲线宽度”栏：用来设置贝塞尔曲线的宽度。可供选择的类型有：“Smallest(最细)”、“Small(细)”、“Medium(中等)”和“Large(粗)”4 种。

(2) “颜色”栏：用来设置贝塞尔曲线的颜色。

4.3.7 放置文本字符串

在图纸上放置文本字符串，可以增强图纸的可读性。文本字符串与网络标号是两个不相同的概念。前者没有电气意义，后者则是实现电路部件互连的重要部件。

1．放置文本字符串命令的启动

启动放置文本字符串命令时，有以下几种不同的途径。

(1) 利用菜单命令：放置(P)/文本字符串(T)。

(2) 使用快捷键：按 P-T 键。

(3) 利用工具栏：单击“实用工具”栏上的 **A** 按钮。

2．放置文本字符串的过程

在图纸上放置文本字符串的一般过程如下：

(1) 启动放置文本字符串命令，光标变为十字形工作光标，上面悬挂着“Text”符号。此时按下空格键，可以改变“Text”符号的方向。

(2) 按下 Tab 键，弹出如图 4-56 所示的“注释”属性对话框。

(3) 在这个对话框的“文本”栏内，输入待放置的文字内容。

(4) 将光标移动到图纸上打算放置文本字符串的位置上，单击鼠标左键，即可放置一条注释文字。

(5) 重复执行第(2)～(4)步的操作，可以继续放置其他的文本字符串。

(6) 按下 Esc 键或者在图纸上单击鼠标右键，表示终止放置文本字符串命令的执行。

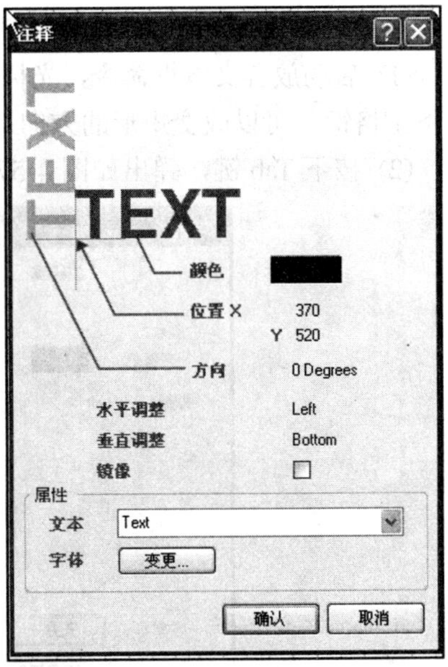

图 4-56　“注释”属性对话框

3．文本字符串的属性设置

在图 4-56 所示的对话框中，有关文本字符串的属性设置内容简述如下：

(1) “文本”栏：用来设置文本字符串的内容。在“文本”栏内输入或选择待放置的文字信息，可以是通用文本，也可以是具有预定含义的特殊字符串。

(2) “位置”栏：用来指示文本字符串的当前位置。

X：文本字符串定位点的横向坐标值。

Y：文本字符串定位点的纵向坐标值。

(3) “方向”栏：用来设置文本字符串的放置方向。在本栏中选择 0°、90°、180°和 270°等，可以改变文本字符串的放置方向。

(4) “颜色”栏：用来设置文本字符串的颜色。单击“颜色”栏，可从弹出的“选择颜色”对话框中选择文本字符串的颜色。

(5) “字体”栏：用来设置文本字符串的字体。单击“变更”按钮，可从随后弹出的“字体”对话框中选择文本字符串的字体、字型和字号等。

4.3.8 放置文本框

在图纸上不仅可以放置单行文本字符串，也可以放置文本框。后者的特点是：可以容纳更多的文字信息；可以设置为带有边框；可以设置内部填充色。

1．放置文本框命令的启动

启动放置文本框命令时，有以下几种不同的途径。

(1) 利用菜单命令：放置(P)/文本框(F)。

(2) 使用快捷键：按 P-F 键。

(3) 利用工具栏：单击“实用工具”栏的按钮。

2．放置文本框的过程

在图纸上放置文本框的一般步骤如下：

(1) 启动放置文本框命令，光标变为十字形工作光标，上面悬浮着一个虚线矩形。此时按下空格键，可以改变矩形的方向。

(2) 按下 Tab 键，弹出如图 4-57 所示的“文本框”属性对话框。

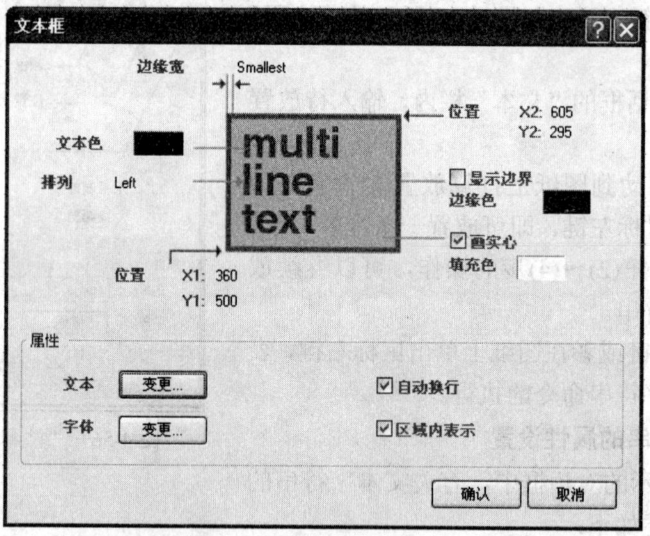

图 4-57 “文本框”属性对话框

(3) 在这个对话框的“文本”栏内，单击“变更”按钮，可弹出如图 4-58 所示的“TextFrame Text”文字编辑窗口。在这个窗口中，输入文本框内的文字内容。单击“确认”按钮后，返回“文本框”属性对话框。

(4) 在“文本框”属性对话框中，单击“确认”按钮后，将光标移动到图纸上打算放置文本框的位置上，单击鼠标左键可确定文本框的一个对角线顶点。

(5) 继续移动光标，当文本框的宽度和高度适合需要时，再次单击鼠标左键，即可放置一个文本框，如图 4-59 所示。

(6) 重复执行第(2)～(5)步的操作，可以放置另一个文本框。

(7) 按下 Esc 键或者在图纸上单击鼠标右键，终止放置文本框命令的执行。

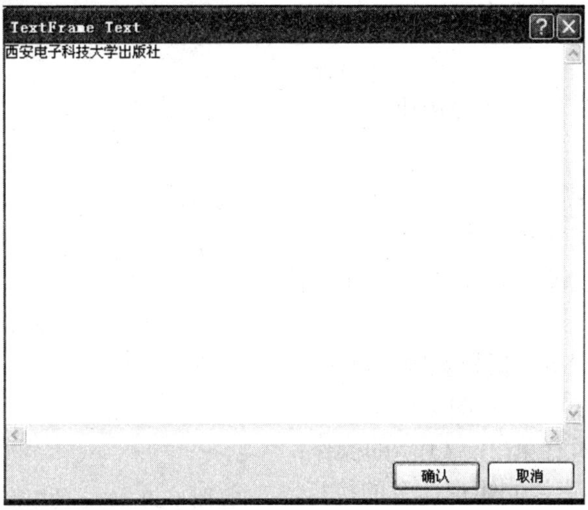

图 4-58　“TextFrame Text”属性对话框

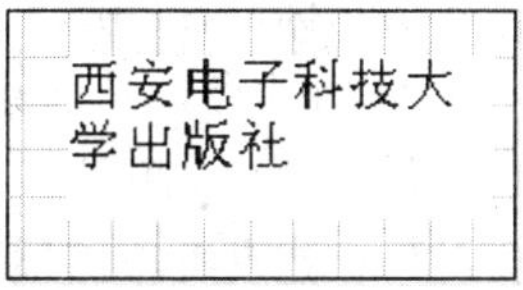

图 4-59　一个文本框

3. 文本框的属性设置

在图 4-57 所示的对话框中，有关文本框属性的设置包括以下内容。

(1) “文本”栏：用来设置文本框的内容。单击“文本”栏内的“变更”按钮，可从随后弹出的对话框中选择文本框内文字的字体、字型和字号等，以便输入或修改文本框内的文字信息。

(2) “位置”栏：用来指示文本框当前的位置。

X1：文本框第一个定位点的横向坐标值。

Y1：文本框第一个定位点的纵向坐标值。

X2：文本框第二个定位点的横向坐标值。

Y2：文本框第二个定位点的纵向坐标值。

(3) “边缘宽”栏：用来设置文本框的边框宽度。

(4) “边缘色”栏：用来设置文本框的颜色。

(5) “填充色”栏：用来设置文本框内的填充色。

(6) “文本色”栏：用来设置文本框内文字的颜色。

(7) “画实心”栏：用来设置是否用设定的颜色填充文本框内部。

(8) “显示边界”栏：用来设置是否显示文本框的边框。

(9) “排列”栏：用来设置文本框内的文字排列方式，可从“Left(左对齐)”、“Right(右对齐)”和“Center(居中排列)”中进行选择。

(10) “自动换行”栏：用来设置文本框内的文字是否进行段落重排。

(11) “区域内表示”栏：用来设置文本框内的文字是否以边框为界。

4.3.9　绘制矩形

矩形的基本要素是矩形的两个对角点。

1. 绘制矩形命令的启动

启动绘制矩形命令时，有以下几种不同的途径。

(1) 利用菜单命令：放置(P)/描画工具(D)/矩形(R)。

(2) 使用快捷键：按 P-D-R 键。

(3) 利用工具栏：单击“实用工具”栏上的按钮。

2．绘制矩形的过程

在图纸上绘制矩形的一般过程如下：

(1) 启动绘制矩形命令，光标变为十字形工作光标。

(2) 移动光标，在图纸上适当的位置单击鼠标左键，确定矩形的一个对角顶点。

(3) 移动光标，在图纸上适当的位置单击鼠标左键，确定矩形的另一个对角顶点，从而绘制出一个矩形，如图 4-60 所示。

(4) 若要继续绘制矩形，则需重复执行第(2)～(3)步的操作；否则，按下 Esc 键或者单击鼠标右键，结束绘制矩形命令的执行。

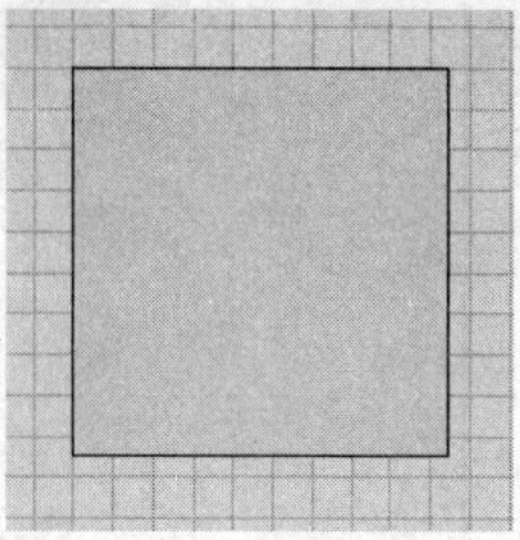

图 4-60　绘制的矩形

3．矩形的属性设置

在执行绘制矩形命令的状态下，按 Tab 键，可弹出如图 4-61 所示的属性设置对话框。利用这个对话框，可以设置矩形的以下属性。

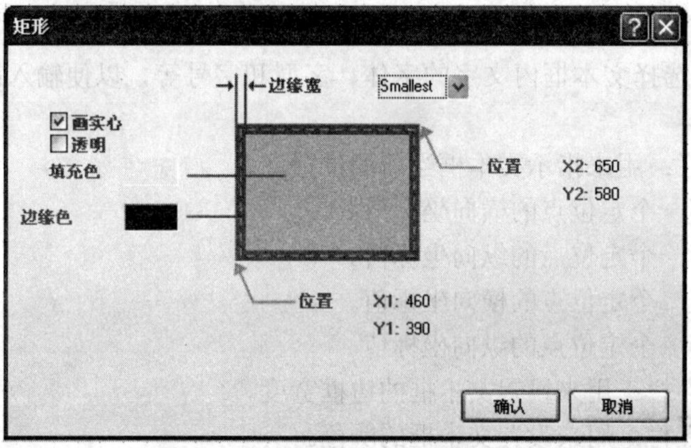

图 4-61　“矩形”的属性设置对话框

(1) “位置”栏：用来指示矩形当前的位置。

X1：矩形第一个定位点的横向坐标值。

Y1：矩形第一个定位点的纵向坐标值。

X2：矩形第二个定位点的横向坐标值。

Y2：矩形第二个定位点的纵向坐标值。

(2) “边缘宽”栏：用来设置矩形边界线的宽度。

(3) “边缘色”栏：用来设置矩形边界线的颜色。

(4) “填充色”栏：用来设置矩形内部的填充色。

(5) “画实心”栏：用来设置是否用选定的颜色填充矩形内部。

4.3.10　绘制圆角矩形

圆角矩形是一种特殊的矩形，其基本要素是两个对角点和圆角半径。

1．绘制圆角矩形命令的启动

启动绘制圆角矩形命令时，有以下几种不同的途径。

(1) 利用菜单命令：放置(P)/描画工具(D)/圆边矩形(O)。

(2) 使用快捷键：按 P-D-O 键。

(3) 利用工具栏：单击“实用工具”栏上的按钮。

2．绘制圆角矩形的过程

在图纸上绘制圆角矩形的一般过程如下：

(1) 启动绘制圆角矩形命令，光标变为十字形工作光标。

(2) 移动光标，在图纸上适当的位置单击鼠标左键，确定圆角矩形的一个对角顶点。

(3) 移动光标，在图纸上适当的位置单击鼠标左键，确定圆角矩形的另一个对角顶点，从而绘制出一个圆角矩形，如图 4-62 所示。

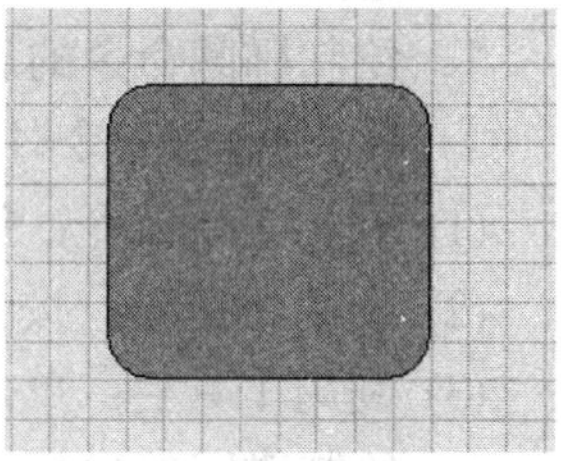

图 4-62　绘制的圆角矩形

(4) 如需改变圆角矩形的圆角半径，可在其属性对话框中进行设置或修改。

(5) 若要继续绘制圆角矩形，则需重复执行第(2)～(4)步的操作；否则，按下 Esc 键或者单击鼠标右键，结束绘制圆角矩形命令的执行。

3．圆角矩形的属性设置

在执行绘制圆角矩形命令的状态下，按 Tab 键，可弹出如图 4-63 所示的对话框。利用这个对话框，可以设置圆角矩形的以下属性。

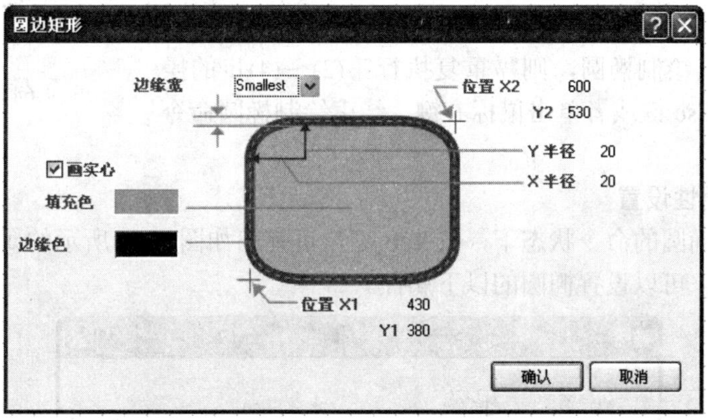

图 4-63　圆角矩形的属性设置对话框

(1) “位置”栏：用来指示圆角矩形的当前位置。

Xl：圆角矩形第一个定位点的横向坐标值。

Y1：圆角矩形第一个定位点的纵向坐标值。

X2：圆角矩形第二个定位点的横向坐标值。

Y2：圆角矩形第二个定位点的纵向坐标值。

(2) “X 半径”栏：用来设置圆角的横向半径。

(3) “Y 半径”栏：用来设置圆角的纵向半径。

(4) “边缘宽”栏：用来设置圆角矩形边界线的宽度。

(5) “边缘色”栏：用来设置圆角矩形边界线的颜色。

(6) “填充色”栏：用来设置圆角矩形内部的填充色。

(7) “画实心”栏：用来设置是否用选定的颜色填充圆角矩形内部。

4.3.11 绘制椭圆

椭圆有 3 个要素：中心、宽度和高度。

1．绘制椭圆命令的启动

启动绘制椭圆命令时，有以下几种不同的途径。

(1) 利用菜单命令：放置(P)/描画工具(D)/椭圆(E)。

(2) 使用快捷键：按 P-D-E 键。

(3) 利用工具栏：单击“实用工具”栏上的  按钮。

2．绘制椭圆的过程

在图纸上绘制椭圆的一般过程如下：

(1) 启动绘制椭圆命令，光标变为十字形工作光标，上面悬浮着一个椭圆。

(2) 移动光标，在图纸上适当的位置单击左键，确定椭圆的中心。此时，光标自动跳到椭圆的右端点。

(3) 移动光标，当椭圆的宽度适当时，单击鼠标左键，此时光标自动跳到椭圆的上端。

(4) 继续移动光标，当椭圆的高度适当时，单击鼠标左键，完成椭圆的绘制，如图 4-64 所示。

(5) 若要继续绘制椭圆，则需重复执行第(2)～(4)步的操作；否则，按下 Esc 键或者单击鼠标右键，结束绘制椭圆命令的执行。

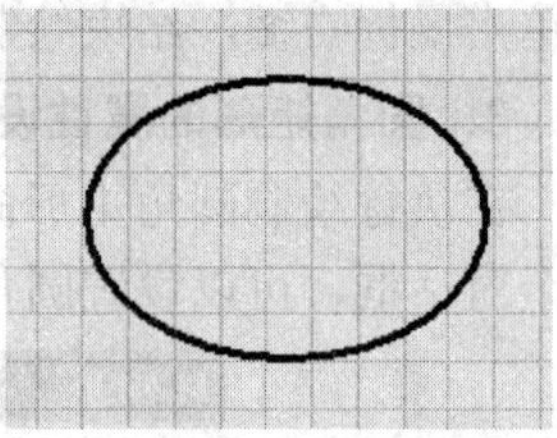

图 4-64 绘制的椭圆

3．椭圆的属性设置

在执行绘制椭圆的命令状态下，按 Tab 键，可弹出如图 4-65 所示的属性设置对话框。利用这个对话框，可以设置椭圆的以下属性。

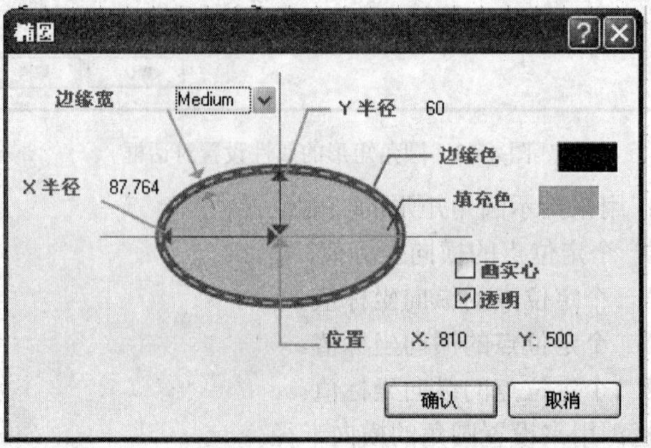

图 4-65 “椭圆”的属性设置对话框

(1) “位置”栏：用来指示椭圆当前圆心的位置。

X：椭圆中心的横向坐标值。

Y：椭圆中心的纵向坐标值。

(2) “X 半径”栏：用来设置椭圆的横向半径。

(3) “Y 半径”栏：用来设置椭圆的纵向半径。

(4) “边缘宽”栏：用来设置椭圆边界线的宽度。

(5) “边缘色”栏：用来设置椭圆边界线的颜色。

(6) “填充色”栏：用来设置椭圆内部的填充色。

(7) “画实心”栏：用来设置是否用选定的颜色填充椭圆内部。

4.3.12　绘制圆饼

圆饼是实心圆的一部分，它有 3 个要素：圆心、半径和缺口大小。

1．绘制圆饼命令的启动

启动绘制圆饼命令时，有以下几种不同的途径。

(1) 利用菜单命令：放置(P)/描画工具(D)/饼图(C)。

(2) 使用快捷键：按 P-D-C 键。

(3) 利用工具栏：单击“实用工具”栏上的按钮。

2．绘制圆饼的过程

在图纸上绘制圆饼的一般过程如下：

(1) 启动绘制圆饼命令，光标变为十字形工作光标，上面悬浮着一个圆饼。

(2) 移动光标，在图纸上适当的位置单击鼠标左键，确定圆饼的中心。此时，光标自动跳到圆饼的左端点。

(3) 移动光标，当圆饼的半径大小合适时，单击鼠标左键。此时光标自动跳到圆饼的缺口上部。

(4) 移动光标，当圆饼缺口的上部位置适当时，单击鼠标左键。此时光标自动跳到圆饼的缺口下部。

(5) 继续移动光标，当圆饼缺口的下部位置适当时，单击鼠标左键，完成圆饼的绘制，如图 4-66 所示。

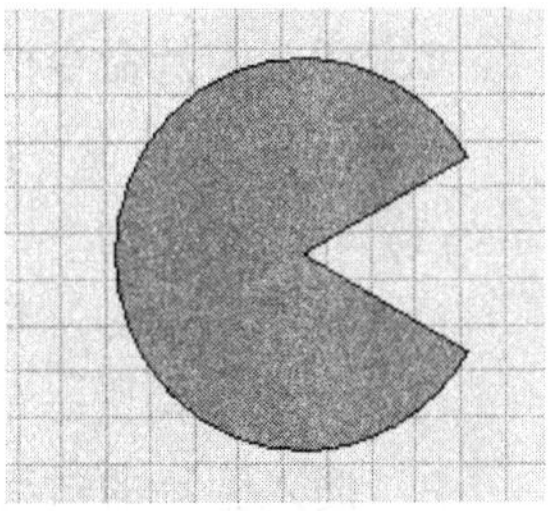

图 4-66　绘制的圆饼

(6) 若要继续绘制圆饼，则需重复执行第(2)～(5)步的操作；否则，按下 Esc 键或者单击鼠标右键，结束绘制圆饼命令的执行。

3．圆饼的属性设置

在执行绘制圆饼命令的状态下，按 Tab 键，可弹出如图 4-67 所示的对话框。利用这个对话框，可以设置圆饼的以下属性。

(1) “位置”栏：用来指示圆饼当前的中心位置。

X：圆饼中心的横向坐标值。

Y：圆饼中心的纵向坐标值。

(2) “半径”栏：用来设置圆饼的半径。

(3) “边缘宽”栏：用来设置圆饼边界线的宽度。

(4) “起始角”栏：用来设置圆饼的起始角度。

(5) “结束角”栏：用来设置圆饼的终止角度。

(6) “边缘色”栏：用来设置圆饼边界线的颜色。

(7) “颜色”栏：用来设置圆饼内部的填充色。

(8) “画实心”栏：用来设置是否用选定的颜色填充圆饼内部。

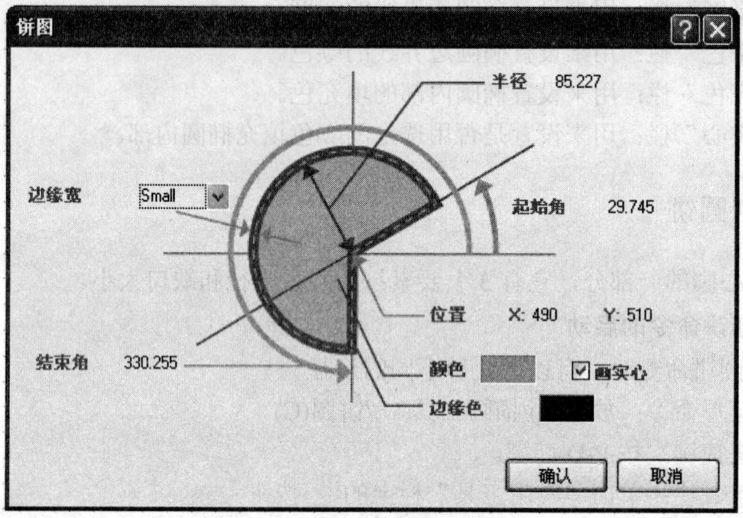

图 4-67 “圆饼”的属性设置对话框

4.3.13 插入图片

除了可以在电路原理图上绘制图形以外，还可以插入多种格式的图片。

1．插入图片命令的启动

启动插入图片命令时，有以下几种不同的途径。

(1) 利用菜单命令：放置(P)/描画工具(D)/图形(G)。

(2) 使用快捷键：按 P-D-G 键。

(3) 利用工具栏：单击“实用工具”栏上的按钮。

2．插入图片的过程

在图纸上插入图片的一般过程如下：

(1) 启动插入图片命令，光标变为十字形工作光标，上面悬浮着一个矩形。

(2) 移动光标，在图纸上适当的位置单击鼠标左键，确定矩形的一个对角顶点。

(3) 移动光标，在图纸上适当的位置单击鼠标左键，确定矩形的另一个对角顶点，从而绘制出一个矩形，继而弹出如图 4-68 所示的插入图片对话框。

(4) 在这个对话框中，首先输入或选择图片文件所在的位置、文件类型和图片文件名，然后单击“打开”按钮，插入一幅图片，如图 4-69 所示。

(5) 若需继续插入图片，则重复执行第(2)～(4)步的操作。否则，按下 Esc 键或者单击鼠标右键，结束插入图片的操作。

图 4-68　“插入图片”对话框

图 4-69　插入的图片

3. 插入图片的属性设置

在执行插入图片命令的状态下，按 Tab 键，可弹出如图 4-70 所示的对话框。利用这个对话框，可以设置图片的以下属性。

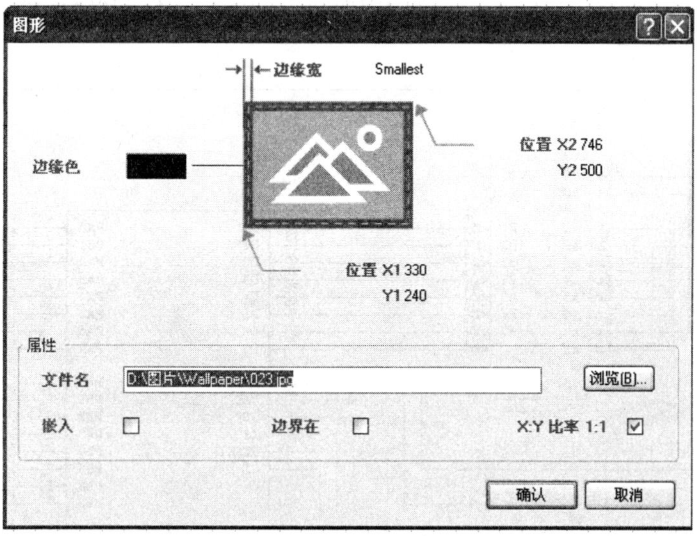

图 4-70　“插入图片”的属性设置对话框

(1) “文件名”栏：用来设置图片文件名。在本栏内可直接输入待插入图片所在的路径及文件名，也可单击“浏览(B)”按钮，从另外一个对话框中进行选择。

(2) “位置”栏：用来指示图片当前的位置。

X1：图片第一个定位点的横向坐标值。

Y1：图片第一个定位点的纵向坐标值。

X2：图片第二个定位点的横向坐标值。

Y2：图片第二个定位点的纵向坐标值。

(3) “边缘宽”栏：用来设置图片边界线的宽度。

(4) “边缘色”栏：用来设置图片边界线的颜色。

(5) “边界在”栏：用来设置是否显示插入图片的边框。

(6) “X∶Y 比率 1∶1”栏：用来设置插入的图片是否保持原来的纵横比例。

4.4　电路图绘制实例

通过前面的学习，我们已经掌握了绘制电路原理图的基本方法。本节我们学习绘制一个单片机外部 I/O 扩展接口的电路原理图，以巩固前面所学的知识。

4.4.1　单片机外部 I/O 扩展接口电路介绍

1．单片机外部 I/O 扩展接口电路的结构

单片机外部 I/O 扩展接口电路如图 4-71 所示。在这个电路里，包含有几种集成电路(其中有些属于复合元件)、导线、总线及总线引入线、网络标号和电路端口等部件。以外，还可以在图纸上放置一些文本字符串、文本框或插入小图片等。

2．电路元件汇总表

为了绘制方便，将图 4-71 所示电路图中所包含的各种元件的名称、编号、类型等属性加以整理如表 4-4 所示。

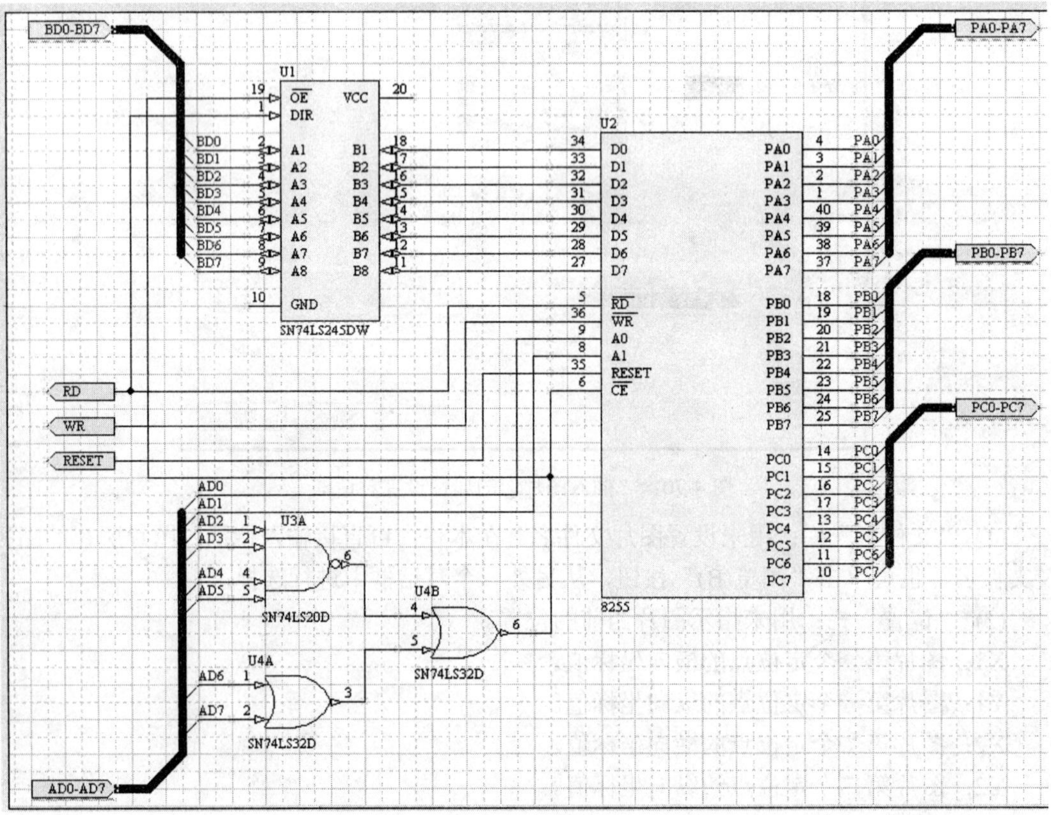

图 4-71　单片机外部 I/O 扩展接口电路

表 4-4　单片机外部 I/O 扩展接口电路的元件汇总表

元件名称	元件编号	元件类型
双向三态数据缓冲器	U1	SN74LS245
可编程并行 I/O 接口芯片	U2	8255
双四输入与非门	U3:1	SN74LS20
四—2 输入或门	U4:1	SN74LS32
四—2 输入或门	U4:2	SN74LS32

4.4.2　环境设置及参数选择

1．图纸参数设置

图纸参数的选择包括选择图纸的大小和方向；设置可视网格和电气网格；选择图纸颜色和边框；输入有关设计单位或组织的名称等信息。

设置图纸参数的方法是执行菜单命令“设计(D)/文档选项(D)”，或者右击图纸后从快捷式菜单中选择“选项/文档选项(D)”，可弹出“文档选项”对话框。在这个对话框中，可进行以下项目的设置。

(1) 在“标准风格”栏内选择一种标准图纸；在“方向”栏内，选择图纸的方向。

(2) 在“网格”栏内，选中“捕获”，并输入数值 50，它将作为光标移动的基本单位；选中“可视”，并输入数值 50 或 100，图纸上将以此值为依据显示出可视网格，以便于绘图时的准确定位。

(3) 在“电气网格”框架内，选中“有效”，并在“网格范围”栏内输入数值 30。这样，在绘图时光标可在此半径内搜索电气节点，并将光标快速定位于该节点上。

此外，用户还可以根据需要，设置工作区颜色、参考边框、图纸边框等。

2．系统参数设置

执行菜单命令“工具(T)/原理图优先设定(P)”，从随后弹出的“优先设定”对话框中，可以对原理图设计和图形编辑功能方面的参数进行设置等。

4.4.3　绘制单片机外部 I/O 扩展接口电路图

1．电路部件的放置

参照表 4-4 给出的资料，在图纸上放置元件和其他电路部件。

(1) 参照 4.1.2 节所述，在图纸上放置所有元件，包括 SN74LS245，8255，SN74LS20 和 SN74LS32。

(2) 参照 4.1.4 节和 4.1.5 节所述，在图纸上放置总线、总线入口线。

(3) 参照 4.1.9 节所述，在图纸上放置电路端口。

到此为止，图纸中的所有电路部件便放置完毕，如图 4-72 所示。

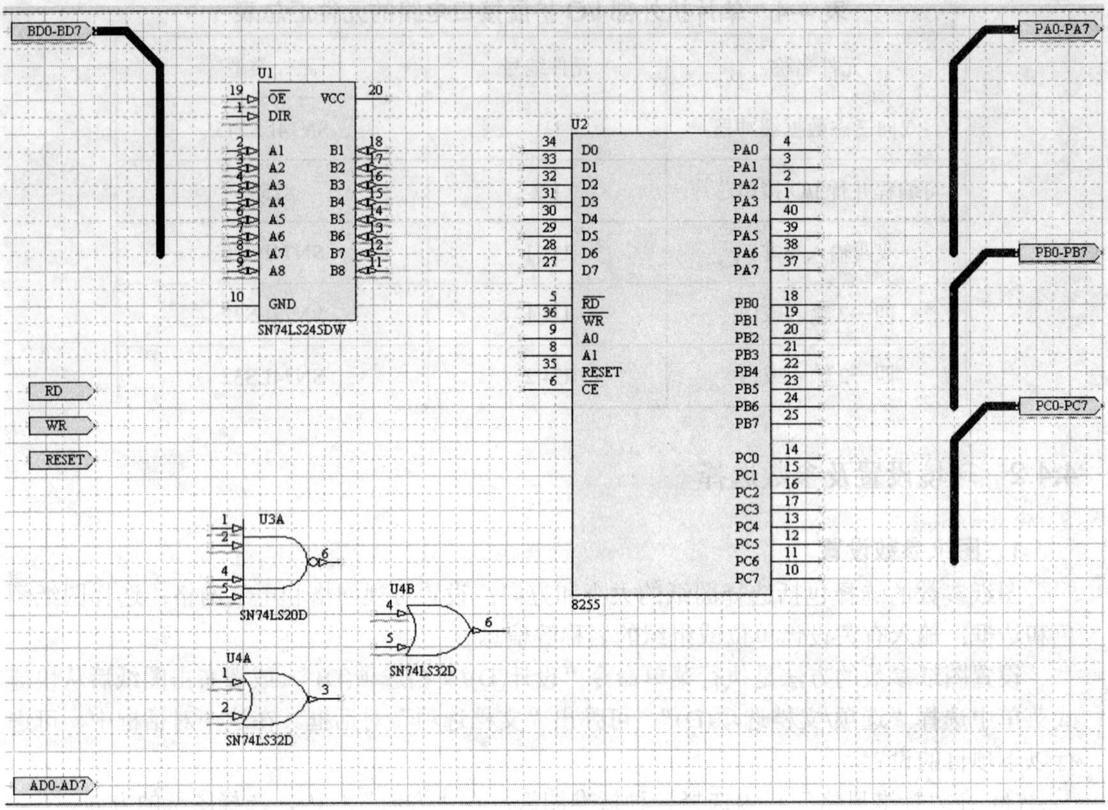

图 4-72 图纸上放置的电路部件

2. 电气部件的互连

在电路部件放置完成的基础上，就可以开始进行它们之间的相互连接。

(1) 参照 4.1.3 节所述，在图纸上放置导线，按照电路图的逻辑关系，将各个电路部件加以连接。特别要注意检查导线的交叉点，凡是应该相连的地方，要放置电气节点；凡是不该相连的地方，应当及时删除该处的节点。

(2) 参照 4.1.8 节所述，在图纸上放置所有的网络标号。

(3) 参照 4.2 节所述，在图纸上放置指示性标志。

3. 电路图的修饰美化

为了美化和修饰电路图，可以在图纸上绘制一些图形或添加一些说明文字。

(1) 参照 4.3.7 节所述，在图纸上放置必要的文本字符串。

(2) 参照 4.3.8 节所述，在图纸上绘制文本框，并编辑其中的文字信息。

(3) 参照 4.3.13 节所述，在图纸上空白的地方插入小图片。

到此为止，单片机外部 I/O 扩展接口电路便绘制完成，如图 4-73 所示。

需要说明的是，初学者对 Protel 2004 的元件库一时还不太熟悉，有的元件可能一时难以找到，这时需要自己绘制元件，具体绘制方法见后面的章节。

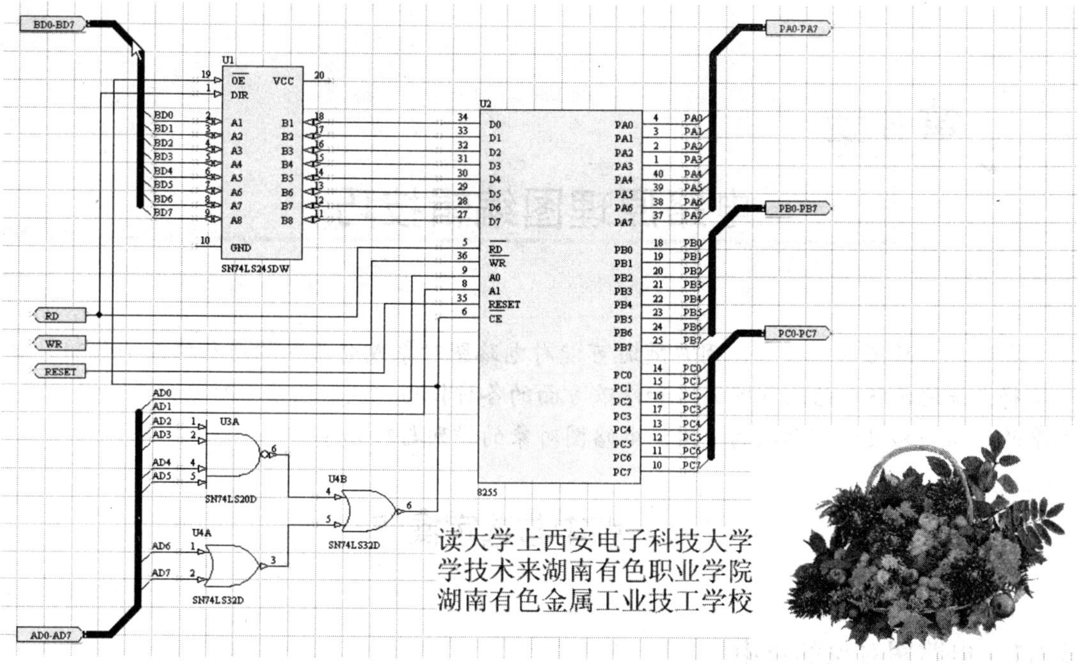

图 4-73　绘制完成的单片机外部 I/O 扩展接口电路

第 5 章 电路原理图编辑技巧

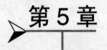

在绘制电路图的过程中，用户随时可能对电路图对象或电路结构进行修改与编辑。这一章将系统地讲解电路原理图编辑和修改方面的各种技巧，包括电路图对象的点中与选定；对象的删除与移动；剪贴板的使用；电路图对象的排列与对齐等。

5.1 点中与选定操作

5.1.1 电路图对象的点中

“点中”对象是 Protel 2004 软件的一种操作方式。对于处在点中状态下的电路图对象，可以进行一些常用的编辑和修改操作。

1．电路图对象的点中

点中操作只有在非执行命令时(即光标为箭头形状)才能进行。要点中一个对象，只要用鼠标在该对象上直接单击一次即可。

当各种零件、网络标号、电源对象、节点、子图入口等对象被点中后，在其周围出现一个矩形虚线框。但对于导线、总线、总线入口、方框图及绘制的各种图形对象，点中后将同时显示出尺寸或外形的控制点。

2．对点中对象的操作

对于点中的对象，可以进行以下编辑操作。

(1) 激活对象：在点中的对象上单击并按住鼠标左键不放，该对象将处于激活状态(用鼠标指向一个未被点中的对象，直接按下左键不放，也可以使之激活)。被激活的对象将悬浮在十字形工作光标上。

当一个对象被激活时，若按下 Tab 键，可弹出其属性对话框，以便对该对象的各种属性进行修改编辑；若按下空格键，可改变该对象的放置方向或模式；若移动光标后再单击鼠标左键，可将该对象放置在另一位置上。

(2) 删除对象：当对象处于点中状态时，按下键盘上的 Delete 键，即可将它删除。

(3) 改变图形大小与形状：对于某些有大小要求的电路对象，如子图符号、电路端口和各种图形对象，当它们处于点中状态时，用鼠标指向其上的控制点，利用拖动的方法可以改变其大小和尺寸，如直线与导线的长度与角度、子图符号的大小、电路端口的长短、圆的半径、矩形的宽度和高度等。

(4) 取消点中状态：在图纸上的空白处单击鼠标左键，则该对象周围的虚线方框和控制点消失，这表明该对象已被释放。

3．关于点中操作的说明

(1) 点中操作只能对单个对象进行，点中一个新的对象，原先点中的对象随之被释放。

(2) 对于点中的对象，只能直接进行如上所述的几种操作，不能使用菜单命令或工具栏上的按钮进行剪切、复制、删除、移动、清除等操作。

(3) 处于点中状态的电路图对象，其颜色不发生变化。

5.1.2　电路图对象的选定

选定对象是 Protel 2004 软件的又一种操作方式，对于处在选定状态下的电路图对象可以进行编辑和修改。选定电路图上的一个或多个对象时，可以使用以下方法。

1．直接拖动选定对象

在待选定对象的周围某点按鼠标左键不放，拖动出一个能够框定待选定对象的方框后，释放鼠标左键，方框内部的对象便被选定。由于系统默认的选定色为黄色，因此，当线条类对象(如导线、总线、直线、矩形等)被选定时，它们的线条便用黄色显示；而当非线条类对象(如晶体管、集成电路等)被选定时，在它们的周围将显示一个黄色的方框。

2．利用工具按钮选定对象

(1) 在主工具栏上单击 (在区域内选择对象)按钮，光标变成十字形工作光标。

(2) 在待选定对象的周围某处单击，移动鼠标(不是拖动)的同时出现一个矩形框，当要选定的对象被此矩形框框定时，再次单击鼠标，完成选定操作。被选定的对象本身或者周围方框将用选定色来显示。

3．利用键盘快速选定对象

首先按住 Shift 键，然后用鼠标单击要选定的一个或多个对象，被选定的对象本身或者周围的方框将用选定色显示。

4．利用菜单命令选定对象

在“编辑(E)”菜单中，包含关于选定对象的多条命令，如图 5-1 所示。

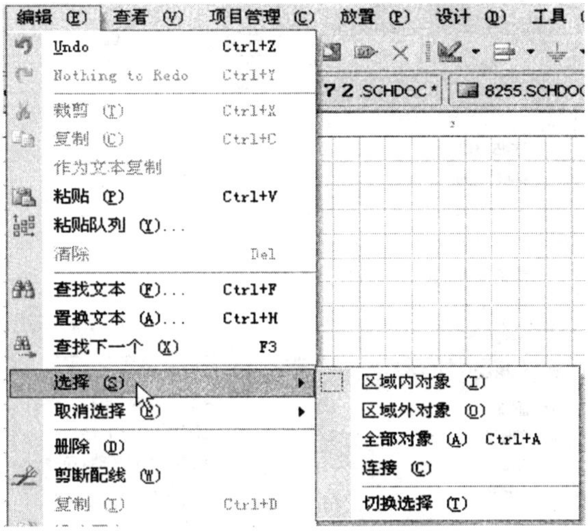

图 5-1　选定对象的菜单命令

(1) 选定区域内的对象：执行菜单命令“编辑(E)/选择(S)/区域内对象(I)”，光标变为十字形工作光标。在待选定区的一个对角点上单击后，继续移动到另一个对角点上单击，即可将选定区域内的对象选定。

(2) 选定区域外的对象：执行菜单命令“编辑(E)/选择(S)/区域外对象(O)”，光标变为十字形工作光标。在待选定区的一个对角点上单击后，继续移动到另一个对角点上单击，即可将选定区域以外的对象选定。

(3) 选定所有对象：执行菜单命令“编辑(E)/选择(S)/全部对象(A)”，当前图纸上的所有对象均被选定。

(4) 连接选定：执行菜单命令“编辑(E)/选择(S)/连接(C)”，光标变为十字形工作光标。在某一导线上单击，可将与该导线相连接的所有导线选定。

5．利用快捷键选定对象

使用以下快捷键，可以方便地选定对象。

① 选定指定区域内的对象：按E-S-I键。

② 选定指定区域外的对象：按E-S-O键。

③ 选定所有对象：按E-S-A键。

④ 连接选定：按E-S-C键。

5.1.3 取消对象选定状态

将已选定的对象恢复为非选定状态，可以使用以下两种方法。

1．利用工具按钮取消选定

在主工具栏上单击 (取消选择全部当前文档)按钮。

2．利用菜单命令取消选定

在“编辑(E)/取消选择(E)”菜单中，包含关于取消选定对象方面的多条命令，如图5-2所示。

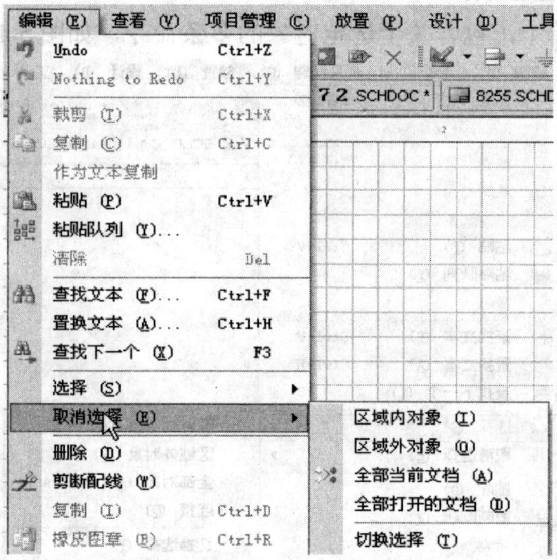

图5-2 取消选定对象的菜单命令

取消选定的操作菜单命令有以下 3 种。

(1) 取消指定区域内对象的选定：执行菜单命令“编辑(E)/取消选择(E)/区域内对象(I)”。

(2) 取消指定区域外对象的选定：执行菜单命令“编辑(E)/取消选择(E)/区域外对象(O)”。

(3) 取消对所有对象的选定：执行菜单命令“编辑(E)/取消选择(E)/全部当前文档(A)”。

取消选定状态后，对象的显示情况将恢复原状。

3．使用快捷键取消选定

(1) 取消区域内对象的选定：按 E-E-I 键。

(2) 取消区域外对象的选定：按 E-E-O 键。

(3) 取消对所有对象的选定：按 E-E-A 键。

5.2　电路图对象的删除与移动

5.2.1　清除或删除对象

有时用户在绘制电路图时，难免错画或多画出一些线或电路元件等，那么这些多余的对象，可以用清除或删除命令进行消除。前面讲到了，对于不要的对象，可以先点中，然后再按键盘上的 Delete 键删除。在操作过程中还可以利用以下各种方法删除一个或多个对象。

1．清除或删除选定的对象

首先选定待清除或删除对象，然后利用以下任意一种方法进行清除或删除。

(1) 执行菜单命令“编辑(E)/删除(D)”。

(2) 执行菜单命令“编辑(E)/裁剪(T)”，或者按 E-T 键。

(3) 使用快捷键：Ctrl+Delete。

2．直接连续删除多个对象

按照下面的步骤可以连续删除多个对象。

(1) 执行菜单命令“编辑(E)/删除(D)”，或者按 E-D 键，此时光标变为十字形工作光标。

(2) 在待删除的对象上单击，便可将该对象删除。

(3) 按下 Esc 键或者单击鼠标右键，结束删除命令的执行。

5.2.2　利用工具按钮移动对象

在绘制电路原理图时，用户需要对部分对象进行移动调整，除了前面所叙述的直接拖动一个对象进行移位的方法以外，还可以利用工具按钮移动一个或多个对象的位置。具体的操作步骤如下：

(1) 选定待移动位置的一个或多个对象。

(2) 单击主工具栏上的(移动选择的对象)按钮，此时光标变为十字形工作光标。

(3) 在工作区单击鼠标左键后，移动鼠标，被选定的对象将随之移动。

(4) 移动到目标位置后，单击鼠标左键，便可将选定的对象移动到新的位置。

(5) 移位后的对象仍处在被选定状态，若需要取消被选定状态，可以在工作区内单击鼠标左键。此时，被选定的对象便恢复常态。

5.2.3　利用菜单命令移动对象

打开主菜单上的“编辑(E)/移动(M)”菜单，可以看到与移动对象位置有关的各种操作命令，如图 5-3 所示。

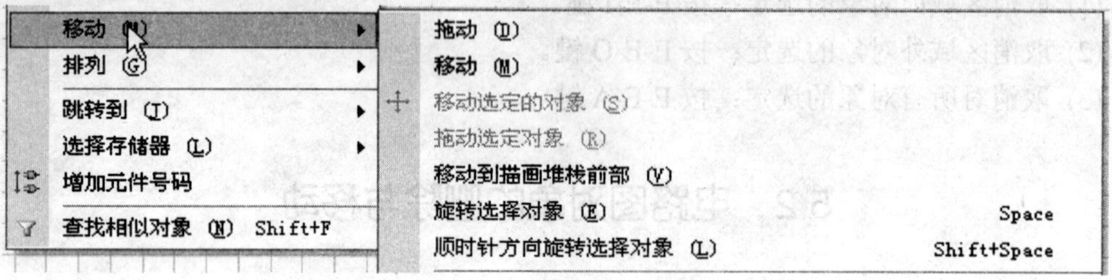

图 5-3　移动对象的菜单命令

1. 移动单个对象位置并保持原有连接关系

按照下面的步骤，可以移动单个对象的位置，且能保持对象之间原有的连接关系。

(1) 执行菜单命令“编辑(E)/移动(M)/拖动(D)”，或者按 E-M-D 键，此时光标变为十字形工作光标。

(2) 光标指向待拖动的对象后，单击鼠标左键，则该对象处于浮动状态。

(3) 移动鼠标时，与此对象相连接的导线也随之移动，不会发生断线。

(4) 移动到目标位置后单击，该选定的对象便被拖移到新的位置上。

(5) 若要继续拖移其他对象，重复执行第(2)、(3)步的操作。

2. 移动单个对象位置

按照下面的步骤，可以移动单个对象的位置。

(1) 执行菜单命令“编辑(E)/移动(M)/移动(M)”，或者按 E-M-M 键，此时光标变为十字形工作光标。

(2) 光标指向待移动的对象后，单击鼠标左键，则该对象进入浮动状态。

(3) 移动鼠标时，该对象将随着光标的移动而移动；单击鼠标左键后，可将它放置在图纸上的另一个位置。

(4) 若要继续移动其他对象，重复执行第(2)、(3)步的操作；否则，按下 Esc 键或单击鼠标右键，结束本命令。

3. 移动多个选定对象位置

按照下面的步骤，可将处于选定状态的多个对象同时移动。

(1) 选定多个待移动位置的对象，接着执行菜单命令“编辑(E)/移动(M)/移动选定的对象(S)”，或者按 E-M-S 键，此时光标变为十字形工作光标。

(2) 在工作区单击，所有选定的对象进入浮动状态。移动鼠标时，所有选定的对象将随之移动。

(3) 移到目标位置后单击，该组选定的对象便被拖拽到新的位置。

4．移动多个选定对象位置并保持原有连接关系

按照下面的步骤可将选定的多个对象同时进行拖动，并且保持它们与其他对象之间的连接关系。

(1) 选定多个待拖动位置的对象。

(2) 执行菜单命令“编辑(E)/移动(M)/拖动选定对象(R)”，或者按 E-M-R 键，此时光标变为十字形工作光标。

(3) 在工作区单击，所有被选定的对象便进入浮动状态。移动鼠标时，所有选定的对象将随之移动。

(4) 移到目标位置后单击，该组选定的对象便被拖曳到新的位置上。

5.2.4　改变对象的层次

在主菜单的“编辑(E)”菜单中，有关改变对象层次的菜单命令如图 5-4 所示。

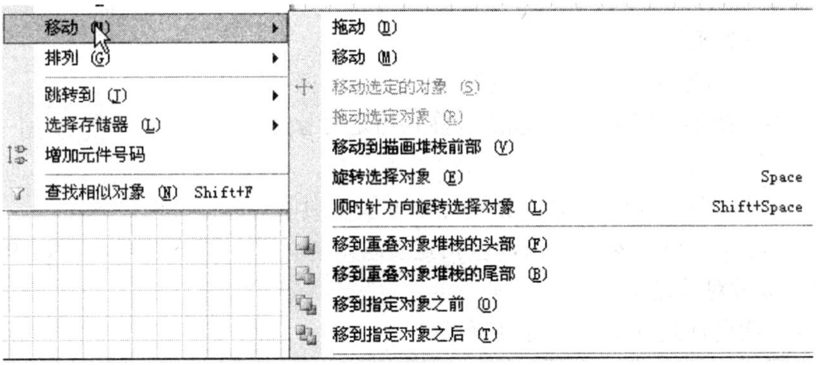

图 5-4　改变对象层次的菜单命令

假设在图纸上放置多个不同的对象，且这些对象是重叠放置的，但放置次序不同，也就是说它们之间具有不同的层次。利用“编辑(E)”菜单中改变对象层次的有关命令，可以实现以下操作：将对象移至最上层并平移其位置；将对象移到重叠对象的最上层；将对象移到重叠对象的最下层；将对象移到指定对象之上；将对象移到指定对象之下等。

1．在最上层移动对象

本命令能够同时进行平移与层移。可以将最底层或其他层次的对象移至上层并改变其原有位置，具体操作方法如下：

(1) 执行菜单命令“编辑(E)/移动(M)/移动到描画堆栈前部(V)”，或者按 E-M-V 键，此时光标变为十字形工作光标。

(2) 在待移动的对象上单击，使之被激活并进入浮动状态。

(3) 移动鼠标到达目标位置后单击，该对象便被置于其他对象之上，且放置位置也发生了变化。

(4) 若要继续进行此项操作，可重复第(2)、(3)步；否则，按下 Esc 键或者单击鼠标右键，结束本命令的执行。

2．将对象移到重叠对象的最上层

本命令可在重叠放置的多个对象中，选择置于最上层的对象。假设要将最底层的子图

符号移至上层但不改变其原有位置，具体操作方法如下：

(1) 执行菜单命令“编辑(E)/移动(M)/移到重叠对象堆栈的头部(F)”，或者按 E-M-F 键，此时光标变为十字形工作光标。

(2) 将光标移动到重叠放置的某个对象上。

(3) 单击鼠标左键，便可使之置于最上层。

(4) 若要继续进行此项操作，可重复第(2)、(3)步；否则，按下 Esc 键或单击鼠标右键，结束本命令的执行。

3．将对象移到重叠对象的最下层

(1) 执行菜单命令“编辑(E)/移动(M)/移到重叠对象堆栈的尾部(B)”，或者按 E-M-B 键，此时光标变为十字形工作光标。

(2) 将光标移动到重叠放置的某个对象上，并单击鼠标左键，便可使之置于最下层。

(3) 若要继续进行此项操作，可重复第(2)步；否则，按下 Esc 键或单击鼠标右键，结束本命令的执行。

4．将对象移到指定对象之上

如果要将某个对象移到一个指定的对象之上，其操作方法如下：

(1) 执行菜单命令“编辑(E)/移动(M)/移到指定对象之前(O)”，或者按 E-M-O 键，此时光标变为十字形工作光标。

(2) 将光标移动到工作区，单击要移动的对象，则该对象被暂时隐藏。

(3) 将光标移动到某对象上单击，以指定参考对象，此时原先被隐藏的对象重新显示，并且被放置在参考对象之上。

(4) 若要继续进行此项操作，可重复第(2)、(3)步；否则按下 Esc 键或单击鼠标右键，结束本命令的执行。

5．将对象移到指定对象之下

本命令用来在多个重叠放置的对象中，将某个对象移动到一个指定的对象之下。

(1) 执行菜单命令“编辑(E)/移动(M)/移到指定对象之后(T)”，或者按 E-M-T 键，此时光标变为十字形工作光标。

(2) 将光标移动到工作区，单击要层移的对象，则该对象被暂时隐藏。

(3) 将光标移动到某对象上单击，以指定参考对象，此时原先被隐藏的对象重新显示，并且被放置在参考对象之下。

(4) 若要继续进行此项操作，可重复第(2)、(3)步；否则，按下 Esc 键或单击鼠标右键，结束本命令的执行。

5.3 剪贴板功能及其使用

5.3.1 剪贴板功能概述

在 Protel 2004 中，有关剪贴板的操作是在“编辑(E)”菜单中进行的，包括“裁剪(T)”、“复制(C)”、“粘贴(P)”和“矩阵式粘贴(Y)”。此外，在主工具栏上也有“裁剪”、“粘贴”

按钮，其功能与同名菜单命令相同，如图 5-5 所示。

1．剪贴板的主要功能

剪贴板的主要功能有以下两个方面。

(1) 将图纸上选定部分的内容转移或复制到另一张图纸上。

(2) 将选定的图形信息传递到其他 Windows 应用程序中去。

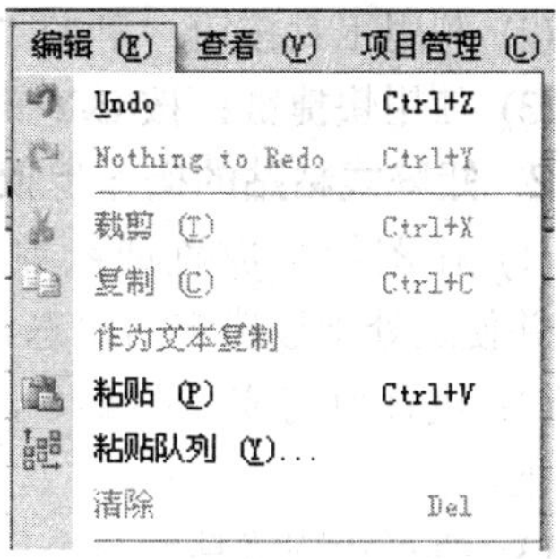

图 5-5　剪贴板的操作命令

2．剪贴板的功能设置

执行菜单命令“工具(T)/原理图优先设定(P)”，弹出“优先设定”对话框。点击“Graphical Editing”标签页，在“选项”栏框架内，选中“加模板到剪贴板(P)”，则向剪贴板上复制信息时，可以同时复制图纸信息，如图纸大小、图纸标题等。在这种情况下，当把一张图粘贴到 Windows 应用程序(如 Word)中时，可包含整张图纸；否则，仅粘贴选择的实体。

5.3.2　剪贴板基本操作

1．剪切操作

剪切操作的步骤是：首先在图纸上选定待剪切的对象，然后按照以下任何一种方法进行操作。

(1) 利用菜单命令：“编辑(E)/裁剪(T)”。

(2) 使用快捷键：按 E-T 键。

2．复制操作

复制操作的步骤是：首先在图纸上选定待复制的对象，然后按照以下任何一种方法进行操作。

(1) 利用菜单命令：“编辑(E)/复制(C)”。

(2) 使用快捷键：按 E-C 键。

3．粘贴操作

粘贴操作的前提是已经执行过剪切或复制操作，即剪贴板上已经存有内容。

以下几种方法都可实现粘贴操作。

(1) 利用菜单命令：“编辑(E)/粘贴(P)”。

(2) 使用快捷键：按 E-P 键。

5.3.3　矩阵式粘贴操作

在图纸上有时要放置或绘制多个相同且具有一定排列规律的对象，这时矩阵式粘贴可以为用户减轻重复劳动，提高绘图效率。

1．矩阵式粘贴的操作命令

以下几种途径都可以启动矩阵式粘贴的操作命令。

(1) 利用菜单命令：“编辑(E)/粘贴队列(Y)”。

(2) 利用工具按钮：单击“实用工具”栏上的按钮。

(3) 使用快捷键：按 E-Y 键。

2．矩阵式粘贴的操作步骤

(1) 在图纸上放置或绘制一个打算重复绘制的对象，并使之处于被选定的状态。

(2) 执行剪切或复制命令，以便将该对象保存在剪贴板上。

(3) 执行矩阵式粘贴命令后，弹出如图 5-6 所示的对话框。

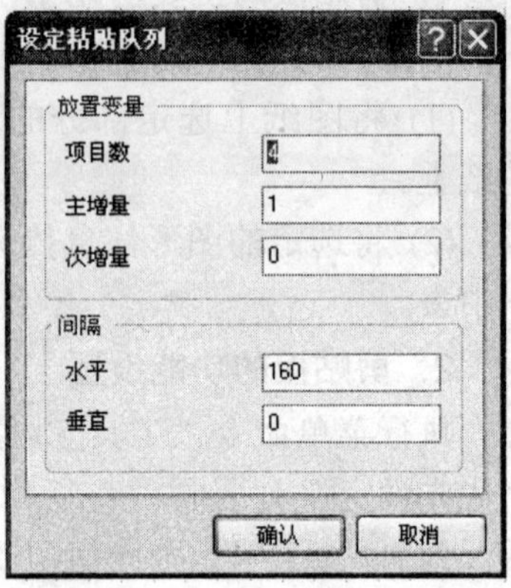

图 5-6 “设定粘贴队列”对话框

(4) 在这个对话框“项目数”栏内输入要粘贴的对象个数，在“主增量”和“次增量”栏内输入对象编号的增量值，在“水平”栏内输入各对象之间的水平距离，在“垂直”栏内输入各对象之间的垂直距离。

(5) 单击“确认”按钮，关闭对话框，此时光标变成十字形工作光标。

(6) 在图纸上适当位置单击，便可将一组对象按设置的参数进行粘贴。

3．矩阵式粘贴举例

本例假设要在水平方向上放置 4 张相同的图片，各图片之间的距离为 160 mil，图片编号逐次递增，使用矩阵式粘贴功能时，其具体的操作过程如下。

(1) 在图纸上放置一个图片，使用菜单命令“编辑(E)/裁剪(T)”将它剪切在剪贴板上。

(2) 启动矩阵式粘贴命令后，在对话框内“项目数”栏中输入数值“4”；在“主增量”和“次增量”栏内各输入“1”，在“水平”栏内输入“160”；在“垂直”栏内输入“0”。

(3) 单击“确认”按钮，对话框消失，光标变为十字形工作光标。

(4) 在图纸的适当位置单击，便可将一组 4 张图片放置在图纸上，水平间距为 160 mil，垂直间距为 0 mil，如图 5-7 所示。

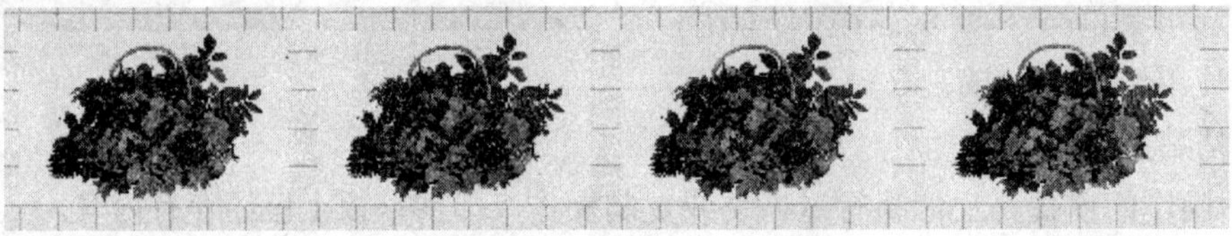

图 5-7 矩阵式粘贴的一组图片

如果矩阵式粘贴选择的是电气元件，元件的编号还会自动递增。

5.4 电路图对象的排列与对齐

5.4.1 排列与对齐命令

打开“编辑(E)”菜单，从中可以看到有关排列与对齐的各种操作命令，如图 5-8 所示。这些命令的具体功能及操作命令如表 5-1 所示。

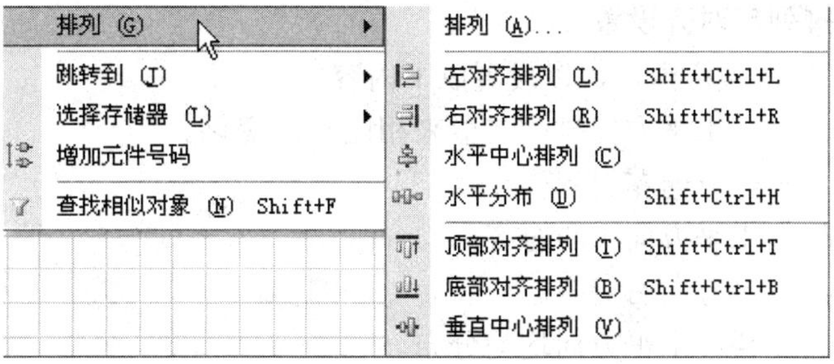

图 5-8　排列与对齐的操作命令

表 5-1　排列与对齐操作命令及其功能

菜 单 命 令	快捷键	功　能
编辑(E)/排列(G)/排列(A)	E-G-A	启动排列与对齐对话框
编辑(E)/排列(G)/左对齐排列(L)	E-G-L	左对齐
编辑(E)/排列(G)/右对齐排列(R)	E-G-R	右对齐
编辑(E)/排列(G)/水平中心排列(C)	E-G-C	水平中心对齐
编辑(E)/排列(G)/水平分布(D)	E-G-D	水平均布
编辑(E)/排列(G)/顶部对齐排列(T)	E-G-T	顶端对齐
编辑(E)/排列(G)/底部对齐排列(B)	E-G-B	底端对齐
编辑(E)/排列(G)/垂直中心排列(V)	E-G-V	垂直中心对齐
编辑(E)/排列(G)/垂直分布(I)	E-G-I	垂直均布

5.4.2　排列与对齐对话框设置

执行菜单命令“编辑(E)/排列(G)/排列(A)”，或者利用快捷键 E-G-A，均可弹出如图 5-9 所示的“排列与对齐”对话框。

在“排列与对齐”对话框中，可以设置电路部件的排列与对齐方式，包括水平方向的排列与对齐和垂直方向的排列与对齐两个方面。

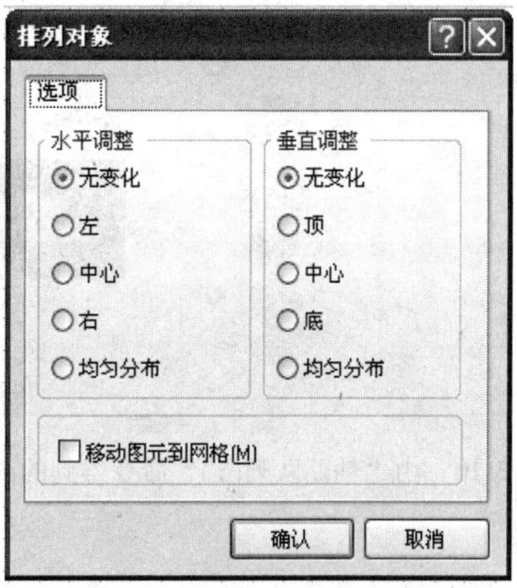

图 5-9　“排列与对齐”对话框

1．水平方向排列与对齐设置

在“水平调整”区域栏内，可以设置以下内容。

(1) “无变化”栏：水平方向排列与原来相比没有变化。

(2) “左”栏：水平方向左对齐。

(3) “中心”栏：水平方向中心对齐。

(4) “右”栏：水平方向右对齐。

(5) “均匀分布”栏：水平方向均匀分布。

2．垂直方向排列与对齐设置

在“垂直调整”区域栏内，可以设置以下内容。

(1) “无变化”栏：垂直方向排列与原来相比没有变化。

(2) “顶”栏：垂直方向顶端对齐。

(3) “中心”栏：垂直方向中心对齐。

(4) “底”栏：垂直方向底端对齐。

(5) “均匀分布”栏：垂直方向均匀分布。

5.4.3 排列与对齐命令的实际应用

以图片为例，说明排列与对齐命令的实际应用。

先将图片用“粘贴队列(Y)”命令在图纸上放置成如图 5-10 所示图列(也可以无序放置)。

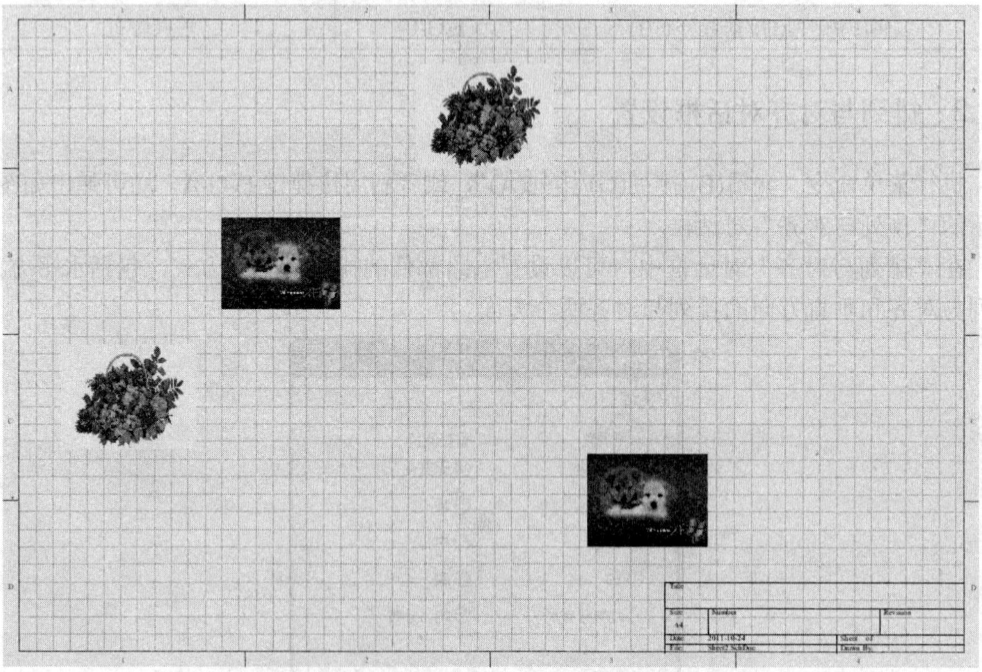

图 5-10 由“粘贴队列(Y)”命令得到的图列

1．水平方向的排列对齐

(1) 选定在水平方向待排列对齐的所有对象。

(2) 启动左对齐命令，其效果如图 5-11 所示。

(3) 启动右对齐命令，其效果如图 5-12 所示。

(4) 启动水平中心对齐命令，其效果如图 5-13 所示。

图 5-11　左对齐命令效果

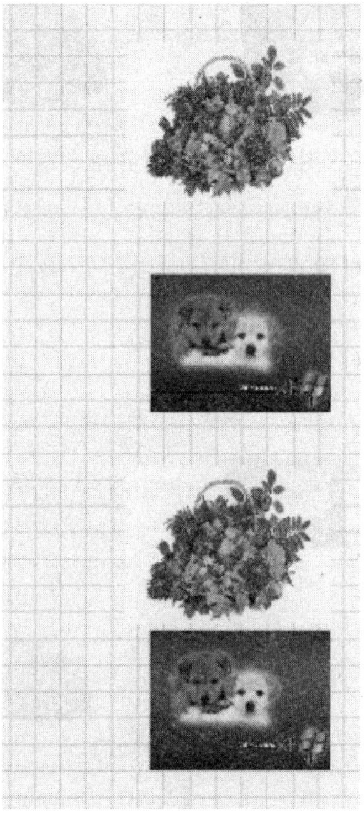

图 5-12　右对齐命令效果

图 5-13　水平中心对齐命令效果

2．垂直方向的排列对齐

(1) 选定在垂直方向待排列对齐的所有对象。

(2) 启动顶端对齐命令，其效果如图 5-14 所示。

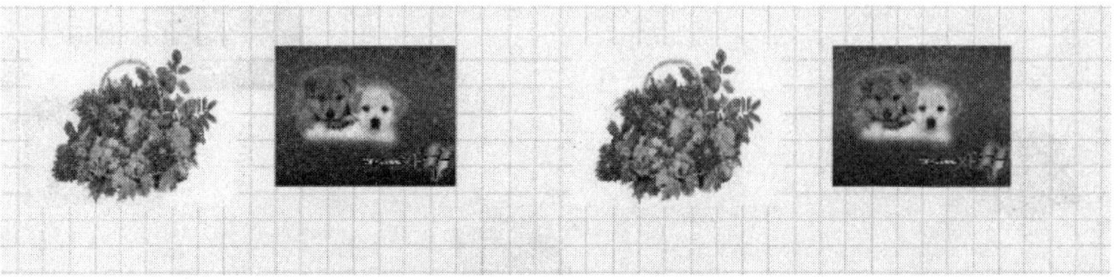

图 5-14　顶端对齐命令效果

(3) 启动垂直中心对齐命令，其效果如图 5-15 所示。

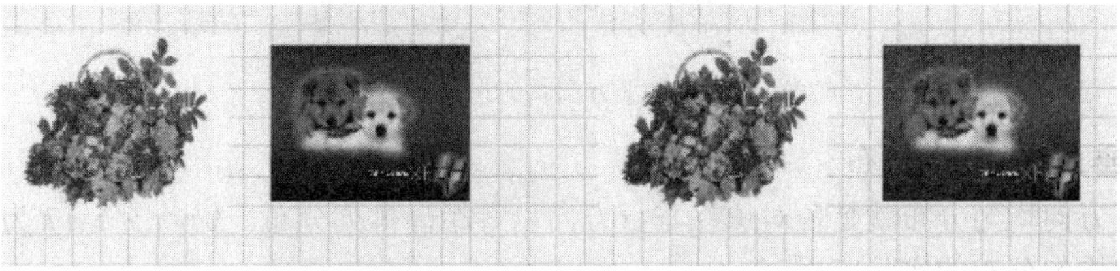

图 5-15　垂直中心对齐命令效果

(4) 启动底端对齐命令，其效果如图 5-16 所示。

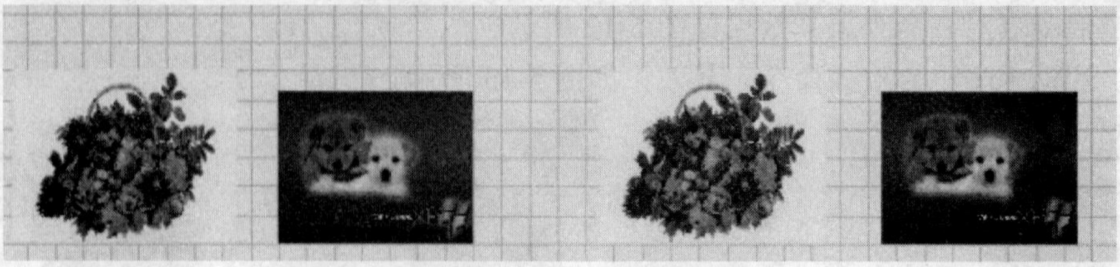

图 5-16　底端对齐命令效果

3. 水平方向均匀分布

水平方向均匀分布就是各对象在水平方向以等距离排列分布。以图 5-17 为例，说明水平方向均匀分布的实际应用。

(1) 选定图 5-17 中所有的对象。

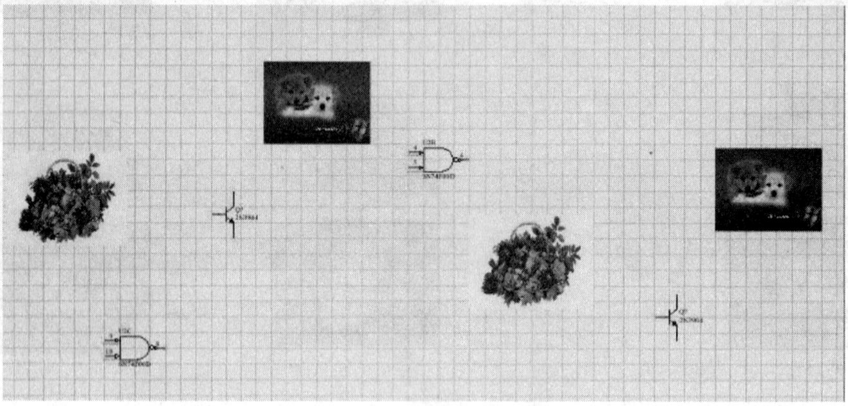

图 5-17　水平/垂直方向均匀分布图例

(2) 启动水平方向均匀分布命令，其效果如图 5-18 所示。

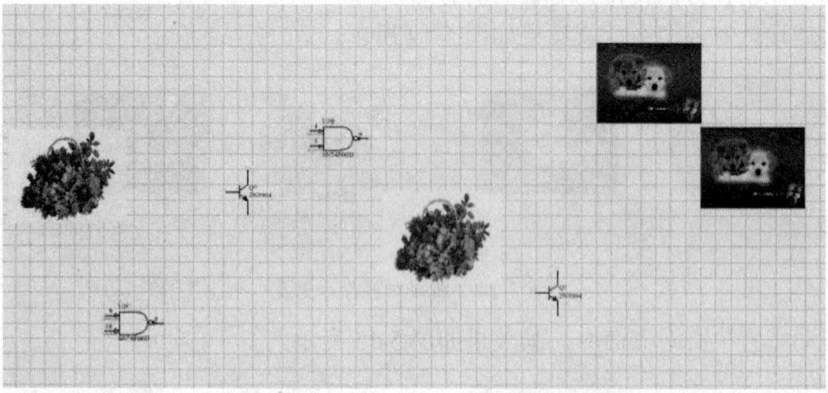

图 5-18　水平方向均匀分布命令效果

4. 垂直方向均匀分布

垂直方向均匀分布就是各对象在垂直方向以等距离排列分布。仍以图 5-17 为例，说明垂直方向均匀分布的实际应用。

(1) 选定在垂直方向待均匀分布的所有对象。

(2) 启动垂直方向均匀分布命令，其效果如图 5-19 所示。

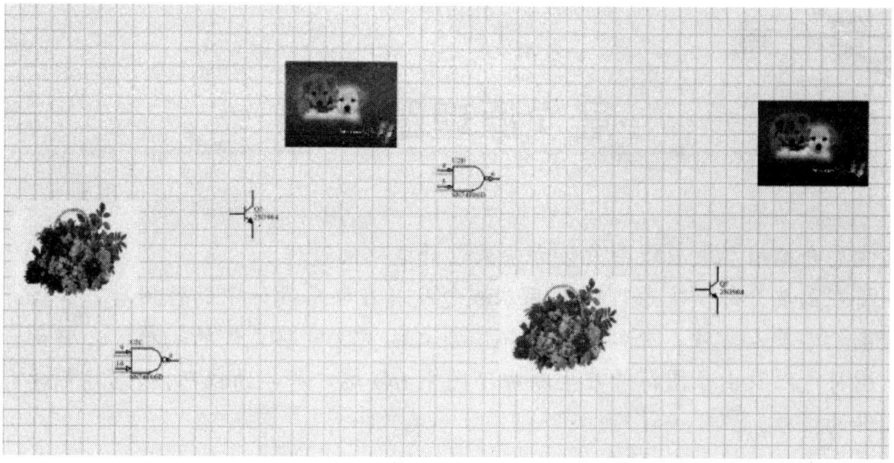

图 5-19　垂直方向均匀分布命令效果

第 6 章 层次原理图设计

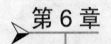

本章主要介绍用层次原理图设计方法来设计电路的过程。

我们将在简要介绍层次原理图的基本概念及其在电路设计中的作用后，详细介绍建立层次原理图的步骤和方法，介绍如何在不同层之间实现电路文件的切换，介绍由原理图文件产生子图符号以及由子图符号产生新原理图中 I/O 端口符号的技巧，最后将简要介绍建立网络表文件的过程。

通过对本章的学习，用户可以运用层次原理图设计方法完成电路的设计。

6.1 层次原理图

层次式电路的基本概念是将一个大的电路分成几个功能块，再对每个功能块中的电路进行细分，如果有必要，可以再建立下一层的模块，这样一层一层细分下去，即可形成树状结构。

例如，可以把“转换并行数据为串行数据”的电路设计成如图 6-1 所示的一个层次式电路，它分为并行数据输入(INDATA)、控制电路(CONTROL)、调制电路(MODEM)、时钟发生器(CLK)、使能信号发生器(EN)等五部分，其中使能信号发生器(EN)又包含了缓冲器电路(Buffer)和 3 选 1 电路(3sell)，如图 6-2 所示。

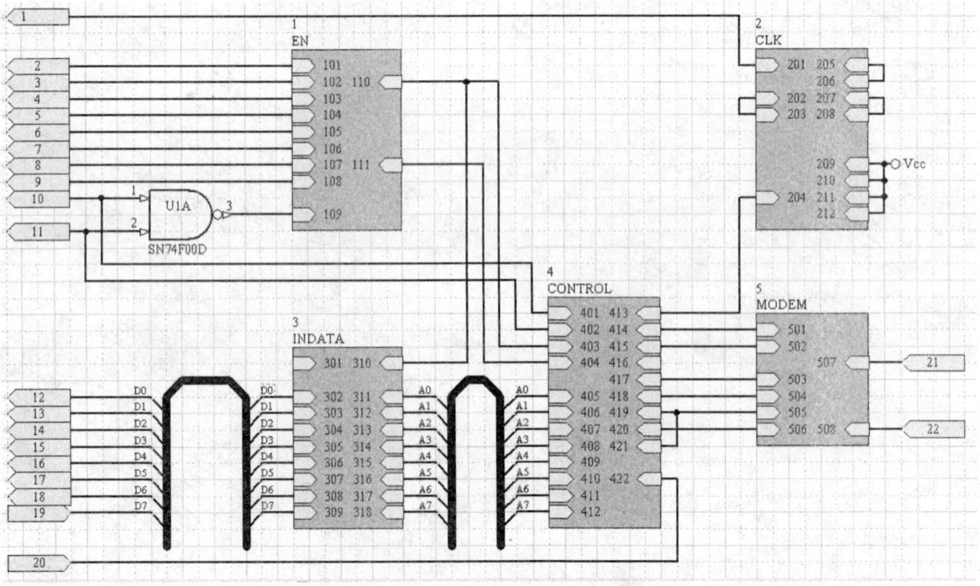

图 6-1 层次式电路原理图

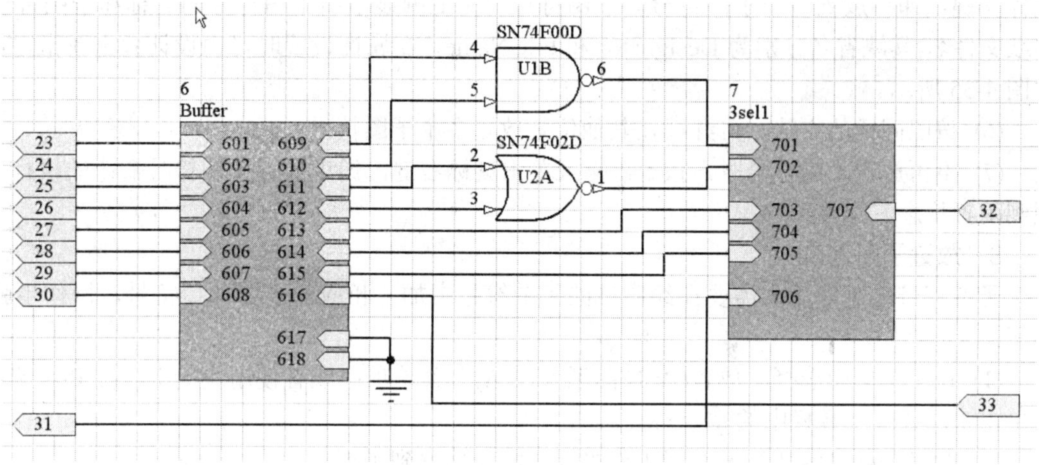

图 6-2 使能信号发生器电路

利用层次原理图设计电路，可以使用户从整体框架结构上把握电路，加深对电路的理解。另一方面，如果用户需要改动电路原理图的某一细节，可以只对相关的底层电路进行修改，而不影响整个电路的结构。

6.2 建立层次原理图

用层次原理图的方法设计电路，可以从系统开始，逐级向下进行(称自上而下方式)，也可以从最基本的单元块开始，逐级向上进行(称自下而上方式)，用户可以根据自己的习惯和需要决定使用哪种方法。

一般来说，建立层次原理图的操作步骤如下：

1. 准备工作

(1) 在主菜单栏中选择“文件(F)/创建(N)/原理图(S)”菜单项，新建一个原理图图形文件的工作平面。新的电路设计将在这个新的工作平面上进行。

(2) 打开“配线”工具栏(如果“配线”工具栏已经打开，则省略此步骤)。此时，准备工作完成。

2. 绘制子图

(1) 在主菜单栏中选择“放置(P)/图纸符号(S)”菜单项；或者使用快捷键，按 P-S 键；也可以单击“配线”工具栏中的 按钮。

(2) 此时，鼠标指针变为十字形工作光标，移动鼠标指针的位置，可以发现子图会随着鼠标指针移动。

(3) 按下 Tab 键，将弹出“图纸符号”属性对话框。

在此对话框中，可以对子图符号的标识符、文件名以及子图符号的大小、颜色、边框等进行设置，具体设置如图 4-36 所示。设置结束后，单击“确认”按钮即可。

(4) 将光标移到待放置子图符号的位置，单击鼠标左键，确定子图符号一个对角点的位置。

(5) 继续移动光标，矩形的宽度和高度都将变化。当子图符号的大小满足要求时，单击鼠标左键，即可放置一个子图符号。子图符号的左上侧显示出子图符号的名称和子图符号图纸文件名(其缺省名分别为 Designator 和 File Name，在属性设置时可由设计者重新指定)，如图 4-35 所示。

(6) 按照同样的方法，可继续在其他位置放置多个子图符号。

(7) 不再放置子图符号时，按 Esc 键或单击鼠标右键，结束放置子图符号命令的执行，回到闲置状态。

3. 放置子图入口

子图符号绘制好后，需要在绘制好的子图符号中加上相应的子图入口符号，操作步骤如下：

(1) 在主菜单中选择“放置(P)/加图纸入口(A)”菜单项；或者使用快捷键，按 P-A 键；或单击“配线”工具栏中的按钮。

(2) 此时鼠标指针变为十字形工作光标。将光标移到子图符号的边缘附近，单击鼠标左键，此时子图符号边缘将产生一个待设定属性的子图入口符号，如图 6-3 所示，此端口随着鼠标指针的移动而移动。

(3) 按下 Tab 键，可以打开如图 4-41 所示的“图纸入口”对话框。用户可以对子图入口的名称、类型、外形、颜色和位置等进行设定。

设置结束后，单击“确认”按钮即可。

(4) 拖动鼠标，子图入口符号将随着鼠标指针的移动而移动，将其移动到合适的位置后，单击鼠标左键将其定位，则完成了一个子图入口符号的放置。

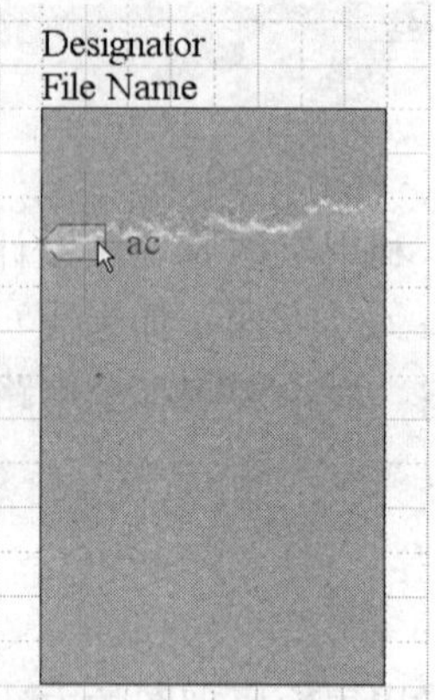

图 6-3 子图入口符号

(5) 此时，系统仍然处于放置子图入口符号的命令状态，用户可以重复以上步骤，放置子图符号其他的端口。完成后单击鼠标右键或按 Esc 键，回到闲置状态。

4. 连接各方块电路

当电路原理图上所有的子图符号及其端口的定义都完成后，需要将具有电气连接关系的端口用导线和总线连接起来，具体的连接方法参见 4.1 节的内容。完成的层次电路原理图如图 6-1 所示。

5. 模块具体化

完成整张电路原理图的顶层设计工作之后，用户需要将每个模块都绘制出与其对应的电路原理图，使模块的电路和功能具体化，具体的绘制方法与直接绘制电路原理图完全相同，这里不再赘述。

6.3 不同层次电路文件之间的切换

本节将主要介绍在层次原理图设计过程中，不同层次电路文件之间的切换方法，包括如何由上层电路文件切换到下层电路文件及由下层电路文件切换到上层电路文件，以方便读入或编辑层次电路的多张原理图。

1. 由上层电路文件切换到下层电路文件

用户在编辑上层电路文件时，经常需要查看其使用的某个下层文件。Protel 2004 提供了相应的功能支持此类操作，操作步骤如下：

(1) 进入“文件切换”命令状态。用户可以选择“工具(T)/改变设计层次(H)”菜单项，如图 6-4 所示；或者使用快捷键，按 T-H 键；或单击“原理图 标准”工具栏中的按钮。

(2) 进入“文件切换”命令状态后，鼠标指针变为十字形光标，以图 6-5 所示的电路为例，移动光标到所需切换的子图上，单击鼠标左键或按 Enter 键，即可切换到此方块电路对应的下层电路的电路原理图。

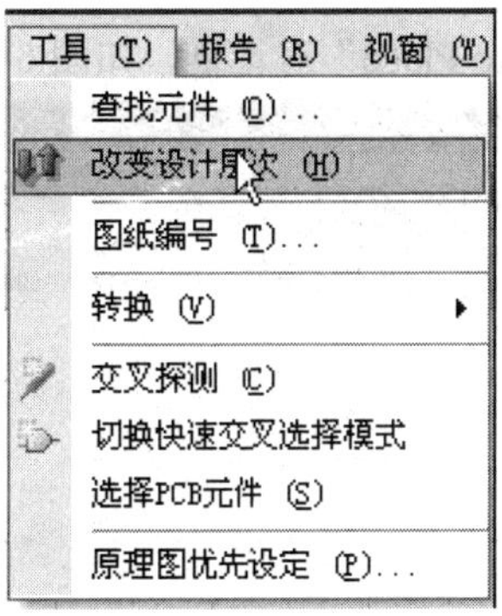

图 6-4　“文件切换”命令

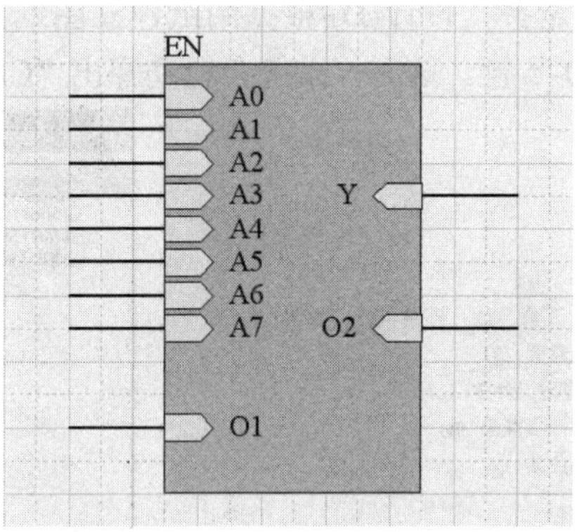

图 6-5　“文件切换”命令图例

2. 由下层电路文件切换到上层电路文件

由下层电路文件切换到上层电路文件与由上层电路文件切换到下层电路文件的方法类似，操作步骤如下：

(1) 选择“工具(T)/改变设计层次(H)”菜单项；或者使用快捷键，按 T-H 键；或单击“原理图 标准”工具栏中的按钮。

(2) 进入“文件切换”命令状态，鼠标指针变为十字形光标后，移动光标到下层电路的某个端口上，单击鼠标左键，即可切换到此电路原理图上一层的图形文件进行编辑。如图 6-6 所示为由下层电路文件切换到上层电路文件的过程。

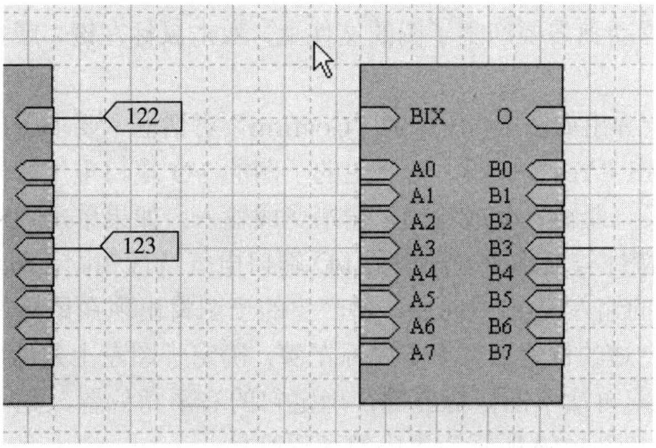

图 6-6　由下层电路文件切换到上层电路文件

6.4 由原理图文件产生子图符号

由原理图文件产生子图符号的方法适用于自下而上的层次电路设计方法。

当用户已经绘制完成I/O端口的电路原理图后，可由此原理图直接产生相应的子图。操作步骤如下：

(1) 选择“文件(F)/创建(N)”菜单项，建立一个新文件；或打开某个已存在的电路原理图文件。在此图形文件上放置新生成的子图。

(2) 选择“设计(D)/根据图纸建立图纸符号(Y)”菜单项，如图6-7所示；或者使用快捷键，按D-Y键。这时，系统会自动弹出“Choose Document to Place”对话框，如图6-8所示。

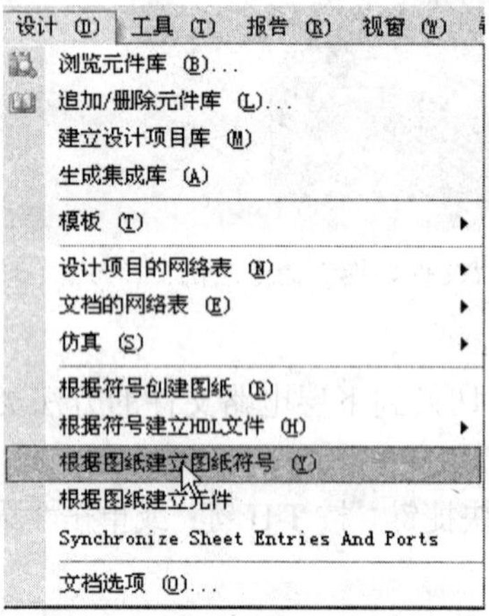

图6-7 “设计(D)/根据图纸建立图纸符号(Y)”菜单项

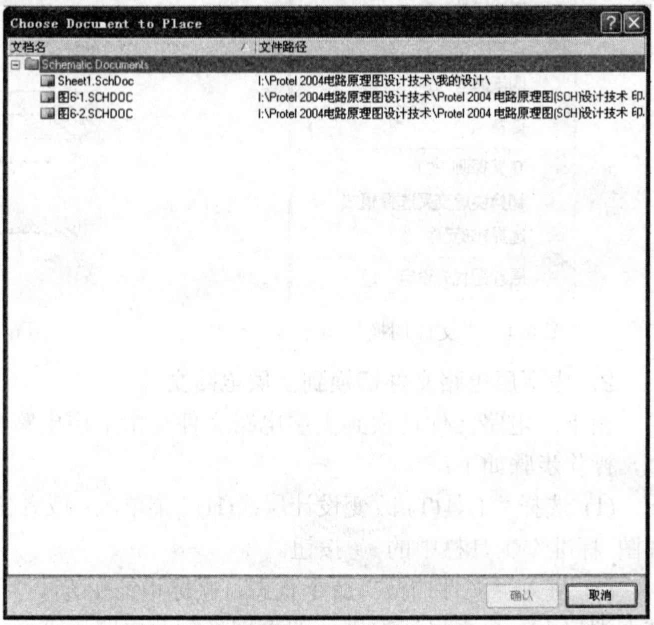

图6-8 “Choose Document to Place”对话框

(3) 将鼠标指针移动到需要产生子图的文件上，双击鼠标左键，或单击鼠标左键后按下“确认”键即可。

(4) 此时，系统会弹出如图6-9所示的“Confirm”对话框，要求用户确认端口输入/输出方向。此时，如果单击“Yes”按钮，所产生的子图的I/O端口电气特性与电路原理图中的I/O端口电气特性相反，即输入变成输出，输出变成输入；如果单击“No”按钮，所产生的子图的I/O端口电气特性与电路原理图中的I/O端口电气特性相同，即输入还是输入，输出还是输出。确认端口的输入/输出方向后，所产生的子图将出现在鼠标指针上。

(5) 移动子图到合适的位置后，单击鼠标左键，确定子图左上角的位置，然后将鼠标指针移动到合适的位置，再次单击鼠标左键，确定它的右下角位置，则一个与电路原理图同名的子图符号生成了，图6-10所示为生成的子图符号。

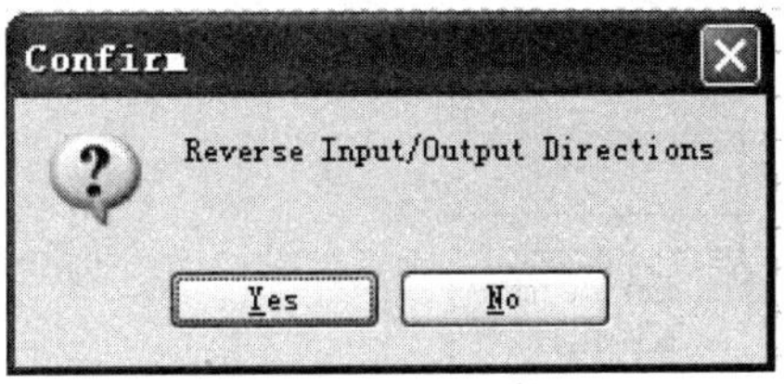

图 6-9　“Confirm”对话框

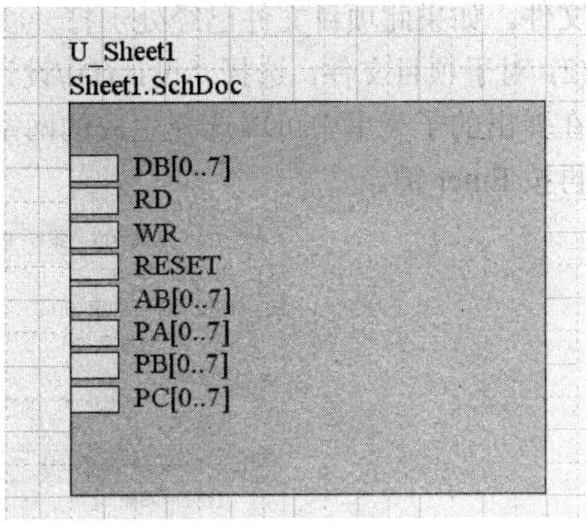

图 6-10　生成的子图符号

6.5　由子图符号产生新原理图中 I/O 端口符号

当采用自上而下的方式建立层次原理图时，应先建立子图，然后才生成子图对应的电路原理图。这时采用由原理图文件产生子图符号的方法，可以快速、准确地生成方块电路对应的 I/O 端口符号。

操作步骤如下：

(1) 选择“设计(D)/根据符号创建图纸(R)”菜单项；或者使用快捷键，按 D-R 键。

(2) 此时，鼠标指针变为十字形光标，将光标移动到需要生成电路原理图的子图上，单击鼠标左键确认。

(3) 在工作平面上弹出“Confirm”对话框，如图 6-9 所示，提示用户确认端口的输入/输出方向。如果单击“Yes”按钮，则所产生的子图的 I/O 端口的电气特性与电路原理图中的 I/O 端口的电气特性相反；如果单击“No”按钮，则所产生的子图的 I/O 端口的电气特性与电路原理图中的 I/O 端口的电气特性相同。

用户可以根据具体要求进行相应操作，Protel 2004 自动产生与原来的子图文件名相同的新的电路原理图，并且已经布置好了 I/O 端口。图 6-10 所示是由图 6-11 中的子图符号生成的原理图的 I/O 端口。

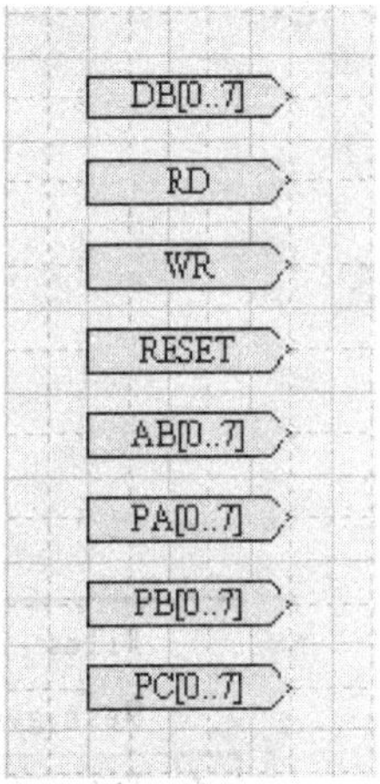

图 6-11　图 6-10 对应的子图符号

如果用户对 I/O 端口的位置不满意，可以用移动元件的方法进行调整。

6.6　建立网络表文件

本节将简要介绍建立网络表文件的具体过程，操作步骤如下：

(1) 选择“文件(F)/打开(O)”菜单项，打开需要建立网络表文件的项目文件或者原理图文件，如果此项目文件已经处于打开状态，则此步骤可以省略。

(2) 对于项目文件，选择“设计(D)/设计项目的网络表(N)/Protel”菜单项，如图 6-12 所示，在弹出的子菜单中可以选择生成的网络表的格式。此步骤也可使用快捷键，按 **D-N-P** 键，再按 Enter 键。

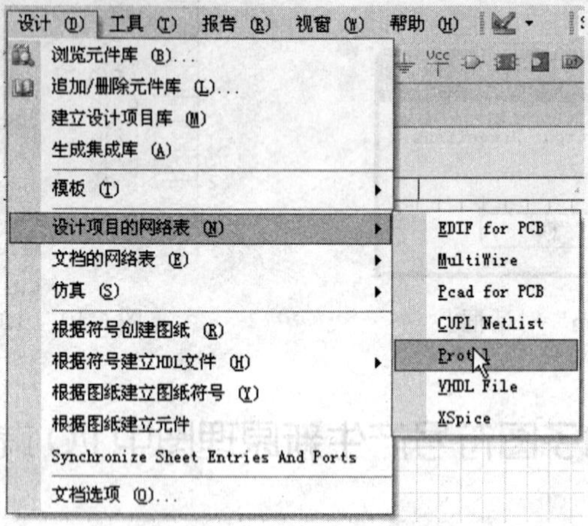

图 6-12　“设计(D)/设计项目的网络表(N)/Protel”菜单项

此时，系统会自动生成指定格式的网络表文件。用户可以在图纸的右下方单击“**System**”按钮，出现如图 6-13 所示的选项。在图 6-13 中点击“Projects”选项，出现如图 6-14 所示的“Projects”目录。在“Projects”目录中可以看到新生成的网络表文件。

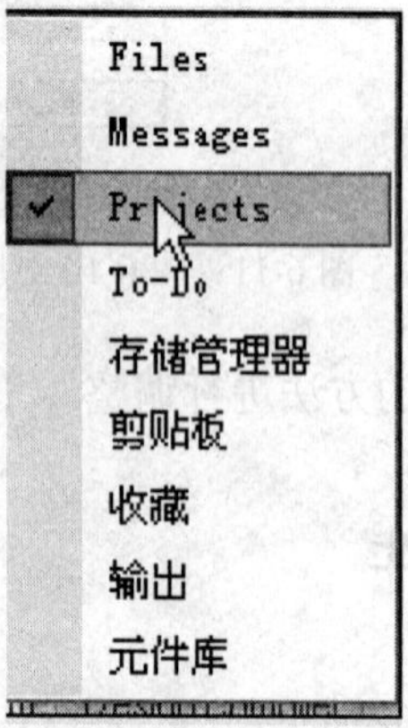

图 6-13　“Projects”选项

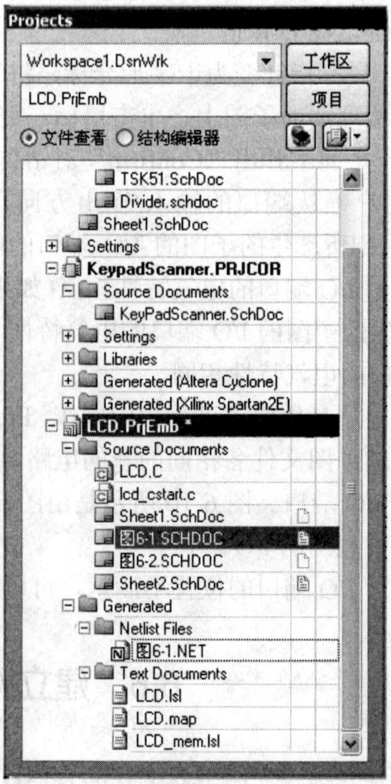

图 6-14　“Projects”目录

(3) 在“Projects”目录中双击网络表文件名，可以在右侧窗口中打开该文件以查看。下面为图 4-73 所示电路图的网络表。

```
[
U1
751D-05
SN74LS245DW

]
[
U2
Model Name
8255

]
[
U3
D014
SN74LS20D

]
[
U4
751A-03
SN74LS32D

]
(
VCC
U3-14
U4-14
)
(
GND
U2-7
U3-7
U4-7
)
(
NetU1_1
```

```
U1-1
U2-5
)
(
NetU1_11
U1-11
U2-27
)
(
NetU1_12
U1-12
U2-28
)
(
NetU1_13
U1-13
U2-29
)
(
NetU1_14
U1-14
U2-30
)
(
NetU1_15
U1-15
U2-31
)
(
NetU1_16
U1-16
U2-32
)
(
NetU1_17
U1-17
U2-33
)
(
```

```
NetU1_18
U1-18
U2-34
)
(
NetU1_19
U1-19
U2-6
U4-6
)
(
NetU3_6
U3-6
U4-4
)
(
NetU4_3
U4-3
U4-5
)
```

第 7 章 电路原理图元件库编辑

电路图元件库编辑器是 Protel 2004 电路图编辑系统中一个重要的组件，对一个电路设计人员来说，有必要对它作一番较为深入的了解和学习。本章介绍的主要内容有：电路图元件库编辑器的界面与功能；电路图元件的概念和几种典型元件的设计制作过程。

7.1 电路图元件库编辑器

7.1.1 启动电路图元件库编辑器

电路图元件库编辑器的主要功能是对电路图元件库进行管理，包括电路图元件的制作、库元件的浏览、库元件的编辑、库元件的放置等。

启动电路图元件库编辑器时，一般有两种途径：从电路图编辑器切换到元件库编辑器；创建一个元件库文档并切换到元件库编辑器。

1．从电路图编辑器切换到元件库编辑器

打开电路原理图，在电路原理图编辑环境下选择“设计(D)/建立设计项目库(M)”命令菜单，出现“DXP Information”对话框，如图 7-1 所示。单击“OK”按钮，即可切换到该电路原理图相对应的元件库编辑器界面，如图 7-2 所示。

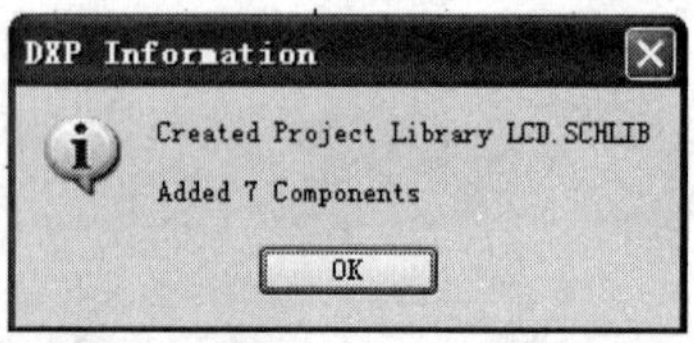

图 7-1 “DXP Information” 对话框

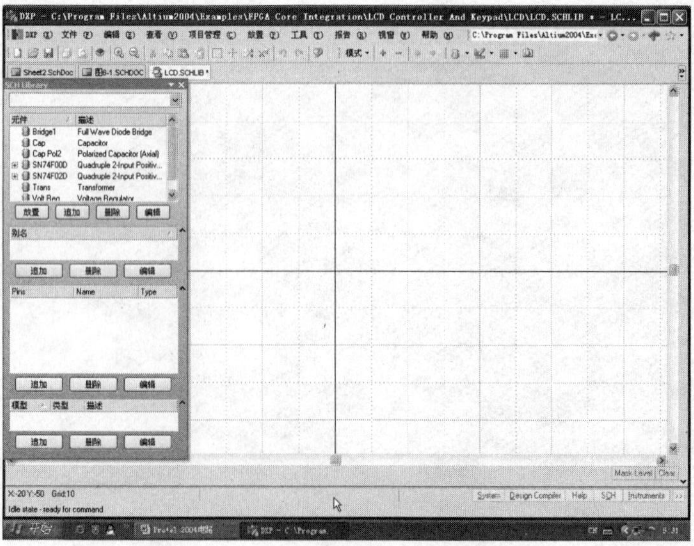

图 7-2 元件库编辑器界面

2. 在主页面下创建一个元件库文档编辑器

(1) 打开 Protel 2004，进入主页面，执行菜单命令“文件(F)/创建(N)/库(L)/原理图库(L)”，如图 7-3 所示，窗口中将出现一个新建电路图元件库文档图标，其默认名为“Schlib1.SchLib”。

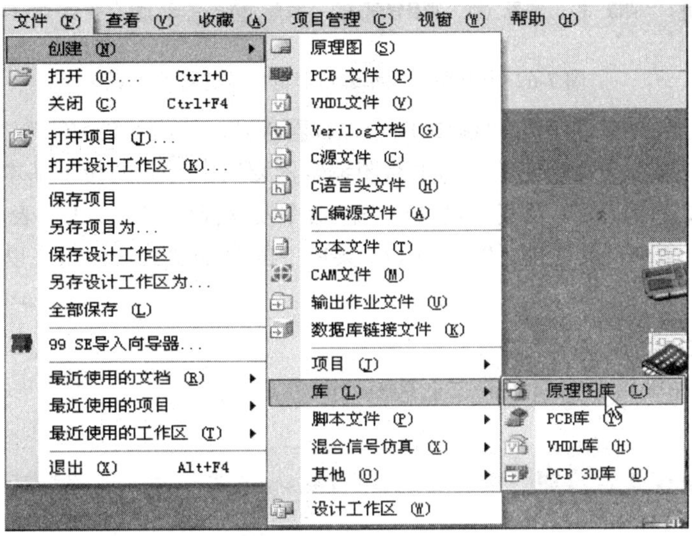

图 7-3　“文件(F)/创建(N)/库(L)/原理图库(L)”菜单项

(2) 如果要将默认名“Schlib1.SchLib”改为其他的文档名，只需将鼠标移至左上方，点击“Projects”按钮，出现如图 7-4 所示的图标。在图 7-4 所示的图标中选择“Schlib1.SchLib”，用鼠标右键单击，然后输入电路图元件库文档的正式名称。如图 7-5 所示将文档名改为“1.SCHLIB”。

图 7-4　“Schlib1.SchLib”图标

图 7-5　“1.SCHLIB”文档名

7.1.2　电路图元件库编辑器界面

在电路图元件库编辑器中，主要包括主菜单栏、主工具栏、元件库管理器、元件设计窗口、实用工具等几个主要部分，如图 7-2 所示的元件库编辑器界面。

1. 主菜单栏

电路图元件库编辑器窗口中的主菜单栏如图 7-6 所示。

图 7-6　电路图元件库编辑器窗口中的主菜单栏

在主菜单栏上，“文件(F)”、“编辑(E)”、“查看(V)”、“项目管理(C)”、“视窗(W)”、“帮助(H)”等菜单中的命令及其使用，与电路图编辑器窗口中对应的命令基本相同，因而不再重复叙述。而“放置(P)”菜单及其下级菜单中的命令及功能将在表 7-1 和表 7-2 中列出；“工具(T)”菜单中的命令及其功能、“报告(R)”菜单中的命令及其功能将在以后的章节中详细介绍。

2. 主工具栏

电路图元件库编辑器窗口中的主工具栏如图 7-7 所示。

图 7-7　电路图元件库编辑器窗口中的主工具栏

在主工具栏中，布置有电路图元件库编辑器中最常用的一些工具按钮，这些按钮的功能与电路图编辑器窗口中对应的按钮相同。

工具按钮从左至右的含义分别为：“创建任意文件”、“打开已存在文件”、“保存当前文件”、“直接打印当前文件”、“生成当前文件的打印预览”、“打开器件视图页面”、“放大”、“缩小”、“裁剪”、“复制”、“粘贴”、“橡皮图章”、“在区域内选择对象”、“移动选择的对象”、“取消选择全部当前文档”、“清除当前过滤器”、“取消”、“重做”、“顾问式帮助”。

3. 元件设计窗口

元件设计窗口相当于一张创建、查看、修改库元件的图纸。在元件设计窗口单击鼠标，使之处于激活状态，此时，单击“放大”或“缩小”键，可放大或缩小图形的显示，以适应设计的需要，也可以利用主菜单或右键快捷式菜单“查看(V)”中的相应命令来实现这一要求。

4. 实用工具栏中的库元件绘图工具栏

进入元件库编辑环境之后，便会自动弹出一个可用来绘制元件图形样式的“实用工具”栏，如图 7-8 所示。“实用工具”栏主要包括库元件绘图工具栏和 IEEE 符号绘图工具栏。

图 7-8　“实用工具”栏

利用菜单命令“查看(V)/工具栏(T)/实用工具(D)”，可以打开或者隐藏“实用工具”栏。

库元件绘图工具栏上各按钮的功能与主菜单“放置(P)”或“编辑(E)”及“工具(T)”中的命令相互对应，它们的操作功能与对应关系，如表 7-1 所示。

表 7-1　库元件绘图工具栏上的按钮与“放置(P)”菜单命令的对应关系

工具按钮	菜 单 命 令	操 作 功 能
	放置(P)/直线(L)	绘制直线
	放置(P)/贝塞尔曲线(B)	绘制曲线
	放置(P)/圆弧(A)	绘制圆弧
	放置(P)/椭圆弧(P)	绘制椭圆弧
	放置(P)/椭圆(E)	绘制椭圆
—	放置(P)/饼圆(C)	绘制饼图
	放置(P)/多边形(I)	绘制多边形
	放置(P)/文本字符串(T)	放置文字
	放置(P)/矩形(R)	绘制矩形
	放置(P)/圆边矩形(O)	绘制圆边矩形
	放置(P)/图形(G)	插入或粘贴图片
	放置(P)/引脚(P)	放置零件引脚
—	放置(P)/IEEE 符号(S)	放置 IEEE 符号
	工具(T)/创建元件(W)	新加元件
	工具(T)/新元件(C)	创建新元件
	编辑(E)/粘贴队列(Y)	矩阵式粘贴

5．“实用工具”栏中的 IEEE 绘图工具栏

在“实用工具”栏中有一个“IEEE 绘图工具”栏，如图 7-9 所示。

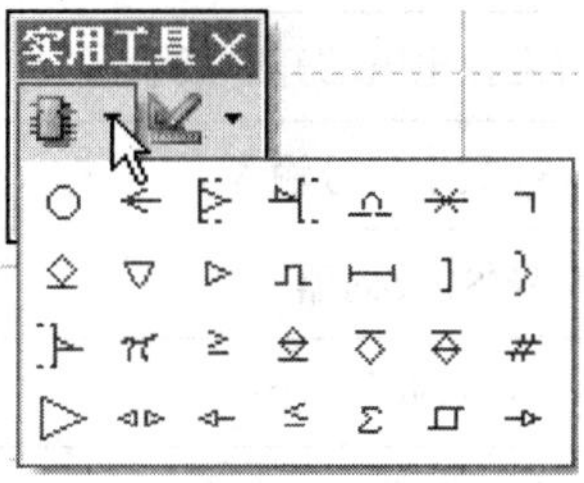

图 7-9　“IEEE 绘图工具”栏

利用菜单命令“放置(P)/IEEE 符号(S)”，也可以放置“IEEE 绘图工具”栏中的各种符号。

IEEE 绘图工具栏上各按钮的功能，与主菜单上的“放置(P)/IEEE 符号(S)”下的各命令的对应关系如表 7-2 所示，“放置(P)/IEEE 符号(S)”菜单栏，如图 7-10 所示。

表 7-2 IEEE 工具栏上各按钮所代表的命令及其功能

工具按钮	菜单命令	操作功能
	放置(P)/IEEE 符号(S)/低电平触发	放置低态触发信号
	放置(P)/IEEE 符号(S)/信号由右至左传输	放置左向信号流
	放置(P)/IEEE 符号(S)/时钟	放置上升沿触发时钟脉冲
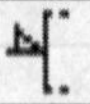	放置(P)/IEEE 符号(S)/电平触发输入	放置低态触发输入符号
	放置(P)/IEEE 符号(S)/模拟信号输入	放置模拟信号输入符号
	放置(P)/IEEE 符号(S)/非逻辑性连接	放置无逻辑性连接符号
	放置(P)/IEEE 符号(S)/延时输出	放置具有暂缓性输出的符号
	放置(P)/IEEE 符号(S)/开集电极输出	放置具有开集电极输出的符号
	放置(P)/IEEE 符号(S)/高阻抗状态	放置高阻抗状态符号
	放置(P)/IEEE 符号(S)/大电流	放置高输出电流符号
	放置(P)/IEEE 符号(S)/脉冲	放置脉冲符号
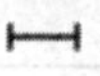	放置(P)/IEEE 符号(S)/延时	放置延时符号
	放置(P)/IEEE 符号(S)/多条 I/O 线组合	放置多条 I/O 线组合符号
	放置(P)/IEEE 符号(S)/二进制组合	放置二进制组合的符号
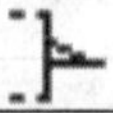	放置(P)/IEEE 符号(S)/低态触发输出	放置低态触发输出符号
	放置(P)/IEEE 符号(S)/Π 符号	放置 Π 符号
	放置(P)/IEEE 符号(S)/大于等于	放置大于等于符号
	放置(P)/IEEE 符号(S)/具有上拉电阻的开集电极输出	放置具有高阻抗的开集电极输出符号
	放置(P)/IEEE 符号(S)/开射极输出	放置开射极输出符号
	放置(P)/IEEE 符号(S)/具有上拉电阻的开射极输出	放置具有电阻接地的开射极输出符号
	放置(P)/IEEE 符号(S)/数字信号输入	放置数字输入信号符号
	放置(P)/IEEE 符号(S)/反向器	放置反相器符号
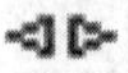	放置(P)/IEEE 符号(S)/双向信号流	放置输入/输出双向信号的符号
	放置(P)/IEEE 符号(S)/信号左移	放置数据左移符号
	放置(P)/IEEE 符号(S)/小于等于	放置小于等于符号
	放置(P)/IEEE 符号(S)/Σ	放置 Σ 符号
	放置(P)/IEEE 符号(S)/施密特触发输入	放置施密特触发输入特性符号
	放置(P)/IEEE 符号(S)/信号右移	放置数据右移符号

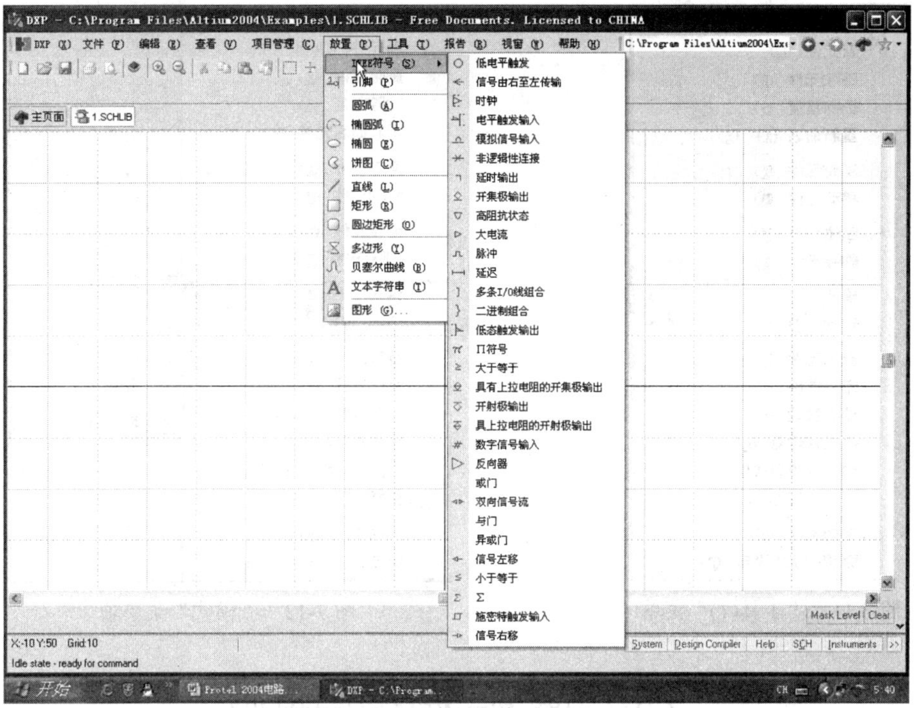

图 7-10　“放置(P)/IEEE 符号(S)”菜单栏

6．“工具(T)”菜单

“工具(T)”菜单主要用于对元件进行复制、移动以及各种属性参数的添加与设置等操作，如图 7-11 所示。

(1) “新元件(C)”菜单项：添加新的元件。

(2) “删除元件(R)”菜单项：删除元件。

(3) “删除重复(S)”菜单项：删除复制的元件。

(4) “重新命名元件(E)”菜单项：对元件进行重新命名。

(5) “复制元件(Y)”菜单项：复制元件。

(6) “移动元件(M)”菜单项：移动元件。

(7) “创建元件(W)”菜单项：添加子元件。

(8) “删除元件(T)”菜单项：删除子元件。

(9) “模式”菜单项：其子菜单分别对应图 7-12 所示右边菜单的前 4 个按钮，分别对应移到前一个作图区、移到下一个作图区、创建一个作图区和删除当前的作图区的操作。

(10) “转到(G)”菜单项：对象的跳转操作。

(11) “查找元件(O)”菜单项：查找元件。

(12) “元件属性(I)”菜单项：查看元件的属性。

(13) “参数管理(R)”菜单项：元件的参数管理器。

(14) “更新原理图(U)”菜单项：同步更新原理图。

(15) “文档选项(D)”菜单项：打开文档选项对话框。

(16) “原理图优先设定(P)”菜单项：进行原理图相关属性的设置。

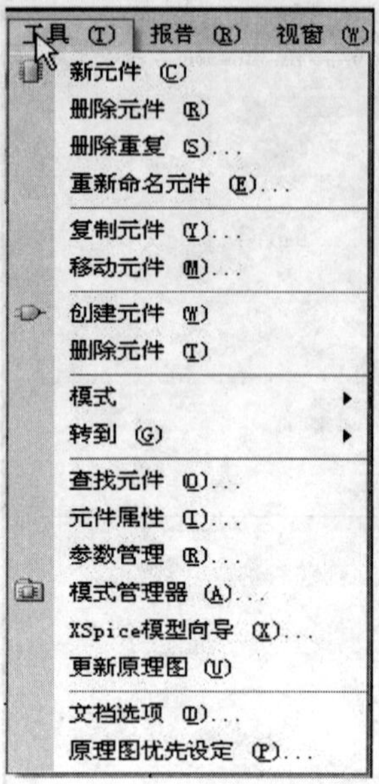

图 7-11 “工具(T)”菜单

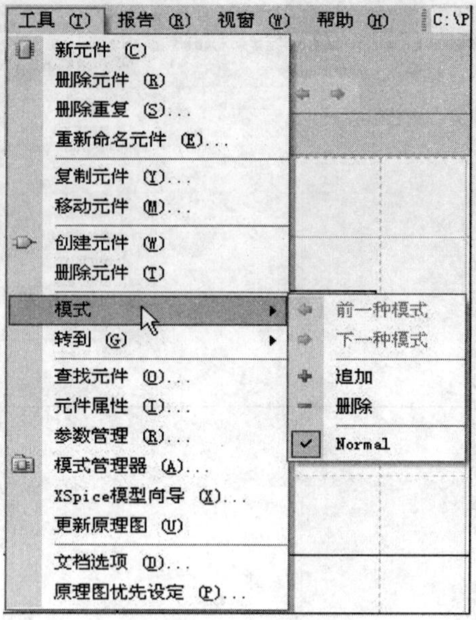

图 7-12 “模式”菜单项

7.2 电路图元件的设计制作

7.2.1 电路图元件的概念

构成电路图元件的 3 个要素是：元件图、元件引脚和元件属性，各部分的关系如图 7-13 所示。

1．元件图

元件图是用来代表元件的图形符号，它并不具备任何电气功能，其作用仅仅是供设计者来识别元件。例如，图 7-13 中的图形仅仅是一种图样，当然也可以用其他图形(如三角形等)来代替。尽管如此，元件图的符号还是要力求符合大多数设计人员的习惯。

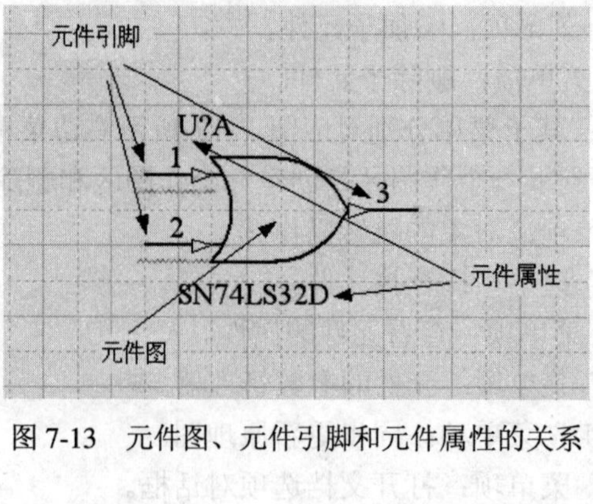

图 7-13 元件图、元件引脚和元件属性的关系

2．元件引脚

任何一个元件都必须具有引脚，它是元件与其他电气部件相互连接的部分。元件引脚

具有电气意义，它的作用是供软件系统识别元件。在电路模拟仿真、PLD 和 PCB 设计中，元件引脚发挥着重要作用。

元件引脚的编号(Number)、引脚名称(Name)是区分和识别不同引脚的重要依据。

由于元件引脚的电气特性不同，因而它也有不同的形式(Pin Length)，例如普通引脚、短引脚、反相引脚、时钟脉冲引脚等。

为了区分引脚的信号流向，元件引脚还有输入型、输出型、双向型等各种不同的电气信号类型。

3．元件属性

元件属性是软件系统识别元件并实现相互连接的重要依据，元件属性包括可见属性和隐藏属性两部分。

(1) 可见属性：元件编号、元件名称、元件封装都是十分重要的可见属性，在电路图设计、电路模拟仿真和 PCB 设计时，这些可见属性都发挥着重要作用。

(2) 隐藏属性：元件封装的名称、16 个元件文本域、8 个元件库文本域及 1 个描述栏等都是隐藏属性。这些隐藏属性的设置可以作为电路设计的辅助性工具，是否使用以及如何应用，不同的设计者可以有各自不同的考虑。

7.2.2　一般电路元件的制作

我们现在来制作一个直流降压模块，因该模块在现有的元件库中没有对应的图形样本，因此需要进行设计制作。

拟定此元件的名称为“DC-DC”，元件编号为“U?”，该元件的图形拟定为大矩形内含小矩形，小矩形内印有元件标记。元件的引脚属性如表 7-3 所示。

表 7-3　元件的引脚属性

引脚编号 (Number)	引脚名称 (Name)	信号类型 (Electrical)	引脚长度/mil (Pin Length)	其他 (Other)
1	IN	Input	30	显示
2	SHDN	Open Collector	30	显示
3	GND	Passive	30	显示
4	LX	Output	30	显示
5	BAK	Passive	30	不显示编号
6	OUT	Output	30	显示
7	K1	Passive	30	显示
8	K2	Passive	30	显示

这个电路图元件的制作过程如下所述。

1．元件库编辑器的启动与设置

(1) 启动元件库编辑器：打开 Protel 2004 设计软件，选择“文件(F)/创建(N)/库(L)/原理图库(L)”菜单，进入元件库编辑器。元件库编辑器的工作窗口被划分为 4 个象限，中心点坐标为(0，0)。

(2) 给新元件命名：执行菜单命令“工具(T)/重新命名元件(E)”可弹出如图 7-14 所示的“Rename Component”对话框。在这个对话框的文本栏中，输入待创建元件的名称“DC-DC”，单击“确认”按钮，返回元件库编辑器窗口。

(3) 改变窗口显示比例：用鼠标单击绘图区使之激活，使用 PgUp 或 PgDn 键将编辑区的显示比例调整到合适的大小，以方便绘图。

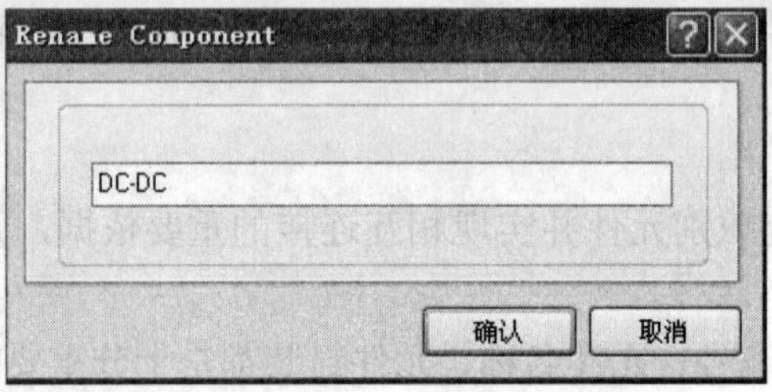

图 7-14 “Rename Component”对话框

2．元件图的绘制方法

(1) 执行菜单命令“放置(P)/矩形(R)”；或者单击“实用工具”栏中的□按钮，此时鼠标指针变为十字形工作光标，上面悬浮一个矩形。

(2) 按下 Tab 键，弹出“矩形”属性对话框。在该对话框中，设置“边缘宽”为“Small”；“边缘色”为“黑色”；“填充色”为“黄色”；选中“画实心”；最后单击对话框中的“确认”按钮。

(3) 将光标指向中心点坐标(0，0)，单击鼠标左键以指定矩形的第一个点；再移动到(120，160)，单击鼠标左键，完成一个矩形的绘制。这个矩形将作为新元件的外框，如图 7-15 所示。

(4) 参照第(2)、(3)步所述的方法，在矩形内再绘制一个小矩形，其定位坐标分别为(20，140)和(100，120)，如图 7-16 所示。在此小矩形内，打算添加元件的文字标签。

(5) 单击鼠标右键或按 Esc 键，终止绘制矩形操作。

(6) 选择“放置(P)/文本字符串(T)”菜单命令；或者单击“实用工具”栏中的 A 按钮，按下 Tab 键，在其“注释”属性对话框的“文本”栏中输入“DC-DC”；单击“字体”栏后的“变更”按钮，并在随后弹出的字体对话框中选择字体为“Times New Roman”，字型为“常规”，字号为“18”，单击“确定”按钮后返回。

(7) 在文本字符串“注释”属性对话框中，单击“确认”按钮。移动光标，将文本字符“DC-DC”放入小矩形框内，如图 7-17 所示。

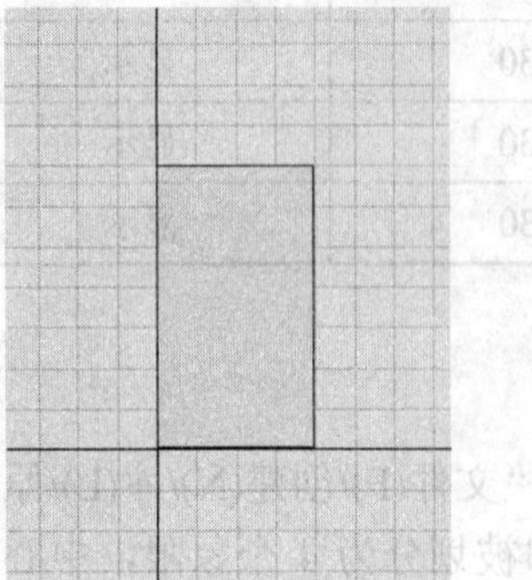

图 7-15 绘制的大矩形

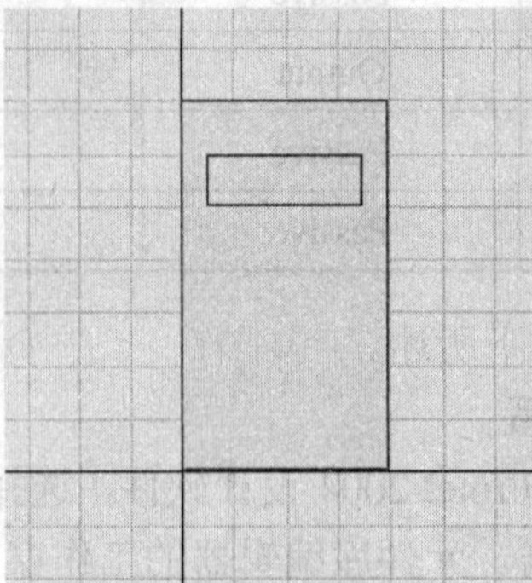

图 7-16 绘制的小矩形

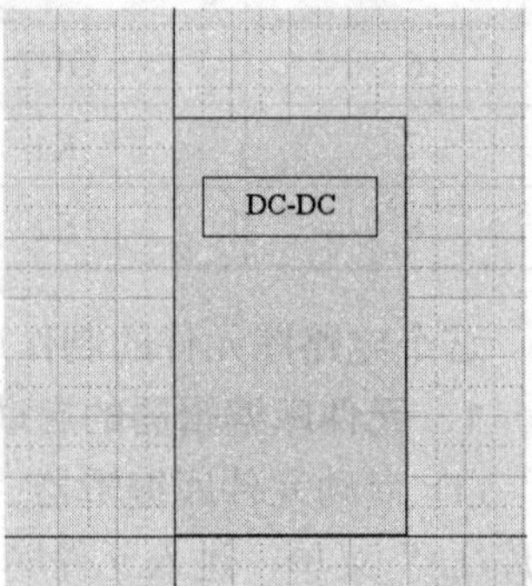

图 7-17 添加的文字标签

(8) 单击鼠标右键或按 Esc 键，完成元件图的绘制。

3．元件引脚的绘制方法

(1) 执行菜单命令“放置(P)/引脚(P)”；或单击“实用工具”栏中的 按钮，进入元件引脚放置状态，此时鼠标指针变为十字形工作光标。

(2) 按 Tab 键，弹出如图 7-18 所示的“引脚属性”对话框。

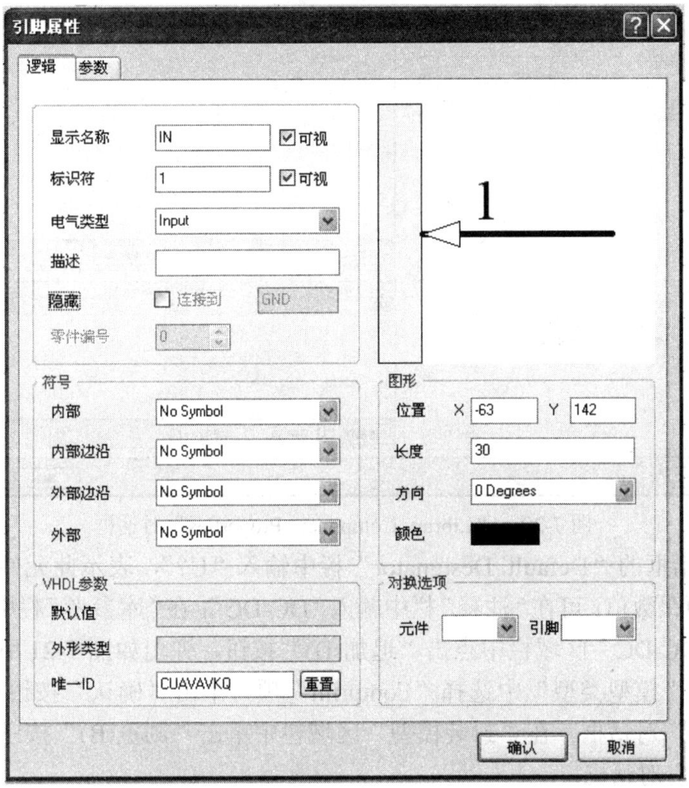

图 7-18　“引脚属性”对话框

(3) 参照表 7-3，先绘制第 1 个引脚：在“显示名称”栏内输入“IN”；在“标识符”栏内输入“1”，表示是第 1 个引脚；在“电气类型”栏内选择“Input”，表示第 1 个引脚为输入型引脚；在“长度”栏内输入“30”，表示第 1 个引脚的长度为 30 mil；然后将“显示名称”和“标识符”后面的“可视”项都选中，表示在元件图中，第 1 个引脚的名称和编号都要显示出来，最后按下“确认”按钮。

(4) 将光标移动到图纸上，按空格键，使之处于水平位置，并放置在矩形的左上角处。

(5) 参照第(2)、(3)步，按照表 7-3 给出的资料，依次放置其他引脚，如图 7-19 所示。

(6) 按 Esc 键或者单击鼠标右键，完成元件引脚的绘制。

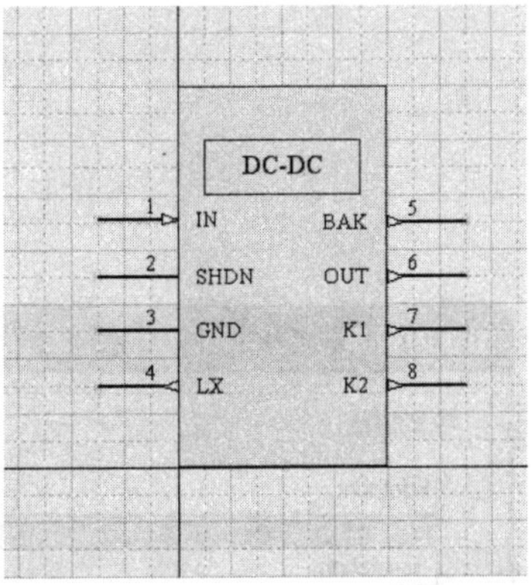

图 7-19　放置的所有引脚

4．设置元件描述信息

(1) 执行菜单命令“工具(T)/元件属性(I)”，弹出如图 7-20 所示的“Library Component Properties”对话框。

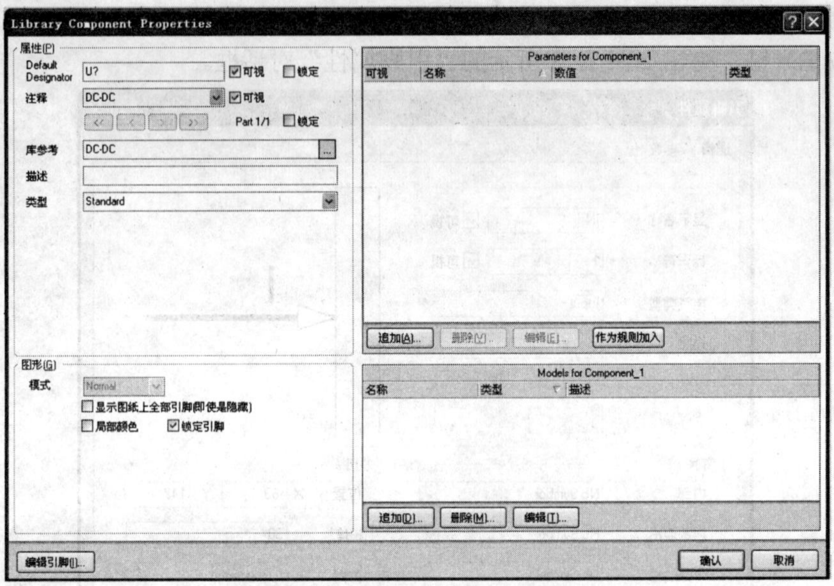

图 7-20　“Library Component Properties”对话框

(2) 在该对话框的“Default Designator”栏中输入“U?”，表示此元件默认的元件编号是以 U 开头后面跟数值；可在“注释”栏中输入“DC-DC”；在“库参考”栏中输入“DC-DC”；在“Models for DC-DC”区域栏中点击“追加(D)”按钮，弹出如图 7-21 所示的“加新的模型”对话框。在“模型类型”中选择“Footprint”项，单击“确认”按钮后出现如图 7-22 所示“PCB 模型”对话框。在“封装模型”区域栏中单击“浏览(B)”按钮，弹出如图 7-23 所示的“库浏览”对话框。

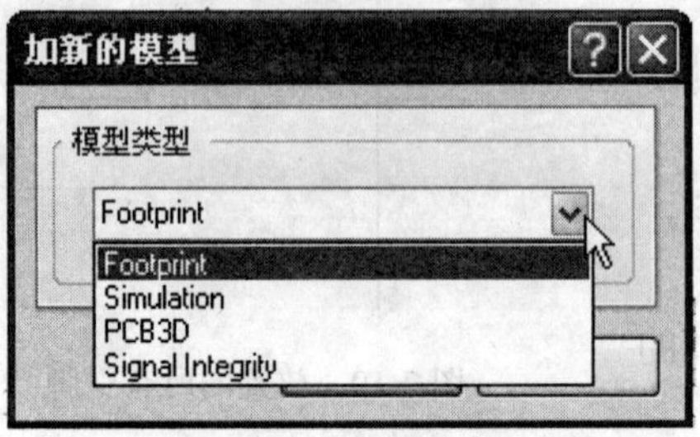

图 7-21　“加新的模型”对话框

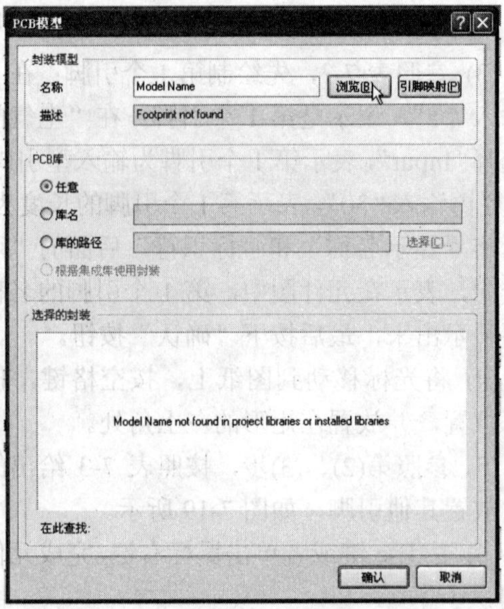

图 7-22　“PCB 模型”对话框

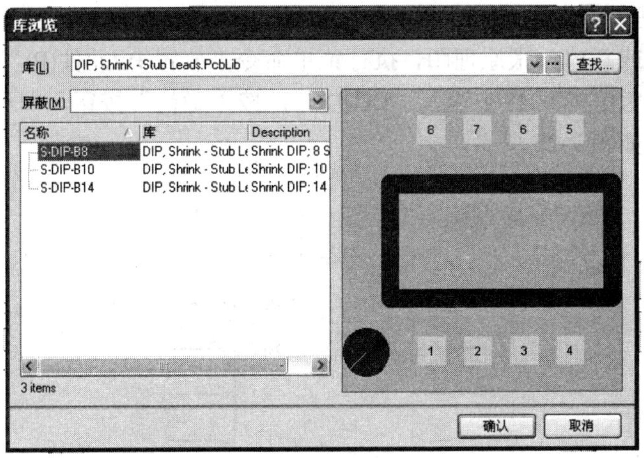

图 7-23　“库浏览”对话框

在“库(L)”栏中，打开隐藏式列表，选择所需要的库名，并在元件列表栏中选择“S-DIP-B8”元件，单击“确认”按钮，返回到“PCB 模型”对话框。在“选择的封装”区域栏中可以看到选择封装的图形样式，如图 7-24 所示。

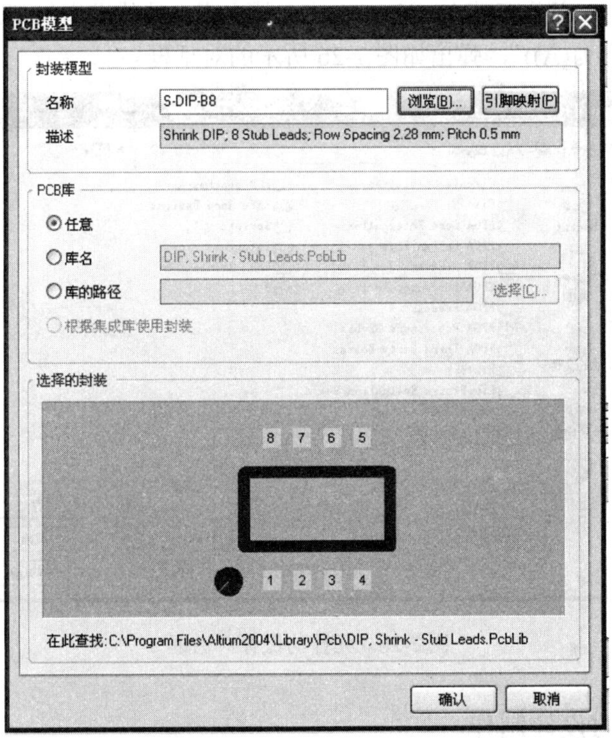

图 7-24　选择封装的图形样式

(3) 单击“确认”按钮，返回到“Library Component Properties”对话框。然后单击“确认”按钮，完成元件的属性设置。

(4) 执行“文件(F)/保存(S)”命令，将此元件的制作结果加以保存。到此为止，我们已经创建了一个名称为“DC-DC”的新元件。

5．元件在原理图中的放置

打开任意一张或新建一张原理图，执行菜单命令“放置(P)/元件(P)”，出现“放置元件”对话框。在“库参考(L)”一栏中输入“DC-DC”，按“确认”按钮，即可将元件“DC-DC”放置到原理图中，如图 7-25 所示。

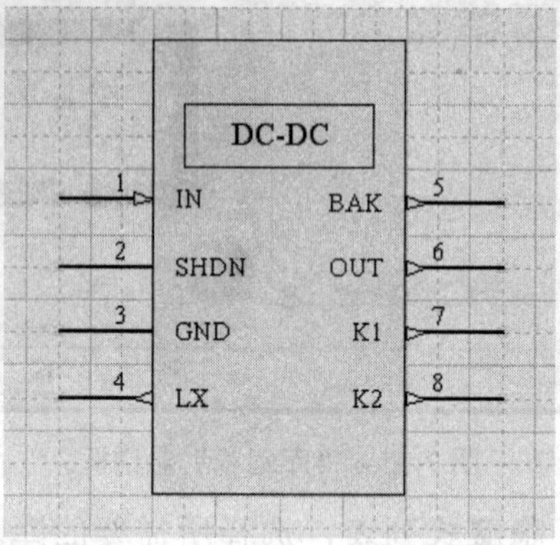

图 7-25 原理图中的“DC-DC”元件

6．关于元件制作后的存放

元件制作完成后，必须存放在一个固定的文件夹中，具体操作如下：执行菜单命令“文件(F)/保存(S)(或另存为(A))”，弹出如图 7-26 所示的对话框。

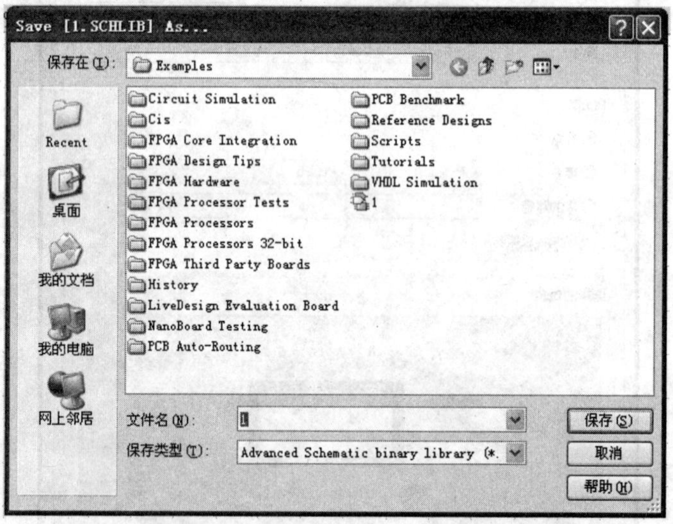

图 7-26 元件的保存对话框

7.2.3 图纸元件的设计制作

图纸元件是层次式电路结构中的一种形式，它的实质是把一个虚拟的元件与一张真实的电路图相关联。有了图纸元件，设计者可以在电路图设计方案中用一个元件来代替一张电路图。这样做的好处是能够更加清楚地表达设计思想，但是要了解该元件内部的实际电路，就必须深入到一张具体的电路图中。

设计制作图纸元件的要点是：首先绘制一张电路原理图，其次创建一个元件，并且将它们通过电路端口与元件引脚联系起来。下面我们通过一个具体的图纸元件的绘制来说明图纸元件的设计制作过程。

图 7-27 是一个文档名为“IFAmp.Sch”的电路原理图，现拟创建一个名为“IFA”的图纸元件来代表这张电路图。

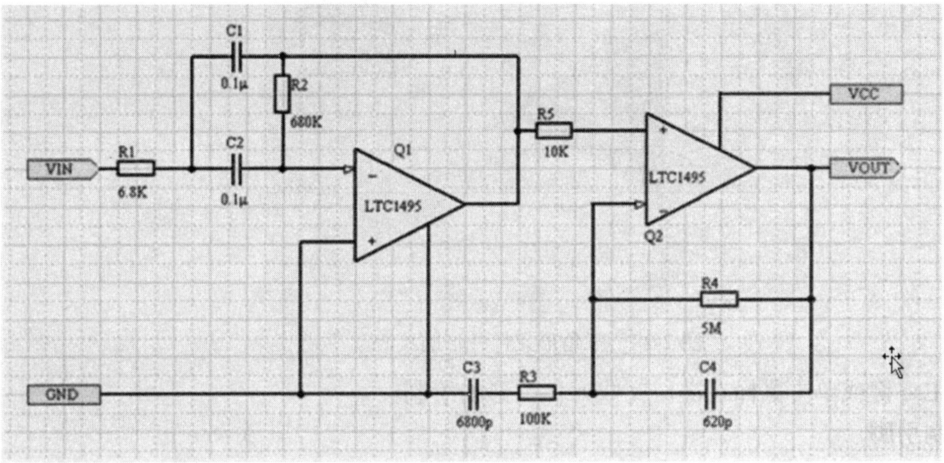

图 7-27　“IFAmp.Sch”电路原理图

图纸元件的外观确定为三角形，类似于一般集成电路放大器的外型。图纸元件各个引脚的编号、名称、信号类型、引脚形式等属性，如表 7-4 所示。

表 7-4　图纸元件的引脚属性表

引脚编号 (Number)	引脚名称 (Name)	信号类型 (Electrical)	引脚长度/mil (Pin Length)	其他 (Other)
1	VIN	Input	30	显示
2	VCC	Power	30	不显示引脚名称
3	GND	Power	30	不显示引脚名称
4	VOUT	Output	30	显示

具体制作过程如下所述。

1．进入库元件编辑状态并给新元件命名

(1) 打开 Protel 2004 并进入元件库编辑状态，执行“工具(T)/新元件(C)”菜单命令，便可弹出如图 7-14 所示的对话框。

(2) 在该对话框中，将默认元件名“Component-1”修改为正式元件名，即在该对话框的文本栏中，输入新元件的名称“IFA”，单击“确认”按钮。

2．绘制元件图

(1) 执行菜单命令“放置(P)/多边形(Y)”，或者单击“实用工具”栏上的按钮，此时鼠标指针变为十字形工作光标。

(2) 按 Tab 键，弹出“多边形”属性对话框。在此对话框中设置“边缘宽”为“Small”；“边缘色”为“蓝色”；“填充色”为“黄色”，并选中“画实心”。最后，单击“确认”按钮。

(3) 将光标指向中心点坐标(0，0)，单击鼠标左键以指定三角形的一个顶点；再移动到(0，100)，单击鼠标左键以指定三角形的第二个顶点；再移动到(100，50)，单击鼠标左键以指定三角形的第三个顶点；按 Esc 键或单击鼠标右键，完成一个三角形元件外形的绘制，如图 7-28 所示。

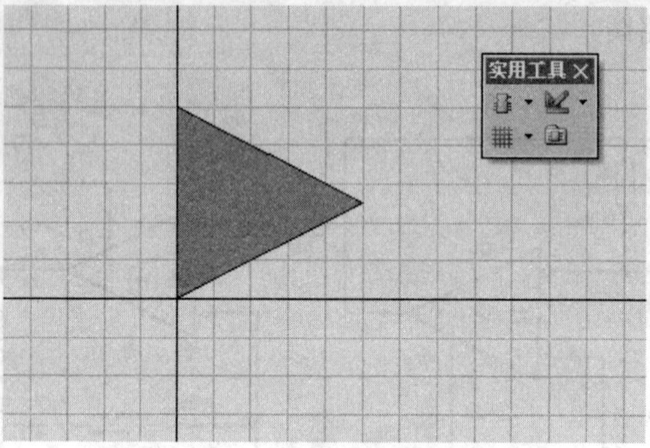

图 7-28　三角形元件外形的绘制

(4) 按 Esc 键或单击鼠标右键，完成元件图形的绘制。

3．绘制引脚

(1) 执行菜单命令“放置(P)/引脚(P)”，或者单击“实用工具”栏上的 按钮，进入放置元件引脚状态。

(2) 按 Tab 键，弹出如图 7-18 所示的“引脚属性”对话框。

(3) 参照表 7-4，首先绘制第 1 个引脚：在“显示名称”栏内输入第 1 个引脚的名称“VIN”，并选中“可视”；在“标识符”栏输入第 1 个引脚的编号“1”，并选中“可视”；在“电气类型”栏内选择“Input”，表示第 1 个引脚为输入型引脚；在“长度”栏内输入“30”，表示第 1 个引脚的长度为 30 mil；最后单击“确认”按钮。

(4) 将光标移动到图纸上，按一次或数次空格键，使引脚名称处于水平方向，流向朝右，然后把它放置在三角形的左侧。

(5) 参照第(2)、(3)步，按照表 7-4 给出的资料，依次放置其他所有的引脚，如图 7-29 所示。

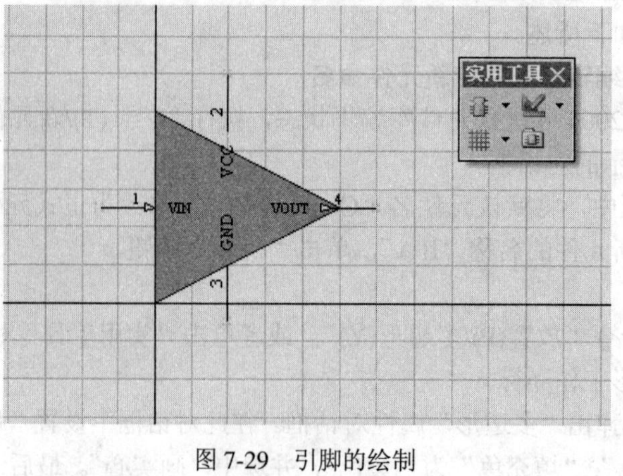

图 7-29　引脚的绘制

(6) 按 Esc 键或单击鼠标右键，完成元件引脚的绘制。

4．设置元件描述信息

(1) 执行菜单命令“工具(T)/元件属性(I)”，弹出如图 7-20 所示的“Library Component Properties”对话框。

(2) 在这个对话框的“Default Designator”栏中输入“Q？”，表示此元件默认的编号是以 Q 开头后面跟数值。

(3) 在“注释”栏中输入“IFA”；　在“库参考”栏中输入“IFA”。

(4) 单击“确认”按钮，完成元件的属性设置。

(5) 执行“文件(F)＼保存(S)”菜单命令，将元件的制作结果加以保存。将此元件放置在图纸上，其外观及相关属性的显示情况如图 7-30 所示。

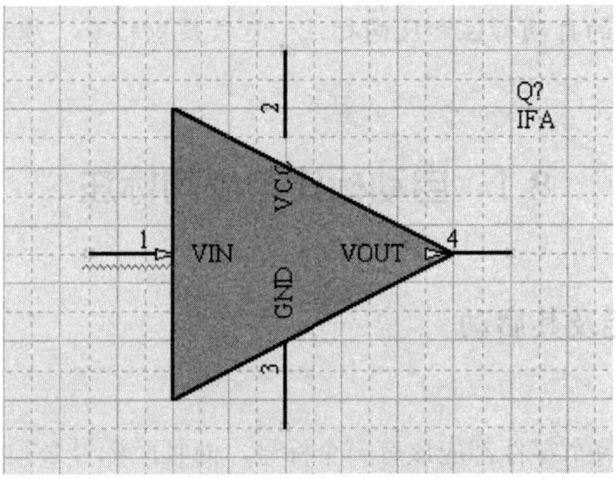

图 7-30　元件的外观及相关属性

到此为止，我们已经创建了两个新的元件：一个名为“DC-DC”，它是一个直流降压模块；另一个为“IFA”，它是一个图纸元件，其内部电路与图 7-27 所示的电路原理图相对应。

通过学习，我们掌握了电路原理图元件的制作，对于初学者来说，掌握和熟悉软件中所有电路原理图元件库中的元件，是非常重要的，所以读者要多多练习，反复琢磨。

第 8 章 电路原理图后期处理

为了保证电路原理图的完整和准确，以便为电路模拟仿真、PLD 和印刷电路板设计做好准备，在电路原理图基本绘制完成之后，还要对其进行必要的后期处理。本章介绍的主要内容有：电路原理图的自动标注和反向标注；电气规则检查；原理图报表的生成及原理图的打印输出。

8.1 自动标注与反向标注

8.1.1 自动标注功能及其启动

1. 自动标注功能

在电路原理图中，每个零件都应该有一个标号，而且此标号必须是唯一的，这不仅是进行电气规则检查和生成网络表的需要，而且也是电路原理图设计与 PCB 设计之间联系的依据。

从前面叙述的内容可知，当设计者在图纸上放置零件时，可以给零件指定编号，事实上，可以不必这样操作。在放置零件的过程中，只要确保零件编号的字头正确，便可利用 Protel 2004 提供的自动标注功能，让系统自动进行标注，这样可以大大提高标注的速度。

2. 自动标注功能的启动

在电路原理图编辑窗口中，执行菜单命令“工具(T)/注释(A)”；或者使用快捷键 T-A，便可弹出如图 8-1 所示的“注释”对话框。

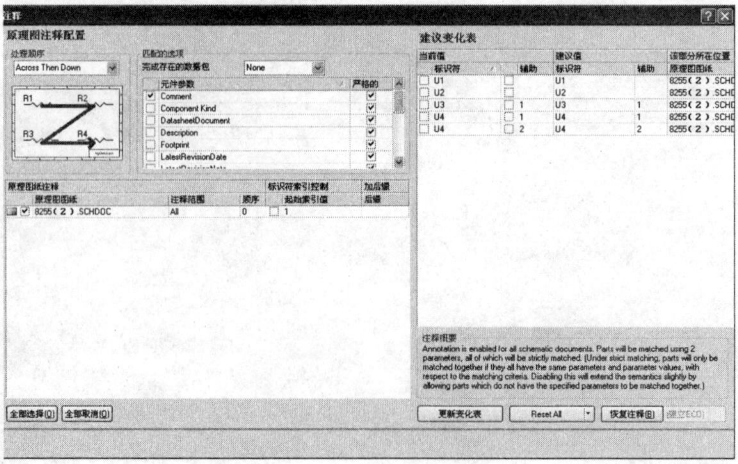

图 8-1 “注释”对话框

8.1.2　自动标注选项

在“注释”对话框中，选项分为两大项，一项是“原理图注释配置”，另一项是“建议变化表”。

1. 原理图注释配置

原理图注释配置的主要内容是元件的处理顺序。在“处理顺序”区域栏中，点击隐藏式列表，可出现如图 8-2 所示的 4 个处理顺序项目。

(1) “Up Then Across”：先向上后横穿。从左下角开始向上标注至左上角，横穿至右下角后再从下至上标注，按此次序一直标注至右上角。具体顺序如图 8-3 所示。

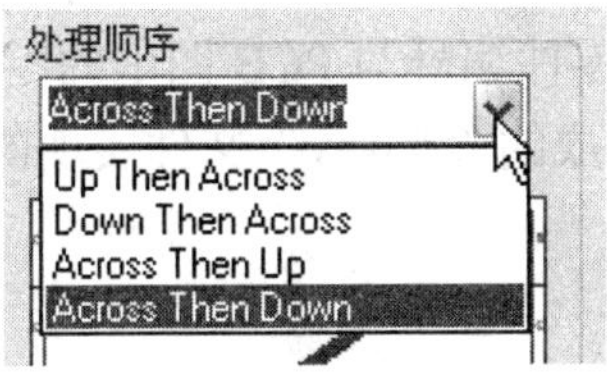

图 8-2　处理顺序项目

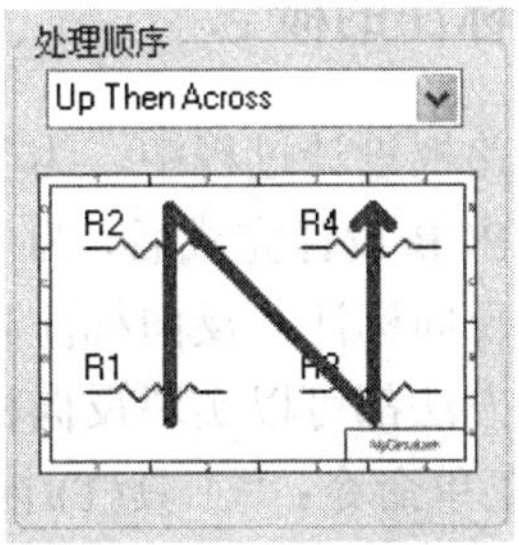

图 8-3　“Up Then Across”项目

(2) “Down Then Across”：先向下后横穿。这种处理方法和“Up Then Across”项处理顺序恰好相反，它是从左上角开始向下标注至左下角，横穿至右上角后再从上至下标注，按此次序一直标注至右下角。具体顺序如图 8-4 所示。

(3) “Across Then Up”：先横穿再向上。即从左下角开始，横向标注至右下角，上穿至左上角后继续从左至右标注，一直到右上角。具体顺序如图 8-5 所示。

(4) “Across Then Down”：先横穿再向下。这种处理方法和“Across Then Up”项处理顺序刚好相反，它是从左上角开始向右标注，下穿至左下角后再从左至右标注，按此次序一直标注至右下角。具体顺序如图 8-6 所示。

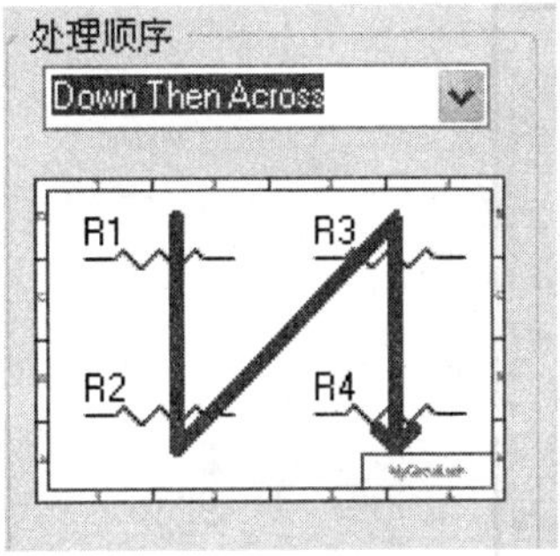

图 8-4　“Down Then Across”项目

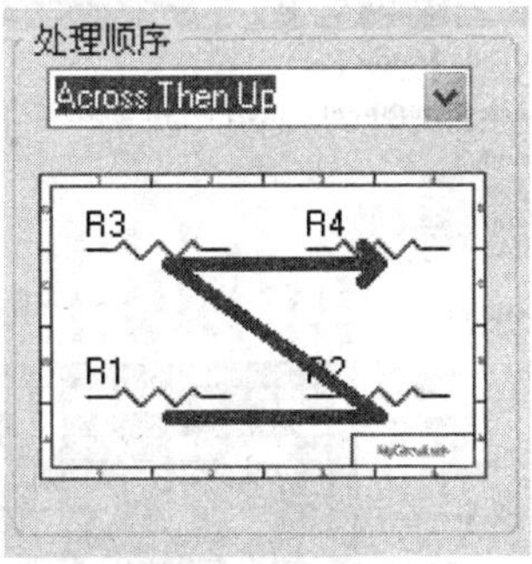

图 8-5　“Across Then Up”项目

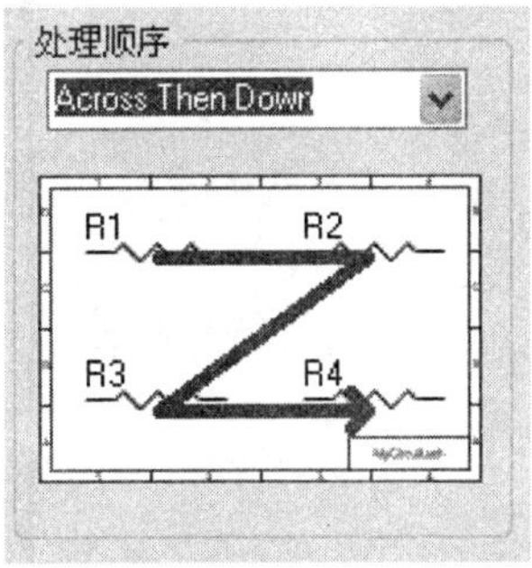

图 8-6　“Across Then Down”项目

我们选择其中一种方法后，便可在下边的浏览窗口中显示出此种标注的方向和顺序。

2. 建议变化表

建议变化表列出了元件当前的标识符，并列出了对当前元件标识符的建议，如图 8-7 所示。从图中可以看到，元件当前值和建议值的标识符是相同的，我们可以不予理睬，只需在“处理顺序”区域栏中选择其中一种处理方法来对元件标识符重新进行排列即可。

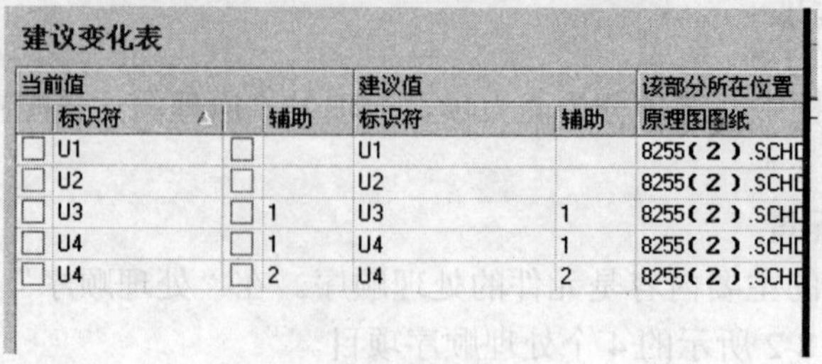

建议变化表

当前值		建议值		该部分所在位置
标识符	辅助	标识符	辅助	原理图图纸
U1		U1		8255(2).SCHD
U2		U2		8255(2).SCHD
U3	1	U3	1	8255(2).SCHD
U4	1	U4	1	8255(2).SCHD
U4	2	U4	2	8255(2).SCHD

图 8-7　建议变化表

8.1.3　反向标注的概念

在印刷电路板设计过程中，为了使 PCB 上的零件排列有序，常常要对零件的编号重新编排。因此当 PCB 设计完成后，为了使电路图上的零件编号与 PCB 图上的零件编号保持一致，需要进行反向标注。反向标注功能是由 PCB 生成的“*.wav”文件实现的。

以下几种方法都可以实现反向标注的功能。

(1) 利用菜单命令：“工具(T)/恢复注释(B)”。

(2) 使用快捷键：T-B。

8.2　原理图电气规则检查

原理图电气规则检查主要用于检查总线、元件、文档、网络、参数及其他的电气连接等。检查子网掩码错误等级可分为 4 种：其中“No Report”对违反规则不报告；“Warning”对违反规则发出警告；“Error”对违反规则做错误报告；“Fatal Error”对违反规则做严重错误报告。

电气规则设置在“电气规则连接矩阵”中设置，具体如图 8-8 所示。

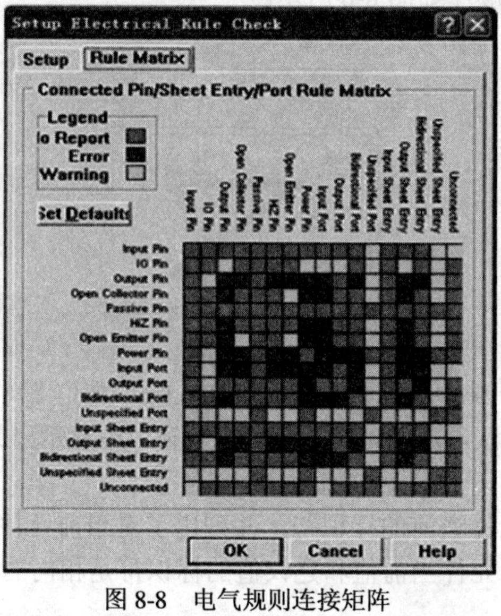

图 8-8　电气规则连接矩阵

图 8-8 可用于规定各种管脚、端口、图样入口之间的连接是否正确。如单击按钮“Set Defaults”，可将电气规则连接矩阵还原为默认值。电气规则连接矩阵中行、列的名称及其意义如表 8-1 所示。

表 8-1　电气规则连接矩阵中行、列的名称及其含义

行、列 名 称	含　义
Input Pin	输入引脚
I/O Pin	双向引脚
Output Pin	输出引脚
Open Collector Pin	集电极开路引脚
Passive Pin	无源引脚
HiZ Pin	高阻引脚
Open Emitter Pin	发射极开路引脚
Power Pin	电源引脚
Input Port	输入端口
Output Port	输出端口
Bidirectional Port	双向端口
Unspecified Port	无方向端口
Input Sheet Entry	子图入口
Output Sheet Entry	子图出口
Bidirectional Sheet Entry	双向子图入口
Unspecified Sheet Entry	无方向子图入口
Unconnected	不连接

8.3　电路原理图的报表

本节将详细介绍电路原理图元件报表和网络表的作用和生成方法。

8.3.1　生成电路原理图元件报表

电路原理图元件报表主要用于整理一个电路或者一个项目文件中所有的元件，它主要包括元件的名称、标号、封装等内容。

生成电路原理图元件报表的操作步骤如下：

(1) 选择“文件(F)/打开(O)”菜单项，打开需要生成电路原理图元件报表的原理图文件(如果此原理图文件已经打开，此步操作可以省略)。

(2) 选择“报告(R)/ Bill of Materials”菜单项；或按 R-I 键。

(3) 弹出“Bill of Materials For Schematic Document”对话框，如图 8-9 所示。在此对话框中，可以完成列表文件中各项内容的生成。

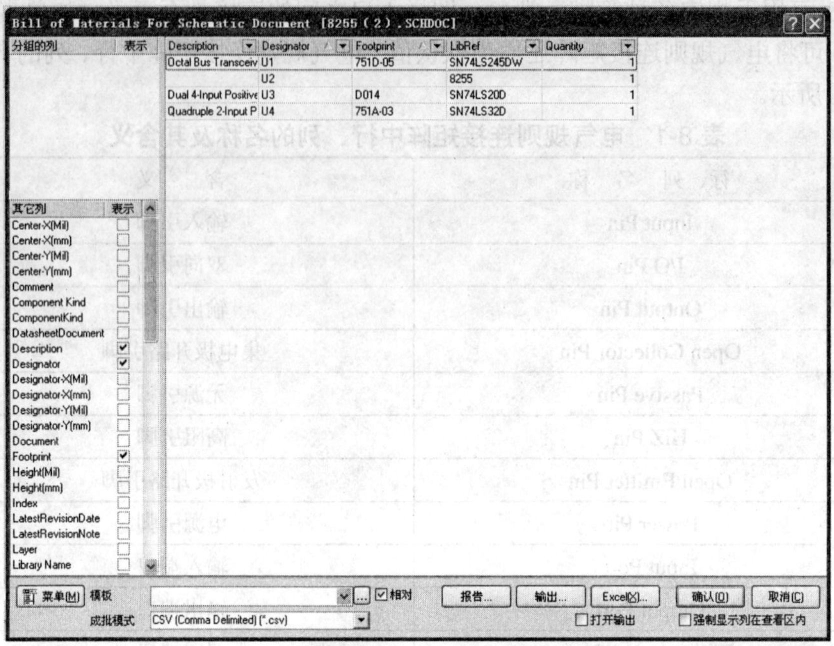

图 8-9 “Bill of Materials For Schematic Document”对话框

在图 8-9 中，单击“报告”按钮，可弹出元件清单报告预览对话框，如图 8-10 所示。调整好打印设置后，单击“打印(P)”按钮，即可将列表打印出来。

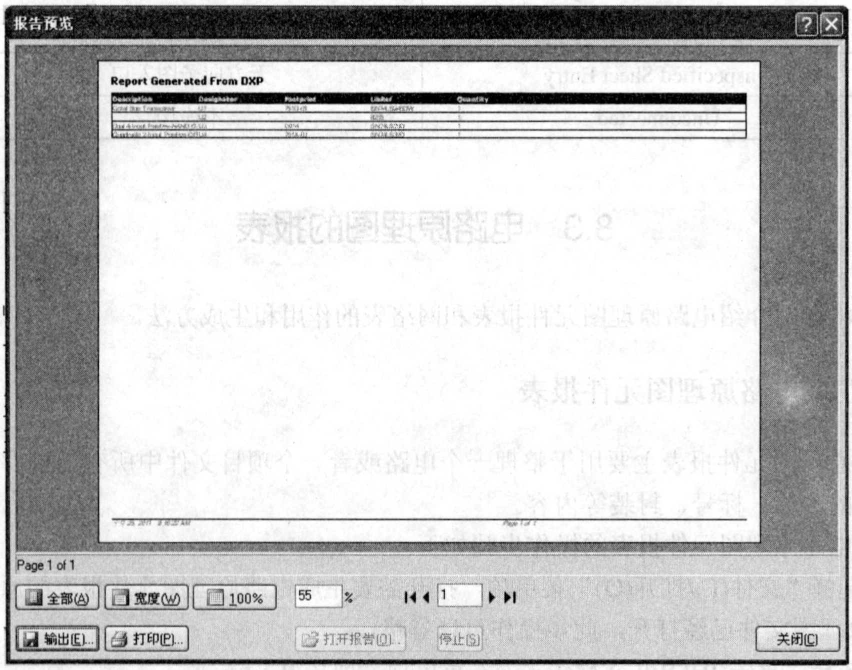

图 8-10 “报告预览”对话框

(4) 如果在“Bill of Materials For Schematic Document”对话框中单击“Excel(X)”按钮，可以调用 Excel 软件，进行再编辑并可以进行保存，如图 8-11 所示。

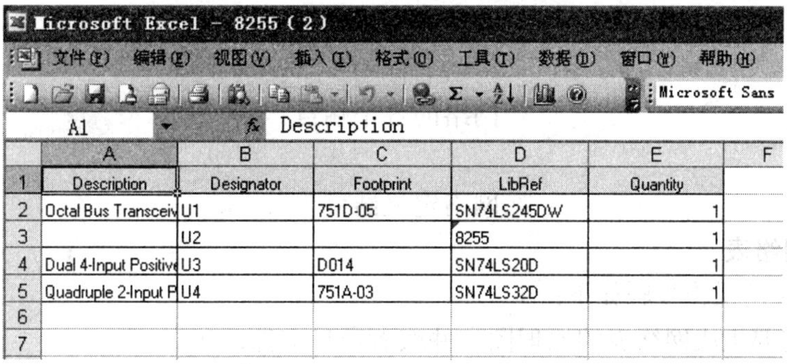

	A	B	C	D	E	F
1	Description	Designator	Footprint	LibRef	Quantity	
2	Octal Bus Transcei	U1	751D-05	SN74LS245DW	1	
3		U2		8255	1	
4	Dual 4-Input Positiv	U3	D014	SN74LS20D	1	
5	Quadruple 2-Input P	U4	751A-03	SN74LS32D	1	
6						
7						

图 8-11　调用 Excel 软件进行编辑

8.3.2　产生网络表

1. 网络表的作用

简单地说，网络表就是电路原理图或者印刷电路板元件连接关系的文本文件，它是原理图设计软件 Advanced Schematic 和印刷电路板设计软件 PCB 的接口。

网络表可以直接从电路原理图转化得到，也可从已布线的印刷电路板得到。

概括地说，网络表有以下两大作用：

(1) 网络表文件可用于印刷电路板的自动布线和电路模拟程序。

(2) 可以将由电路原理图产生的网络表文件与由印刷电路板得到的网络表文件进行比较，以核查错误。

2. 网络表的格式

网络表的格式包括元件的声明格式和网络的定义格式，分别介绍如下。

1) 元件的声明格式

元件的声明格式有以下几个要求：

(1) 元件的声明以“[”开始，以“]”结束，其内容包含在两个方括号之间；

(2) 网络经过的每一个元件都要有相应的声明；

(3) 元件声明的内容主要有元件的标号、元件外形的名称和元件的注释三部分。

下面是一个元件声明的例子：

```
[                    元件声明开始
C3                   元件的标号
RAD0.1               元件的外形名称
0.01                 元件的注释
]                    元件声明结束
```

2) 网络的定义格式

网络的定义格式有以下几个要求：

(1) 网络的定义以“(”开始，以“)”结束，其内容包含在两个圆括号之间；

(2) 网络定义中，首先要定义该网络的名称；

(3) 网络名称定义后，连接该网络的各个端点必须一一列出。

下面是一个网络定义的例子：

(	网络定义开始
VCC	网络名称
J1-1	网络的各个端点
T3-1	
)	网络定义结束

3．产生网络表

产生网络表的操作步骤如下：

(1) 打开需要生成网络表的原理图文件或者项目文件；

(2) 选择“设计(D)/设计项目的网络表(N)/Protel”菜单项；

(3) 此时系统会自动生成网络表文件。在 Projects 目录中双击该网络表文件(扩展名为 .net)，可以打开该文件并查看。

如图 8-12 所示的原理图。

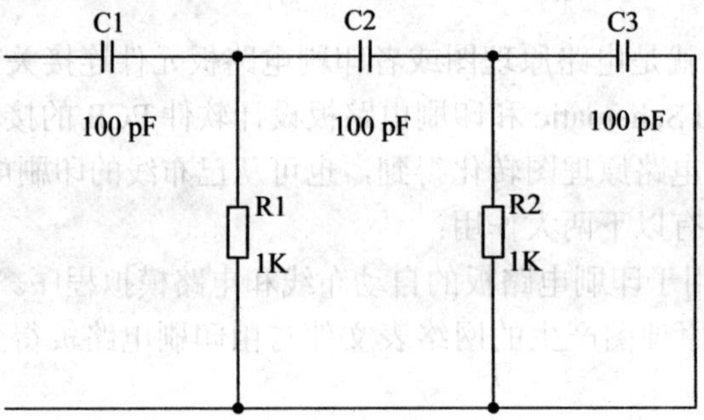

图 8-12 原理图

电路生成的网络表文件内容如下：

```
[
C1
RAD-0.3
Cap
]
[
C2
RAD-0.3
Cap
]
[
C3
RAD-0.3
Cap
]
[
```

```
R1
AXIAL-0.4
Res2
]
[
R2
AXIAL-0.4
Res2
]
(
NetC1_2
C1-2
C2-1
R1-1
)
(
NetC2_2
C2-2
C3-1
R2-2
)
(
NetC3_2
C3-2
R1-2
R2-1
)
```

8.4　电路原理图输出

电路原理图的打印输出，既可以使用打印机，也可以使用绘图仪等设备。但是，对于一般用户来说，利用打印机来打印电路原理图，仍然是输出设计结果的主要手段。

本节主要介绍打印设置的具体内容，包括电路图打印设置命令及打印机的有关设置。

1. 电路图打印设置命令

(1) 利用菜单命令："文件(F)/打印预览(V)"。

(2) 利用工具按钮：用鼠标单击主工具栏上的按钮。

(3) 使用快捷键：按 F-V 键。

利用以上任何一种方式启动打印设置命令，都将弹出如图 8-13 所示的“Preview Schematic Prints of [···]”对话框。

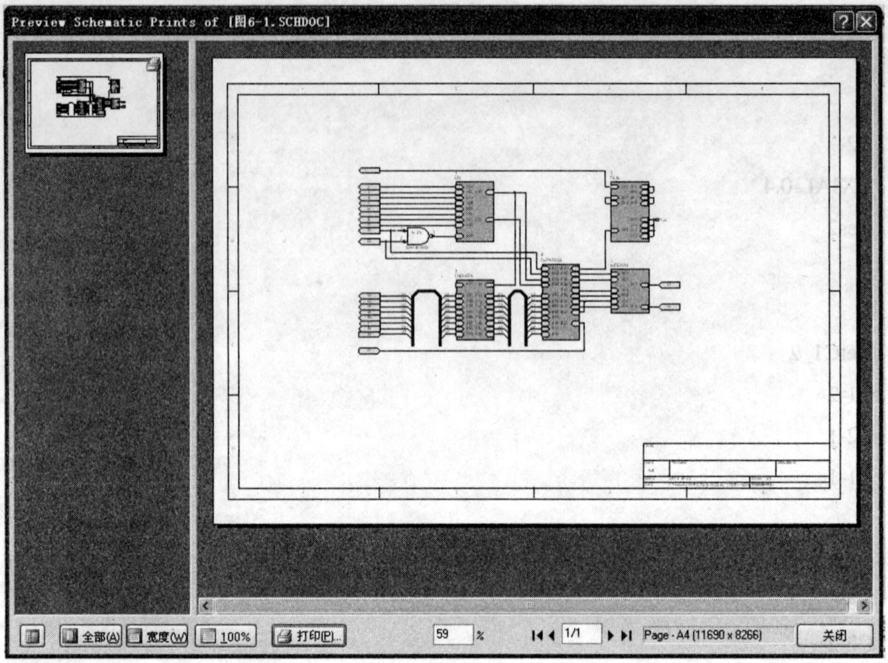

图 8-13 “Preview Schematic Prints of [···]”对话框

2. 选择打印机及其输出端口

在“Preview Schematic Prints of [···]”对话框中，单击“打印(P)”按钮，弹出如图 8-14 所示的“Printer Configuration for [Documentation Outputs]”打印设置对话框。

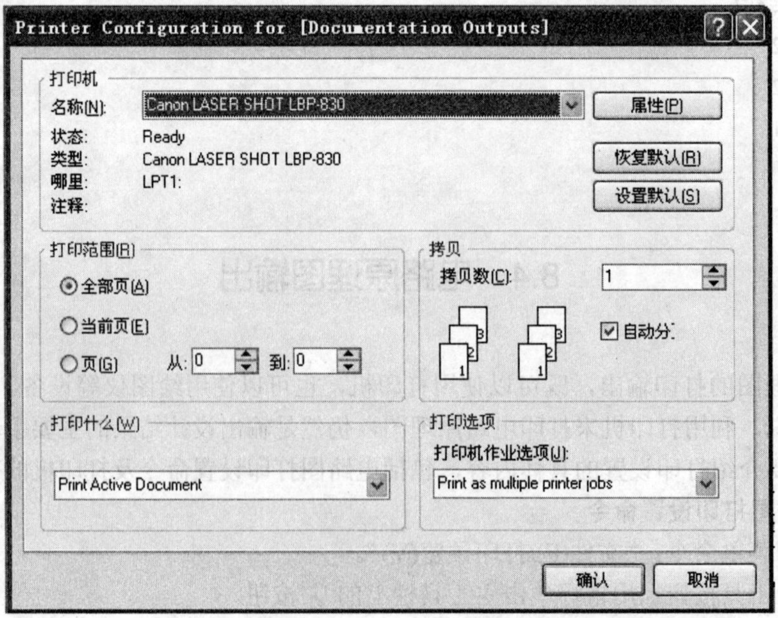

图 8-14 “Printer Configuration for [Documentation Outputs]”打印设置对话框

在“打印机”区域栏中，打开“名称(N)”栏内的隐藏式列表，从中可以看出操作系统已经安装的各种打印机型号以及它们与系统连接的输出接口。根据用户使用的要求，从中选择一种打印机及其接口。选择好打印范围等项目后，单击“确认”按钮，即可开始打印。

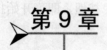

第 9 章 PCB 设计基础知识

要想设计好 PCB，首先必须弄清楚 PCB 设计的一些基本知识。本章主要讲述与 PCB 设计密切相关的一些基本概念，包括 PCB 的结构以及经常在 PCB 设计时使用到的一些相关概念，如元件封装、飞线、导线、焊盘、过孔、层和敷铜等。

9.1 PCB 设计知识

在使用 PCB 系统进行设计前，应先了解 PCB 的结构，理解一些基本概念，尤其是涉及布线规则的概念。

9.1.1 PCB 结构

一般来说，PCB 的结构有单面板、双面板和多层板 3 种。

(1) 单面板。单面板是一种一面有敷铜，另一面没有敷铜的电路板，用户只可在敷铜的一面布线并放置元件。单面板由于其成本低，不用打过孔而被广泛应用。但由于单面板走线只能在一面进行，因此，它的设计往往比双面板或多层板困难得多。

(2) 双面板。双面板包括顶层(Top Layer)和底层(Bottom Layer)两层，顶层一般为元件面，底层一般为焊锡层面。双面板的双面都可以敷铜并布线。双面板的电路一般比单面板的电路复杂，但布线比较容易，是制作电路板比较理想的选择。

(3) 多层板。多层板就是包含了多个工作层的电路板。除了上面讲到的顶层、底层以外，还包括中间层、内部电源或接地层等。随着电子技术的高速发展，电子产品越来越精密，电路板也就越来越复杂，多层电路板的应用也越来越广泛。多层电路板一般指 3 层以上的电路板。

9.1.2 元件封装

通常设计完 PCB 后，将设计文件拿到专门制作电路板的单位去制作电路板。取回制好的电路板后，要将元件焊接上去。那么如何保证所用元件的引脚和 PCB 上的焊盘一致呢?那就得靠元件封装了。

元件封装是指元件焊接到电路板时的外观和焊盘位置。既然元件封装只是元件的外观和焊盘位置，那么纯粹的元件封装仅仅是空间的概念。因此，不同的元件可以共用同一个元件封装；另一方面，同种元件也可以有不同的封装，如 RES 代表电阻，它的封装形式可以是 AXIAL-0.4、C1608-0603、CR2012-0805 等。所以在取用焊接元件时，不仅要知道元件名称，还要知道元件的封装。元件的封装可以在设计原理图时指定，也可以在引进网络表时指定。

通常在放置元件时，应该参考该元件生产单位提供的数据手册，选择正确的封装形式。如果在 Protel 2004 软件中没有提供这种封装的话，可以自己按照数据手册绘制。

1．元件封装的分类

元件的封装形式可以分成两大类，即针脚式元件封装和表面贴装技术(SMT)元件封装。针脚式封装元件焊接时先要将元件针脚插入焊盘导通孔，再焊锡。由于针脚式元件封装的焊盘和过孔贯穿整个电路板，所以在焊盘的属性对话框中，PCB 的层属性必须为多层(Multi-Layer)。表面贴装技术(SMT)元件封装的焊盘只限于表面层，在其焊盘的属性对话框中，层(Layer)属性必须为单一表面，如顶层(Top Layer)或者底层(Bottom Layer)。

1) DIP 封装

双列直插封装简称 DIP(Dual In-Line Package)，属于针脚式元件封装，如图 9-1 所示。DIP 封装结构具有以下特点：适合 PCB 的穿孔安装；易于对 PCB 进行布线，操作方便。

DIP 封装结构形式有多层陶瓷双列直插式 DIP、单层陶瓷双列直插式 DIP、引线框架式 DIP(含玻璃陶瓷封接式、塑料包封结构式和陶瓷低熔玻璃封装式)。

2) 芯片载体封装

芯片载体封装属于表面贴装技术(SMT)元件封装。芯片载体封装可分为以下几类：

(1) 陶瓷无引线芯片载体封装(Leadless Ceramic Chip Carrier，LCCC)，如图 9-2 所示；

(2) 塑料有引线芯片载体封装(Plastic Leaded Chip Carrier，PLCC)，如图 9-3 所示；

(3) 小尺寸封装(Small Outline Package，SOP)，如图 9-4 所示；

(4) 塑料四边引出扁平封装(Plastic Quad Flat Package，PQFP)，如图 9-5 所示；

(5) 球栅阵列封装(Ball Grid Array，BGA)，如图 9-6 所示。

与 PLCC 或 PQFP 封装相比，BGA 封装更加节省电路板面积。

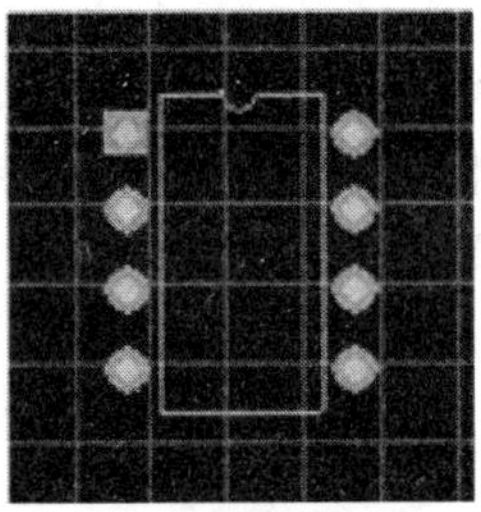
图 9-1　DIP

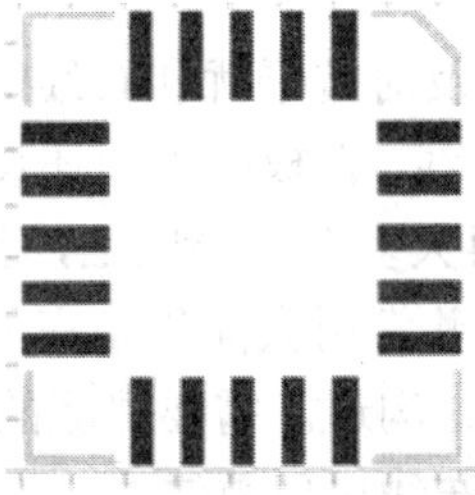
图 9-2　LCCC

图 9-3　PLCC

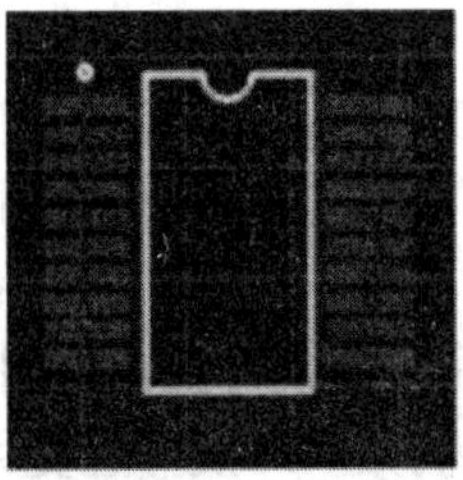
图 9-4　SOP

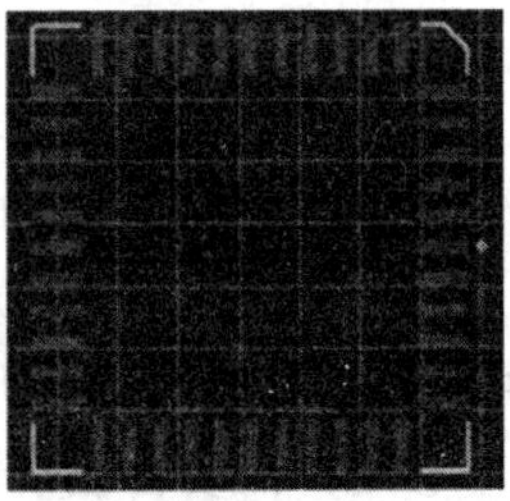
图 9-5　PQFP

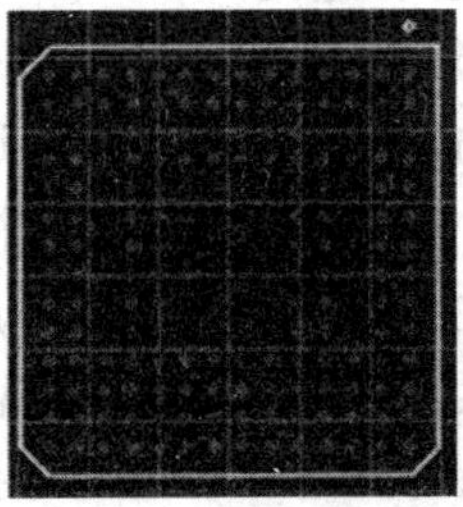
图 9-6　BGA

2．元件封装的编号

元件封装的编号一般为元件类型＋焊盘距离(焊盘数)＋元件外形尺寸。可以根据元件封装编号来判别元件封装的规格。如 AXIAL-0.4 表示此元件封装为轴状的，两焊盘间的距离为 400 mil(1 mil = 0.0254 mm)；DIP16 表示双排引脚的元件封装，两排共 16 个引脚；RB.2/.4 表示极性电容类元件封装，引脚间距离为 200 mil，元件直径为 400 mil。这里的 .2 和 .4 分别表示 200 mil 和 400 mil。

9.1.3　与 PCB 设计有关的名词及术语释义

1．铜膜导线

铜膜导线也称铜膜走线，简称导线，用于连接各个焊盘，是 PCB 最重要的部分。PCB 设计都是围绕如何布置导线来进行的。

与导线有关的另外一种线常称为飞线，即预拉线。飞线是在引入网络表后，系统根据规则生成的、用来指引布线的一种连线。

飞线与导线有本质的区别。飞线只是一种形式上的连线，它只是在形式上表示出各个焊盘间的连接关系，没有电气的连接意义；导线则是根据飞线指示的焊盘间的连接关系而布置的，是具有电气连接意义的连接线路。

2．助焊膜和阻焊膜

各类膜是 PCB 制作工艺过程中必不可少的、元件焊装的必要材料。“膜”按其所处的位置及作用，可分为元件面(或焊接面)助焊膜(Top or Bottom Solder)和元件面(或焊接面)阻焊膜(Top or Bottom Paste Mask)两类。助焊膜是涂于焊盘上、用于提高可焊性能的一层膜，也就是在绿色板子上比焊盘略大的浅色圆。阻焊膜的情况正好相反，为了使制成的板子适应波峰焊等焊接形式，要求板子上非焊盘处的铜箔不能粘锡，因此在焊盘以外的各部位都要涂覆一层涂料，用于阻止这些部位上锡。可见，这两种膜是一种互补关系。

3．层

由于电子线路的元件安装密集及对抗干扰和布线等有特殊要求，一些较新的电子产品中所用的 PCB 不仅上下两面可供走线，在板的中间还设有能被特殊加工的夹层铜箔。例如，现在的计算机主板所用的 PCB 材料大多在 4 层以上，其中间层因加工相对较难而大多用于设置走线较为简单的电源布线层，并常用大面积填充的办法来布线，上、下位置的表面层与中间各层需要连通的地方用过孔来沟通。需要提醒的是，一旦选定了所用 PCB 的层数，务必关闭那些未被使用的层，以免布线出现差错。

4．焊盘和过孔

1) 焊盘

焊盘的作用是放置焊锡、连接导线和元件引脚。焊盘是 PCB 设计中最常接触也是最重要的概念，但初学者却容易忽视对它的选择和修正，而在设计中千篇一律地使用圆形焊盘。选择元件的焊盘类型要综合考虑该元件的形状、大小、布置形式、振动、受热情况、受力方向等因素。Protel 2004 在封装库中给出了一系列不同大小和形状的焊盘，如圆形、方形、八角形、圆方形等，但有时这些还不够用，需要自己设计。例如，对发热且受力较大、电流较大的焊盘，可自行设计成泪滴状。一般而言，自行设计焊盘时，除了以上所讲的内容之外，还要考虑以下原则：

(1) 焊盘各边长短不一致时，要考虑连线宽度与焊盘特定边长的大小差异不能过大。

(2) 需要在元件引脚之间走线时，选用长短不对称的焊盘往往事半功倍。

(3) 各元件焊盘孔的大小要按元件引脚的粗细分别编辑确定，原则上孔的尺寸比引脚直径大 0.2～0.4 mm。

2) 过孔

为连通各层之间的线路，在各层需要连通的导线的交汇处钻上一个公共孔，这就是过孔。过孔有 3 种，即从顶层贯通到底层的穿透式过孔、从顶层通到内层或从内层通到底层的盲过孔以及内层间的隐藏过孔。

过孔从上面看，有两个尺寸，即通孔直径和过孔直径。通孔直径指的是过孔的内径；过孔直径指的是过孔的外径。通孔和过孔之间的孔壁用于连接不同层的导线。

一般而言，设计线路时对过孔的处理有以下原则：

(1) 尽量少用过孔，一旦选用了过孔，务必处理好它与周边各实体的间隙，特别是容易被忽视的中间各层和过孔不相连的线与过孔的间隙；

(2) 需要的载流量越大，所需的过孔尺寸越大，如电源层和地层与其他层连接所用的过孔就要大一些。

5. 丝印层

丝印层就是在 PCB 的上下两表面印上所需要的标志图案和文字代号等，例如元件标号和标称值、元件外廓形状和厂家标志、生产日期等。

6. 敷铜

对于抗干扰要求比较高的电路板，常常需要在 PCB 上敷铜。敷铜可以有效地实现电路板的信号屏蔽作用，提高电路板信号的抗电磁干扰能力。

9.1.4　电路板布线流程

PCB 设计的一般步骤如下：

(1) 绘制原理图。电路板设计的先期工作主要是完成原理图的绘制，包括生成网络表。当然，有时也可以不进行原理图的绘制，而直接进入 PCB 设计系统。

(2) 规划电路板。在绘制 PCB 之前，用户要对电路板有一个初步的规划，比如说电路板采用多大的物理尺寸、采用几层电路板(单面板还是双面板)、各元件采用何种封装形式及其安装位置等。这是一项极其重要的工作，是确定电路板设计的框架。

(3) 设置参数。参数的设置是电路板设计非常重要的步骤。设置参数主要是设置元件的布置参数、层参数、布线参数等。一般来说，有些参数用其默认值即可；有些参数第一次设置好，以后几乎无须修改。

(4) 装入网络表及元件封装。网络表是电路板自动布线的灵魂，也是原理图设计系统与 PCB 设计系统的接口。因此，这一步也是非常重要的环节。只有将网络表装入之后，才可能完成对电路板的自动布线。元件的封装就是元件的外形，对于每个装入的元件必须有相应的外形封装，才能保证电路板布线的顺利进行。

(5) 元件的布局。元件的布局可以让 Protel 2004 自动进行。规划好电路板并装入网络表后，用户可以让程序自动装入元件，并自动将元件布置在电路板边框内。Protel 2004 也可以让用户手工布局。只有元件布局合理，才能进行下一步的布线工作。

(6) 手动预布线。对于比较重要的网络连接和电源网络的连接应该手动预布线。

(7) 自动布线。Protel 采用了世界先进的无网格、基于形状的对角线自动布线技术。只要将有关的参数设置得当、元件的布局合理，自动布线的成功率几乎是 100%。

(8) 手工调整。自动布线结束后，往往存在令人不满意的地方，需要手工调整。

(9) 文件保存及输出。完成电路板的布线后，保存完成的电路图文件，然后利用图形输出设备，如打印机或绘图仪输出电路板的布线图。

9.1.5 PCB 设计的基本原则

PCB 设计得好坏对电路板抗干扰能力影响很大。因此，在进行 PCB 设计时，必须遵守 PCB 设计的一般原则，并应符合抗干扰设计的要求。要使电子电路获得最佳性能，元件的布局及导线的布设是很重要的，为了设计出质量好、造价低的 PCB，应遵循下面的一般原则。

1. 布局

首先要考虑 PCB 的尺寸大小。PCB 尺寸过大时，PCB 中的线路长，阻抗增加，抗噪声能力下降，成本也增加；尺寸过小时，PCB 散热不好，且邻近线条易受干扰。在确定 PCB 尺寸后，再确定特殊元件的位置。最后，根据电路的功能单元，对电路的全部元件进行布局。

(1) 在确定特殊元件的位置时，要遵守以下原则：

① 尽可能缩短高频元件之间的连线，设法减少它们的分布参数和相互间的电磁干扰。易受干扰的元件不能相互挨得太近，输入和输出元件应尽量远离。

② 某些元件或导线之间可能有较高的电位差，应加大它们之间的距离，以免放电引起意外短路。带强电的元件应尽量布置在调试时手不易触及的地方。

③ 重量超过 15 克的元件，应当用支架加以固定，然后焊接。那些又大又重、散发热量高的元件，不宜装在 PCB 上，而应装在整机的机箱底电路板上，且应考虑散热问题。热敏元件应远离发热元件。

④ 对于电位器、可调电感线圈、可变电容器、微动开关等可调元件的布局，应考虑整机的结构要求。若是机内调节，应放在 PCB 上方便调节的地方；若是机外调节，其位置要与调节旋钮在机箱面 PCB 上的位置相适应。

⑤ 应留出 PCB 的定位孔和固定支架所占用的位置。

(2) 根据电路的功能单元对电路的全部元件进行布局时，要符合以下原则：

① 按照电路的流程，安排各个功能电路单元的位置，使布局便于信号流通，并使信号尽可能保持一致的方向。

② 以每一个功能电路的核心元件为中心，围绕它来进行布局。元件应均匀、整齐、紧凑地排列在电路板上，尽量减少和缩短各元件之间的引线和连接。

③ 在高频信号下工作的电路，要考虑元件之间的分布参数。一般电路应尽可能使元件平行排列。这样不但美观，而且容易焊接，易于批量生产。

④ 位于电路板边缘的元件，离电路板边缘的距离一般不小于 2 mm。电路板的最佳形状为矩形，长宽比为 3∶2 或 4∶3。电路板尺寸大于 200 mm × 150 mm 时，应考虑电路板

所承受的机械强度。

2．布线

布线的方法及结果对 PCB 的性能影响也很大，一般布线要遵循以下原则：

(1) 输入和输出端的导线应避免相邻平行。最好添加线间地线，以免发生反馈耦合。

(2) PCB 上导线的最小宽度主要由导线与绝缘基板间的黏附强度和流过它们的电流值决定。导线宽度应以能满足电气性能要求而又便于生产为宜，它的最小值由承受的电流大小决定，但最小不宜小于 0.2 mm(8 mil)。在高密度、高精度的 PCB 线路中，导线宽度和间距一般可取 0.3 mm。导线宽度在大电流情况下还要考虑其温升。单面板实验表明，当铜箔厚度为 50 μm、导线宽度为 1～1.5 mm、通过电流为 2 A 时，温升很小。因此，一般选用 1～1.5 mm 宽度导线就能满足设计要求而不致引起温升。PCB 导线的公共地线应尽可能得粗，可能的话，使用大于 2～3 mm 的导线，这在带有微处理器的电路中尤为重要。因为当地线过细时，由于流过的电流的变化，地电位变动，微处理器定时信号的电平不稳，会使噪声容限劣化。在 DIP 封装的 IC 脚间走线，当两脚间通过两根线时，焊盘直径可设为 50 mil，线宽与线距都为 10 mil；当两脚间只通过 1 根线时，焊盘直径可设为 64 mil，线宽与线距都为 12 mil。

(3) PCB 导线的间距。相邻导线的间距必须能满足电气安全要求，而且为了便于操作和生产，间距也应尽量宽些。只要工艺允许，可使间距保持在 0.5～0.8 mm。最小间距至少要能适合所承受的电压，这个电压一般包括工作电压、附加波动电压以及其他原因引起的峰值电压。如果有关技术条件允许导线之间存在某种程度的金属残粒，则其间距就会减小，因此设计者在考虑电压时应把这种因素也考虑进去。在布线密度较低时，信号线的间距可适当地加大；对高、低电平悬殊的信号线，应尽可能地短且加大间距。

(4) PCB 导线拐弯时一般取圆弧形，直角或夹角在高频电路中会影响电气性能。此外，应尽量避免使用大面积铜箔，否则，长时间受热易发生铜箔膨胀和脱落现象。在必须用大面积铜箔时，最好用网格状，这样有利于排除铜箔与基板间黏合剂受热产生的挥发性气体。

3．焊盘大小

焊盘的内孔尺寸必须从元件引线直径和公差尺寸以及焊锡层厚度、孔径公差、孔金属电镀层厚度等方面考虑。焊盘的内孔一般不小于 0.6 mm，因为小于 0.6 mm 的孔在开模冲孔时不易加工。通常情况下以金属引脚直径值加上 0.2 mm 作为焊盘内孔直径。如电阻的金属引脚直径为 0.5 mm 时，其焊盘内孔直径对应为 0.7 mm。焊盘直径取决于内孔直径。

(1) 当焊盘直径为 1.5 mm 时，为了增加焊盘抗剥强度，可采用长不小于 1.5 mm、宽为 1.5 mm 的长圆形焊盘，此种焊盘在集成电路引脚焊盘中最常见。对于超出上述范围的焊盘直径，可用下列公式选取：

直径小于 0.4 mm 的孔：D/d=0.5～3

直径大于 2 mm 的孔：D/d=2.5～10

其中，D 表示焊盘直径，d 表示内孔直径。

(2) 有关焊盘的其他注意事项：

① 焊盘内孔边缘到 PCB 边的距离要大于 1 mm，这样可以避免加工时导致焊盘缺损。

② 有些器件是在经过波峰焊后补焊的，由于经过波峰焊后焊盘内孔被锡封住，使器件无法插下去，所以解决的办法是在 PCB 加工时对该焊盘开一小口，这样波峰焊时内孔就不

会被封住，而且也不会影响正常的焊接。

③ 当与焊盘连接的走线较细时，要将焊盘与走线之间的连接设计成泪滴状，这样的好处是焊盘不容易起皮，使走线与焊盘不易断开。

④ 相邻的焊盘要避免成锐角或有大面积的铜箔。成锐角会造成波峰焊困难，而且有桥接的危险；大面积铜箔因散热过快会导致不易焊接。

4. PCB 电路的抗干扰问题

PCB 的抗干扰设计与具体电路有着密切的关系，这里仅就 PCB 抗干扰设计的几项常用措施做一些说明。

(1) 电源线的设计。根据 PCB 电流的大小，尽量加粗电源线宽度，减少环路电阻。同时，使电源线、地线的走向和数据传递的方向一致，这样有助于增强抗噪声能力。

(2) 地线设计的原则是：

① 数字地与模拟地分开。若 PCB 上既有数字电路又有模拟电路，应使它们尽量分开。低频电路的地应尽量采用单点并联接地，实际布线有困难时可部分串联后再并联接地。高频电路宜采用多点串联接地，地线应短而粗。高频元件周围尽量用网格状的大面积铜箔。

② 接地线应尽量加粗。若接地线用很细的线条，则接地电位随电流的变化而变化，使 PCB 的抗噪声性能降低。因此应将接地线加粗，使它能通过 3 倍于 PCB 上的允许电流。如有可能，接地线宽度应在 2～3 mm 以上。

③ 接地线构成闭环路。只由数字电路组成的 PCB，其接地电路构成闭环能提高抗噪声能力。

(3) 大面积敷铜。PCB 上的大面积敷铜具有两种作用：一为散热；二可以减小地线阻抗，并且屏蔽电路板的信号交叉干扰以提高电路系统的抗干扰能力。如果在设计 PCB 时在大面积敷铜上不开窗口，则由于 PCB 板材的基板与铜箔间的黏合剂在浸焊或长时间受热时，会产生挥发性气体而无法排除，热量不易散发，以致产生铜箔膨胀和铜箔脱落现象。因此在使用大面积敷铜时，应将其设计成网状。

5. 去耦电容配置

PCB 设计的常规做法之一是在 PCB 的各个关键部位配置适当的去耦电容。去耦电容的一般配置原则是：

(1) 电源输入端跨接 10～100 μF 的电解电容器，如有可能，接 100 μF 以上的电容更好。

(2) 原则上每个集成电路芯片都应布置一个 0.01 pF 的瓷片电容，如果 PCB 空间不够，可每 4～8 个芯片布置一个 1～10 pF 的钽电容。

(3) 对于抗噪能力弱、关断时电源变化大的元件，如 RAM、ROM 存储元件，应在芯片的电源线和地线之间直接接入去耦电容。

(4) 电容引线不能太长，尤其是高频旁路电容不能有引线。此外应注意以下两点：

① 在 PCB 中有接触器、继电器、按钮等元件时，操作均会产生较大火花放电，必须采用 RC 电路来吸收放电电流。一般 R 取 1～2 kΩ，C 取 2.2～47 μF。

② CMOS 的输入阻抗很高，且易受干扰，因此在使用时对不使用的端口要接地或接正电源。

6. 各元件之间的接线

按照原理图，将各个元件的位置初步确定下来，然后经过不断调整使布局更加合理，最后就需要对 PCB 中的各元件进行接线。元件之间的接线安排方式如下：

(1) PCB 中不允许有交叉电路，对于可能交叉的线条，可以用“钻”、“绕”两种办法解决。所谓“钻”或“绕”，就是让某引线从别的电阻、电容、晶体管脚下的空隙处“钻”过去，或从可能交叉的某条引线的一端“绕”过去。在特殊情况下，如果电路很复杂，为简化设计也允许用导线跨接来解决交叉电路问题。

(2) 电阻、二极管、管状电容器等元件有“立式”和“卧式”两种安装方式。“立式”指的是元件体垂直于电路板安装、焊接，其优点是节省空间；“卧式”指的是元件体平行并紧贴于电路板安装、焊接，其优点是元件安装的机械强度较好。这两种不同的安装方式将使 PCB 上的元件孔距不一样。

(3) 同一级电路的接地点应尽量靠近，并且本级电路的电源滤波电容也应接在该级接地点上。特别是本级晶体管的基极、发射极的接地不能离得太远，否则因两个接地间的铜箔太长会引起干扰与自激。采用这样“一点接地法”的电路，工作较稳定，不易自激。

(4) 总地线必须严格按高频-中频-低频逐级由弱电到强电顺序排列的原则，切不可随便乱接，级间宁可接线长，也要遵守这一规定。特别是变频头、再生头、调频头的接地线安排要求更为严格，如有不当就会产生自激以致无法工作。调频头等高频电路常采用大面积包围式地线，以保证有良好的屏蔽效果。

(5) 强电流引线(公共地线、功放电源引线等)应尽可能宽些，以降低布线电阻及其电压降，也可减少寄生耦合产生的自激。

(6) 阻抗高的元件走线尽量短，阻抗低的元件走线可长一些，因为阻抗高的元件走线容易发射和吸收信号，引起电路不稳定。电源线、地线、无反馈元件的基极走线、发射极引线等均属低阻抗走线。

(7) 电位器的安放位置应当满足整机结构安装及面板布局的要求，因此应尽可能放在板的边缘，旋转柄朝外。

(8) 设计 PCB 时，在使用 IC 座的场合下，一定要特别注意 IC 座上定位槽放置的方位是否正确，并注意各个 IC 脚的位置是否正确。例如第 1 脚只能位于 IC 座的右下角或者左上角，而且紧靠定位槽(从焊接面看)。

(9) 在对进出接线端进行布置时，相关联的两引线端的距离不要太大，一般为 2/10～3/10 英寸较合适。进出接线端应尽可能集中在 1～2 个侧面，不要过于分散。

(10) 在保证电路性能要求的前提下，设计时应力求合理走线，少用外接跨线，并按一定顺序要求走线，尽量直观，便于安装和检修。

(11) 设计应按一定顺序进行，例如可以按由左往右和由上而下的顺序进行。

9.2 PCB 编辑器

9.2.1 在项目中建立 PCB 文件

从原理图编辑器转换到 PCB 编辑器之前，需要创建一个具有最基本的板子轮廓的空白 PCB 文件。

建立新的 PCB 文件不但可以直接执行“文件(F)/创建(N)/PCB 文件(P)”菜单命令，也可以使用 PCB 向导在 Protel 2004 中创建一个新的 PCB 文件。使用菜单命令的方法与建立原理图的方法相似，系统最后采用默认的图样格式建立文件。下面将使用向导来创建一个 PCB 文件。

使用向导创建 PCB 文件可以选择工业标准板轮廓并创建自定义的板子尺寸。在用向导创建文件的任何阶段，用户都可以使用“返回(B)”按钮来检查或修改前页中的内容。使用 PCB 向导来创建 PCB 文件的操作步骤如下：

(1) 在“Files”面板底部的“根据模板新建”单元，点击“PCB Board Wizard…”创建新的 PCB 文件，如图 9-7 所示。如果这个选项没有显示在屏幕上，可以点击向上的箭头图标来关闭上面的一些单元。

(2) 执行该命令后，系统将 PCB Board Wizard 打开。首先看见的是介绍页，点击“下一步(N)”按钮继续，系统将弹出如图 9-8 所示的“选择电路板单位”对话框，此时可以设置度量单位为英制(Imperial)或公制(Metric)。

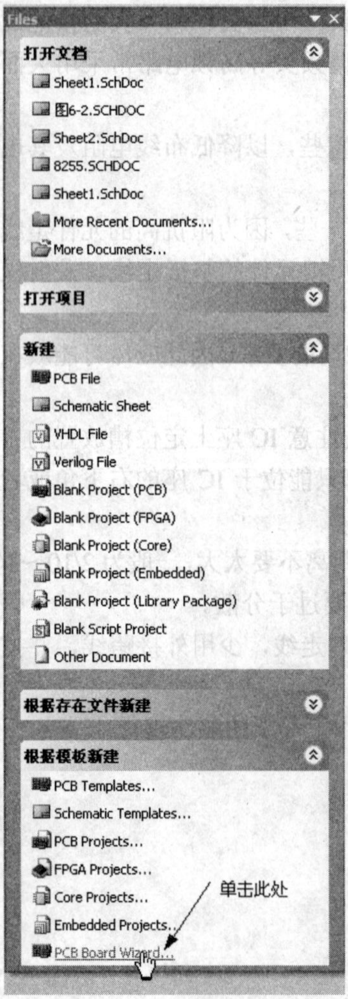

图 9-7 “根据模板新建”单元

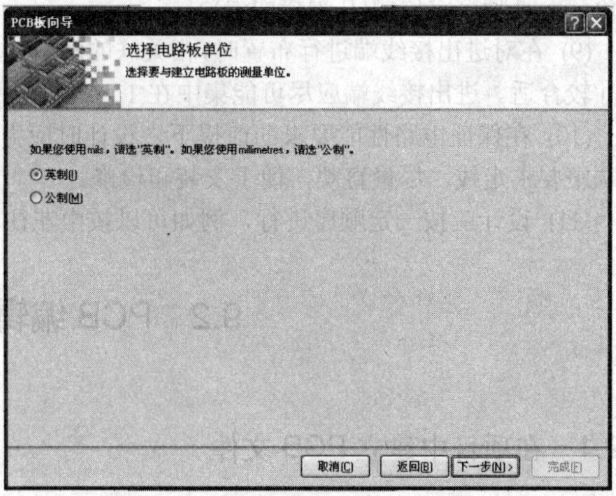

图 9-8 “选择电路板单元”对话框

(3) 单击“下一步(N)”按钮，将弹出如图 9-9 所示的“选择电路板配置文件”对话框，此时允许用户选择要使用的 PCB 的图样轮廓尺寸。这里使用自定义的 PCB 尺寸，从板轮廓列表中选择“Custom”即可。

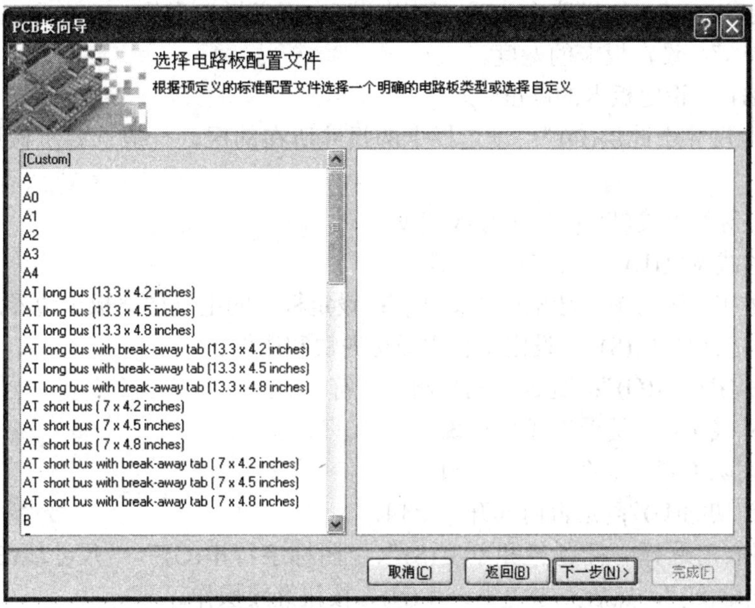

图 9-9　“选择电路板配置文件”对话框

如果选择了“Custom”，则需要自己定义板卡的尺寸、边界和图形标志等参数，而选择其他选项则直接采用系统已经定义的参数。用户也可以选择标准尺寸的板卡。

(4) 单击“下一步(N)”按钮后，系统将弹出如图 9-10 所示的“选择电路板详情”对话框，在该对话框中可以设定板卡的相关属性。

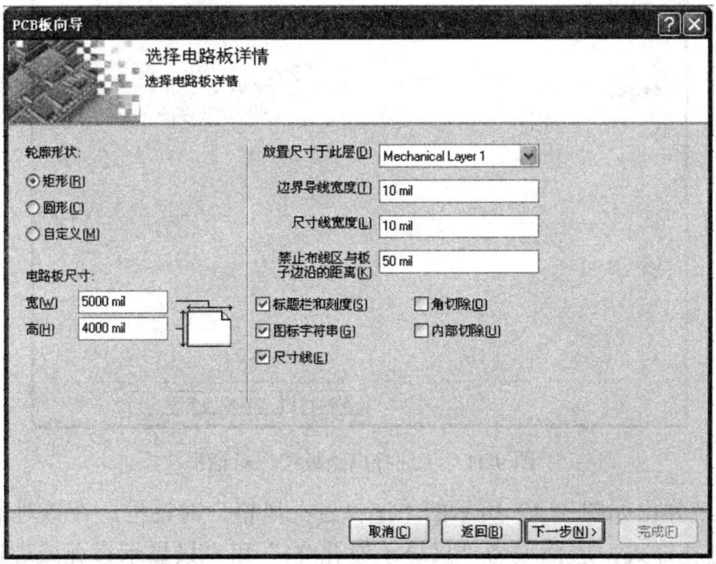

图 9-10　“选择电路板详情”对话框

① “矩形(R)”：如果选中此项，则设定板卡为矩形，并可以设定板卡的宽和高。

② “圆形(C)”：如果选中此项，则设定板卡为圆形(选择该项，需要设定的几何参数为半径)。

③ “自定义(M)”：如果选中此项，则用户可自定义板卡形状。

④ “宽(W)”：设定板卡的宽度。

⑤ “高(H)”：设定板卡的高度。

⑥ “放置尺寸于此层(D)”：设定板卡的尺寸所在的层，一般选择机械层(Mechanical Layer)。

⑦ “边界导线宽度(T)”：设定导线宽度。

⑧ “尺寸线宽度(L)”：设定尺寸线宽。

⑨ “禁止布线区与板子边沿的距离(K)”：设定板卡的电气层离板卡边界的距离。

⑩ “标题栏和刻度(S)”：设定是否生成标题块和比例。

⑪ “图标字符串(G)”：是否生成图例和字符。

⑫ “尺寸线(E)”：是否生成尺寸线。

⑬ “角切除(O)”：是否角位置开口。

⑭ “内部切除(U)”：是否内部开一个口。

在本实例取消选择“标题栏和刻度(S)”、“图标字符串(G)”、“尺寸线(E)”、“角切除(O)”、“内部切除(U)”，然后点击“下一步(N)”按钮继续操作。

(5) 系统此时弹出如图 9-11 所示的“选择电路板层”对话框。在该对话框中，允许用户选择 PCB 的层数，即可以选择信号层数和电源层。本实例中选择 2 层信号层和 2 层内部电源层。然后点击“下一步(N)”按钮继续操作。

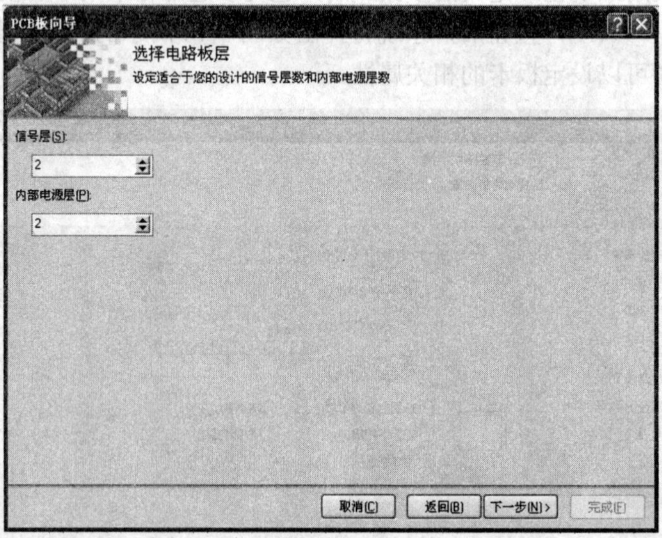

图 9-11 “选择电路板层”对话框

(6) 此时系统弹出如图 9-12 所示的“选择过孔风格”对话框。在该对话框中可以设置设计中使用的过孔样式，选择项为“只显示通孔(T)”和“只显示盲孔或埋过孔(L)”。在此选择“只显示通孔(T)”项，然后单击“下一步(N)”按钮继续操作。

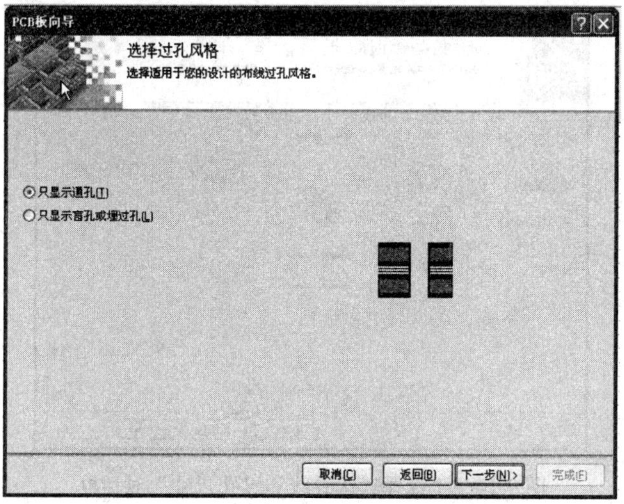

图 9-12　“选择过孔风格”对话框

(7) 系统弹出如图 9-13 所示的“选择元件和布线逻辑”对话框，此时可以设置将要使用的布线技术。用户可以选择放置“表面贴装元件(S)”或“通孔元件(H)”，如果选择了“表面贴装元件(S)”方式，则还需要选择“您是否希望将元件放在板的两面上?”；如果选择了“通孔元件(H)”，则要选择“邻近焊盘间的导线数”，可选择为“一条导线(O)”、“两条导线(W)”或者“三条导线(T)”，然后点击“下一步(N)”按钮继续操作。

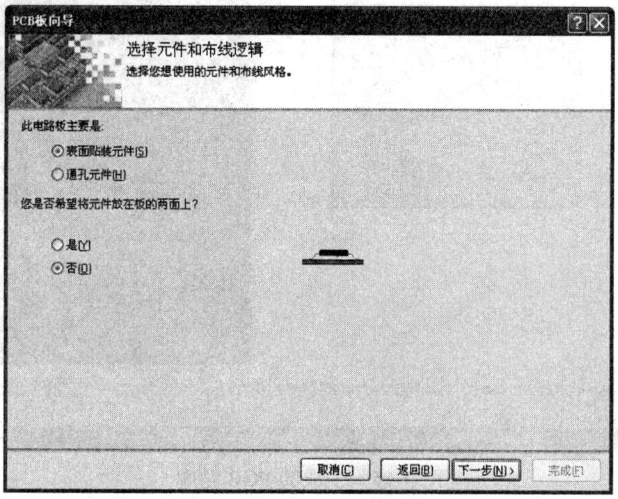

图 9-13　“选择元件和布线逻辑”对话框

(8) 系统弹出如图 9-14 所示的“选择默认导线和过孔尺寸”对话框，此时可以设置最小的导线尺寸、过孔尺寸和导线间的距离。

① “最小导线尺寸(T)”：设置最小的导线尺寸。

② “最小过孔宽(W)”：设置最小的过孔宽度。

③ “最小过孔孔径(H)”：设置最小过孔的孔尺寸。

④ “最小间隔(C)”：设置最小的线间距。

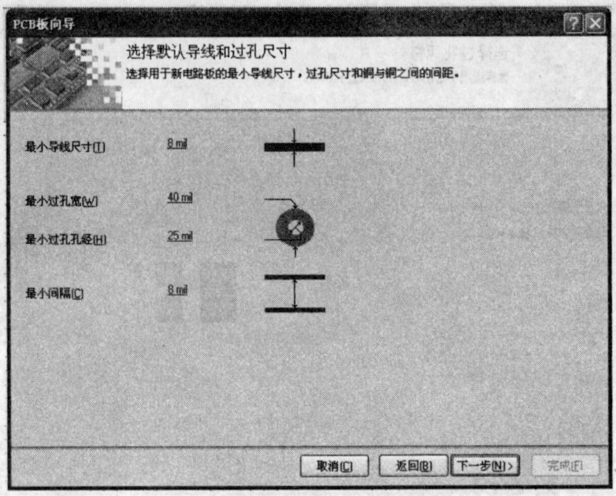

图 9-14 “选择默认导线和过孔尺寸”对话框

(9) 点击“下一步(N)”按钮后，点击“完成(F)”按钮即可完成 PCB 的生成。用户还可以将自定义的板子保存为模板，允许按前面输入的规则来创建新的板子。最后生成的 PCB 的轮廓如图 9-15 所示。

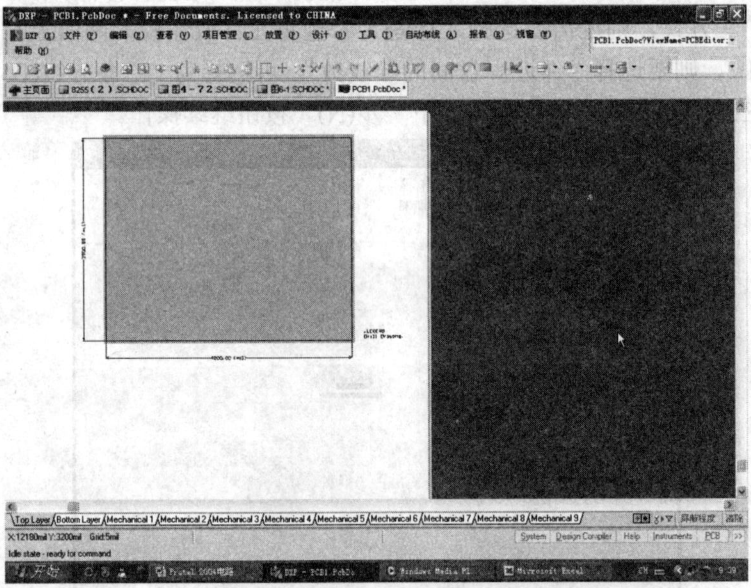

图 9-15 生成的 PCB 轮廓

9.2.2 PCB 设计编辑器

启动 PCB 设计编辑器的方法是：进入 Protel 2004 系统，从“文件(F)”菜单中打开一个已存在的设计项目或者建立一个新的设计项目；启动设计项目，在设计管理器环境下执行“文件(F)/创建(N)/PCB 文件(P)”命令，系统将进入 PCB 编辑器，如图 9-15 所示。在 PCB 编辑器中，首先需要了解编辑器的操作，以便熟练地进行 PCB 设计。

1. PCB 设计编辑器界面缩放

设计人员在设计线路图时，往往需要对编辑区的工作画面进行缩放或局部显示等操作，以方便设计者编辑、调整画面。实现此类操作的方法比较灵活，可以执行命令，可以单击标准工具栏里的图标，也可以使用快捷键。

(1) 命令状态下的缩放。当系统处于其他命令状态下时，鼠标无法移出工作区去执行一般的命令。此时要缩放显示状态，必须用快捷键来完成。

① 放大：按键盘上的“PageUp”键，编辑区会放大显示状态。

② 缩小：按键盘上的“PageDown”键，编辑区会缩小显示状态。

③ 更新：如果显示画面出现杂点或变形，按“End”键后，程序会更新画面，恢复正确的显示图形。

(2) 空闲状态下的缩放命令。当系统未执行其他命令而处于空闲状态时，可以执行菜单里的命令或单击标准工具栏里的按钮，也可以使用快捷键进行缩放操作。

2．工具栏的使用

与原理图设计系统一样，PCB 设计编辑器也提供了各种工具栏。在实际工作过程中往往要根据需要将这些工具栏打开或者关闭。常用工具栏、状态栏、管理器的打开和关闭方法与原理图设计系统基本相同，Protel 2004 为 PCB 设计编辑器提供了 3 个工具栏，包括“PCB 标准”工具栏、“配线”工具栏和“实用工具”栏。

(1) “PCB 标准”工具栏。Protel 2004 的 PCB 标准工具栏如图 9-16 所示，该工具栏为用户提供缩放、选取对象等命令按钮。

图 9-16　“PCB 标准”工具栏

(2) “配线”工具栏如图 9-17 所示，该工具栏主要为用户提供布线命令。

(3) “实用工具”栏如图 9-18 所示，该工具栏包含了几个常用的子工具栏。

图 9-17　“配线”工具栏

图 9-18　“实用工具”栏

① “实用工具”子栏：如图 9-19 所示，主要用于图形的绘制。

② “调准工具”子栏：如图 9-20 所示，主要用于元件的位置调整，以方便元件排列和布局。

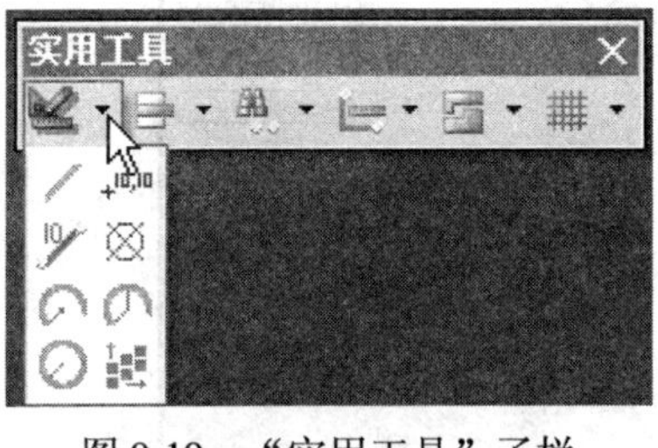

图 9-19　“实用工具”子栏

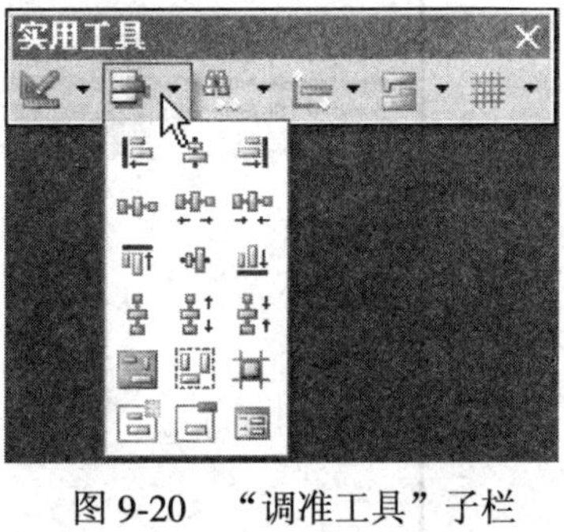

图 9-20　“调准工具”子栏

③ “查找选择”子栏：如图 9-21 所示，主要用于方便快速地选择原来所选择的对象。

④ “放置尺寸”子栏：如图 9-22 所示。

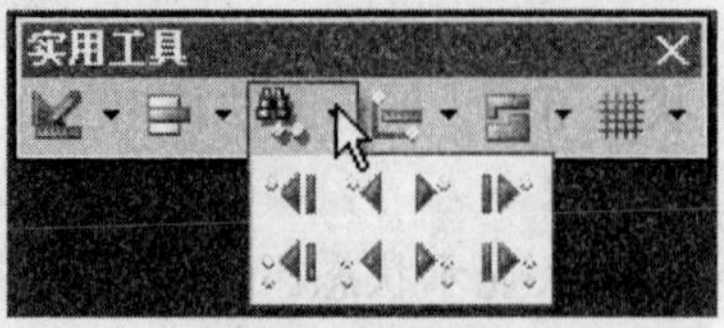

图 9-21　“查找选择”子栏

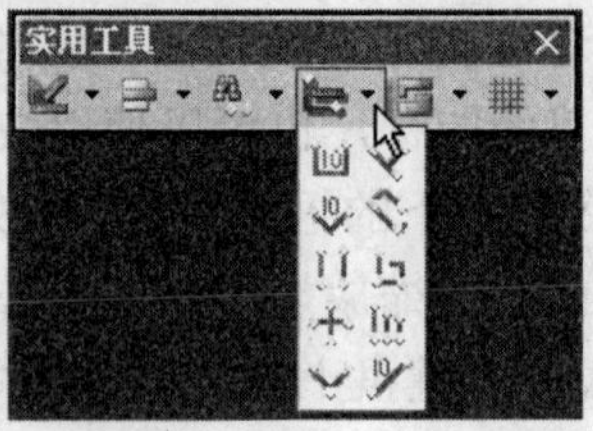

图 9-22　“放置尺寸”子栏

⑤ “放置 Room 空间”子栏：如图 9-23 所示。

⑥ “网格”子栏：主要用于根据布线需要而设置的网格的大小。

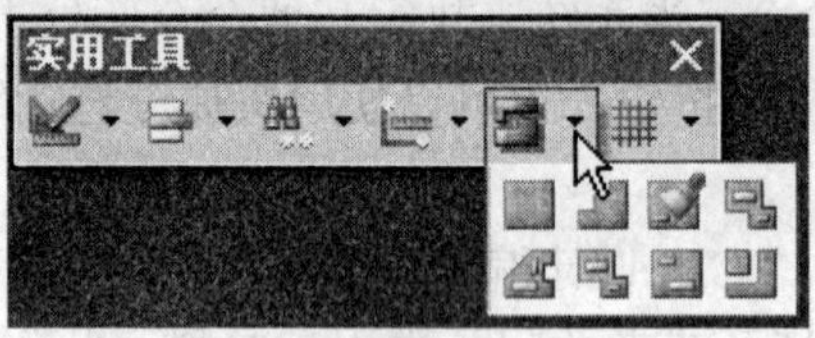

图 9-23　“放置 Room 空间”子栏

9.3 设置电路板工作层

9.3.1 层的管理

Protel 2004 可以进行 74 个板层设计，包含 32 层信号层 (Signal)、16 层机械层(Mechanical)、16 层内电源/接地层(Internal Plane)、2 层阻焊层(Solder Mask)、2 层助焊层(Paste Mask)、2 层丝印层(Silkscreen)、2 层钻孔层(钻孔引导和钻孔冲压)、1 层禁止布线层(Keep Out)和 1 层横跨多层的信号板层(Multi-Layer)。

Protel 2004 提供了堆栈管理器对各层属性进行管理。在层堆栈管理器中，用户可以定义层的结构，可以看到层堆栈的立体效果。对电路板工作层的管理可以执行“设计(D)/层堆栈管理器(K)”菜单命令，系统将弹出如图 9-24 所示的“图层堆栈管理器”对话框。

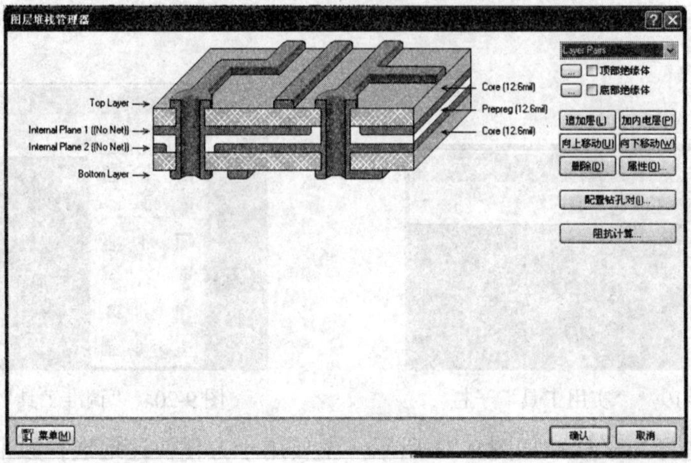

图 9-24　“图层堆栈管理器”对话框

(1) 单击“追加层(L)”按钮可以添加中间信号层。

(2) 单击“加内电层(P)”按钮可添加内层电源/接地层，不过添加信号层前，应该首先使用鼠标单击信号层添加位置处，然后再设置。

(3) 如果选中“顶部绝缘体”复选框，则在顶层添加绝缘层，单击其左边的按钮，打开如图 9-25 所示的“介电性能”对话框，可以设置绝缘层的属性。

(4) 如果选中“底部绝缘体”复选框，则在底层添加绝缘层。

(5) 如果用户需要设置中心层的厚度，则可以在“Core”处双击，编辑设定厚度。

(6) 如果用户想重新排列中间的信号层，可以使用“向上移动(U)”和“向下移动(W)”按钮来操作。如果用户需要设置某一层的厚度，则可以选中该层，然后单击“属性(O)”按钮，系统将弹出如图 9-26 所示的“编辑层”对话框，在这里可以设置信号层的厚度，还可以设置层名。

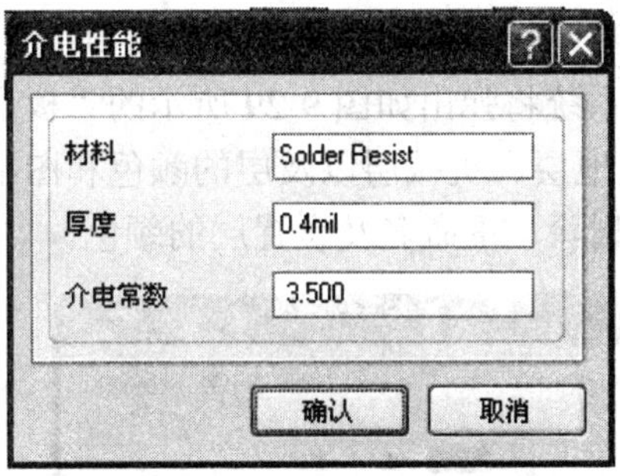

图 9-25　“介电性能”对话框

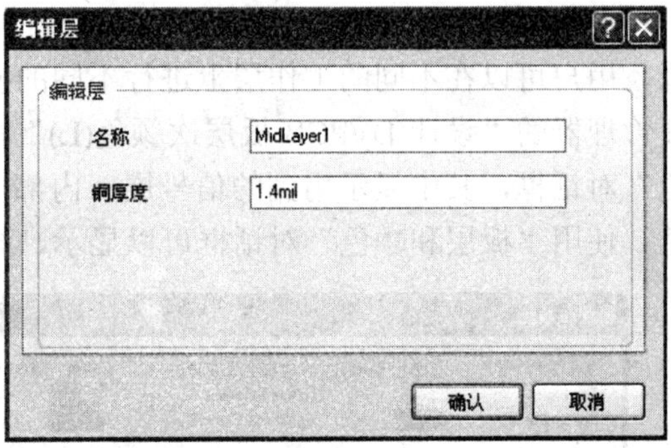

图 9-26　“编辑层”对话框

9.3.2　设置内部电源层的属性

当使用内部电源层时，可以大大提高电路板的抗干扰特性，因为内部电源层是一层很薄的铜箔，可以起到干扰隔离作用。通常使用内部电源层后，我们需要定义内部电源层的属性。

首先选中需要设置属性的内部电源层，然后单击鼠标右键，弹出快捷菜单，从快捷菜单中选择“Properties”选项，系统将弹出如图 9-27 所示的“内部电源层属性设置”对话框。

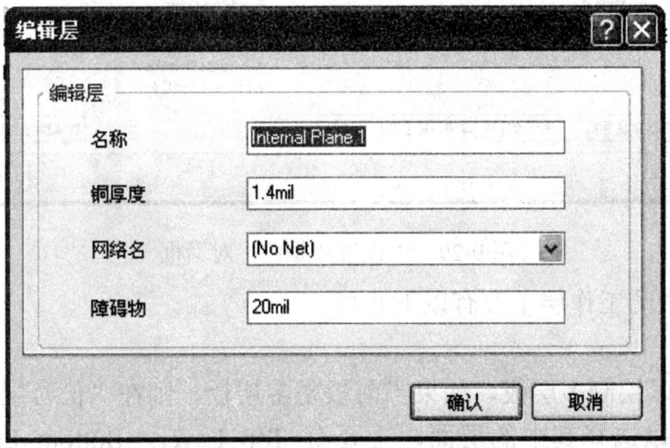

图 9-27　“内部电源层属性设置”对话框

此时可以设置内部电源层的名称、铜箔的厚度、该电源层所连接的网络以及电源层离边界(障碍物)的距离。

9.3.3 工作层及其颜色设置

1. 工作层

如果查看 PCB 工作区的底部，会看见一系列层标签，如图 9-28 所示。PCB 编辑器是一个多层环境，设计人员所做的大部分编辑工作都将在一个特殊层上完成。

图 9-28 一系列层标签

在设计 PCB 时，往往会碰到工作层选择的问题。Protel 2004 提供了多个工作层供用户选择，用户可以在不同的工作层上进行不同的操作。当进行工作层设置时，应该执行 PCB 设计管理器的“设计(D)/PCB 板层次颜色(L)”命令，系统将弹出如图 9-29 所示的“板层和颜色”对话框，其中显示用到的信号层、内部电源/接地层、机械层以及层的颜色和图纸的颜色。使用“板层和颜色”对话框可以显示、添加、删除、重命名及设置层的颜色。

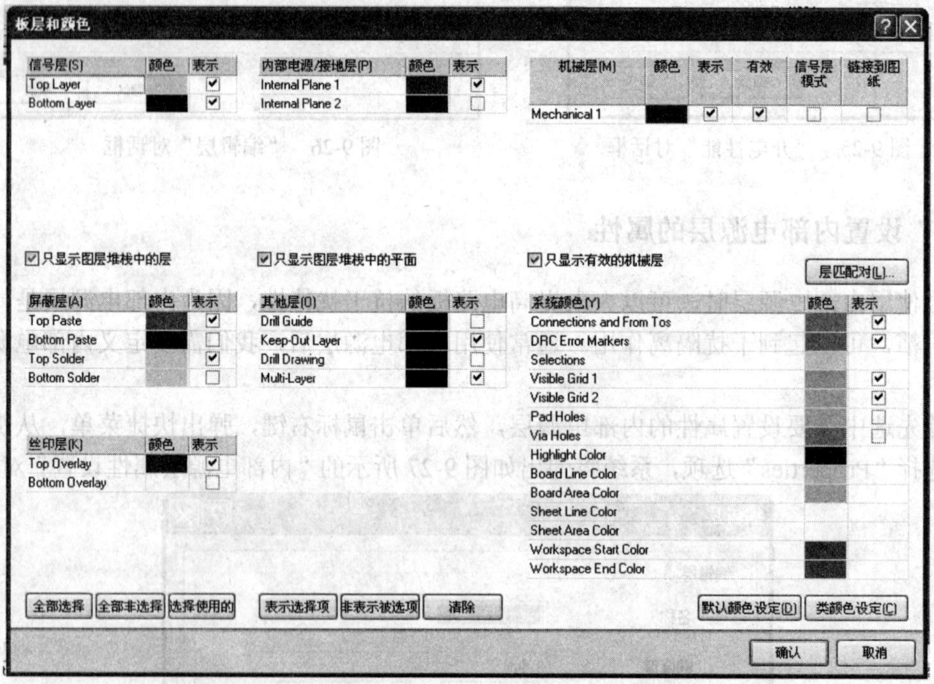

图 9-29 “板层和颜色”对话框

Protel 2004 提供的工作层主要有以下几种。

1) *信号层*

Protel 2004 可以绘制多层板，如果当前板是多层板，则在“信号层(S)”区域可以全部显示出来，用户可以选择其中的层面，主要有 Top Layer、Bottom Layer、MidLayer1、MidLayer2…。如果用户没有设置 Mid 层，则这些层不会显示在该对话框中。用户可以执行

“设计(D)/层堆栈管理器(K)”菜单命令后设置信号层，执行该命令后，系统弹出如图 9-24 所示的对话框。此时用户可以设置多层板。

Protel 2004 可以设计 32 个信号层。信号层主要用于放置与信号有关的电气元素，如 Top Layer 为顶层，用于放置元件面；Bottom Layer 为底层，用作焊锡面；Mid 层为中间工作层，用于布置信号线。

如果在图 9-29 中选中“只显示图层堆栈中的层”复选框，则只显示层管理器中创建的信号层。

2) *内部电源/接地层*

如果用户绘制的是多层板，可以执行“设计(D)/层堆栈管理器(K)”菜单命令设置“内部电源/接地层(P)”，在“板层和颜色”对话框的“内部电源/接地层(P)”区域会显示如图 9-29 所示的层面，否则不会显示。其中，InternalPlane1 表示设置内部平面层第一层，InternalPlane2、InternalPlane3 依此类推。内部平面层主要用于布置电源线及接地线。

如果在图 9-29 中选中“只显示图层堆栈中的平面”复选框，则只显示层管理器中创建的平面层。

3) *机械层*

机械层用来定义板轮廓，设置板厚度，还包括制造说明或其他设计需要的机械参数。这些层在打印和产生底片文件时都是可选择的。在“板层和颜色”对话框可以添加、移除和命名机械层。制作 PCB 时，系统默认的信号层为两层，默认的机械层只有一层，不过用户可以在图 9-29 所示的对话框中为 PCB 设置更多的机械层。具体操作是：取消选择“只显示有效的机械层”复选框，系统显示 16 个机械层，用户在相应的机械层后选中“表示”与“有效”复选框，相应的机械层就被激活，如图 9-30 所示。在 Protel 2004 中最多可以设置 16 个机械层。

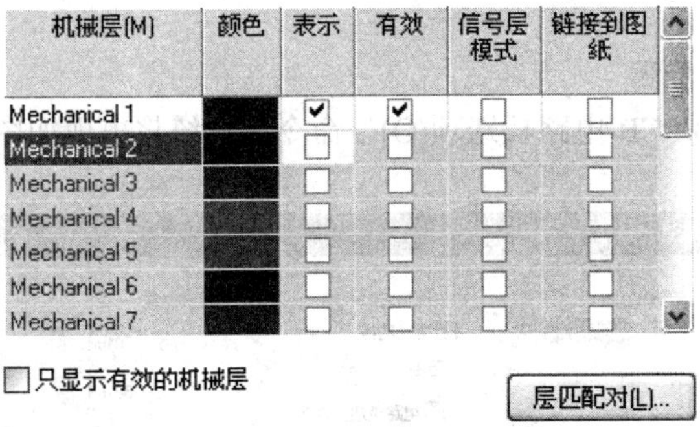

图 9-30 设置更多的机械层

如果选中“只显示有效的机械层”复选框，则只显示激活的机械层；否则会显示所有机械层，如图 9-30 所示。

4) *屏蔽层(助焊膜及阻焊膜)*

Protel 2004 提供的屏蔽层分为助焊膜层(Solder Mask)及阻焊膜层(Paste Mask)。其中：Top Solder 设置为顶层助焊膜层，Bottom Solder 设置为底层助焊膜层，Top Paste 设置为顶层阻焊膜层，Bottom Paste 设置为底层阻焊膜层。

5) 丝印层

丝印层主要用于在印刷板的上下表面印刷所需要的标志图案和文字代号等，主要包括顶层丝印层(Top Overlay)和底层丝印层(Bottom Overlay)。

6) 其他工作层

Protel 2004 除了提供以上各工作层以外，还提供其他层。“其他层(O)”共有 4 个复选框，各复选框的意义如下：

(1) “Drill Guide”：主要用来选择绘制钻孔导引层。

(2) “Keep-Out Layer”：用于设置是否禁止布线层，设定电气边界，此边界外不允许布线。

(3) “Drill Drawing”：主要用来选择绘制钻孔图层。

(4) “Multi-Layer”：用于设置是否显示复合层，如果不选择此项，过孔就无法显示出来。

2. 颜色设置

用户还可以在“系统颜色(Y)”区域栏中设置 PCB 系统的颜色，常用选项如下。

(1) “Connections and From Tos”：用于设置是否显示飞线。在绝大多数情况下都要显示飞线，所以这一项默认为选中。

(2) “DRC Error Markers”：用于设置是否显示自动布线检查错误标记。

(3) “Pad Holes”：用于设置是否显示焊盘通孔。

(4) “Via Holes”：用于设置是否显示过孔的通孔。

(5) “Visible Grid1”：用于设置是否显示第一组网格。

(6) “Visible Grid2”：用于设置是否显示第二组网格。

此外，还可以设置各面的颜色。在实际的设计过程中，不可能同时打开所有的工作层，这就需要用户设置工作层，将自己需要的工作层打开。

9.3.4 PCB 选项设置

1. PCB 选项设置步骤

(1) 执行“设计(D)/PCB 电路板选项(O)”命令，系统将出现如图 9-31 所示的“PCB 板选择项”对话框。

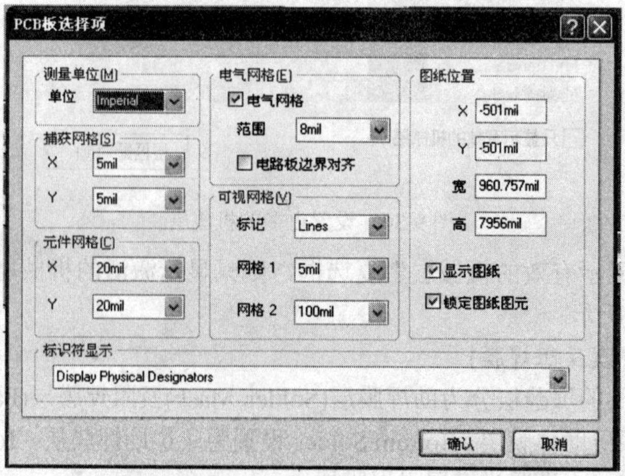

图 9-31 “PCB 板选择项”对话框

(2) 在图 9-31 的对话框中，可以对“测量单位(M)”、“捕获网格(S)”、“电气网格(E)”、“可视网格(V)”、“元件网格(C)”、“图纸位置”等进行设置。

2. 设置参数

(1) “测量单位(M)”：用于设置系统度量单位。系统提供了两种度量单位，即 Imperial(英制)和 Metric(公制)，系统默认为英制。

(2) “捕获网格(S)”：主要用于控制工作空间的对象移动网格的间距，是不可见的。光标移动的间距由捕获网格的编辑框输入的尺寸确定，用户可以分别设置 X、Y 方向的网格间距。如果用户已经在设计 PCB 的工作界面中，可以使用“Ctrl + G”快捷键打开设置捕获网格的对话框，此时会出现如图 9-32 所示的“Snap Grid”对话框，在此对话框中填入数值即可。

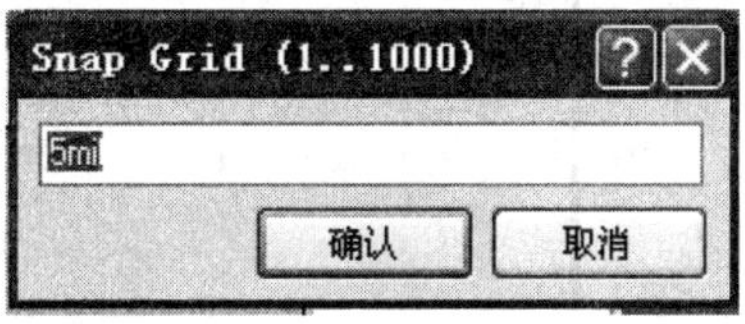

图 9-32 “Snap Grid”对话框

(3) “元件网格(C)”：用来设置元件移动的间距。

X：用于设置 X 方向的网格间距。

Y：用于设置 Y 方向的网格间距。

(4) “电气网格(E)”：主要用于设置电气网格的属性。它的含义与原理图中电气网格的意义相同。选中“电气网格”复选框表示具有自动捕捉焊盘的功能。“范围”栏用于设置捕捉半径。在布置导线时，系统会以当前的光标为中心，以“范围”栏设置的值为半径捕捉焊盘，一旦捕捉到焊盘，光标会自动加到该焊盘上。

(5) “可视网格(V)”：主要用于设定“网格 1”和“网格 2”可视网格的类型和网格间距。系统提供了两种网格类型，即“Lines(线状)”和“Dots(点状)”，可以在“标记”选择列表中选择。

可视网格可以用作放置和移动对象的可视参考。一般设计者可以分别设置网距为细网格间距和粗网格间距。如图 9-31 所示的“网格 1”设置为“5 mil”，“网格 2”设置为“100 mil”。可视网格的显示受当前图纸的缩放限制，如果不能看见一个活动的可视网格，可能是因为缩放太大或太小的缘故。

(6) “图纸位置”：用于设置图纸的大小和位置。“X”、“Y”编辑框设置图纸的左下角的位置，“宽”编辑框设置图纸的宽度，“高”编辑框设置图纸的高度。

如果选中“显示图纸”复选框，则显示图纸，否则只显示 PCB 部分。

如果选中“锁定图纸图元”复选框，则可以将具有模板元素的机械层链接到该图纸。在图 9-29 所示的“板层和颜色”对话框中选中某机械层后面的“链接到图纸”选项，就可以将该机械层链接到当前图纸。

9.3.5 PCB 电路参数设置

设置系统参数是电路板设计过程中非常重要的一步。系统参数包括光标显示、层颜色、系统默认设置、PCB 设置等。许多系统参数是符合用户个人习惯的，因此一旦设定，将成为用户个性化的设计环境。

执行“工具(T)/原理图优先设定(P)”菜单命令，系统将弹出如图 9-33 所示的“优先设定”对话框。在“Protel PCB”文件夹下共有 5 个选项卡，即“General”选项卡、“Display”

选项卡、“Show/Hide”选项卡、“Defaults”选项卡、“PCB 3D”选项卡。下面具体讲述各个选项卡的设置。

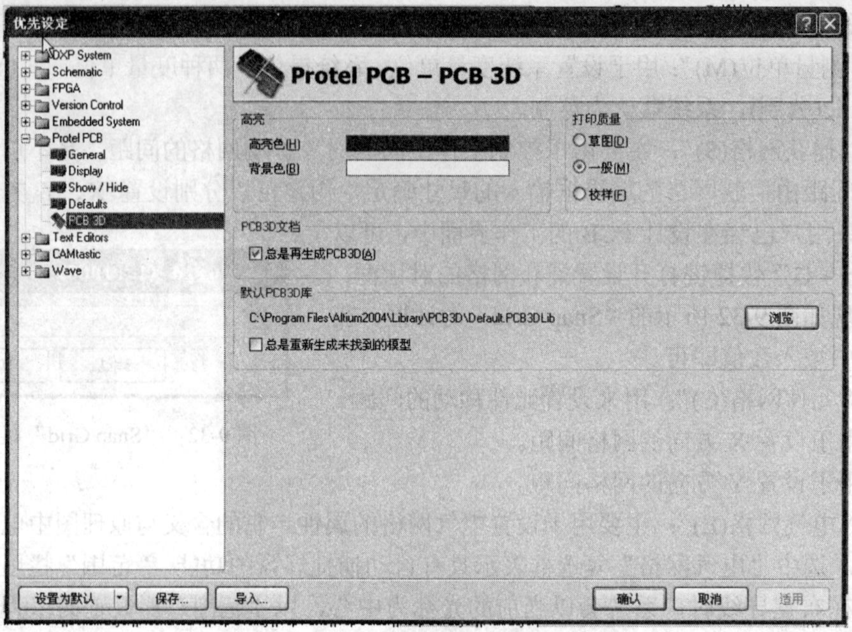

图 9-33 “优先设定”对话框

1．“General”选项卡的设置

单击“General”标签即可进入“General”选项卡，如图 9-34 所示。“General”选项卡用于设置 PCB 的一般功能，它包括“编辑选项(E)”、“屏幕自动移动选项(A)”、“交互式布线(I)”及“其他(T)”等。

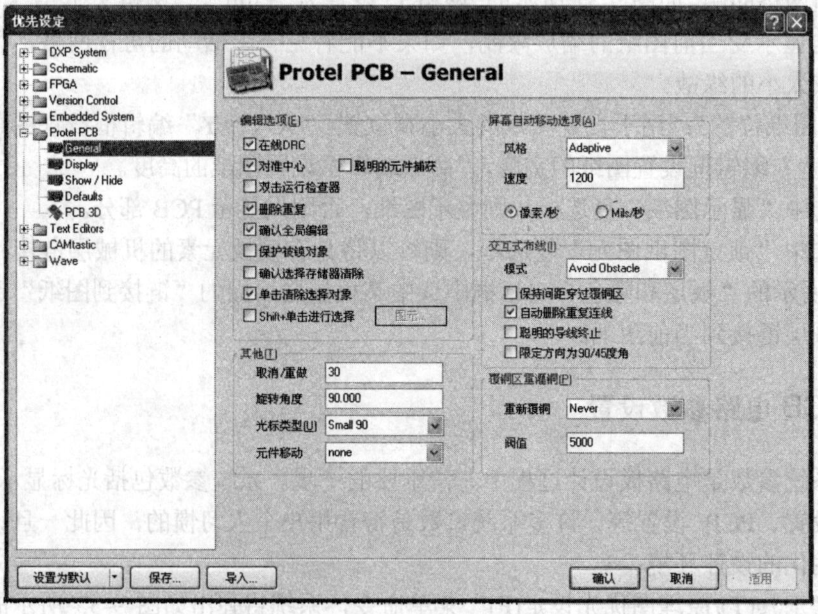

图 9-34 “General”选项卡

(1) “编辑选项(E)”。该选项用于设置编辑操作时的一些特性，包括如下设置。

① “在线 DRC”复选框：用于设置在线设计规则检查。选中此项，在布线过程中，系统将自动根据设定的设计规则进行检查。

② “对准中心”复选框：用于设置当移动元件封装或字符串时，光标是否自动移动到元件封装或字符串参考点。系统默认时选中此项。

③ “聪明的元件捕获”复选框：选择该复选框后，当用户双击以选取一个元件时，光标会出现在该相应元件最近的焊盘上。

④ “双击运行检查器”复选框：选中该选项后，如果使用鼠标左键双击元件或引脚，将会弹出如图 9-35 所示的“检查器”窗口，此窗口会显示所检查元件的信息。

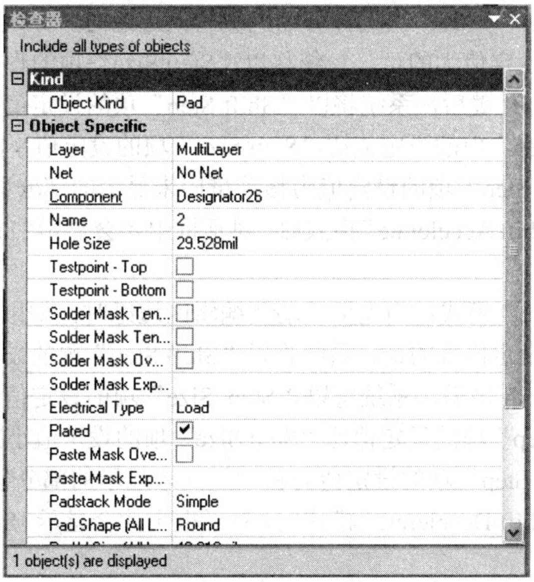

图 9-35　“检查器”窗口

⑤ “删除重复”复选框：用于设置系统是否自动删除重复的组件。系统默认时选中此项。

⑥ “确认全局编辑”复选框：用于设置在进行整体修改时，系统是否出现整体修改结果提示对话框。系统默认时选中此项。

⑦ “保护被锁对象”复选框：用于保护锁定的对象，选中该复选框有效。

⑧ “确认选择存储器清除”复选框：选中该复选框后，选择集存储空间可以用于保存一组对象的选择状态。为了防止一个选择集存储空间被覆盖，应该选择该选项。

⑨ “单击清除选择对象”复选框：用于设置当选取电路板组件时，是否取消原来选取的组件。选中此项，系统不会取消原来选取的组件，并连同新选取的组件一起处于选取状态。系统默认选中此项。

⑩ “Shift+单击进行选择”复选框：选择该选项后，必须同时使用 Shift 键和鼠标才能选中对象。

(2) “屏幕自动移动选项(A)”。该选项主要用于设置自动移动功能。

① “风格”选项用于设置移动模式。系统共提供了 7 种移动模式，具体如下。

a. “Adaptive”模式：为自适应模式，系统将会根据当前图形的位置自动选择移动方式。

b. “Disable”模式：取消移动功能。

c. “Re-Center”模式：当光标移动到编辑区边缘时，系统将光标所在的位置设置为新的编辑区中心。

d. “Fixed Size Jump”模式：当光标移动到编辑区边缘时，系统将以“Step Size”项的设定值为移动量向未显示的部分移动；当按下 Shift 键后，系统将以“Shift Step”项的设定值为移动量向未显示的部分移动。

注意：只有选中“Fixed Size Jump”模式时，对话框中才会显示“Step Size”和“Shift Step”操作项。

e. “Shift Accelerate”模式：当光标移动到编辑区边缘时，如果“Shift Step”项的设定值比“Step Size”项的设定值大的话，系统将以“Step Size”项的设定值为移动量向未显示的部分移动；当按下 Shift 键后，系统将以“Shift Step”项的设定值为移动量向未显示的部分移动。如果“Shift Step”项的设定值比“Step Size”项的设定值小的话，无论按不按 Shift 键，系统都将以“Shift Step”项的设定值为移动量向未显示的部分移动。

注意：只有选中“Shift Accelerate”模式时，对话框中才会显示“Step Size”和“Shift Step”操作项。

f. “Shift Decelerate”模式：当光标移动到编辑区边缘时，如果“Shift Step”项的设定值比“Step Size”项的设定值大的话，系统将以“Shift Step”项的设定值为移动量向未显示的部分移动。当按下 Shift 键后，系统将以“Step Size”项的设定值为移动量向未显示的部分移动。如果“Shift Step”项的设定值比“Step Size”项的设定值小的话，无论按不按 Shift 键，系统都将以“Shift Step”项的设定值为移动量向未显示的部分移动。

注意：只有选中“Shift Decelerate”模式时，对话框中才会显示“Step Size”和“Shift Step”操作项。

g. “Ballisfic”模式：当光标移动到编辑区边缘时，越往编辑区边缘移动，移动速度越快。系统默认移动模式为“Fixed Size Jump”模式。

② “速度”编辑框：设置移动的速度。“像素/秒”单选框为移动速度单位，即多少像素每秒；“Mils/秒”单选框为多少米尔每秒。

(3) “交互式布线(I)”。该选项用来设置交互布线模式，用户可以选择 3 种方式：“Ignore Obstacle(忽略障碍)”、“Avoid Obstacle(避开障碍)”和“Push Obstacle(移开障碍)”。

① “保持间距穿过覆铜区”复选框：选中此复选框后，布线时使用多边形来检测布线障碍。

② “自动删除重复连线”复选框：主要用于设置自动回路删除。选中此项，在绘制一条导线后，如果发现存在另一条回路，则系统将自动删除原来的回路。

③ “聪明的导线终止”复选框：选中此复选框后，可以快速跟踪导线的端部。

④ “限定方向为 90/45 度角”复选框：选中此复选框后，布线的方向限制在 90° 和 45°。

(4) “覆铜区重灌铜(P)”。该选项主要用于设置交互布线中的避免障碍和推挤布线方式。当一个多边形被移动时，它可以自动或者根据设置被调整以避免障碍。如果“重新覆铜”选项中选为“Always”，则可以在已敷铜的 PCB 中修改走线，敷铜会自动重敷；如果选择“Never”，则不采用任何推挤布线方式；如果选择“Threshold”，则设置一个避免障碍的门槛值，只有超过了该值后，多边形才被推挤。

(5) “其他(T)”。

① “取消/重做”选项：主要用于设置撤消操作或重复操作的步数。

② “旋转角度”选项：主要用于设置旋转的角度。在放置组件时，按一次空格键，组件会旋转一个角度，这个旋转角度就是在此设置的。系统默认值为 90°，即按一次空格键，组件会旋转 90°。

③ “光标类型(U)”选项：主要用于设置光标类型。系统提供了 3 种光标类型，即“Small 90(小 90°光标)”、“Large 90(大 90°光标)”、“Small 45(小 45°光标)”。

④ “元件移动”选项：该区域的下拉列表框中共有两个选项。即“Component Tracks”和“None”。选择“Component Tracks”项，在使用命令“编辑(E)/移动(M)/拖动(D)”移动组件时，与组件连接的铜膜导线会随着组件一起伸缩，不会和组件断开；选择“None”项后，在使用命令“编辑(E)/移动(M)/拖动(D)”移动组件时，与组件连接的铜膜导线会和组件断开，这与使用“编辑(E)/移动(M)/拖动(D)”和“编辑(E)/移动(M)/移动(M)”命令没有区别。

2．“Display”选项卡的设置

单击“Display”标签即可进入“Display”选项卡，如图 9-36 所示。“Display”选项卡用于设置屏幕显示和元件显示模式，其中主要可以设置如下一些选项。

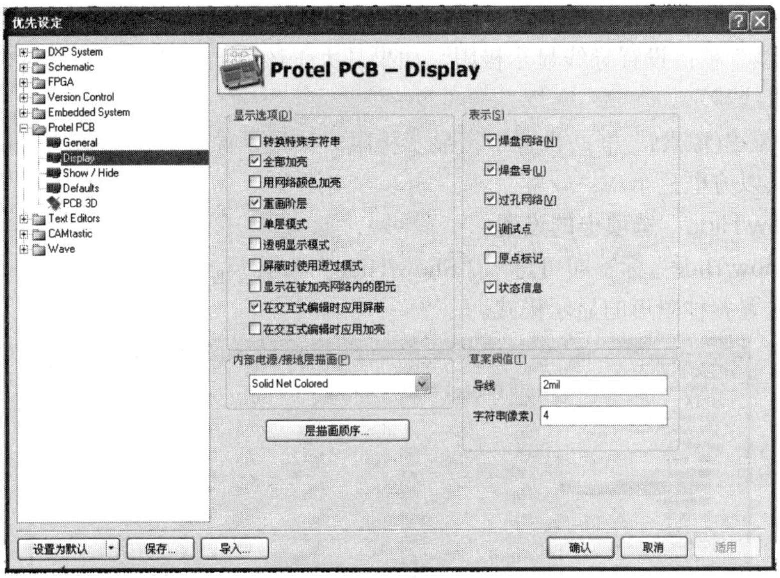

图 9-36　“Display”选项卡

(1) “显示选项(D)”：该选项主要用于屏幕显示的设置。

① “转换特殊字符串”复选框：主要用于设置是否将特殊字符串转化成它所代表的文字。

② “全部加亮”复选框：如果选中该复选框，则被选中的对象完全以当前选择集的颜色高亮显示，否则选择的对象仅仅以当前选择集的颜色显示外形。

③ “用网络颜色加亮”复选框：对于选中的网络，用于设置是仍然使用网络的颜色，还是一律采用黄色。

④ “重画阶层”复选框：用于设置当重画电路板时，系统将一层一层地重画。当前的层最后才会被重画，因此将会最清楚。

⑤ “单层模式”复选框：用于设置只显示当前编辑的层，其他层不被显示。

⑥ “透明显示模式”复选框：用于设置所有的层都为透明状，选择此项后，所有的导线、焊盘都将变成透明色。

⑦ “屏蔽时使用透过模式”复选框：用于屏蔽时透明显示。

⑧ “显示在被加亮网络内的图元”复选框：显示加亮网络中的图元。

(2) “表示(S)”：该选项主要用于PCB显示的设置。

① “焊盘网络(N)”复选框：用于设置是否显示焊盘的网络名称。

② “焊盘号(U)”复选框：用于设置是否显示焊盘序号。

③ “过孔网络(V)”复选框：选中该复选框后，所有过孔的网络名将在较高的放大比例情况下显示在屏幕上(较小的放大比例情况下网络名不可见)。如果该选项没有被选中，则网络名在所有缩放比例下均不显示。

④ “测试点”复选框：选中该复选框后，可显示测试点。

⑤ “原点标记”复选框：用于设置是否显示绝对坐标的黑色带叉圆圈。

⑥ “状态信息”复选框：选中该复选框后，当前PCB对象的状态信息将会显示在设计管理器的状态栏上，显示的信息包括PCB文档中的对象位置、所在的层和它所连接的网络。

(3) “草案阀值(T)”：该选项用于设置图形显示极限。

① “导线”框：设置导线显示极限，如果是大于该值的导线，则以实际轮廓显示，否则只以简单直线显示。

② “字符串(像素)”框：设置字符显示极限，如果是像素大于该值的字符，则以文本显示，否则只以方框显示。

3．“Show/Hide”选项卡的设置

单击“Show/Hide”标签即可进入“Show/Hide”选项卡，如图9-37所示。“Show/Hide”选项卡用于设置各种图形的显示模式。

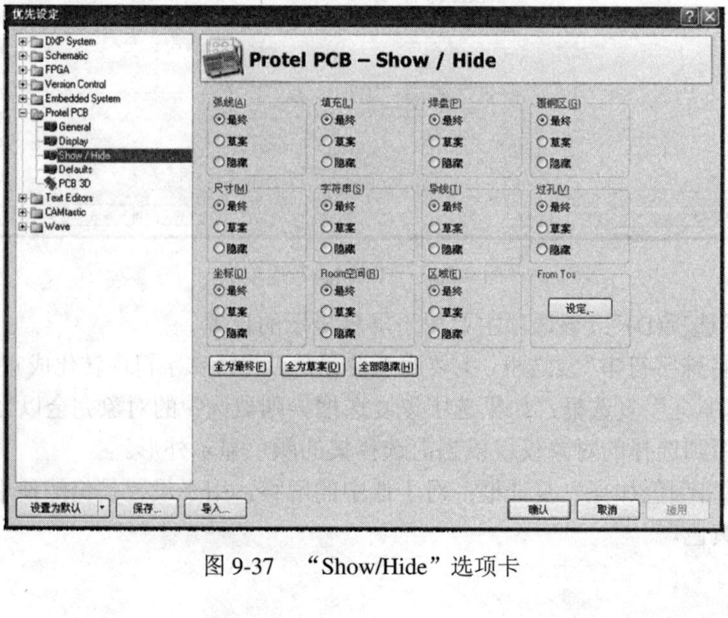

图9-37 “Show/Hide”选项卡

该选项卡中的每一项都有相同的 3 种显示模式，即“最终(精细)”显示模式、“草案(简易)”显示模式和“隐藏”显示模式。

在该选项卡中，用户可以分别设置 PCB 的几何图形对象的显示模式。

4．“Defaults”选项卡的设置

单击“Defaults”标签即可进入“Defaults”选项卡，如图 9-38 所示。“Defaults”选项卡用于设置各个组件的系统默认设置值。各个组件包括“Arc(圆弧)”、“Component(元件封装)”、“Coordinate(坐标)”、“Dimension(尺寸)”、“Fill(金属填充)”、“Pad(焊盘)”、“Polygon(敷铜)”、“Suing(字符串)”、“Track(铜膜导线)”、“Via(过孔)”等。

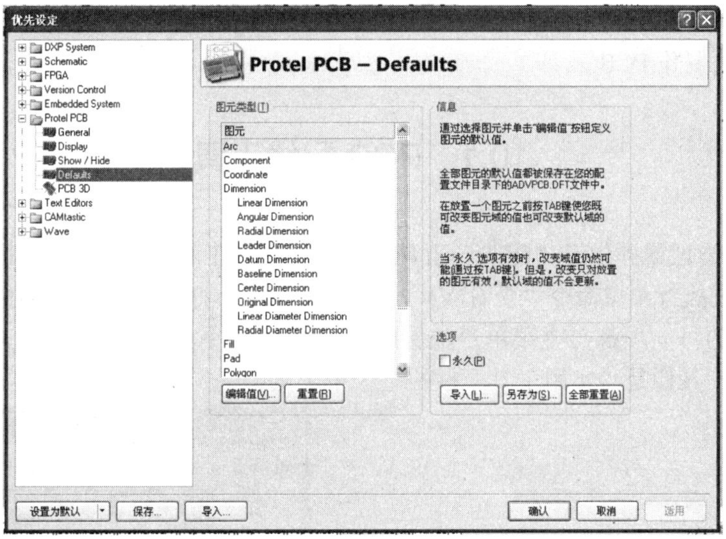

图 9-38　“Defaults”选项卡

要将系统设置为默认设置的话，在图 9-38 所示的对话框中选中组件，单击“编辑值(V)”按钮，即可进入选中的对象属性对话框。

图 9-38 中选中了导线元件，则单击“编辑值(V)”按钮即可进入导线属性编辑对话框，如图 9-39 所示，对各项值的修改会在放置导线时反映出来。

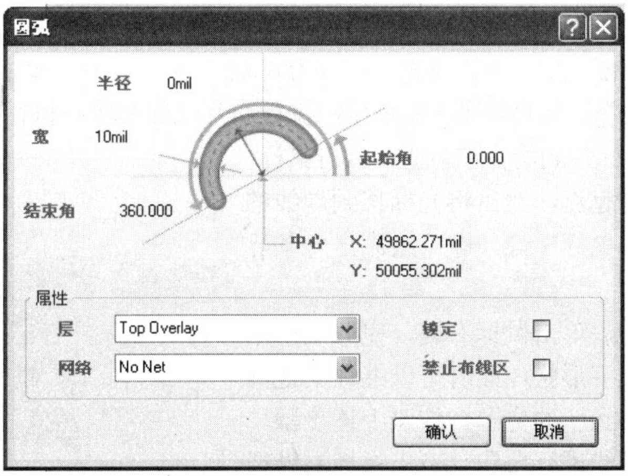

图 9-39　导线属性编辑对话框

第 10 章 制作 PCB

本章将首先介绍制作 PCB 所需的绘图工具及配线知识，然后通过实例讲述如何使用 Protel 2004 软件制作 PCB。

10.1 PCB 配线工具

PCB 设计管理器提供了“配线”工具栏和“绘图”工具栏。“配线”工具栏如图 10-1 所示，可以通过执行菜单命令“查看(V)/工具栏(T)/配线”打开或关闭“配线”工具栏，“配线”工具栏中的每一项都与主菜单“放置(P)”下的各命令项对应。“实用工具”子栏如图 10-2 所示，该工具栏是“实用工具”栏的一个子工具栏。

图 10-1 “配线”工具栏

图 10-2 “实用工具”子栏

10.1.1 交互配线

当需要手动交互配线时，一般首先选择交互配线命令“放置(P)/禁止配线区(K)/导线(T)”或用鼠标单击“配线”工具栏中的按钮，执行交互配线命令。执行配线命令后，光标变成了十字形状，将光标移到所需的位置，单击鼠标，确定网络连接导线的起点，然后将光标移到导线的下一个位置，再单击鼠标左键，即可绘制出一条导线，如图 10-3 所示。

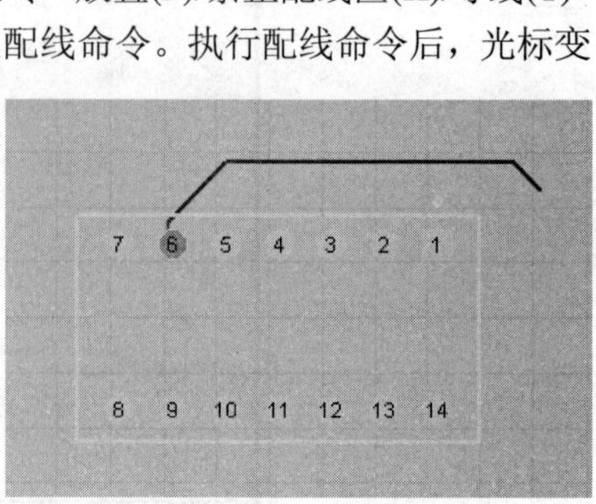

图 10-3 绘制导线

完成一次配线后，单击鼠标右键，完成当前网络的配线。光标呈十字形状，此时可以继续其他网络的配线。将光标移到新的位置，按照上述步骤，再对其他网络连接导线进行布线。双击鼠标右键或按两次 Esc 键，光标变成箭头，则退出该命令状态。

1. 交互配线参数设置

在放置导线时，可以按 Tab 键打开“交互式布线”对话框，如图 10-4 所示，在该对话框中可以设置配线的相关参数。

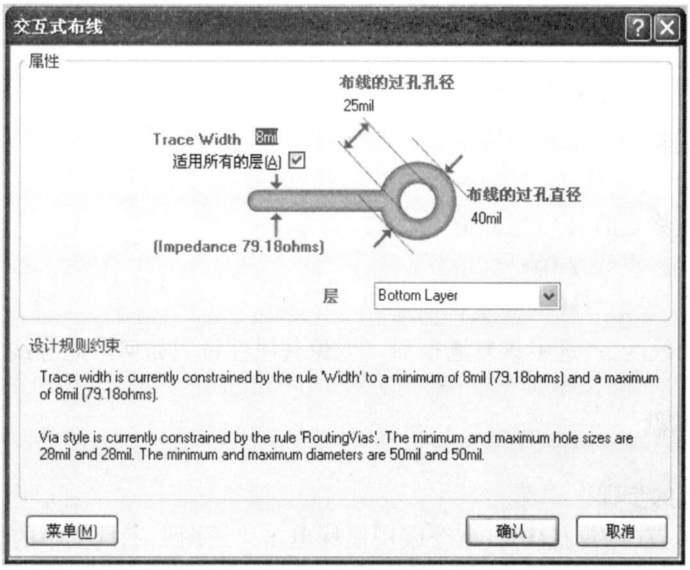

图 10-4　“交互式布线”对话框

(1) “布线的过孔孔径”编辑框：设置 PCB 上过孔的孔直径。

(2) “Trace Width(导线宽度)”编辑框：设置配线时的导线宽度。

(3) “适用所有的层(A)”复选框：选中该复选框后，所有层均使用这种交互配线参数。

(4) “布线的过孔直径(过孔的外径)”编辑框：设置过孔的外径。

(5) “层”下拉列表：设置要布的导线所在层。

2. 设置导线属性

绘制导线后，还可以对导线进行编辑处理，并设置导线的属性。

使用鼠标双击已布的导线，或选中导线后单击鼠标右键，从弹出的快捷菜单中选取“属性”命令，系统将弹出如图 10-5 所示的“导线”属性对话框。

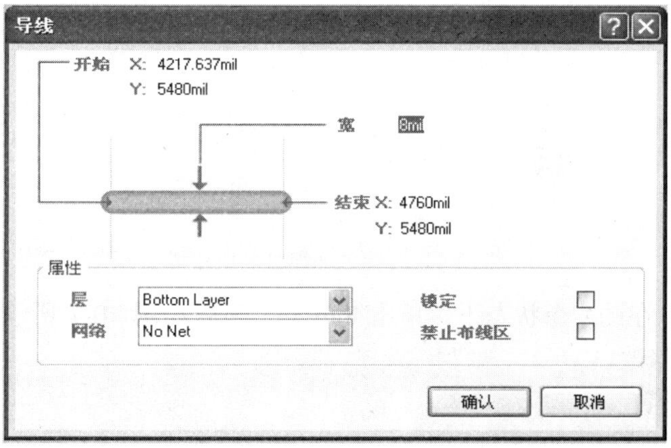

图 10-5　“导线”属性对话框

对话框中的各个选项说明如下。

(1) “宽”：设定导线宽度。

(2) “层”：设定导线所在的层。

(3) “网络”：设定导线所在的网络。

(4) “开始”。

X：设定导线起点的 X 轴坐标值。

Y：设定导线起点的 Y 轴坐标值。

(5) “结束”。

X：设定导线终点的 X 轴坐标值。

Y：设定导线终点的 Y 轴坐标值。

(6) “锁定”：设定导线位置是否锁定。

(7) “禁止布线区”：选中该复选框后，无论其属性设置如何，此导线均在电气层。

10.1.2 放置焊盘

1. 放置焊盘的步骤

(1) 执行“放置(P)/焊盘(P)”命令或用鼠标单击“绘图”工具栏中的放置焊盘命令按钮。

(2) 执行该命令后，光标变成十字形状，将光标移到所需的位置，单击鼠标，即可将一个焊盘放置在该处。

(3) 将光标移到新的位置，按照上述步骤放置其他焊盘。如图 10-6 所示为放置了多个焊盘的电路板。双击鼠标右键，光标变成箭头，则退出该命令状态。

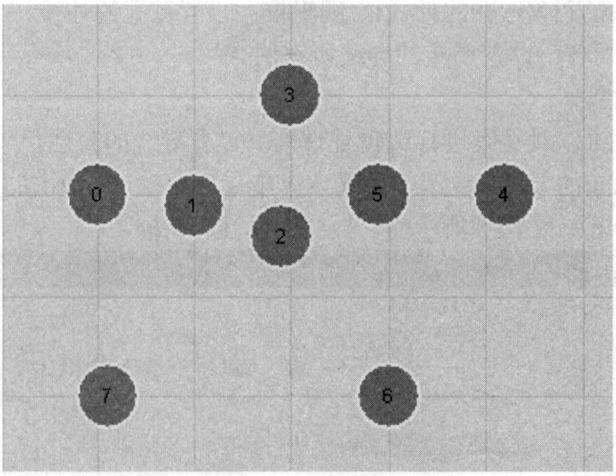

图 10-6 放置多个焊盘的电路板

(4) 用户还可以在此命令状态下，单击 Tab 键，进入如图 10-7 所示的“焊盘”属性对话框，做进一步的修改。

2. 焊盘属性设置

在放置焊盘的状态下按 Tab 键或在已放置的焊盘上双击鼠标，都可以打开如图 10-7 所示的“焊盘”属性对话框。

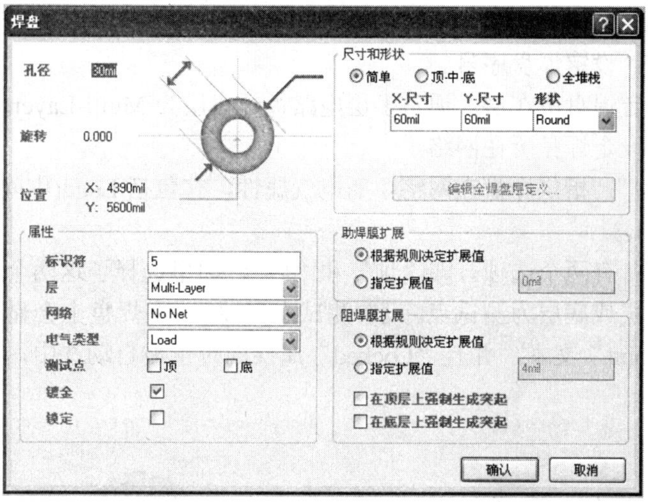

图 10-7　“焊盘”属性对话框

各项具体设置如下。

(1) 焊盘尺寸设置。

① “孔径”：设置焊盘的孔尺寸。

② “旋转”：设置焊盘的旋转角度。

③ “位置”：

X：设置焊盘中心点的横坐标值。

Y：设置焊盘中心点的纵坐标值。

④ “尺寸和形状”区域栏：用来设置焊盘的形状和外形尺寸。

当选择“简单”选项时，可以选择“X-尺寸”来设定焊盘 X 轴尺寸；选择“Y-尺寸”来设定焊盘 Y 轴尺寸；选择“形状”来设定焊盘形状，并单击右侧的下拉按钮，即可选择焊盘形状，这里共有 3 种焊盘形状，即“Round(圆形)”、“Rectangle(正方形)”和“Octagon(八角形)”。

当选择“顶-中-底”选项时，需要分别指定焊盘在顶层、中间层和底层的大小和形状，每个区域里的选项都具有相同的 3 个设置选项。

当选择“全堆栈”选项时，用户可以单击“编辑全焊盘层定义”按钮，弹出如图 10-8 所示的“焊盘层编辑器”对话框，此时可以按层设置焊盘尺寸。

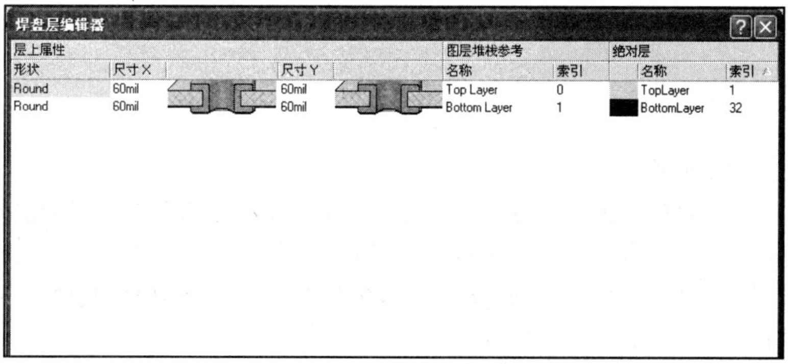

图 10-8　“焊盘层编辑器”对话框

(2)“属性”区域栏选项设置。

①“标识符”：设定焊盘序号。

②“层”：设定焊盘所在层。通常多层电路板焊盘层为 Multi-Layer。

③“网络”：设定焊盘所在网络。

④“电气类型”：指定焊盘在网络中的电气属性，它包括 Load(中间点)、Source(起点)和 Terminator(终点)。

⑤“测试点”：有两个选项，即“顶”和“底”，如果选择了这两个复选框，则可以分别设置该焊盘的顶层或底层为测试点，设置测试点属性后，在焊盘上会显示“Top Test-Point”或“Bottom Test-point”文本，并且“Locked”属性同时也被自动选中，使该焊盘被锁定，如图 10-9 所示。

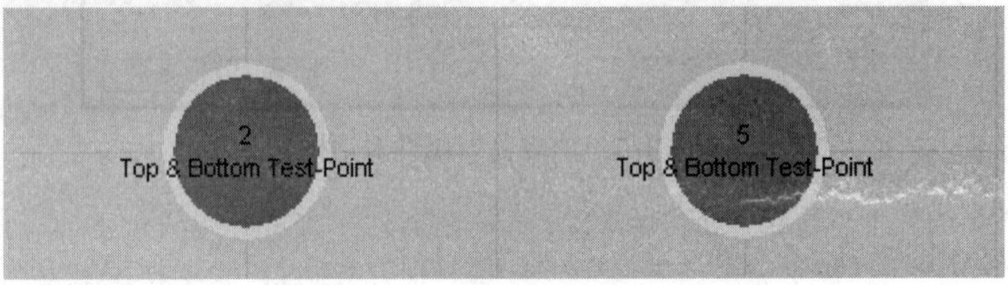

图 10-9　“测试点”属性设置

⑥“锁定”：该属性被选中时，该焊盘被锁定。

⑦“镀金”：设定是否将焊盘的通孔孔壁加以电镀。

(3)“助焊膜扩展”区域栏选项设置。

①“根据规则决定扩展值”：如果选中该复选框，则采用设计规则中定义的助焊膜尺寸。

②“指定扩展值”：由用户指定助焊膜尺寸。

(4)“阻焊膜扩展”区域栏选项设置。

①“根据规则决定扩展值”：如果选中该复选框，则采用设计规则中定义的阻焊膜尺寸。

当选择“在顶层上强制生成突起”选项时，设置的助焊延伸值无效，并且在顶层的助焊膜上不会有开口，助焊膜仅仅是一个隆起。

当选择“在底层上强制生成突起”选项时，设置的助焊延伸值无效，并且在底层的助焊膜上不会有开口，助焊膜仅仅是一个隆起。

②“指定扩展值”：如果选中该复选框，则可以在其后的编辑框中设定阻焊膜尺寸。

10.1.3　放置过孔

1．放置过孔的步骤

(1) 执行“放置(P)/过孔(V)”菜单命令或用鼠标单击“绘图”工具栏中的按钮。

(2) 执行命令后，光标变成了十字形状，将光标移到所需的位置，单击鼠标左键，即可将一个过孔放置在该处。将光标移到新的位置，按照上述步骤，再放置其他过孔，如图 10-10 所示为放置过孔后的图形。

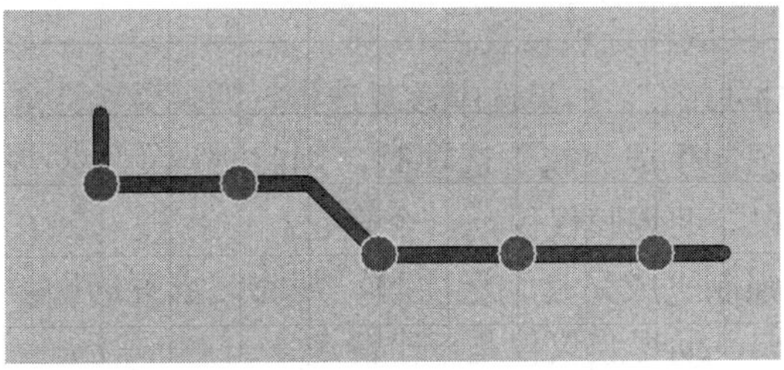

图 10-10　放置过孔后的图形

(3) 双击鼠标右键，光标变成箭头后，退出该命令状态。

2．过孔属性设置

在放置过孔时按 Tab 键或者在 PCB 上用鼠标双击过孔，系统弹出如图 10-11 所示的“过孔”属性对话框。

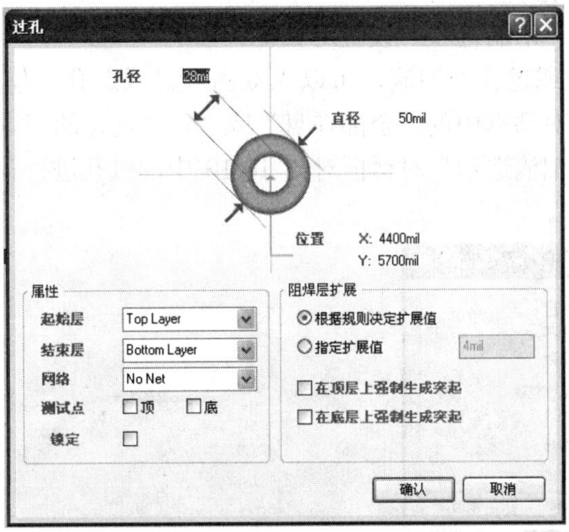

图 10-11　“过孔”属性对话框

对话框中的各项设置意义如下：

(1) “直径”：设置过孔直径。

(2) “孔径”：设置过孔的通孔直径。

(3) “位置”。

X：设置过孔中心点的横坐标值。

Y：设置过孔中心点的纵坐标值。

(4) “起始层”：设置过孔穿过的开始层，用户可以分别选择“Top Layer(顶层)”和“Bottom Layer(底层)”。

(5) “结束层”：设置过孔穿过的结束层，设计者也可以分别选择“Top Layer(顶层)”和“Bottom Layer(底层)”。

(6) “网络”：设置过孔的网络。

(7) “测试点”：有两个选项，即“顶”和“底”，如果选择了这两个复选框，则可以分别设置该过孔的顶层或底层为测试点，设置测试点属性后，在过孔上会显示“Top Test-Point”或“Bottom Test-point”文本，并且“锁定”属性同时也被自动选中，使该过孔被锁定。

(8) “阻焊层扩展”区域栏选项设置。

① “根据规则决定扩展值”：如果选中该复选框，则采用设计规则中定义的阻焊膜尺寸。

当选择“在顶层上强制生成突起”选项时，则此时设置的助焊延伸值无效，并且在顶层的助焊膜上不会有开口，助焊膜仅仅是一个隆起。

当选择“在底层上强制生成突起”选项时，则此时设置的助焊延伸值无效，并且在底层的助焊膜上不会有开口，助焊膜仅仅是一个隆起。

② “指定扩展值”：如果选中该复选框，则可以在其后的编辑框中设定阻焊膜尺寸。

10.1.4 补泪滴设置

焊盘和过孔等可以进行补泪滴设置。补泪滴焊盘和过孔形状可以定义为弧形或线性，可以对选中的实体、过孔或焊盘进行设置。执行菜单命令“工具(T)/泪滴焊盘(E)”，系统将弹出如图 10-12 所示的“泪滴选项”设置对话框。

如果要对单个焊盘或过孔补泪滴，可以先双击焊盘或过孔，使其处于选中状态，然后选择“泪滴选项”设置对话框中的“全部焊盘”或“只有选定的对象”选项，最后单击“确认”按钮结束。利用“泪滴选项”对话框对图 10-10 中的过孔进行补泪滴设置后的效果如图 10-13 所示。

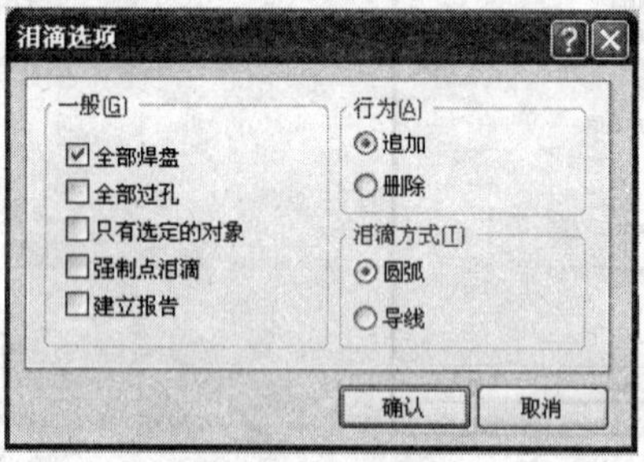

图 10-12 “泪滴选项”设置对话框

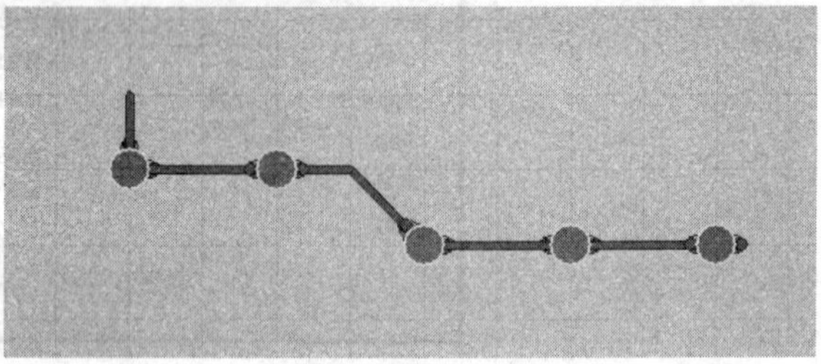

图 10-13 补泪滴设置后的过孔

10.1.5 放置填充

填充一般用于制作 PCB 插件的接触面或者用于增强系统的抗干扰性而设置的大面积电源或地。在制作电路板的接触面时，放置填充的部分在实际制作的 PCB 上是外露的敷铜区。填充通常放置在 PCB 的顶层、底层或内部的电源层或接地层上，放置填充的一般操作方法如下：

(1) 执行“放置(P)/矩形填充(F)”或单击“配线”工具栏中的按钮。

(2) 执行该命令后，光标变成十字形状，将光标移到所需的位置，单击鼠标左键，确定矩形块的左上角和右下角位置，放置填充。如图 10-14 所示为放置的填充。

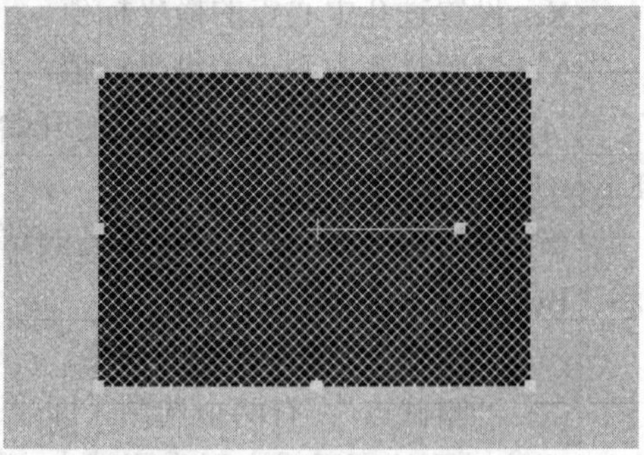

图 10-14 放置的填充

当放置了填充后，如果需要对其进行编辑，可选中填充，然后单击鼠标右键，从快捷菜单中选取“Properties”命令项，或者使用鼠标双击坐标，系统也将会弹出如图 10-15 所示的“矩形填充”属性对话框。在放置填充状态下，也可以按 Tab 键，先编辑好对象，再放置填充。

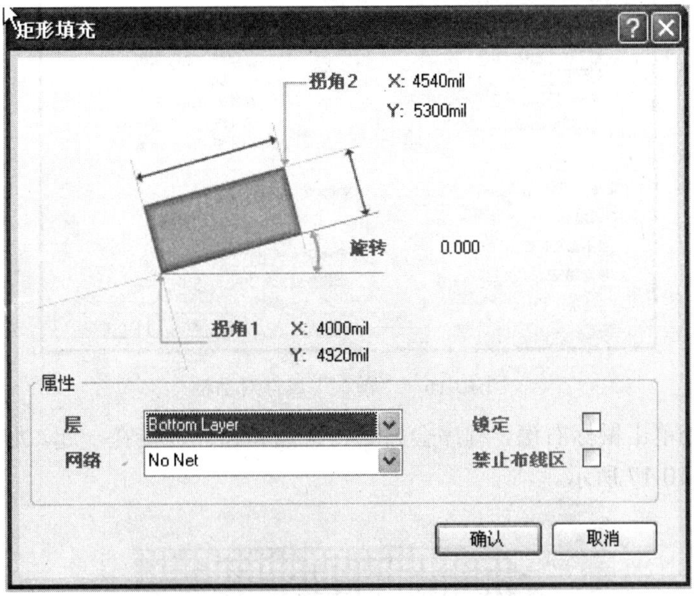

图 10-15　“矩形填充”属性对话框

具体的属性设置如下。

① “拐角 1”：“X”和“Y”用来设置填充的第一个角的坐标位置。

② “拐角 2”：“X”和“Y”用来设置填充的第二个角的坐标位置。

③ “旋转”：用来设置填充的旋转角度。

④ “层”：其下拉列表用来选择填充所放置的层。

⑤ “网络”：其下拉列表用来设置填充的网络层。

⑥ “锁定”：用来设定是否锁定填充。

⑦ “禁止布线区”：选中该复选框后，无论其属性设置如何，填充均在电气层(Keep-Out Layer)。

10.1.6　放置多边形平面敷铜

放置多边形平面敷铜与填充类似，经常用于大面积电源或接地敷铜，以增强系统的抗干扰性。下面讲述放置多边形平面敷铜的方法。

(1) 执行“放置(P)/覆铜(G)”菜单命令或单击“绘图”工具栏中的按钮。

(2) 执行此命令后，系统将会弹出如图 10-16 所示的“覆铜”属性对话框。

(3) 设置完对话框后，光标变成十字形状，将光标移到所需的位置，单击鼠标左键，确定多边形的起点，再移动鼠标到适当位置并单击鼠标左键，以确定多边形的中间点。

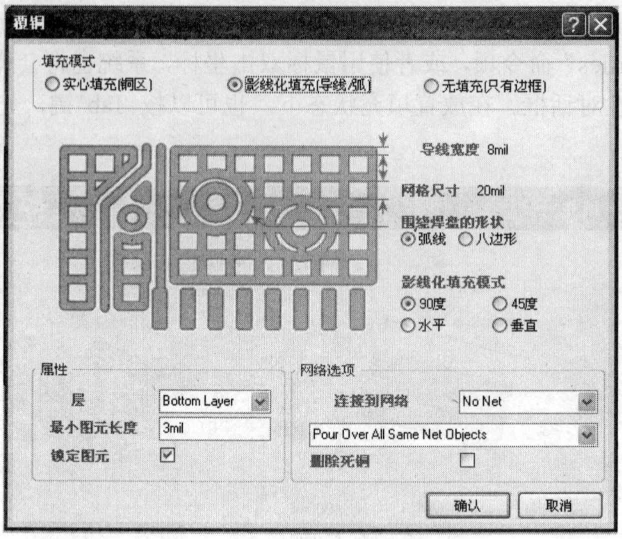

图 10-16 “覆铜”属性对话框

(4) 在终点处单击鼠标右键，程序会自动将终点和起点连接在一起，形成一个封闭的多边形平面，如图 10-17 所示。

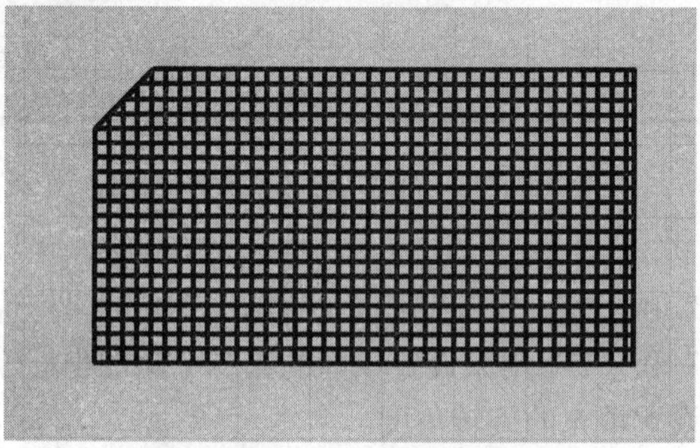

图 10-17 多边形平面

当放置了多边形平面后，如果需要对其进行编辑，则可选中多边形平面，然后单击鼠标右键，从快捷菜单中选取“Properties”命令项，或者用鼠标双击坐标，系统将会弹出如图 10-16 所示的对话框，设置选项如下。

① “实心填充(铜区)”：设置包围焊盘的敷铜模式为全铜模式。

② “影线化填充(导线/弧)”：设置包围焊盘的敷铜模式为网孔式的直线或弧线。

③ “无填充(只有边框)”：设置包围焊盘的敷铜只有边框。

以上三项一般选择第二项“影线化填充(导线/弧)”。

④ “导线宽度”：设置多边形平面内的网格导线宽度。

⑤ “网格尺寸”：设置多边形平面的网格尺寸。

⑥ “围绕焊盘的形状”：设置包围焊盘的敷铜形状，可以选择“Arcs(圆弧)”或“Octagons(八边形)”形状。

⑦ “影线化的填充模式”：设置多边形平面的填充模式，有 90°、45°、水平和垂直四种。

⑧ “层”：选择多边形平面所放置的层位置。

⑨ “最小图元长度”：该编辑框设定推挤一个多边形时的最小允许图元尺寸。当多边形被推挤时，多边形可以包含很多短的导线和圆弧，这些导线和圆弧用来创建包围存在的对象的光滑边。该值设置越大，则推挤的速度越快。

⑩ “锁定图元”：如果该选项被选中，所有组成多边形的导线被锁定在一起，并且这些图元作为一个对象被编辑操作；如果该选项没有选中，则可以单独编辑那些组成的图元。

⑪ “连接到网络”：设置多边形平面的网络层。

⑫ “Pour Over Same Net Polygons Only”：如果该选项被选中，任何存在于相同网络的多边形敷铜内部的导线将会被该多边形覆盖；如果不选中该选项，则多边形敷铜将只包围相同网络已经存在的导线。

⑬ “删除死铜”：该选项选中后，在多边形敷铜内部的死铜将被移去。当多边形敷铜不能连接到所选择网络的区域会生成死铜。如果该选项没有被选中，则任何区域的死铜将不会被移去。

10.1.7　分割多边形

当用户放置好了多边形敷铜后，有时可能不近人意，Protel 2004 提供了分割多边形的命令，可以用来分割已经绘制的多边形。下面讲述具体分割多边形的方法：

(1) 首先绘制多边形平面，如图 10-17 所示。

(2) 执行“放置(P)/分割敷铜平面(Y)”菜单命令。

(3) 光标变成十字形状，将光标移到所需的位置，根据需要拖动鼠标对多边形进行分割操作。

(4) 分割操作完成后，系统将会弹出一个确认对话框，点击“确认”按钮即可实现多边形的分割。最后获得两个分开的多边形，如图 10-18 所示。

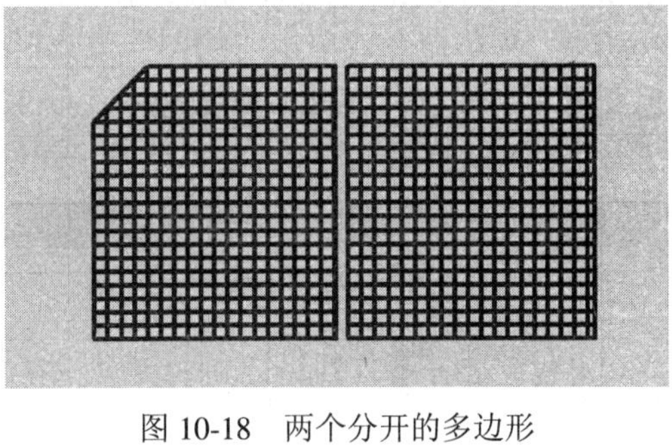

图 10-18　两个分开的多边形

10.1.8　放置字符串

在绘制 PCB 时，常常需要在 PCB 上放置字符串(仅允许为英文和数字，如果输入的是中文则会出现莫名其妙的符号)。放置字符串的具体步骤如下：

(1) 执行“放置(P)/字符串(S)”菜单命令或单击“配线”工具栏中的 A 按钮；

(2) 光标变成十字形状，在此命令状态下按 Tab 键，出现如图 10-19 所示的“字符串”

属性对话框，在这里可以设置字符串的内容、所在层和大小等。

(3) 设置完成后，退出对话框，单击鼠标左键，把字符串放到相应的位置。

(4) 用同样的方法放置其他字符串。用户如要更换字符串的方向只需按空格键(Space)即可进行调整，或在图 10-19 所示的“字符串”属性对话框中的“旋转”项中输入字符串旋转的角度。

当放置了字符串后，如果需要对其进行编辑，可选中字符串，单击鼠标右键，从快捷菜单中选取“属性”项，或者使用鼠标双击字符串，系统也会弹出如图 10-19 所示的“字符串”属性对话框。

图 10-19 “字符串”属性对话框

10.1.9 放置坐标

放置坐标命令是将当前鼠标所处位置的坐标放置在工作平面上，其具体操作步骤如下：

(1) 执行“放置(P)/坐标(O)”菜单命令或单击“绘图”工具栏中的 按钮。

(2) 执行命令后，光标变成十字形状，在此命令状态下，按 Tab 键，会出现如图 10-20 所示的“坐标”属性对话框，按对话框中的各项目设置该坐标属性。

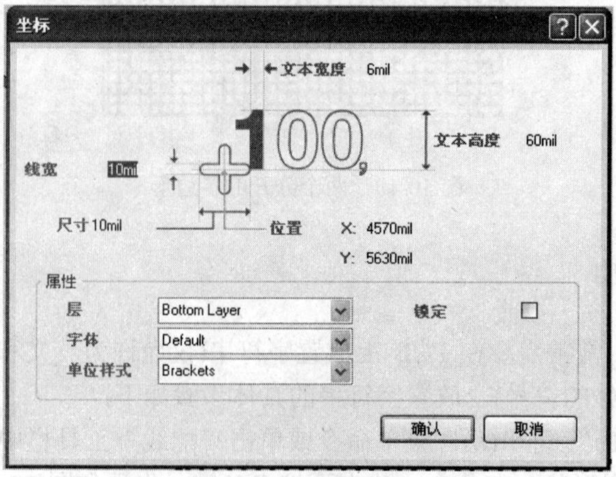

图 10-20 “坐标”属性对话框

(3) 设置完成后，退出对话框，单击鼠标左键，把坐标放到相应的位置，如图 10-21 所示。

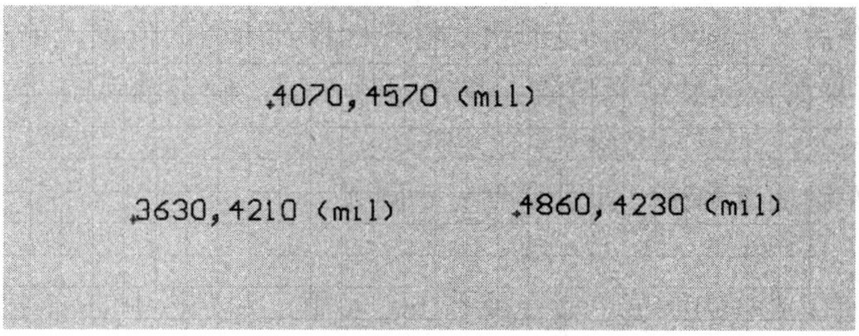

图 10-21　放置的坐标

(4) 用同样的方法放置其他坐标。当放置了坐标后，如果需要对其进行编辑，可选中坐标，单击鼠标右键，从快捷菜单中选取“属性”项；或者用鼠标双击坐标，系统也会弹出如图 10-20 所示的“坐标”属性对话框。

10.1.10　绘制圆弧或圆

1. 绘制圆弧

Protel 2004 提供了三种绘制圆弧的方法：边缘法、中心法和角度旋转法。

(1) 边缘法。边缘法是通过圆弧上的两点即起点与终点来确定圆弧的大小，边缘法可分为 90°绘制和任意角度绘制。其绘制过程如下：

① 执行“放置(P)/圆弧(90°)(E)”菜单命令或单击“配线”工具栏中的按钮。

② 执行该命令后，光标变成十字形状。将光标移到所需的位置，单击鼠标左键，确定圆弧的起点，再移动鼠标到适当位置，单击鼠标左键，确定圆弧的终点。

③ 单击鼠标左键确认，即得到一个圆弧，如图 10-22 所示为使用边缘法绘制的圆弧。

任意角度绘制方法和 90°绘制方法相同。

(2) 中心法。中心法绘制圆弧是通过确定圆弧中心、圆弧的起点和终点来确定一个圆弧。

① 执行“放置(P)/圆弧(中心)(A)”或单击“实用工具”栏中的按钮。

② 执行该命令后，光标变成十字形状。将光标移到所需的位置，单击鼠标左键，确定圆弧的中心位置。

③ 将光标移到所需的位置，单击鼠标左键，确定圆弧的起点，再移动鼠标到适当位置，单击鼠标左键，确定圆弧的终点。

④ 单击鼠标左键确认，即可得到一个圆弧，如图 10-23 所示为使用中心法绘制的圆弧。

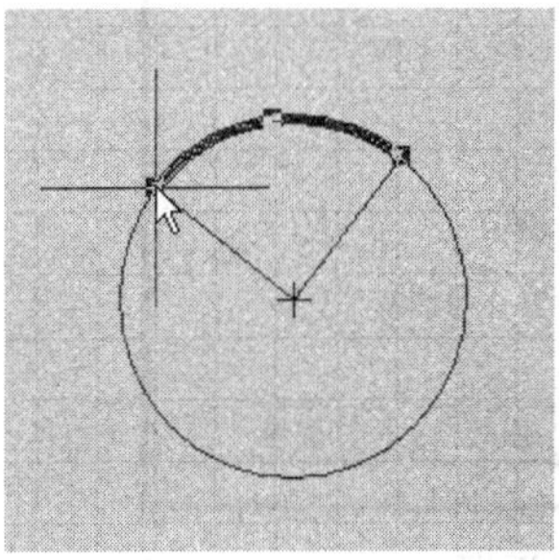

图 10-22　使用边缘法绘制的圆弧

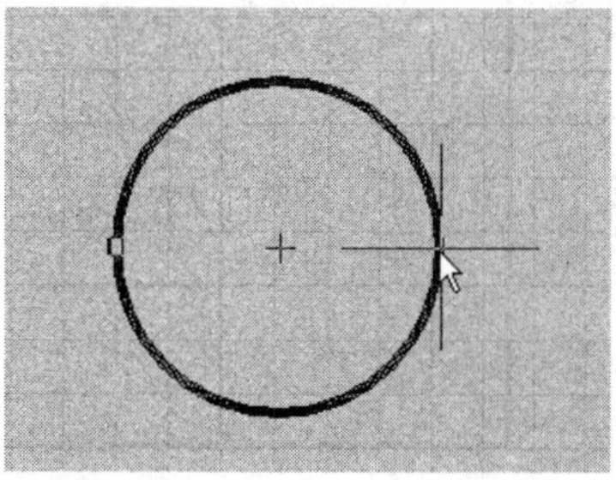

图 10-23　使用中心法绘制的圆弧

(3) 角度旋转法。

① 执行“放置(P)/圆弧(任意角度)(N)”菜单命令或单击“实用工具”栏中的按钮。

② 执行该命令后，光标变成十字形状。将光标移到所需的位置，单击鼠标左键，确定圆弧的起点，然后移动鼠标到适当位置，单击鼠标左键，确定圆弧的圆心，最后单击鼠标左键确定圆弧终点。

③ 单击鼠标左键加以确认，即可得到一个圆弧。

2．绘制圆

(1) 执行“放置(P)/圆(U)”菜单命令或单击“实用工具”栏中的按钮。

(2) 执行该命令后，光标变成十字形状。将光标移到所需的位置，单击鼠标左键，确定圆的圆心，然后移动鼠标选择圆的直径，最后单击鼠标左键确定圆的大小。

(3) 单击鼠标左键加以确认，即可得到一个圆，如图 10-24 所示。

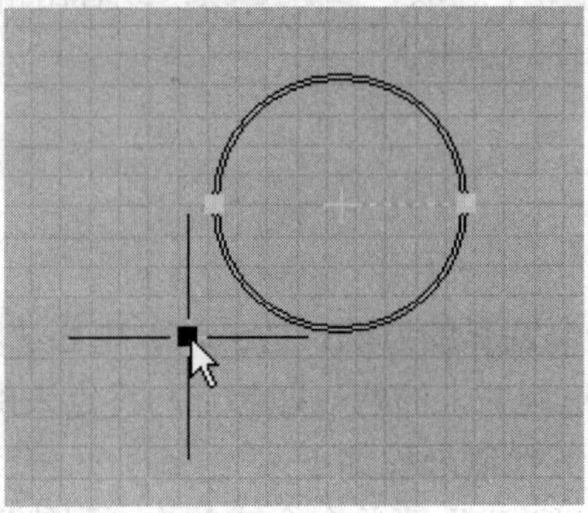

图 10-24 绘制的圆

3．编辑圆或圆弧

当绘制好圆或圆弧后，如果需要对其进行编辑，则可选中圆或圆弧，然后单击鼠标右键，从快捷菜单中选取“属性”项；或者用鼠标双击圆或圆弧，系统将会弹出如图 10-25 所示的“圆弧”属性对话框。在绘制圆或圆弧时，也可以按 Tab 键，先编辑好对象，再绘制圆或圆弧。

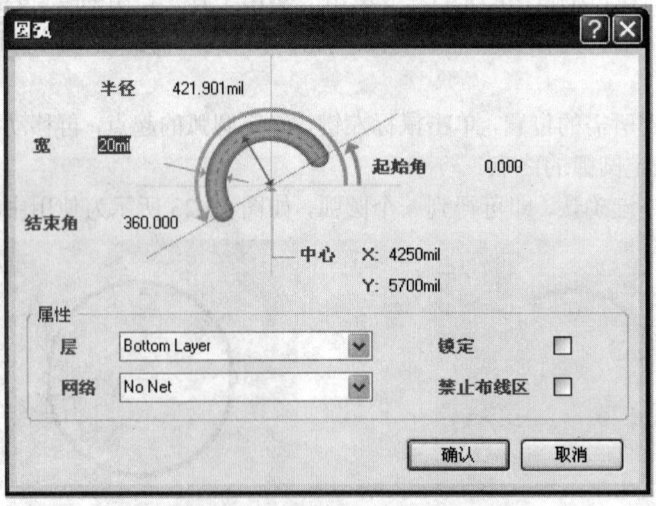

图 10-25 “圆弧”属性对话框

(1) “宽”：用来设置圆或圆弧的宽度。

(2) “层”：从下拉列表中选择圆或圆弧所放置的层。

(3) “网络”：从下拉列表中设置圆或圆弧的网络层。

(4) “中心”：“X”和“Y”用来设置圆或圆弧的圆心位置。

(5) “半径”：用来设置圆或圆弧的半径。

(6) “起始角”：用来设置圆或圆弧的起始角。

(7) “结束角”：用来设置圆或圆弧的终止角。

(8) “锁定”：用来设定是否锁定圆或圆弧。

(9) “禁止布线区”：选中该复选框后，无论其属性如何设置，此圆或圆弧均在电气层。

10.1.11　放置尺寸标注

在设计 PCB 时，有时需要标注某些尺寸的大小，以方便 PCB 的制造。Protel 2004 提供了一个“尺寸标注”工具栏，它是“实用”工具栏中的子工具栏，并且“尺寸标注”工具栏上的命令与菜单命令“放置(P)/尺寸(D)”下的子菜单中的命令一一对应。

利用放置尺寸标注命令可进行直线尺寸标注、角度尺寸标注、半径尺寸标注、前导标注、数据标注、基线尺寸标注、中心尺寸标注、直线式直径尺寸标注、射线式直径尺寸标注等。此处只举出直线尺寸标注的例子供读者参考。尺寸标注的具体步骤如下：

(1) 执行“放置(P)/尺寸(D)/直线尺寸标注(L)”菜单命令或单击“实用工具”栏中“尺寸标注”工具栏的按钮，即可进行直线尺寸的标注，如图 10-26 所示。

(2) 移动光标到尺寸的起点，单击鼠标左键，即可确定标注尺寸的起始位置。

(3) 移动光标，中间显示的尺寸随着光标的移动而不断地发生变化，到合适的位置时单击鼠标左键加以确认，即可完成尺寸标注。如果要进行垂直标注，只需按一次空格键即可，如图 10-27 所示。

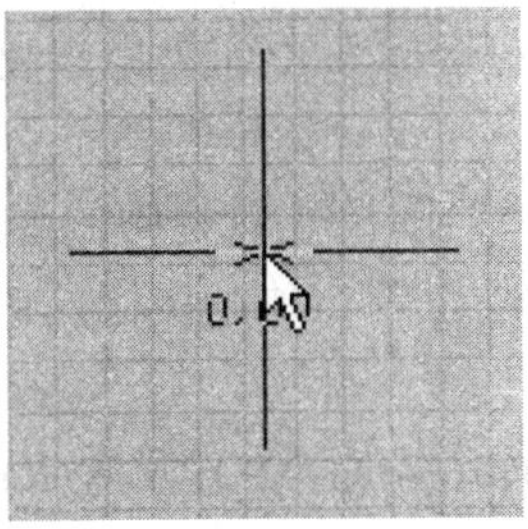

图 10-26　直线尺寸的标注

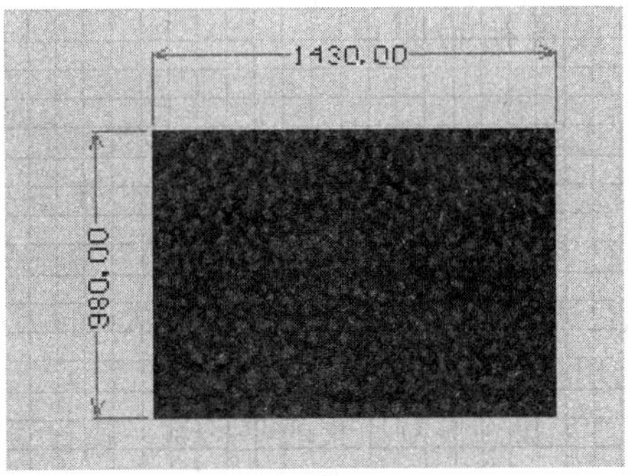

图 10-27　标注尺寸的大小

(4) 用户还可以在放置尺寸标注命令状态下，按 Tab 键，进入如图 10-28 所示的“直线尺寸”属性对话框，将尺寸属性做进一步的修改。

当放置了尺寸标注后，如果需要对其进行编辑，则可选中尺寸标注，然后单击鼠标右键，从快捷菜单中选取“属性”项，或者双击尺寸标注，系统也将弹出如图 10-28 所示的对话框。

(5) 将光标移到新的位置，按照上述步骤，放置其他标注。

(6) 双击鼠标右键，光标变成箭头后，退出该命令状态。

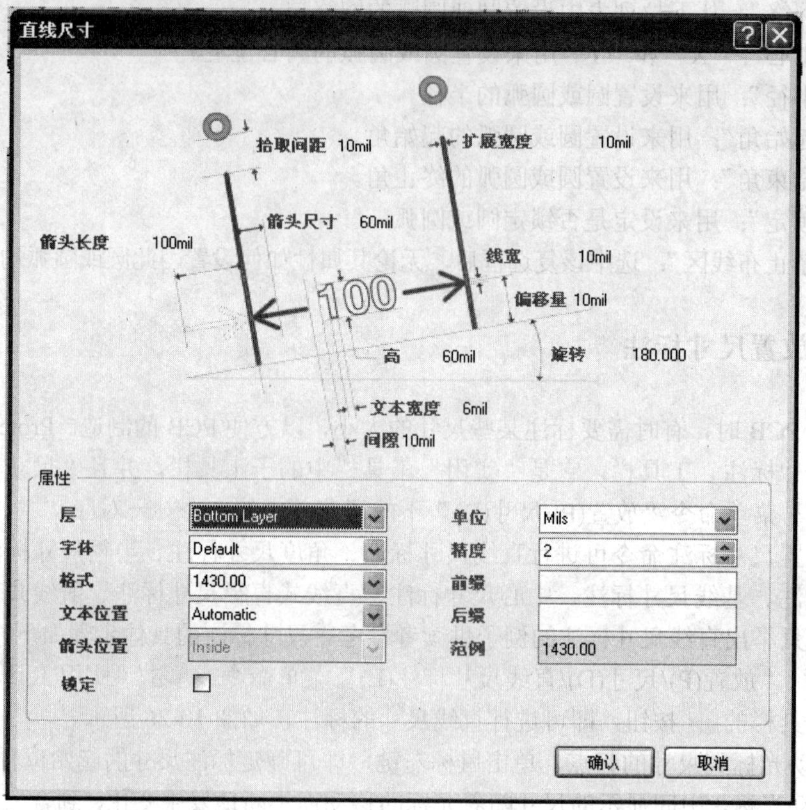

图 10-28 “直线尺寸”属性对话框

10.1.12 设置初始原点

在设计电路板的过程中，用户一般使用程序本身提供的坐标系。如果用户自己定义坐标系，只需设置用户坐标的原点，具体步骤如下：

(1) 执行“编辑(E)/原点(O)/设定(S)”菜单命令或单击“绘图”工具栏中的⊠按钮。

(2) 执行命令后，光标变成十字形状。将光标移到所需的位置，单击鼠标左键，即可将该点设置为用户定义坐标系的原点。

(3) 用户如果想恢复原来的坐标系，执行菜单命令“编辑(E)/原点(O)/重置(R)”即可。

10.1.13 放置元件或封装

1. 放置元件或封装

当用户在制作 PCB 时，如果需要向当前的 PCB 中添加新的元件或封装的网络连接，可以执行“放置(P)/元件(C)”菜单命令，或单击“配线”工具栏的▣按钮来添加新的元件或封装，然后就可以添加与该元件相关的新网络连接。具体操作如下：

(1) 执行“放置(P)/元件(C)”菜单命令后，系统会弹出如图 10-29 所示的“放置元件”对话框。此时可以选择需要的类型(封装还是元件)，并可以选择需要封装的名称、封装类型以及流水号等。

① “放置类型”区域栏：在此区域栏中，有“封装”和“元件”两种类型供选择。在 PCB 中一般选择“封装”，如果选择“元件”的话，则放置的是元件。

② “元件细节”区域栏：在此区域栏中，可以设置元件的封装、标识符和注释等细节，其中“封装(F)”栏用来输入封装型号。用户也可以单击“封装(F)”栏右侧的 ... 按钮，系统将弹出如图 10-30 所示的“库浏览”对话框，用户可以通过该对话框选择所需要放置的封装，还可以单击 查找... 按钮查找需要的封装。

图 10-29　“放置元件”对话框

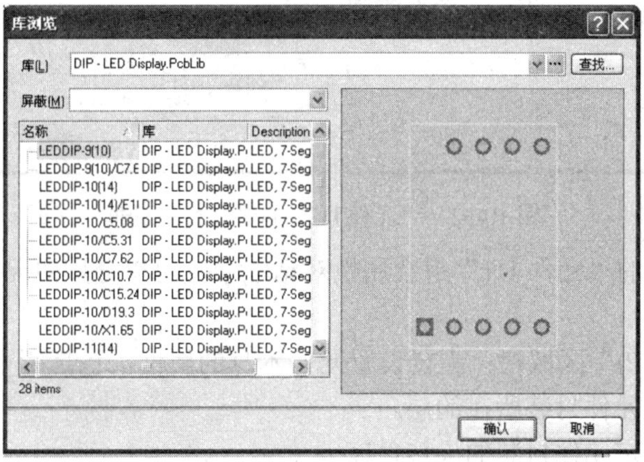

图 10-30　“库浏览”对话框

(2) 用户还可以在放置封装前，即在命令状态下，按 Tab 键，进入元件封装属性对话框，进行封装属性的设置。

(3) 用户可以根据实际需要，设置完参数后，即可把元件放置到工作区中，如图 10-31 所示。

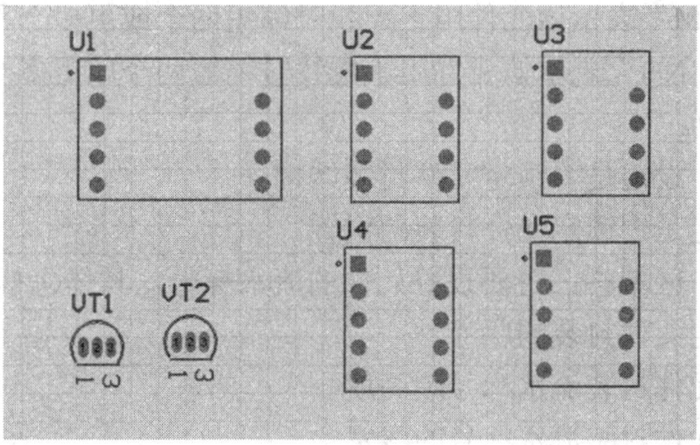

图 10-31　放置到工作区的元件

2. 设置元件封装属性

在放置元件封装时按 Tab 键；或双击放置在 PCB 上的元件封装；或者选中封装，然后单击鼠标右键，从快捷菜单中选取"属性"项，系统会弹出如图 10-32 所示的"元件 U1"封装属性对话框。

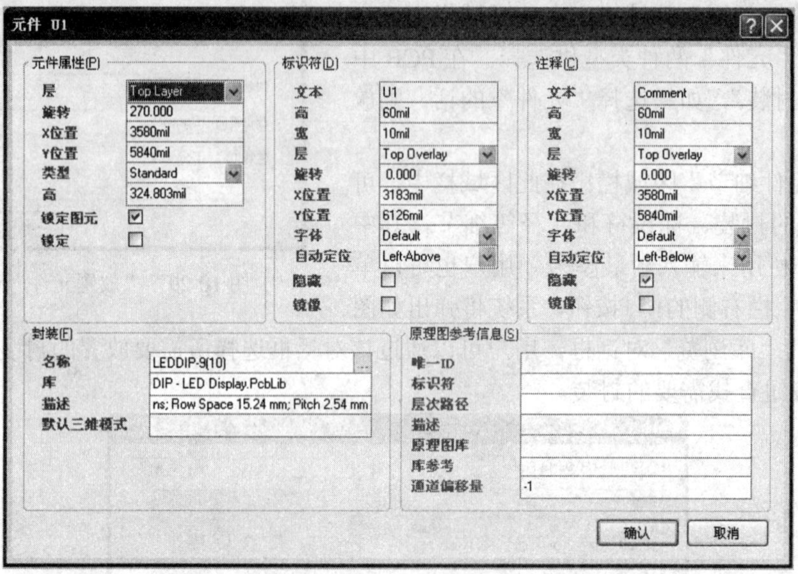

图 10-32 "元件 U1"封装属性对话框

在图 10-32 所示的"元件 U1"封装属性对话框中，可以分别对元件属性、标识符和注释等进行设置。

(1) "元件属性(P)"区域栏：主要设置元件本身的属性，包括所在层、位置等属性。

① "层"：设定元件封装所在的层。

② "旋转"：设定元件封装的旋转角度。

③ "X 位置"：设定元件封装的 X 轴坐标。

④ "Y 位置"：设定元件封装的 Y 轴坐标。

⑤ "类型"：选择元件的类型。"Standard"表示标准的元件类型，此时元件具有标准的电气属性，这种类型最常用；"Mechanical"表示元件没有电气属性，但能生成在 BOM 表中；"Graphical"表示元件不用于同步处理和电气错误检查，该元件仅用于表示公司日志等文档；"Tie Net in BOM"表示该元件用于配线时缩短两个或更多个不同的网络，该元件出现在 BOM 表中；"Tie Net"表示该元件用于配线时缩短两个或更多个不同的网络，该元件不会出现在 BOM 表中。

⑥ "锁定图元"：设定是否锁定元件封装结构。

⑦ "锁定"：设定是否锁定元件封装的位置。

(2) "标识符(D)"区域栏：主要设置元件的流水标号，具体包括如下属性。

① "文本"：设定元件封装的序号。

② "高"：设定元件封装流水标号的高度。

③ "宽"：设定元件封装流水标号的线宽。

④ “层”：设定元件封装流水标号所在的层。

⑤ “旋转”：设定元件封装流水标号的旋转角度。

⑥ “X 位置”：设定元件封装流水标号的 X 轴坐标。

⑦ “Y 位置”：设定元件封装流水标号的 Y 轴坐标。

⑧ “字体”：设定元件封装流水标号的字体。

⑨ “自动定位”：设置流水标号定位方式，即在元件封装的方位。

⑩ “隐藏”：设定元件封装流水标号是否隐藏。

⑪ “镜像”：设定元件封装流水标号是否翻转。

(3) “注释(C)”区域栏：各选项的设置意义与“标识符(D)”区域栏选项设置的意义相同。

用户还可以对流水标号文本和引脚进行编辑。当单独编辑它们时，只需使用鼠标双击文本或引脚即可进入相应的属性对话框，以进行编辑调整。

(4) “封装(F)”区域栏：主要设置封装的属性，包括封装名、所属的封装库和描述等。

10.2　PCB 的制作

PCB 有单面板、双面板和多层板 3 种。单面板由于成本低而被广泛采用，一般用于设计模拟电子线路和简单的数字电路 PCB；双面板一般较多地用于设计数字电路 PCB；多层板多用于计算机和一些复杂的电路设计中。在印制电路板设计中，单面板设计是一个重要的组成部分，也是 PCB 设计的基础。双面板的电路一般比单面板复杂，但是由于双面都能配线，因此设计并不比单面板困难，深受广大用户的欢迎。

单面板与双面板两者的设计过程类似，均可按照电路板设计的一般步骤进行。在设计电路板之前，准备好原理图和网络表，为设计 PCB 打下基础。然后进行电路板的规划，确定电路板的大小尺寸。接下来将网络表和元件封装装入。装入元件封装后，元件是重叠的，需要对元件封装进行布局。布局的好坏直接影响到电路板的自动配线，因此非常重要。元件的布局可以采用自动布局，也可以采用手工对元件布局进行调整。元件封装在规划好的 PCB 上布局完成之后，可以运用 Protel 2004 提供的强大的自动配线功能来进行自动配线。在自动配线结束之后，往往还存在一些不能令人满意的地方，这就需要用户根据经验，通过手工去修改调整。当然对于那些经验丰富的用户，从元件封装的布局到配线，都可以用手工去完成。

现在最普遍的电路设计方式是用双面板设计，双面板的主要特点是可以跨线。当两点之间的连线不能在一面布通时，可以通过过孔到另一面接着配线。一般说来，在线密度允许的情况下，双面板的线路一般都能布通，因此双面板能够制作比较复杂的电路，且双面板比单面板配线简单，又比多层板制作费用低，工艺要求简单，因此深受广大用户的青睐，其需求量日益增加。

本章以一个最小单片机系统原理图为例，采用双面板设计介绍从原理图到 PCB 的设计。最小单片机系统原理图如图 10-33 所示。

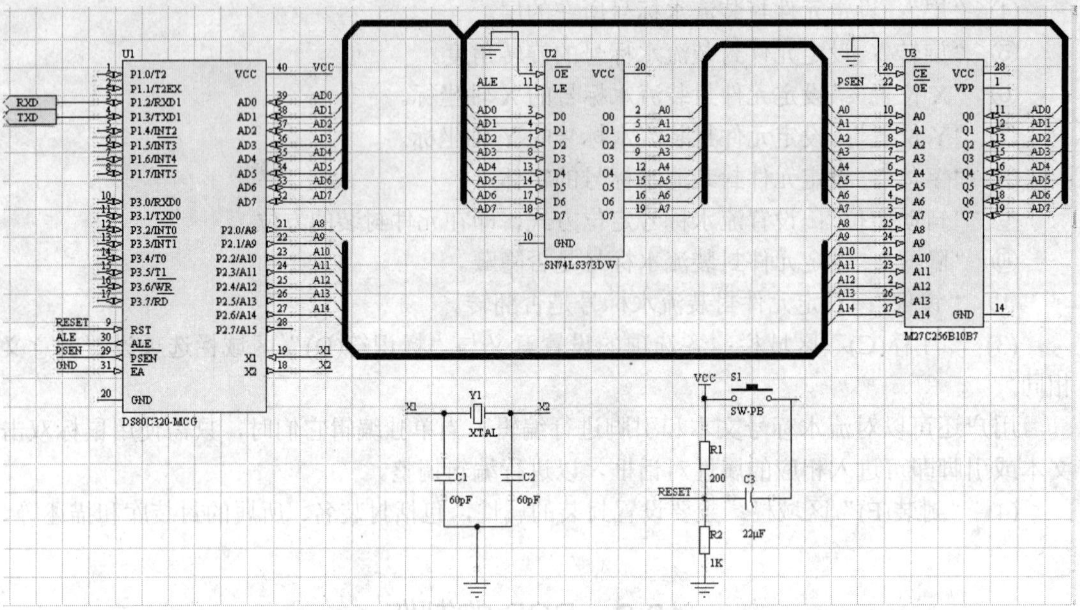

图 10-33　最小单片机系统原理图

10.2.1 规划电路板和电气定义

对于要设计的电子产品，需要用户首先确定其电路板的尺寸，因此首要的工作就是电路板的规划，也就是说确定电路板的板边及电路板的电气边界。在执行 PCB 布局处理前，必须创建一个 PCB 的电气定义。PCB 的电气定义涉及到元件的生成和 PCB 的跟踪路径轮廓，PCB 的布局将在这个轮廓中进行。规划 PCB 的布局有两种方法：一是手动设计规划电路板和电气定义；另一种方法是使用 PCB 向导在 Protel 2004 中创建一个新的 PCB 文件。

1. 手动规划电路板

元件布置和路径安排的外层限制一般由禁止布线区中放置的轨迹线或圆弧所确定，这也就确定了板的电气轮廓。一般地，这个外层轮廓边界与板的物理边界相同。设置这个电路板边界时，必须确保轨迹线和元件不会距离边界太近，该轮廓边界将被设计规则检查器、自动布局器和自动配线器所利用。

手动规划电路板及定义电气边界的一般步骤如下：

(1) 执行“文件(F)/创建(N)/PCB 文件(P)”菜单命令，系统将启动 PCB 设计编辑器。

(2) 用鼠标单击编辑区下方的标签“Keep-Out Layer”，如图 10-34 所示，即可将当前的工作层设置为“Keep-Out Layer”。该层为禁止配线层，一般用于设置电路板的边界，即将元件限制在这个范围之内。

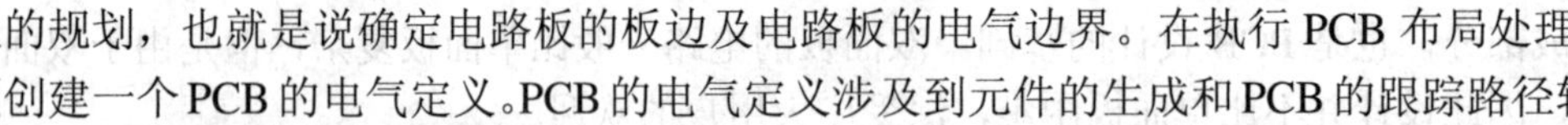

图 10-34　工作层标签

(3) 执行菜单命令“放置(P)/禁止布线区(K)/导线(T)”，或单击“实用工具”栏中相应的按钮。

(4) 执行该命令后，光标会变成十字形状。将光标移动到适当的位置，单击鼠标左键，即可确定第一条板边的起点。然后拖动鼠标，将光标移动到合适位置，单击鼠标左键，即可确定第一条板边的终点。用户在该命令状态下，按 Tab 键，即可进入“线约束”属性对话框，如图 10-35 所示，此时可以设置板边的线宽和层面。

如果用户已经绘制了封闭的 PCB 限制区域，使用鼠标双击该区域的板边，系统将弹出如图 10-36 所示的“导线”属性对话框，在该对话框中可以进行精确定位，并且可以设置工作层和线宽。

图 10-35　“线约束”属性对话框

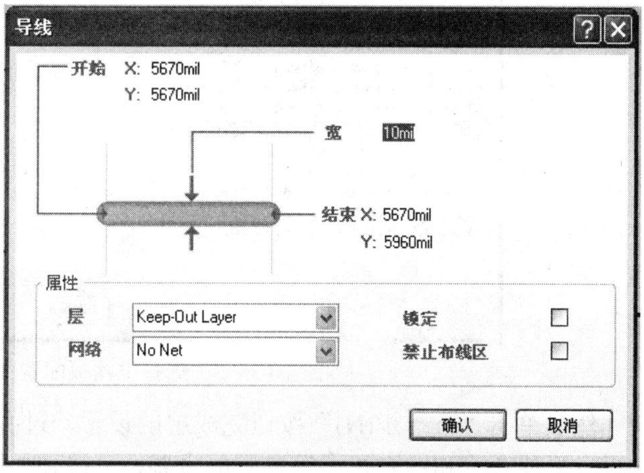

图 10-36　“导线”属性对话框

(5) 用同样的方法绘制其他 3 条板边，并对各边进行精确编辑，使之首尾相连。绘制完的电路板边框如图 10-37 所示，电路板边框的尺寸为 2900 mil × 2400 mil。

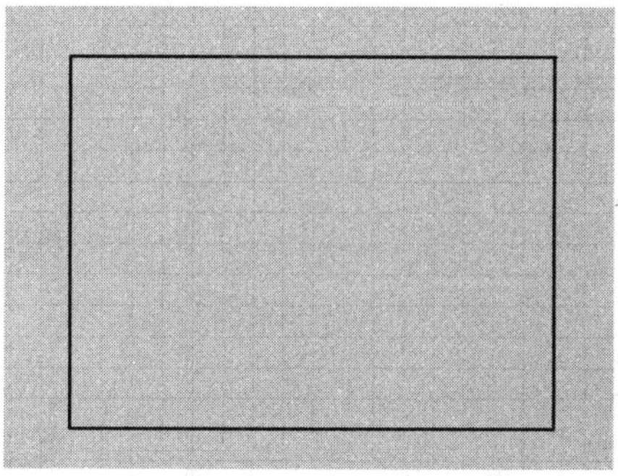

图 10-37　绘制完的电路板边框

(6) 单击鼠标右键，退出该命令状态。

2．使用向导生成电路板

使用向导生成电路板的方法是利用 Protel 2004 的“PCB Board Wizard”。关于这种方法，我们在前面已经介绍过了。这里我们只简单介绍选择标准的 PCB 模板创建新的 PCB 文件。具体步骤如下：

在“Files”面板底部的“根据模板新建”单元点击“PCB Board Wizard…”创建新的 PCB。当进入如图 10-38 所示的“选择电路板配置文件”对话框时，可以选择系统已经定义的 PCB 模板，如“AT short bus”类型的 PCB。

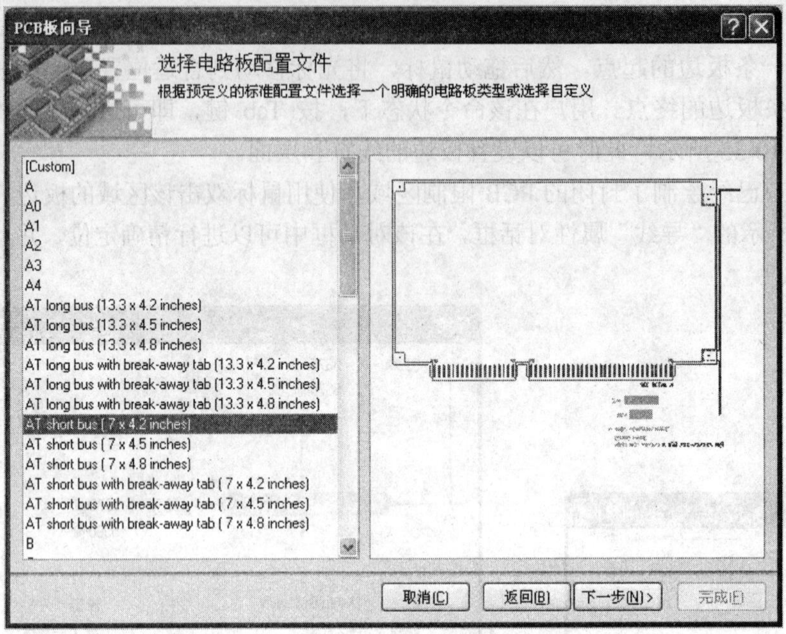

图 10-38 “选择电路板配置文件”对话框

然后单击“下一步(N)”按钮完成层的设置、过孔类型的选择、将要使用的配线技术选择以及导线宽度和过孔尺寸等参数的设置，可得到如图 10-39 所示的 PCB 模板。该 PCB 已经规划好，可以直接在上面放置网络和元件。

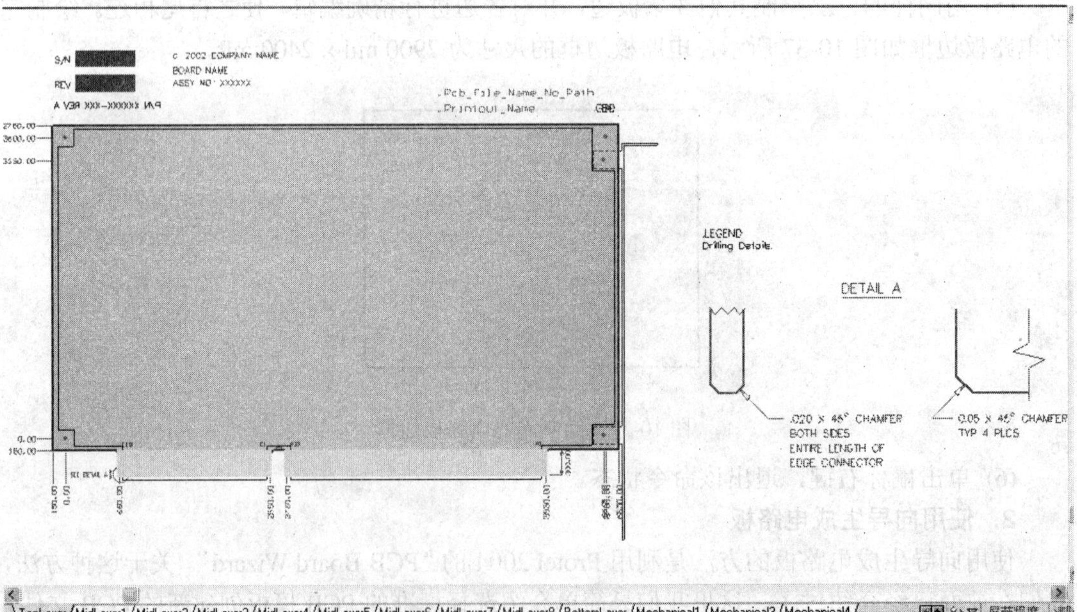

图 10-39 已定义的 PCB 模板

如果板卡的尺寸与图纸的尺寸相差较大，可以执行菜单命令“设计(D)/PCB 板形状(S)/重新定义 PCB 板形状(R)”，重新设置 PCB 的尺寸。

如果我们事先计算好了电路板的尺寸，我们还可以在“Files”面板底部的“根据模板新建”单元点击“PCB Board Wizard…”创建新的 PCB。当进入如图 10-38 所示的“选择电路板配置文件”对话框时，选择选项框最上面的“Custom(用户自定义尺寸)”项，然后单击“下一步(N)”按钮，进入图 10-40 所示的“选择电路板详情”对话框。在“电路板尺寸”区域栏的“宽(W)”和“高(H)”选项中分别输入“2900 mil”和“2400 mil”，然后单击“下一步(N)”按钮，完成层的设置、过孔类型的选择、将要使用的配线技术选择以及导线宽度和过孔尺寸等参数的设置，可得到如图 10-41 所示的自定义的 PCB 模板。

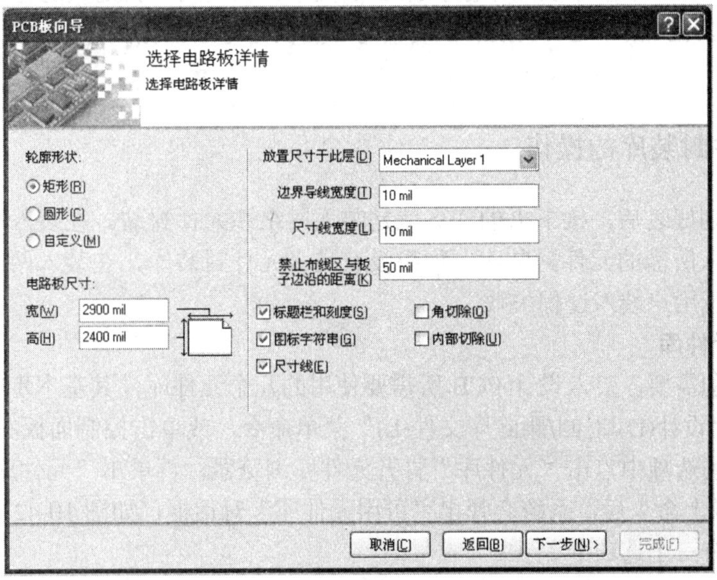

图 10-40　“选择电路板详情”对话框

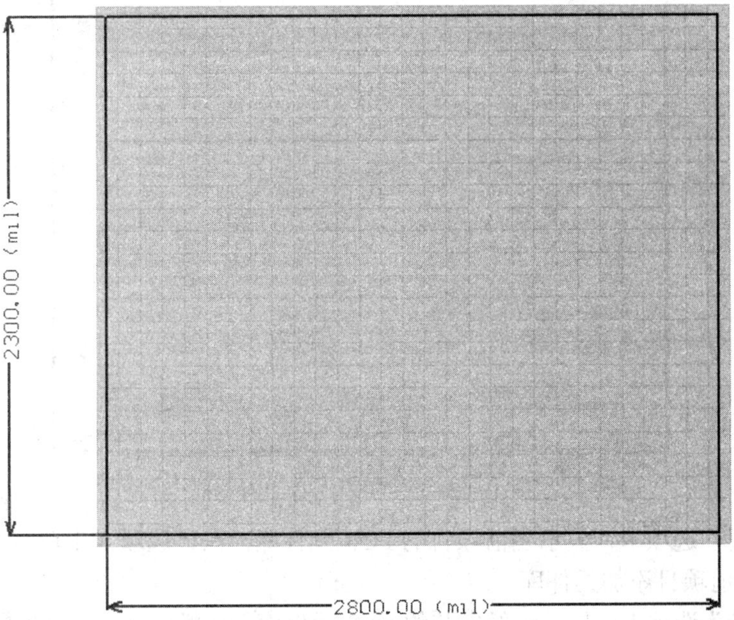

图 10-41　自定义的 PCB 模板

10.2.2 准备原理图和 PCB

下面以图 10-33 所示的最小单片机系统原理图为例讲述如何制作一块电路板。要制作 PCB，需要有原理图，并且原理图的元件必须具有封装定义，这是制作 PCB 的前提。

(1) 在原理图编辑器中设计原理图，并且确保所有元件均具有有效的封装定义，元件的封装必须是 Protel 2004 系统中具有的封装，否则应该自己绘制元件的封装。

(2) 按照前面所讲述的方法规划好 PCB 的大小。采用用户自定义的方式，PCB 的宽度和高度分别为 2900 mil 和 2400 mil，板层数为 2 层板信号层。最后规划好的 PCB 如图 10-37 所示。

10.2.3 元件封装库的操作

电路板规划好之后，接下来的任务就是装入网络和元件封装。在装入网络和元件封装之前，必须装入所需的元件封装库。如果没有装入元件封装库，在装入网络及元件的过程中程序将会提示用户装入过程失败。

1．装入元件库

根据设计的需要，装入设计 PCB 所需要使用的几个元件库，其基本步骤如下。

(1) 执行“设计(D)/追回/删除库文件(L)”菜单命令，或单击控制面板右下角“system”按钮，在弹出的选项中点击“元件库”打开元件库浏览器，再单击“元件库”按钮即可。

(2) 执行以上命令后，系统会弹出“可用元件库”对话框，如图 10-42 所示。在该对话框中可以看到有三个选项卡。

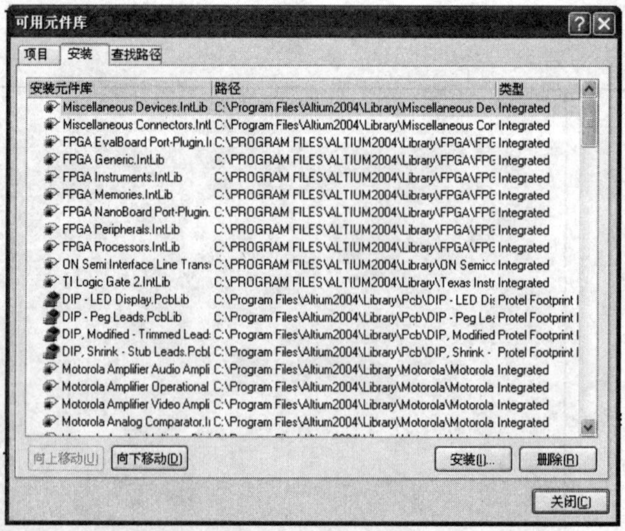

图 10-42 “可用元件库”对话框

① “项目”选项卡：显示当前项目的 PCB 元件库，在该选项卡中单击“加元件库(A)”按钮即可向当前项目添加元件库。

② “安装”选项卡：显示已经安装的 PCB 元件库，一般情况下，如果要装载外部的元件库，则在该选项卡中实现。在该选项卡中单击“安装(I)”按钮即可装载元件库到当前项目。

③ “查找路径”选项卡：显示搜索的路径，即如果在当前安装的元件库中没有需要的元件封装，可以按照搜索的路径进行搜索。在弹出的“打开文件”对话框找出原理图中的所有元件所对应的元件封装库，选中这些库，用鼠标单击“打开”按钮，即可添加这些元件库。用户可以选择一些自己设计所需要的元件库。

(3) 添加完所有需要的元件封装库，单击“关闭(C)”按钮完成该操作，程序即可将所选中的元件库装入。

2. 浏览元件库

当装入元件库后，可以对装入的元件库进行浏览，查看是否满足设计要求。因为 Protel 2004 为用户提供了大量的 PCB 元件库，所以进行电路板设计制作时，也需要浏览元件库，选择自己需要的元件。浏览元件库的具体操作方法如下：

(1) 执行“设计(D)/浏览元件(B)”菜单命令，系统弹出“元件库”对话框，如图 10-43 所示。

(2) 在该对话框中可以查看元件的类别和形状等。

① 在图 10-43 的对话框中，单击“元件库”按钮，则可以进行元件库的装载操作。

② 单击“查找”按钮，系统弹出“元件库查找”对话框，此时可以进行元件的搜索操作。

③ 单击“Place…”按钮可以将选中的元件封装放置到电路板。

3. 搜索元件库

在图 10-43 所示的对话框中，单击“查找”按钮，系统弹出“元件库查找”对话框，如图 10-44 所示，此时可以进行元件的搜索操作。

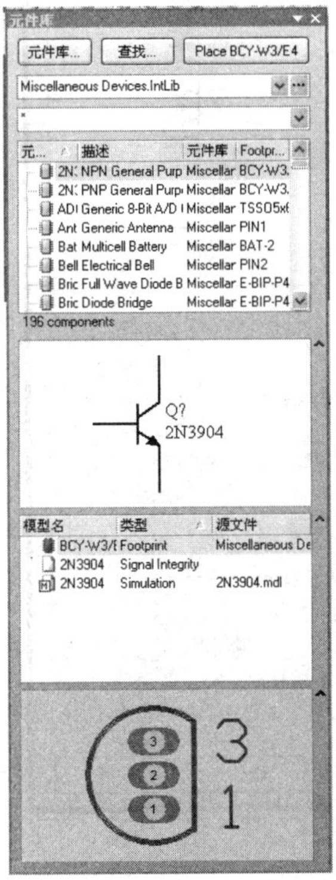

图 10-43　“元件库”对话框

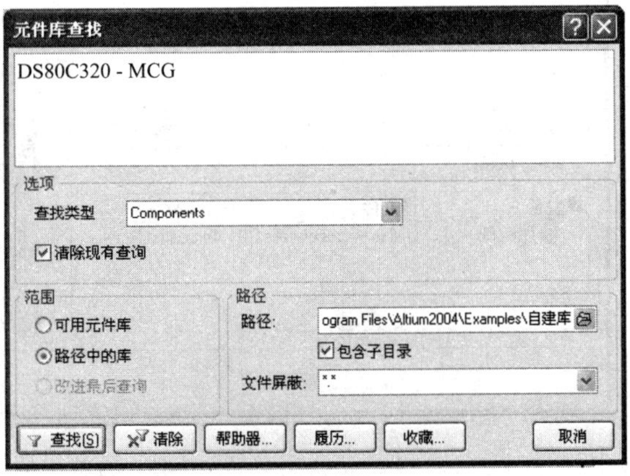

图 10-44　“元件库查找”对话框

(1) “选项”区域栏。

① “查找类型”：隐藏式列表中有三种类型供选择，即 Components、Protel Footprints、3D Models。如果选择了“Components”项，则查找的是原理图元件；如果选择了“Protel Footprints”项，则查找的是 PCB 元件；如果选择了“3D Models”项，则查找的是 3D 元件。

② “清除现有查询”：该复选框用于清除当前的查询。

(2) “范围”区域栏。

① “可用元件库”复选框：该选项用于设置元件的查找范围为当前已安装的元件库。

② “路径中的库”复选框：该选项用于设置元件查找的范围为指定路径中的库。

(3) “路径”区域栏。

① “路径”编辑框：该编辑框用来设定查找的对象的路径，其设置只有在选中“路径中的库”复选框时有效。“路径”编辑框设置查找的目录，选中“包含子目录”则在包含指定目录中的子目录也进行搜索。

② 如果单击“路径”右侧的按钮，系统会弹出浏览文件夹，可以设置搜索路径。

在对话框上面的空档处输入要找的元件名(图中输入 DS80C320-MCG)，单击左下角的“查找(S)”按钮，进入元件查找状态，查找出的元件显示如图 10-45 所示。

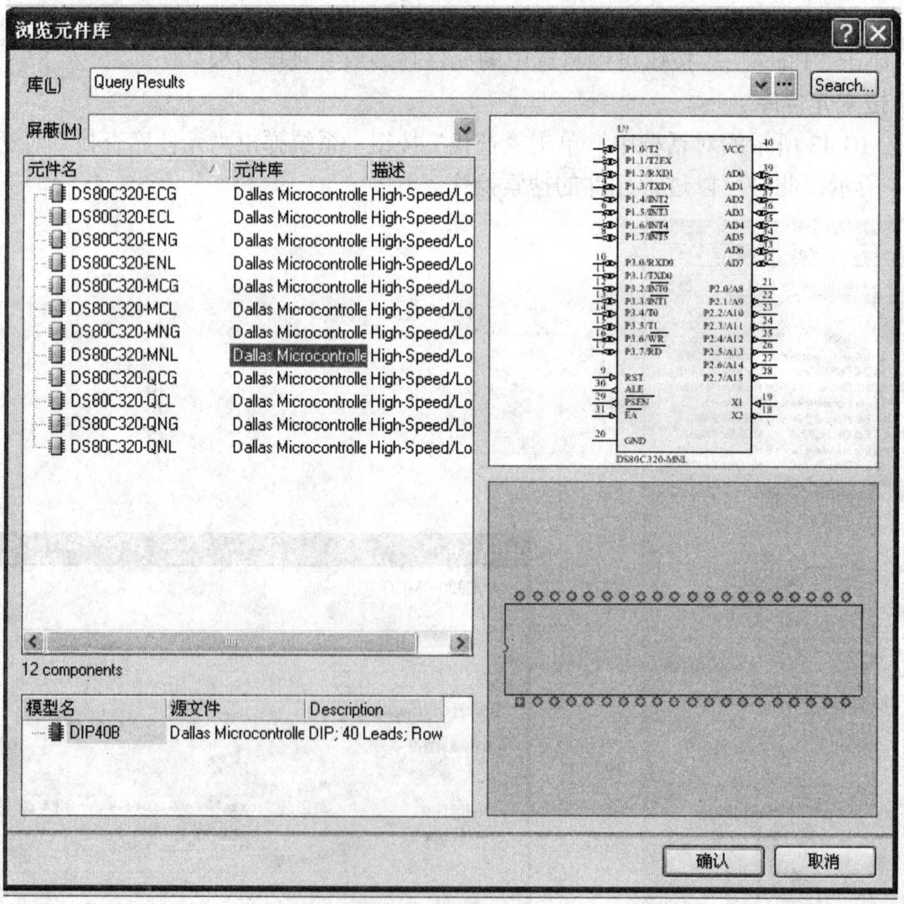

图 10-45　查找出的元件

在图 10-45 中，显示了查找出的元件的图形形状、封装形式等。

查找到需要的元件后，可以将该元件所在的元件库直接装载到元件库管理器中，也可以直接放置该元件而不装载其元件库。

10.2.4　网络与元件的装入

加载元件库以后，就可以装入网络与元件了。网络与元件的装入过程实际上就是将原理图设计的数据装入到 PCB 的过程。如果确定所需要的元件库已经装入，那么用户就可以按照下面的步骤将原理图的网络与元件装入到 PCB 中。

1．编译设计项目

(1) 打开原理图，在装入原理图的网络与元件之前，用户应该先编译设计项目，根据编译信息检查项目的原理图是否存在错误。如果有错误，应及时修正，否则将网络和元件装入到 PCB 时会产生错误，从而导致装载失败。

(2) 在原理图编辑器下执行菜单命令“设计(D)/设计项目的网络表(N)/Protel”，将原理图生成网络表文件。

2．装入网络与元件

(1) 打开已经创建的 PCB 文件，打开电路原理图并打开已经生成的电路原理图网络表文件。如果是新建立的文件，一定要先保存，否则装入网络表时会出错或不能装入。

(2) 在创建的 PCB 文件或在电路原理图中执行菜单命令“项目管理(C)/显示不同点(S)”时，系统会弹出如图 10-46 所示的“选择文件进行比较”对话框。

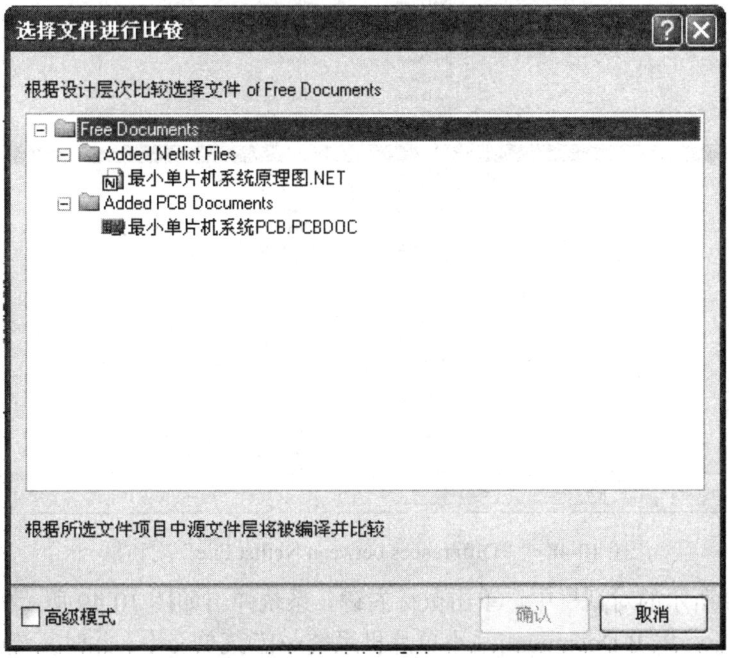

图 10-46　“选择文件进行比较”对话框

(3) 在“选择文件进行比较”对话框中，选中“高级模式”，系统会弹出如图 10-47 所示的对话框。

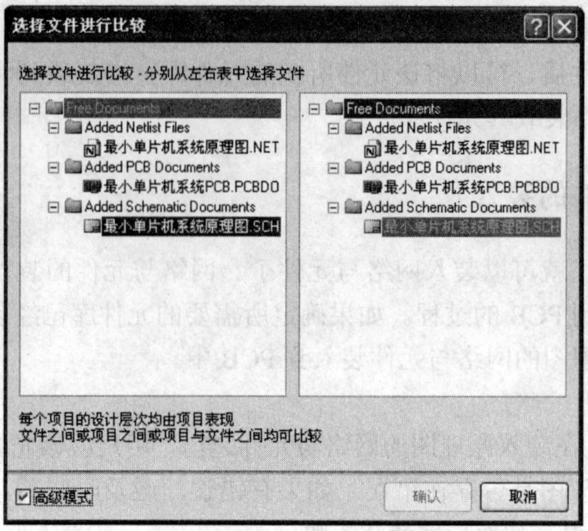

图 10-47　“选择文件进行比较”对话框

在图 10-47 所示的对话框中，将“最小单片机系统 PCB.PCBDOC”和“最小单片机系统原理图.NET”选中，然后点击“确认”按钮，系统弹出如图 10-48 所示的“Differences between Netlist File”对话框。

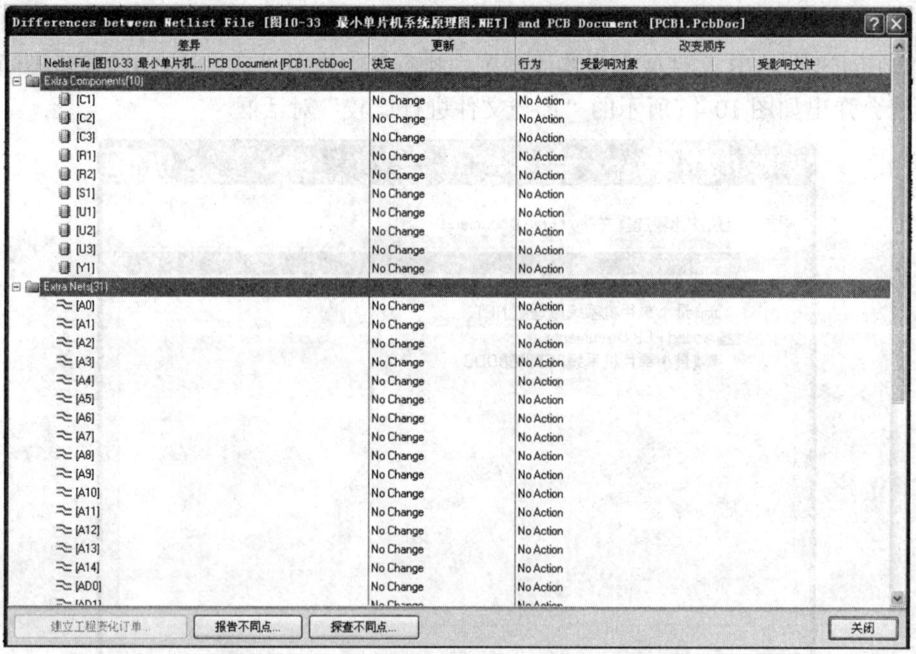

图 10-48　“Differences between Netlist File”对话框

在图 10-48 所示的对话框中，单击鼠标右键，系统弹出如图 10-49 所示的命令菜单。选择“Update All in>>PCB Document[最小单片机系统…]”菜单命令，此时系统弹出如图 10-50 所示的对话框。

在图 10-50 所示的对话框中，单击“建立工程变化订单”按钮，系统弹出如图 10-51 所示的“工程变化订单(ECO)”对话框。

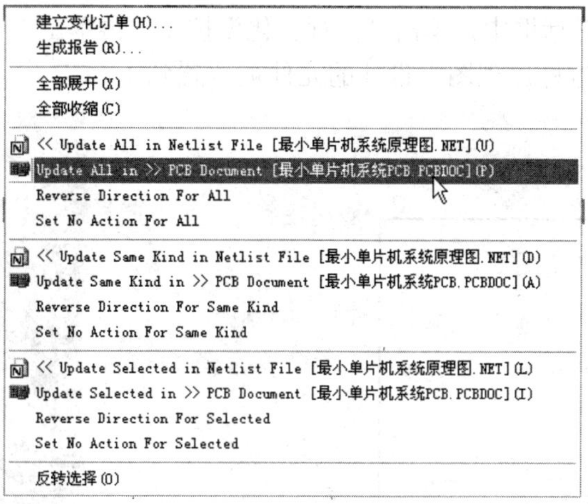

图 10-49　命令菜单

图 10-50　系统弹出的对话框

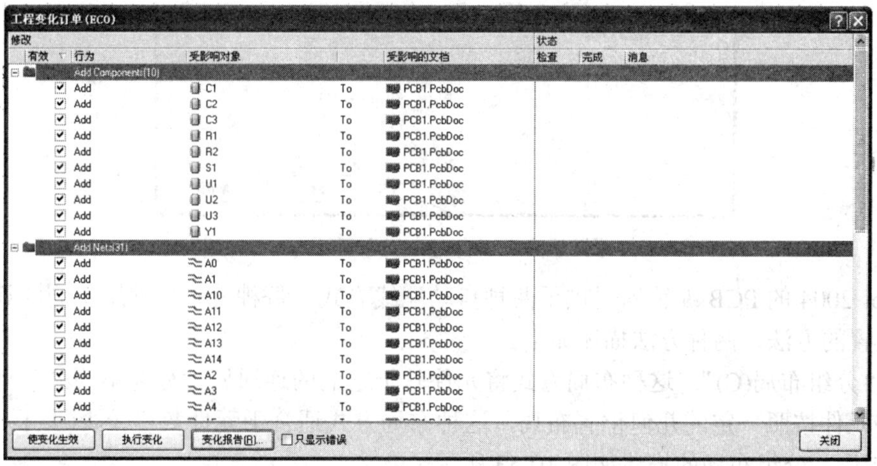

图 10-51　“工程变化订单(ECO)”对话框

在图 10-51 所示的对话框中，单击“执行变化”按钮，再单击“使变化生效”按钮，最后单击“关闭”按钮，这样原理图中设计的元件被放置到了 PCB 中，如图 10-52 所示。

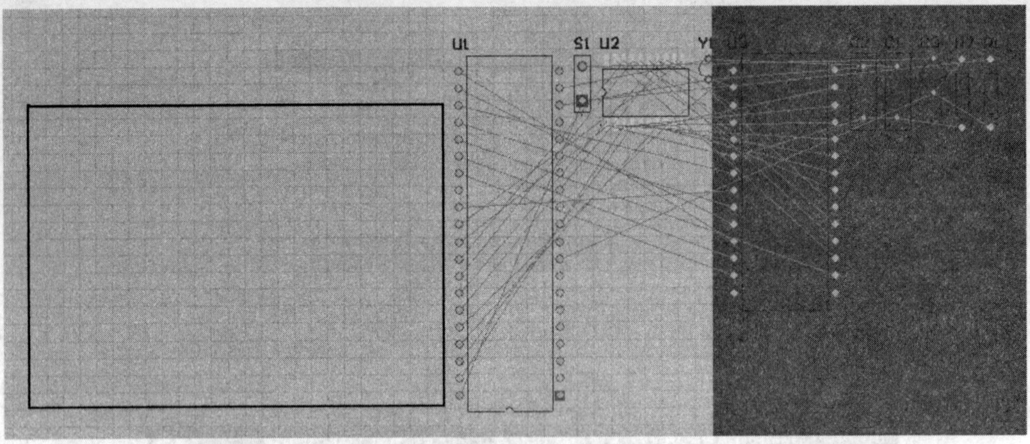

图 10-52　放置在 PCB 中的元件

10.2.5　元件的自动布局

装入网络表和元件封装后，要把元件封装放入工作区，这就需要对元件封装进行布局。Protel 2004 提供了强大的自动布局功能，用户只要定义好规则，Protel 2004 就可以将重叠的元件封装分离开来。元件自动布局的操作步骤如下：

(1) 执行菜单命令“工具(T)/放置元件(L)/自动布局(A)”。

(2) 系统弹出如图 10-53 所示的“自动布局”对话框。用户可以在该对话框中设置有关的自动布局参数。一般情况下，可以直接利用系统的默认值。

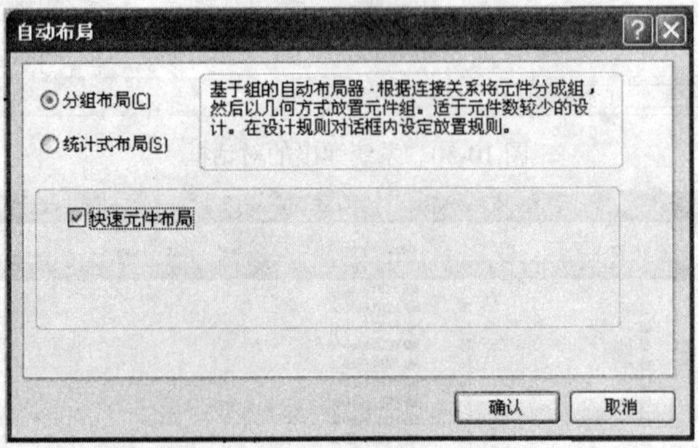

图 10-53　“自对布局”对话框

Protel 2004 的 PCB 编辑器提供了两种自动配线方式，每种方式均使用不同的计算和优化元件位置的方法，两种方法描述如下。

① “分组布局(C)”：这种布局方式将元件基于它们的连通属性分为不同的元件束，并且将这些元件按照一定的几何位置布局，这种布局方式适合于元件数量较少(少于 100 个)的 PCB 制作。分组布局的描述如图 10-53 所示。

② “统计式布局(S)”：使用一种统计算法来放置元件，以便使连接长度最优化，使元件间用最短的导线来连接。一般如果元件数量超过 100 个，建议使用统计式布局。统计式布局的描述如图 10-54 所示。

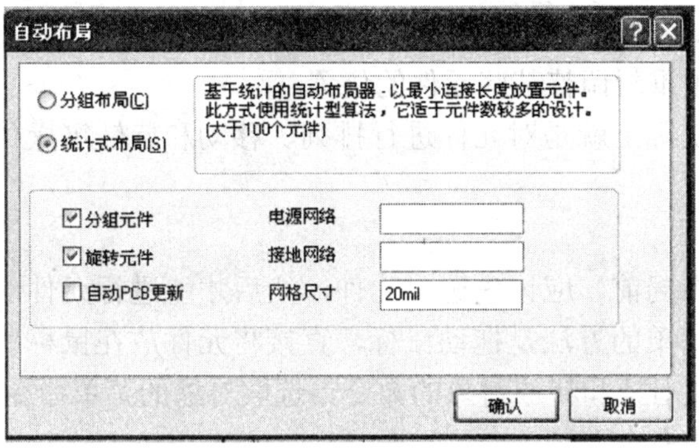

图 10-54　“统计式布局”设置对话框

统计式布局各项的含义如下。

a. “分组元件”：该项的功能是将在当前网络中连接密切的元件归为一组。在排列时，将该组的元件作为群体而不是个体来考虑。

b. “旋转元件”：该项的功能是依据当前网络连接与排列的需要，使元件重组转向。如果不选用该项，则元件将按原始位置布置，不进行元件的旋转。

c. “自动 PCB 更新”：该项的功能为自动更新 PCB 的网络和元件信息。

d. “电源网络”：定义电源网络名称。

e. “接地网络”：定义接地网络名称。

f. “网格尺寸”：设置元件自动布局时的网格间距的大小。

因为本实例元件少，连接也少，所以选择分组布局方式，并选择“快速元件布局”的方式，然后单击“确认”按钮，系统出现如图 10-55 所示的画面，该图为元件自动布局完成后的状态。从图中可以看出，所有元件封装均被布置到电路板的电气边界之内了。

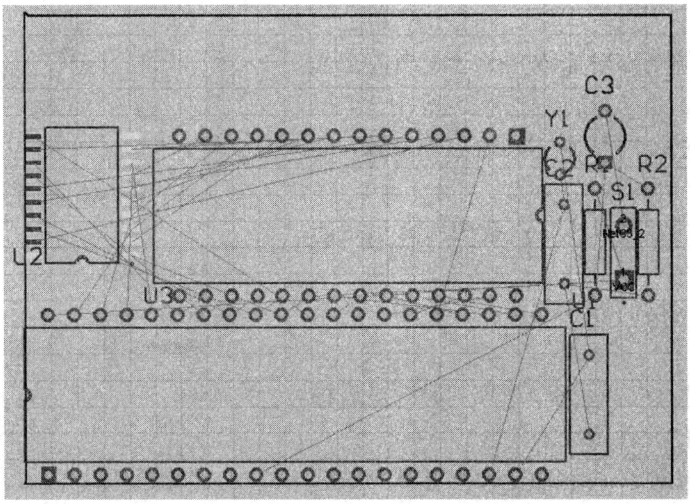

图 10-55　自动布局完成后的状态

10.2.6 手工编辑调整元件的布局

Protel 2004 对元件的自动布局一般以寻找最短配线路径为目标，因此元件的自动布局往往不太理想，需要用户手工调整。以图 10-55 为例，虽然元件已经布置好了，但元件的位置还不够整齐，因此必须重新调整某些元件的位置。

进行位置调整，实际上就是对元件进行排列、移动和旋转等操作。下面介绍如何手工调整元件的布局。

1．选取元件

手工调整元件的布局前，应该先选中元件，然后才能进行元件的移动、旋转、翻转等操作。选中元件的最简单的方法是拖动鼠标，直接将元件放在鼠标所包含的矩形框中。系统也提供了专门的选取对象和释放对象的命令，选取对象的菜单命令为“编辑(E)/选择(S)”及以下子菜单中出现的命令。

(1) 选取对象：选取“编辑(E)/选择(S)”菜单命令后，弹出 15 个子菜单，具体内容如下。

①“区域内对象(I)”：将鼠标拖动的矩形区域中的所有元件选中。

②“区域外对象(O)”：将鼠标拖动的矩形区域外的所有元件选中。

③“全部对象(A)”：将所有元件选中。

④“板上全部对象(B)”：将整块 PCB 选中。

⑤“网络中对象(N)”：将组成某网络的元件选中。

⑥“连接的铜(P)”：通过敷铜的对象来选定相应网络中的对象。当执行该命令后，如果选中某条走线或焊盘，则该走线或者焊盘所在的网络对象上的所有元件均被选中。

⑦“物理连接(C)”：表示通过物理连接来选中对象。

⑧“元件连接”：表示选择元件上的连接对象，比如元件上的引脚。

⑨“元件网络”：表示选择元件上的网络。

⑩“Room 中的连接”：表示选择电气方块上的连接对象。

⑪“层上的全部对象(Y)”：选定当前工作层上的所有对象。

⑫“自由对象(F)”：选中所有自由对象，即不与电路相连的任何对象。

⑬“全部锁定对象(K)”：选中所有锁定的对象。

⑭“离开网格的焊盘(G)”：选中图中的所有焊盘。

⑮“切换选择(T)”：逐个选取对象，最后构成一个由所选中的元件组成的集合。

(2) 释放选取对象命令的各选项与对应的选取对象命令的功能相反，具体如图 10-56 所示。

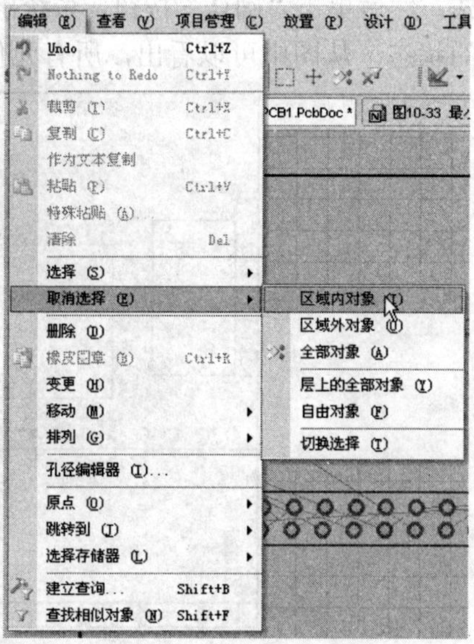

图 10-56　释放选取对象的命令

2. 旋转元件

图 10-55 中有些元件的排列方向不一致，需要将各元件的排列方向调整为一致，这就需要对元件进行旋转操作。元件旋转的具体操作过程如下：

(1) 执行“编辑(E)/选择(S)/区域内对象(I)”菜单命令，然后拖动鼠标选中需要旋转的元件；或直接拖动鼠标选中的元件对象。

(2) 执行“编辑(E)/移动(M)/旋转选择对象(O)”菜单命令，系统将弹出如图 10-57 所示的“Rotation Angle (旋转角度设置)”对话框。

图 10-57 “Rotation Angle”对话框

(3) 在该对话框中输入设定角度后，单击“确认”按钮，系统将提示用户在图纸上选取旋转基准点。当用户用鼠标在图纸上选定了一个旋转基点后，选中的元件就可实现旋转了。

3. 移动元件

在 Protel 2004 中，可以使用命令来实现元件的移动。当选择了元件后，执行移动命令就可以实现移动操作。元件移动的命令在菜单命令“编辑(E)/移动(M)”的子菜单中，共有 9 个子命令。各个移动命令的功能具体如下。

(1) “移动(M)”：该命令用于移动元件。在选中元件后，选择该命令，用户就可以拖动鼠标，将元件移动到合适的位置，这种移动方法不够精确，但很方便。当然在使用该命令时，也可以先不选中元件，在执行命令后再选中元件。

(2) “拖动(D)”：也是一个很有用的命令，启动该命令前，可以不选中元件，也可以选中元件。启动该命令后，光标变成十字状。在需要拖动的元件上单击一下鼠标，元件就会跟着光标一起移动，将元件移到合适的位置，再单击一下鼠标即可完成此元件的重新定位。

(3) “元件(C)”：该命令的功能与上述两个命令的功能一样，也是实现元件的移动，操作方法也类似。

(4) “重布导线(R)”：该命令用来对移动后的元件重新生成配线。

(5) “建立导线新端点(B)”：该命令用来打断某些导线。

(6) “拖动导线端点(E)”：该命令以导线的端点为基准移动元件对象。

(7) “移动选择(S)”：该命令用来将选中的多个元件移动到目标位置。必须在选中了元件(可以选中多个)后，此命令才能有效。

(8) “旋转选择对象(O)”：该命令用来旋转选中的对象，执行该命令前必须先选中元件。

(9) “翻转选择对象(I)”：该命令用来将所选的对象翻转 180°，与旋转方式不同。

在进行手动移动元件期间，按 Ctrl + N 键可以使网络飞线暂时消失，当移动到指定位置后，网络飞线自动恢复。

4. 排列元件

排列元件可以通过执行“编辑(E)/排列(G)”菜单命令中的子菜单的相关命令来实现，该子菜单一共有多个选项，如图 10-58 所示。用户也可以从“实用工具”栏中选取“调准工具”栏中的相应命令来排列元件。

子菜单中的主要命令和功能如下：

(1) “排列(A)”：选取该菜单命令将弹出“排列对象”对话框，该对话框列出了多种对齐的方式，如图 10-59 所示。

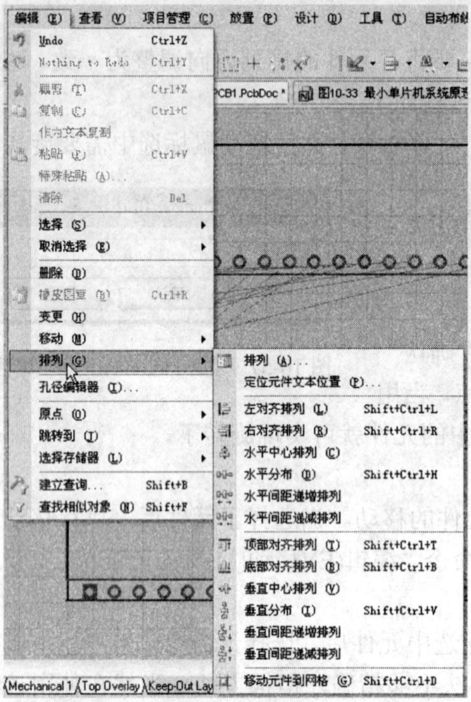

图 10-58　“编辑(E)/排列(G)”子菜单

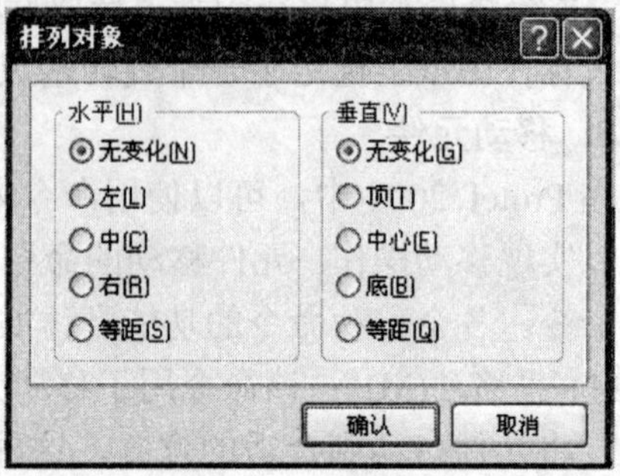

图 10-59　“排列对象”对话框

① “无变化(N)”：元件排列不变。

② “左(L)”：选取的元件向最左边的元件对齐。

③ “中(C)(水平方向)”：选取的元件按元件的水平中心线对齐。

④ “右(R)”：选取的元件向最右边的元件对齐。

⑤ “等距(S)(水平方向)”：选取的元件水平平铺。

⑥ “顶(T)”：将选取的元件向最上面的元件对齐。

⑦ “中心(E)(垂直方向)”：选取的元件按元件的垂直中心线对齐。

⑧ “底(B)”：选取的元件向最下面的元件对齐。

⑨ “等距(Q)(垂直方向)”：选取的元件垂直平铺。

(2) “定位元件文本位置(P)”：执行该命令后，系统弹出如图 10-60 所示的“元件文本位置”设置对话框，可以在该对话框中设置元件文本的位置，也可以直接手动调整文本位置。

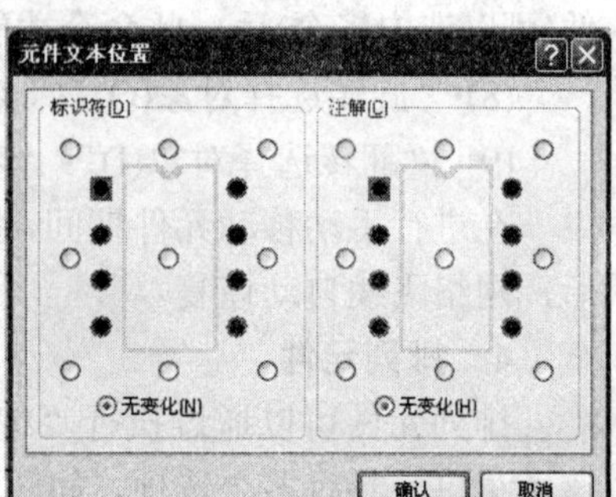

图 10-60　“元件文本位置”设置对话框

(3) “左对齐排列(L)”：将选取的元件向最左边的元件对齐。

(4) “右对齐排列(R)”：将选取的元件向最右边的元件对齐。

(5) “顶部对齐排列(T)”：将选取的元件向最顶部的元件对齐。

(6) “底部对齐排列(B)”：将选取的元件向最底部的元件对齐。

(7) “水平中心排列(C)”：将选取的元件按元件的水平中心线对齐。

(8) “垂直中心排列(V)”：将选取的元件按元件的垂直中心线对齐。

(9) “水平分布(D)”：将选取的元件水平平铺。

(10) “水平间距递增排列”：将选取的元件的水平间距增大。

(11) “水平间距递减排列”：将选取的元件的水平间距减小。

(12) “垂直分布(I)”：将选取的元件垂直平铺。

(13) “垂直间距递增排列”：将选取的元件的垂直间距增大。

(14) “垂直间距递减排列”：将选取的元件的垂直间距减小。

(15) “移动元件到网格(G)”：将元件移动到网格上。

5. 剪贴复制元件

(1) 一般性的粘贴拷贝。当需要复制元件时，可以使用 Protel 2004 提供的复制、剪切和粘贴元件的命令。执行复制、剪切和粘贴元件的命令时首先要将所需要进行复制、剪切或粘贴的元件选中，再按下列步骤进行。

① 执行“编辑(E)/复制(C)”菜单命令，将选取的元件作为副本，放入剪贴板中。

② 执行“编辑(E)/裁剪(T)”菜单命令，将选取的元件直接移入剪贴板中，同时电路图上的被选元件被删除。

③ 执行“编辑(E)/粘贴(P)”菜单命令，将剪贴板里的内容作为副本，拷贝到电路图中。执行“编辑(E)/粘贴(P)”菜单命令前，首先要执行“编辑(E)/复制(C)”菜单命令或“编辑(E)/裁剪(T)”菜单命令，否则为无效命令。

(2) 选择性的粘贴。选择性的粘贴是一种特别的粘贴方式，可以按设定的粘贴方式复制元件，也可以采用阵列方式粘贴元件。

6. 元件的删除

(1) 一般元件的删除。当我们不需要图形中的某个元件时，可以对其进行删除。删除元件时可以使用“编辑”菜单命令中的两个删除命令，即“清除(S)”和“删除(D)”命令。

“清除(S)”命令的功能是删除已选取的元件。启动“清除(S)”命令之前需要选取元件，启动“清除(S)”命令之后，已选取的元件立刻被删除。

“删除(D)”命令的功能也是删除元件，只是启动“删除(D)”命令之前不需要选取元件，启动“删除(D)”命令后，光标变成十字形状，将光标移到所要删除的元件上单击鼠标，即可删除元件。

(2) 导线的删除。选中导线后，按键盘上的 Delete 键即可将选中的对象删除。下面为各种导线段的删除方法。

① 导线段的删除：删除导线段时，可以选中所要删除的导线段(在所要删除的导线段上单击鼠标)，然后按键盘上的 Delete 按钮，即可实现导线段的删除。另外，还可以使用菜单命令“编辑(E)/删除(D)”，光标变成十字形状，将光标移到任意一个导线段上，光标上出现小圆点，单击鼠标即可删除该导线段。

② 两焊盘间导线的删除：单击菜单命令“编辑(E)/选择(S)/物理连接(C)”，光标变成十字形状。将光标移到连接两焊盘的任意一个导线段上，光标上出现小圆点，单击鼠标可将两焊盘间所有的导线段选中，然后在键盘上按 Ctrl + Delete 按钮，即可将两焊盘间的导线删除。

③ 删除相连接的导线：单击菜单命令“编辑(E)/选择(S)/连接的铜(P)”，光标变成十字形状。将光标移到其中一个导线段上，光标上出现小圆点，单击鼠标可将所有与之有连接

关系的导线选中，然后按 Ctrl + Delete 按钮，即可删除连接的导线。

④ 删除同一网络的所有导线：单击菜单命令“编辑(E)/选择(S)/网络中对象(N)”，光标变成十字形状。将光标移到网络上的任意一个导线段上，光标上出现小圆点，单击鼠标可将网络上所有导线选中，然后按 Ctrl + Delete 按钮，即可删除网络的所有导线。

7．调整元件标注

元件的标注不合适，虽然不会影响电路的正确性，但是对于一个有经验的电路设计人员来说，电路板的美观也是很重要的。因此，用户可按如下步骤对元件标注加以调整：

(1) 选中标注字符串，单击鼠标右键，从快捷菜单中选取“Properties”命令项，或者使用鼠标双击字符串，系统也将会弹出如图 10-61 所示的“字符串”属性对话框，此时可以设置文字标注属性。

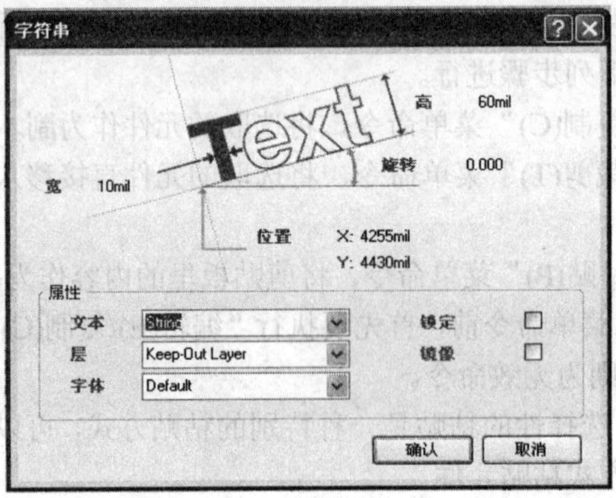

图 10-61　“字符串”属性对话框

(2) 通过此对话框，可以设置文字标注。

8．添加网络连接

当在 PCB 中装载了网络后，如果发现在原理图中遗漏了个别元件，那么可以在 PCB 中直接添加元件，并相应地添加网络。另外，通常还有一些网络需要用户自行添加，比如与总线的连接，与电源的连接等。下面以图 10-62 所示的原理图为例来说明如何添加网络连接，图 10-62 所示的原理图的 PCB 图如图 10-63 所示。

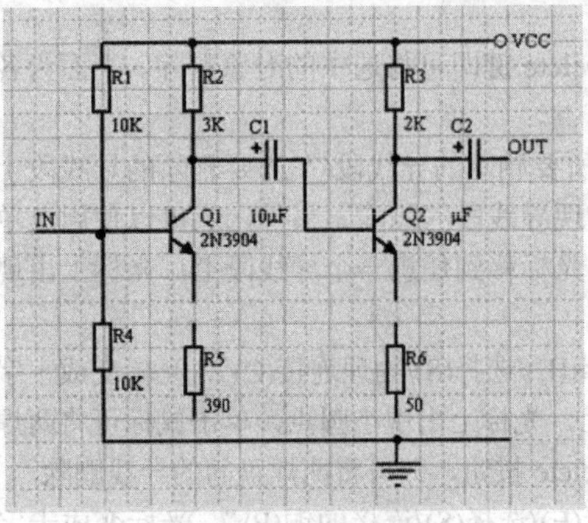

图 10-62　原理图

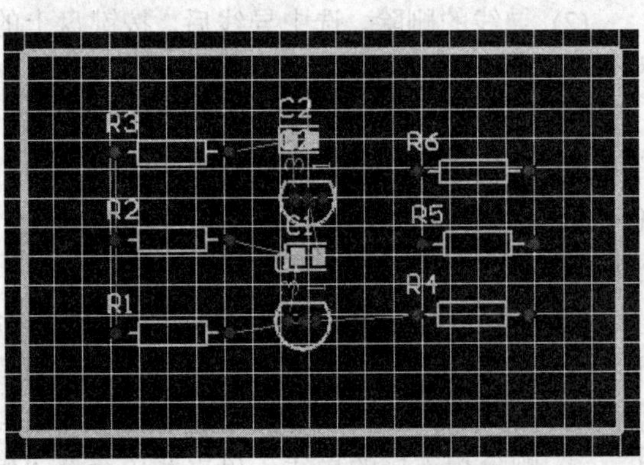

图 10-63　原理图对应的 PCB 图

图 10-62 是一个两级放大电路，从图中可以看出，R5 和 R6 特意没有和电路连接，所以这两个电路都不具备有网络。如何给它们在 PCB 中添加网络呢，具体操作如下。

(1) 在打开的 PCB 文件中执行“设计(D)/网络表(N)/编辑网络(N)”菜单命令，系统将弹出如图 10-64 所示的“网络表管理器”对话框。

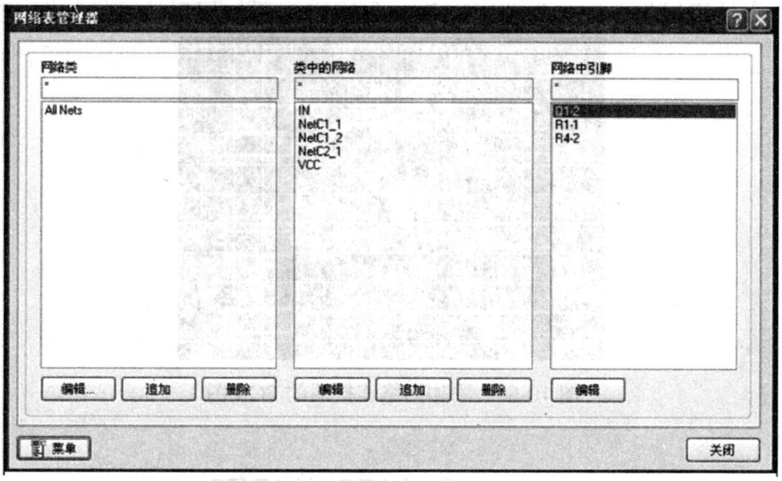

图 10-64　“网络表管理器”对话框

(2) 在“网络表管理器”对话框列表中选择需要连接的网络，例如“NetC2_1”，双击该网络名或者单击下面的“编辑”按钮，系统将弹出如图 10-65 所示的“编辑网络”对话框，此时可以选择添加连接该网络的元件引脚，并单击“确认”按钮。

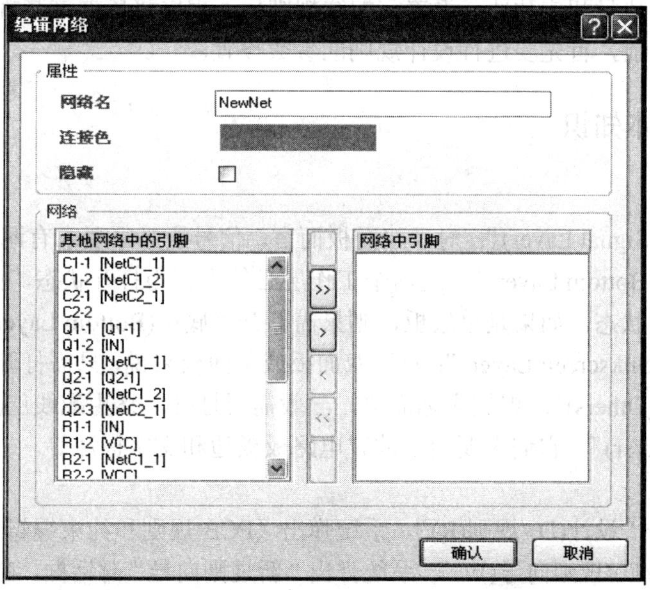

图 10-65　“编辑网络”对话框

(3) 在“类中的网络”列表中单击下面的“追回”按钮，可以向 PCB 添加新的网络，系统弹出如图 10-65 所示的对话框。此时可以在“网络名”编辑框中输入新的网络名，我们在这里输入“Q1-1”，并分别添加该网络的连接“Q1-1”和“R5-1”。

(4) 在“类中的网络”列表中选择“Q2-1”，双击该网络名或者单击下面的“编辑”按钮，系统将弹出如图 10-65 所示的“编辑网络”对话框，此时可以选择添加连接该网络的元件引脚——“Q2-1”和“R6-1”。

在“类中的网络”列表中单击下面的“删除”按钮，可以从 PCB 移去已有的网络。

用同样的方法可以将“R5-2”、“R6-2”加入网络。添加好后的网络如图 10-66 所示。

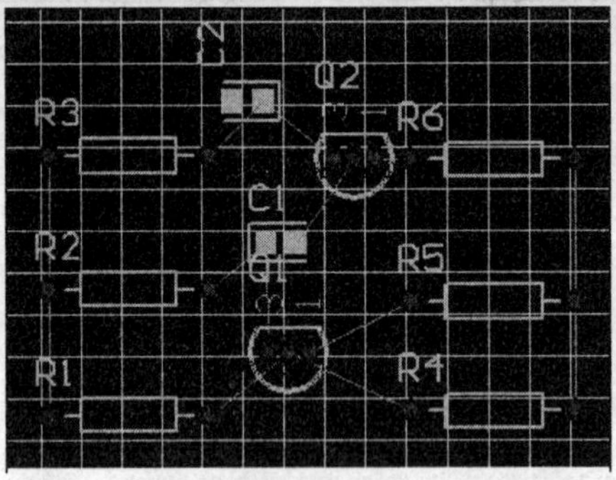

图 10-66 添加网络连接后的 PCB 图

10.3 设计规则的设置

在 PCB 布局结束后，便进入电路板的配线过程。一般说来，用户先是对电路板配线提出某些要求，然后按照这些要求来预置配线设计规则。预置配线设计规则设定得是否合理将直接影响配线的质量和成功率。设置完配线规则后，程序将依据这些规则进行自动配线。因此，自动配线之前，首先要进行设计规则的参数设置。

10.3.1 配线基本知识

1．工作层

(1) “信号层(Signal Layer)”：对于双面板而言，信号层必须要求有两个，即“顶层(Top Layer)”和“底层(Bottom Layer)”，这两个工作层必须设置为打开状态，而信号层的其他层面均可以处于关闭状态。如果是单层板，则只需打开“底层(Bottom Layer)”即可。

(2) “丝印层(Silkscreen Layer)”：对于双面板或单面板来说，只需打开顶层丝印层即可。

(3) “其他层(Others)”：根据实际需要，一般需要打开“禁止配线层(Keep-Out Layer)”和“多层(Multi-Layer)”。它们主要用于放置电路板板边和文字标注等。

2．配线规则

执行菜单命令“设计(D)/规则(R)”，系统弹出“PCB 规则和约束编辑器”对话框，或执行菜单命令“设计(D)/规则向导(W)”，系统弹出“新规则向导”对话框。在这两个对话框中，可以进行配线规则的设置。

(1) “Clearance Constrant(安全间距允许值)”：在配线之前，需要定义同一个层面上两个图元之间所允许的最小间距，即安全间距，根据经验并结合本例的具体情况，可以设置安全间距为 10 mil。

(2) “配线拐角模式”：根据电路板的需要，将 PCB 上的配线拐角模式设置为 45° 角模式。

(3) 配线层的确定：对双面板而言，一般将顶层配线设置为沿垂直方向，将底层配线设置为沿水平方向。

(4) “Routing　Priority(配线优先级)”：在这里配线优先级设置为 2。

(5) Routing Topology 配线原则：一般说来，确定一条网络的走线方式是以配线的总线长为最短作为设计原则。

(6) “Routing Via Style(过孔的类型)”：对于过孔类型，应该与电源/接地线以及信号线区别对待。在这里设置为“通孔(Through　Hole)”。对电源/接地线的过孔，要求的孔径参数为，“孔径(Hole Size)”为 20 mil，“宽度(Width)”为 50 mil。一般信号类型的过孔孔径为 20 mil，宽度为 40 mil。

(7) 对走线宽度的要求：根据电路的抗干扰性和实际的电流大小，将电源和接地的线宽确定为 20 mil，其他的走线宽度为 10 mil。

3. 工作层的设置

进行配线前，还应该设置工作层，以便在配线时可以合理安排线路的布局。工作层的设置步骤如下：

(1) 执行“设计(D)/PCB 板层颜色(L)”菜单命令。

(2) 系统弹出“板层和颜色”设置对话框，关闭不需要的机械层，并关闭内部平面层，如图 10-67 所示。

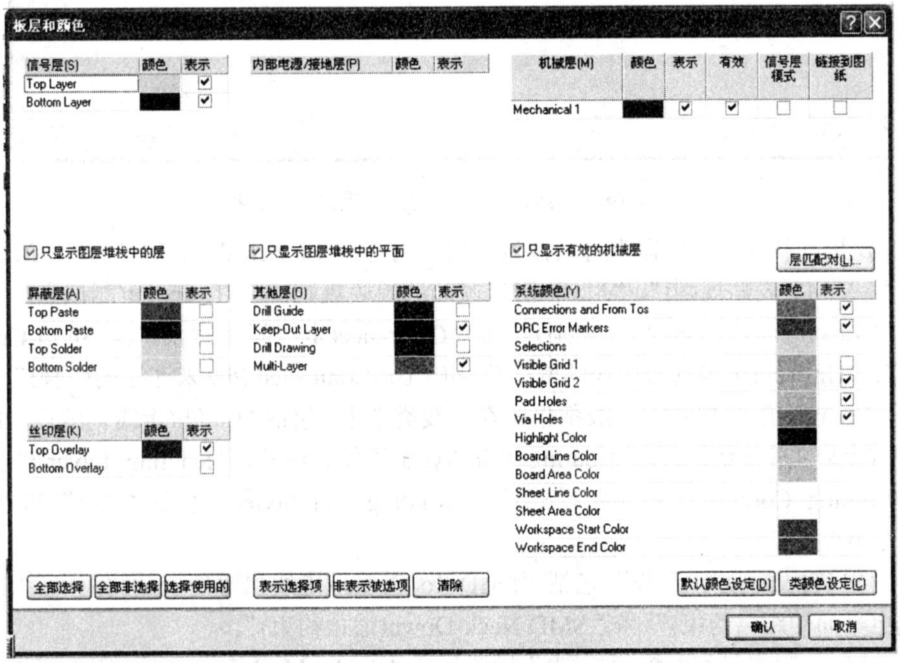

图 10-67　“板层和颜色”设置对话框

(3) 在对话框中进行工作层的设置，双面板需要选定信号层的“Top Layer”和“Bottom Layer”复选框，其他选系统默认值即可。

10.3.2 配线设计规则的设置

1. 设计规则的参数设置对话框

在配线之前，首先要进行参数的设置，配线规则的参数设置过程如下。

执行菜单命令“设计(D)/规则(R)”，系统弹出如图 10-68 所示的“PCB 规则和约束编辑器”对话框，在此对话框中可以设置配线参数。

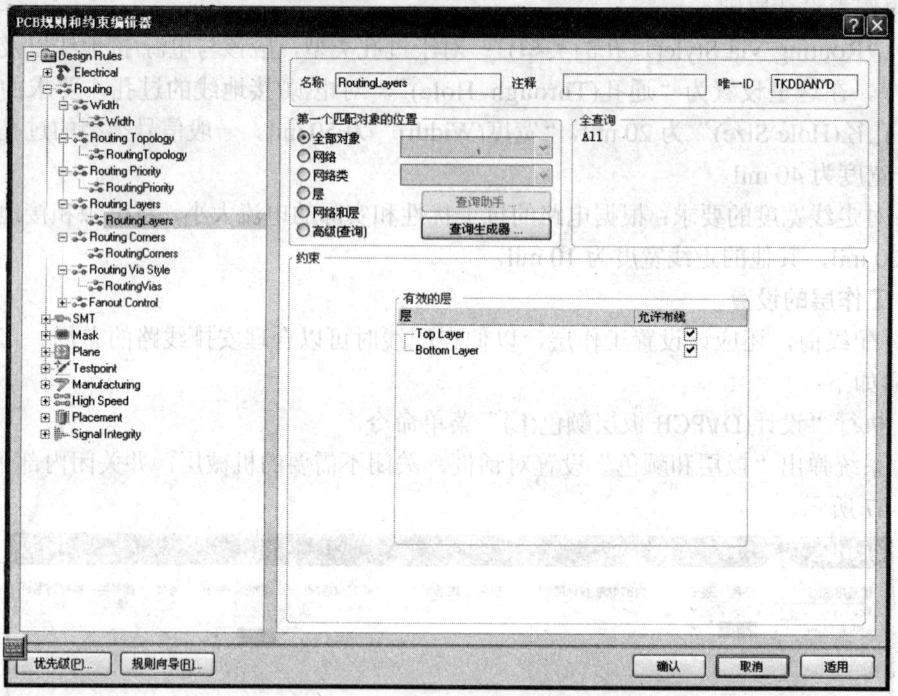

图 10-68 “PCB 规则和约束编辑器”对话框

“PCB 规则和约束编辑器”对话框包括以下内容：“Electrical(电气规则)”、“Routing(配线规则)”、“SMT(表贴规则)”、“Mask(阻焊膜和助焊膜规则)”、“Testpoint(测试点)”等。

(1) “Electrical(电气规则)”类别包括：“Clearance(走线间距约束)”、“Short-Circuit(短路约束)”、“Un-Routed Net(未配线的网络)”和“Un-Connected Pin(未连接的引脚)”。

(2) “Routing(配线规则)”一般都集中在配线类别中，包括“Width(走线宽度)”、“Routing Topology(配线的拓扑结构)”、“Routing Priority(配线优先级)”、“Routing Layers(配线工作层)”、“Routing Corners(配线拐角模式)”、“Routing Via Style(过孔的类型)”和“Fanout Control(输出控制)”。

(3) “SMT(表贴规则)”设置包括“SMD To Corner(走线拐弯处表贴约束)”、“SMD To Plane(到电平面的距离约束)”和“SMD Neck-Down(缩颈约束)”。

(4) “Mask(阻焊膜和助焊膜规则)”设置包括“Solder Mask Expansion(阻焊膜扩展)”和“Paste Mask Expansion(助焊膜扩展)”。

(5) “Testpoint(测试点)”设置包括“Testpoint Style(测试点的类型)”和“Testpoint Usage(测试点的用处)”。

2. 配线设计规则设置

(1) “走线宽度(Width)”：该项可以设置走线的最大、最小和推荐的宽度。

① 在图 10-68 所示的“PCB 规则和约束编辑器”对话框中，使用鼠标选中“Routing(配线规则)”选项下的“Width(走线宽度)”选项，然后单击鼠标右键，从快捷菜单中选择“新键规则(X)”命令，如图 10-69 所示，系统将生成一个新的宽度约束。使用鼠标单击新生成的宽度约束，系统将弹出如图 10-70 所示的对话框。

图 10-69 “新建规则(X)”命令

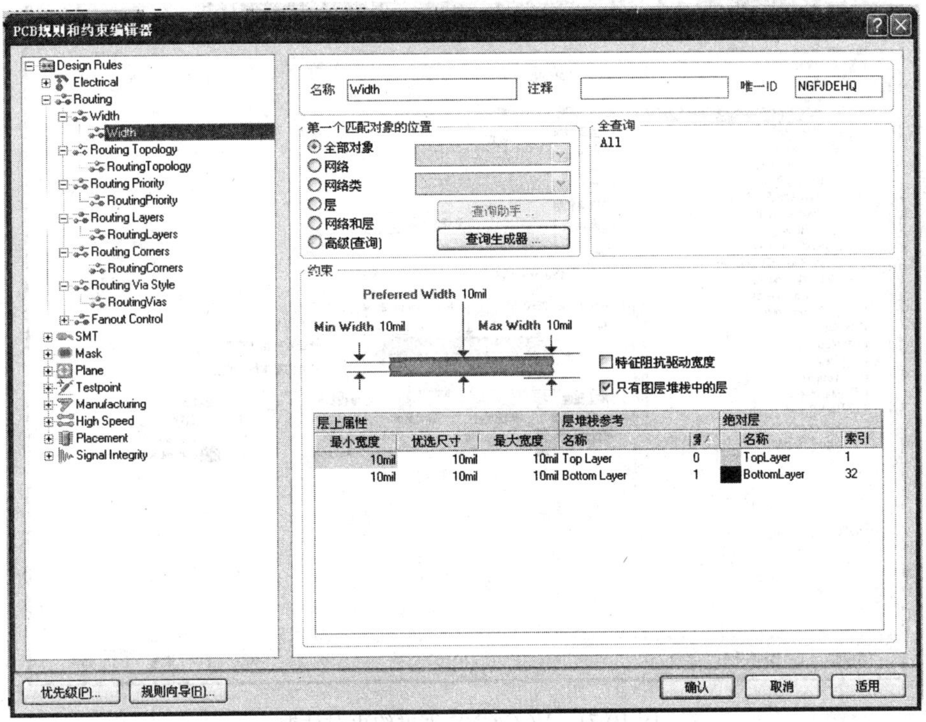

图 10-70 走线宽度约束对话框

② 在该对话框的“名称”编辑框中输入“Width”，然后设定该宽度规则的约束特性和范围。在此设定该宽度规则应用到整个板，所以在“第一个匹配对象的位置”区域栏中选择“全部对象”复选框。

③ 在“约束”区域栏中设置宽度约束条件如下：

“Preferred Width(推荐宽度)”、“Min width(最小宽度)”、“Max Width(最大宽度)”均设置为“12 mil”。其他设置项为系统默认。此时在设计中该宽度约束规则将应用到整个板。

在实际应用中，有时需要单独对某个网络进行线宽的约束，例如电源网络的线比一般网络的线要宽得多，这时需要对电源网络进行单独的约束。以电源网络添加一个新的宽度约束规则为例，继续进行下面的操作步骤。

④ 在图 10-68 所示的对话框中，用鼠标选中“Routing”选项下的 width”选项，然后

单击鼠标右键，从快捷菜单中选择“新建规则(X)”命令，修改其宽度和范围的约束条件，生成一个新的约束。

⑤ 在“名称”编辑框中输入“12 V/GND”。

⑥ 在“第一个匹配对象的位置”区域栏中选择“网络”复选框。点击“全部对象”选项旁的下拉列表按钮，从有效的网络列表中选择“VCC(12 V)”，在“全查询”框中会显示“InNet(‘VCC’)”。

⑦ 在“约束”区域栏中设置“Preferred Width(推荐宽度)”、“Min Width(最小宽度)”、“Max Width(最大宽度)”均为“25 mil”。此时，设置好了“VCC(12 V)”的配线宽度约束规则，如图 10-71 所示。

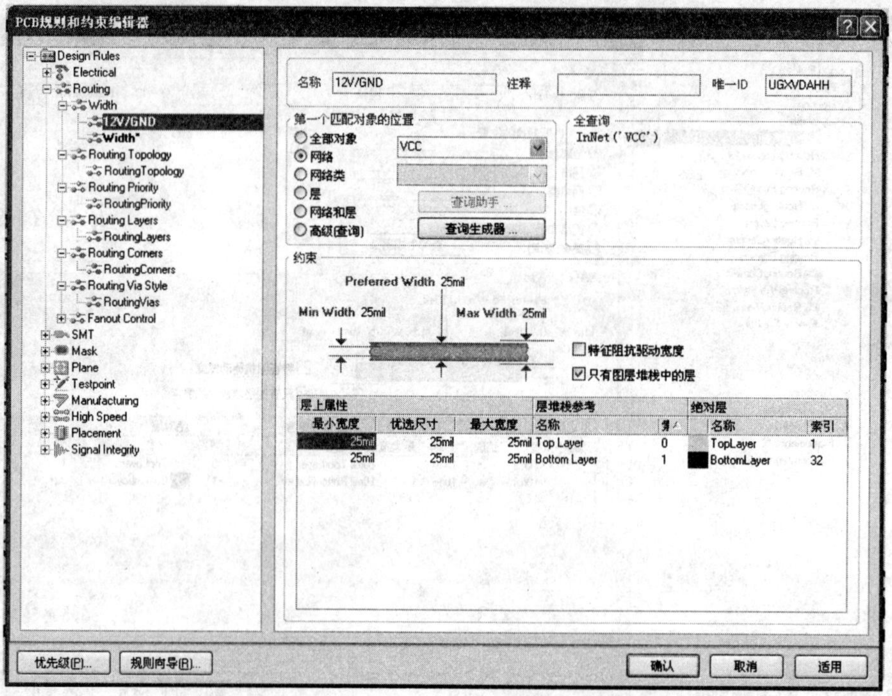

图 10-71 VCC/GND 宽度约束对话框

在设置了 VCC(12 V)/GND 宽度约束规则后，当用手工配线或使用自动配线器时，所有的导线均为 12 mil，除了 GND 和 VCC(12 V)的导线为 25 mil。

(2) “Clearance(设置走线间距约束)”：该项用于设置走线与其他对象之间的最小距离。

将光标移动到“Electrical(电气规则)”项下的“Clearance(走线间距约束)”处单击鼠标右键，从快捷菜单中选取“新建规则(X)”命令，即生成一个新的“Clearance(走线间距约束)”。单击该新的走线间距约束，即可进入“PCB 规则和约束编辑器”中的“Clearance”设置对话框，如图 10-72 所示。

① 该对话框可以设置本规则适用的范围，可以分别在“第一个匹配对象的位置”和“第二个匹配对象的位置”两个区域栏中选择匹配的对象，一般可以指定为整个电路板“全部对象”，也可以分别指定。

② “最小间隙”编辑框设置允许的图元之间的最小间距。

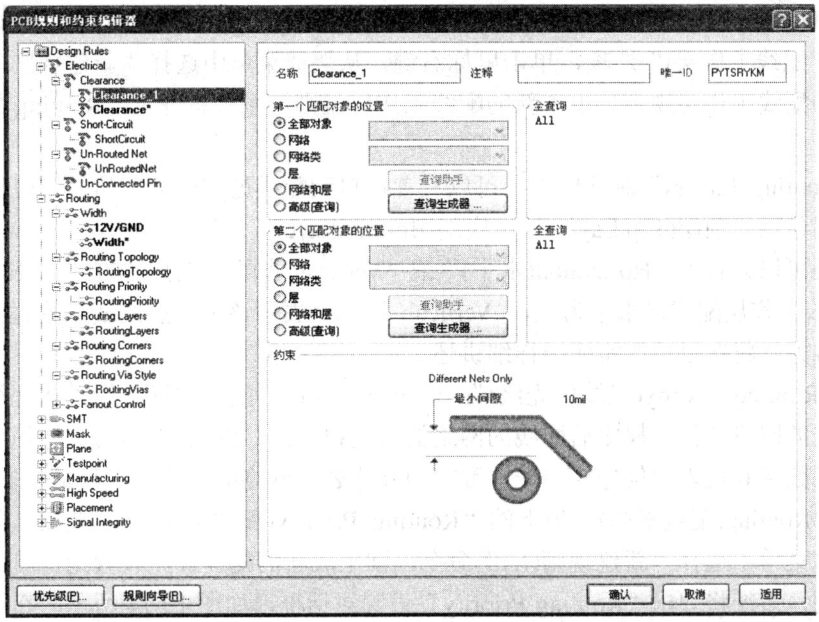

图 10-72　“Clearance”设置对话框

(3)“Routing Corners(设置配线拐角模式)”：该选项用来设置走线拐弯的样式。选中“Routing (配线规则)”项下的“Routing Corners(设置配线拐角模式)”选项，单击鼠标右键，从快捷菜单中选择“新建规则(X)”命令，则生成新的配线拐角规则。单击新的配线拐角规则，系统将弹出“Routing Corners”设置对话框，如图 10-73 所示。该对话框主要设置两部分内容，包括拐角模式和拐角尺寸。拐角模式有 45°、90°和圆弧等，均可以取系统的默认值。

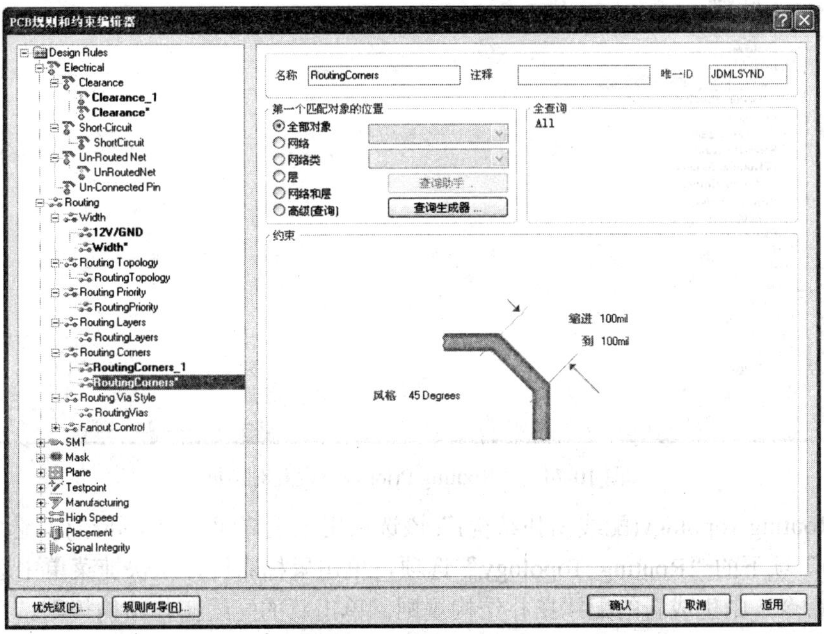

图 10-73　“Routing Corners”设置对话框

(4) “Routing Layers(设置配线工作层)”：选中“Routing (配线规则)”项下的“Routing Layers(设置配线工作层)”选项，单击鼠标右键，从快捷菜单中选择“新建规则(X)”命令，则生成新的配线工作层规则。单击新的配线工作层规则，系统将弹出“Routing Layers”对话框。

在“Routing Layers”对话框中，可以设置在自动配线过程中哪些信号层可以使用，可以选择的层包括“顶层(Top Layer)”、“底层(Bottom Layer)”等。

各层还可以设置为“Horizontal(水平)”或“Vertical(垂直)”的配线方式，“Horizontal(水平)”表示该工作层配线以水平为主，“Vertical(垂直)”表示该工作层配线以垂直为主。各层的方向配线方式将在以后的实例中详细讲述。

(5) “Routing Priority(配线优先级)”：该选项可以设置配线的优先级，即配线的先后顺序。先配线的网络的优先权比后配线的网络的优先权要高。Protel 2004 提供了 0～100 个优先权设定，数字 0 代表的优先权最低，数字 100 代表该网络的配线优先权最高。

选中“Routing(配线规则)”项下的“Routing Priority(配线优先级)”选项，单击鼠标右键，从快捷菜单中选择“新建规则(X)”命令，则生成新的配线优先级规则，单击新的配线优先级规则，系统将弹出“Routing Priority”设置对话框，如图 10-74 所示，在该对话框中可以设置配线优先级。

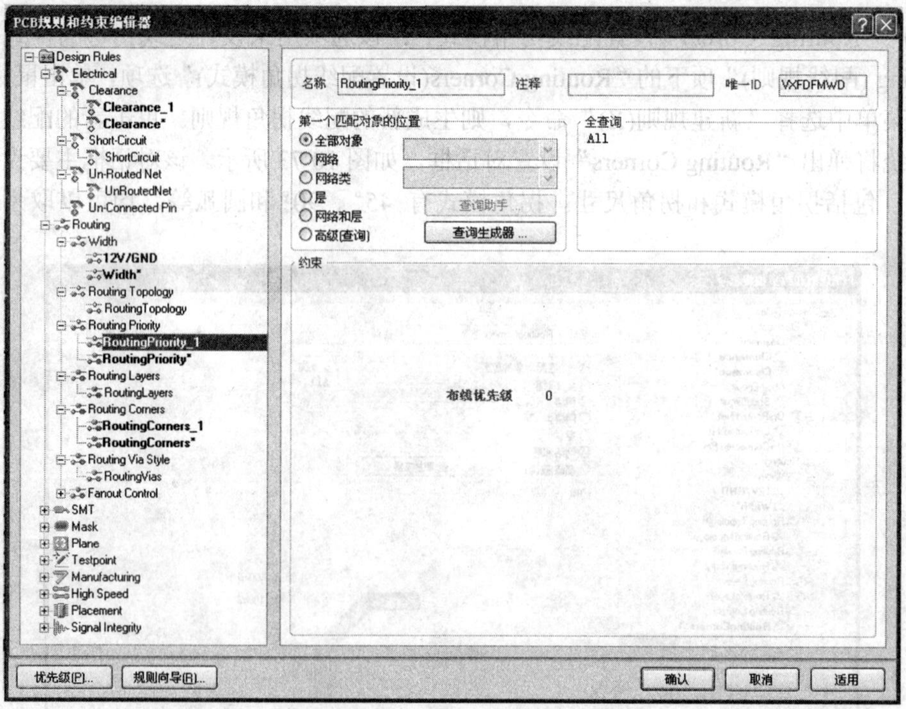

图 10-74 “Routing Priority”设置对话框

(6)“Routing Topology(配线拓扑结构)”：该选项用来设置配线的拓扑结构。选中“Routing (配线规则)”项下的“Routing Topology”选项，单击鼠标右键，从快捷菜单中选择“新建规则(X)”命令，则生成新的配线拓扑结构规则。单击新的配线拓扑结构规则，系统将弹出“Routing Topology”设置对话框，如图 10-75 所示，在该对话框中可以设置配线拓扑结构。

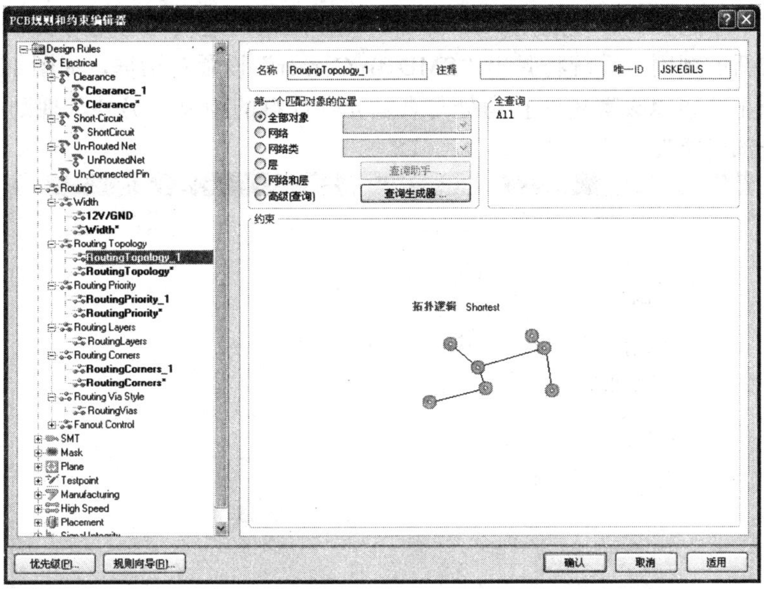

图 10-75　“Routing Topology”设置对话框

“Routing Topology(配线拓扑结构)”有 Shortest、Horizontal、Vertical、Diasy-Simple、Diasy-MidDriven、Diasy-Balanced 和 Starburst 等拓扑选项。选中各选项时，相应的拓扑结构会显示在对话框中。通常系统在自动配线时，以整个配线的线长最短(Shortest)为目标。

(7) “Routing Via Style(设置过孔类型)”：该选项用来设置自动配线过程中使用的过孔的样式。选中“Routing (配线规则)”项下的“Routing Via Style”选项，单击鼠标右键，从快捷菜单中选择“新建规则(X)”命令，则生成新的过孔类型规则。单击新的过孔类型规则，系统将弹出“Routing Via”设置对话框，如图 10-76 所示，在该对话框中可以设置过孔类型。

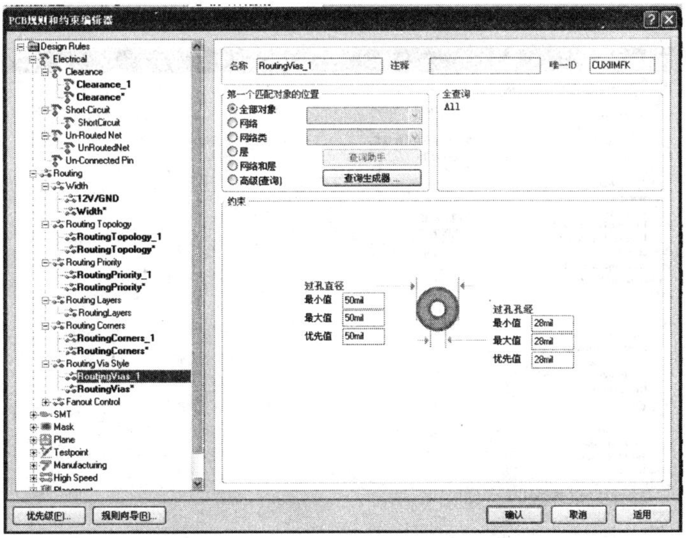

图 10-76　“Routing Via”设置对话框

(8) “SMD To Corner(设置走线拐弯处与表贴元件焊盘的距离)”：该选项用来设置走线拐弯处与表贴元件焊盘的距离。选中“SMT”项下的“SMD To Corner”选项，单击鼠标右键，从快捷菜单中选择“新建规则(X)”命令，则生成新的走线拐弯处与表贴元件焊盘的距离规则。单击新的规则，系统将弹出“SMD To Corner”设置对话框，如图 10-77 所示，在“距离”编辑框中可以设置走线拐弯处与表贴元件焊盘的距离。另外，规则的适用范围可以设定为“全部对象”。

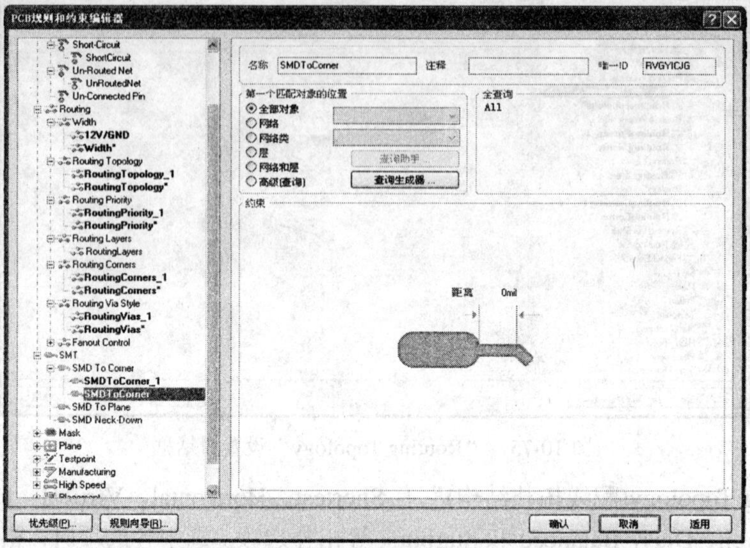

图 10-77　“SMD To Corner”设置对话框

(9)“SMD Neck-Down (SMD 的缩颈限制)”：该选项定义 SMD 的缩颈限制，即 SMD 的焊盘宽度与引出导线宽度的百分比。选中“SMT”项下的“SMD Neck-Down”选项，单击鼠标右键，从快捷菜单中选择“新建规则(X)”命令，则生成新的 SMD 的缩颈限制规则，单击新的规则，系统将弹出“SMD 的缩颈限制”设置对话框，如图 10-78 所示，在该图中可以设置各项。

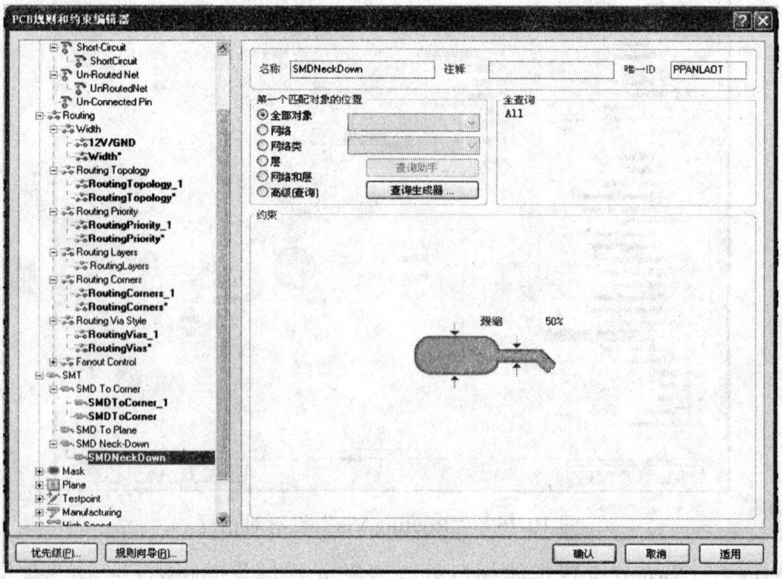

图 10-78　“SMD 的缩颈限制”设置对话框

10.4　交互式手动和自动配线

配线就是在 PCB 上放置导线和过孔将元件连接起来。前面讲述了设计规则的设置，当设置了配线规则后，就可以进行配线操作了。Protel 2004 提供了交互式手动和自动配线两种方式，这两种配线方式不是孤立使用的，通常可以结合在一起使用，以提高配线效率，使 PCB 具有更好的电气特性，并可使 PCB 更美观。本节我们仍以图 10-62 所示的原理图为例来说明如何进行交互式手动和自动配线。

10.4.1　交互式手动配线

Protel 2004 提供了许多有用的手动配线工具，使得配线工作非常容易。尽管自动配线器提供了一个容易而强大的配线方式，但是仍然需要交互式手动去控制导线的放置。图 10-62 所示的原理图经前期处理后，已成为图 10-79 所示的 PCB。下面以图 10-79 所示的简单的 PCB 来讲述如何进行交互式手动配线。

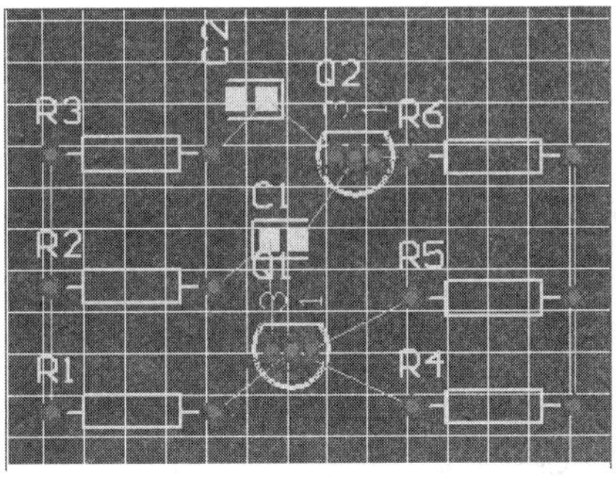

图 10-79　PCB

在 Protel 2004 中，PCB 的导线是由一系列直线段组成的。每次改变方向时，都会开始新的导线段。在默认情况下，Protel 2004 开始时会使导线走向为垂直、水平或 45° 角，这样很容易得到比较专业的结果。

下面将使用预拉线引导我们将导线放置在 PCB 上，实现所有网络的电气连接。具体操作如下：

(1) 从菜单选择“放置(P)/交互式布线(T)”；或按 P-T 键；或点击“配线”工具栏上的  按钮，光标将变成十字形状，表示处于导线放置模式。

(2) 将当前工作层切换到底层(Bottom Layer)。

(3) 将光标放在 R3 的 1 号焊盘上，单击鼠标左键或按 Enter 键固定导线的第一个点。

(4) 移动光标到 C2 的 1 号焊盘。在默认情况下，导线走向为垂直、水平或 45° 角。导线有两段，第一段(来自起点)是蓝色实体，是当前正放置的导线段；第二段(连接在光标上)称做空心线，这一段允许预先查看要放的下一段导线的位置，以便很容易地绕开障碍物，并且一直保持初始的 45° 或 90° 走向。

(5) 将光标放在 C2 的 1 号焊盘的中间，单击鼠标左键，此时第一段导线变为蓝色，表示它已经放在底层(Bottom Layer)了。

(6) 将光标重新定位在 C2 的 1 号焊盘上，会有一条实心蓝色线段从前一条线段延伸到这个焊盘，单击鼠标左键放置这条蓝色实心线段，这样就完成了第一条导线的连接。

(7) 移动光标将它定位在 Q2 的 3 号焊盘上。此时一条蓝色实心线段延伸到 Q2 的 3 号焊盘上，单击鼠标左键放置这条线段，这样就放置了一个网络的配线。

(8) 按 Esc 键，使光标变成十字形，移动光标到 Q2 的 2 号焊盘上，准备放置下一条导线。直至将所有的导线放置完毕，如图 10-80 所示。

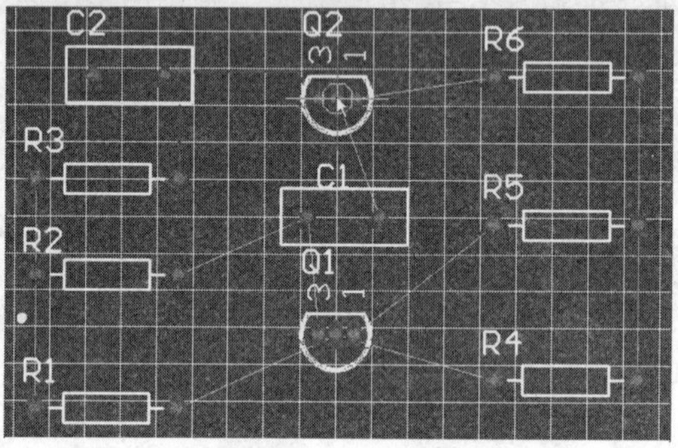

图 10-80 在 PCB 上放置导线

在放置导线时应注意以下几点：

① 单击鼠标左键放置实心颜色的导线段，放置好的导线段和所在层的颜色一致。

② 按空格键来切换要放置的导线的水平、垂直、45° 角的起点模式。

③ 在任何时候按 End 键都可以重绘画面。

④ 在任何时候按 V-F 快捷键都可以重绘画面并显示所有对象。

⑤ 在任何时候按 Page Up 键或 Page Down 键，画面都将以光标位置为中心放大或缩小。

⑥ 按 BackSpace 键取消放置的前一条导线段。

⑦ 在完成放置导线后或想要开始一条新的导线时，单击鼠标右键或按 Esc 键。

⑧ 不能将不应该连接在一起的焊盘连接起来。Protel 2004 将不停地分析板子的连接情况并阻止你进行错误的导线连接或跨越。

⑨ 要删除一条导线段时，单击鼠标左键选中该导线段，这条线段的编辑点将显示出来(导线的其余部分将高亮显示)，然后按 Delete 键就可以删除被选中的导线段。

⑩ 在 Protel 2004 中重新配线是很容易的，只要布新的导线段即可。在单击鼠标右键完成布线后，旧的多余导线段会被自动删除。

10.4.2 自动配线

设置好配线设计规则的参数后，就可以利用 Protel 2004 提供的布线器进行自动配线了。执行自动配线的方法如下。

1. 全局配线

(1) 执行“自动布线(A)/全部对象(A)”菜单命令，对整个电路板进行配线。

(2) 系统弹出如图 10-81 所示的“Situs 布线策略”对话框。在该对话框中，单击“编辑规则”按钮可以设置配线规则。

图 10-81　“Situs 布线策略”对话框

(3) 单击“Route All”按钮，程序就开始对电路板进行自动配线，最后系统会弹出一个配线信息框，如图 10-82 所示，用户可以通过该信息框了解到配线的情况。完成配线的结果如图 10-83 所示。

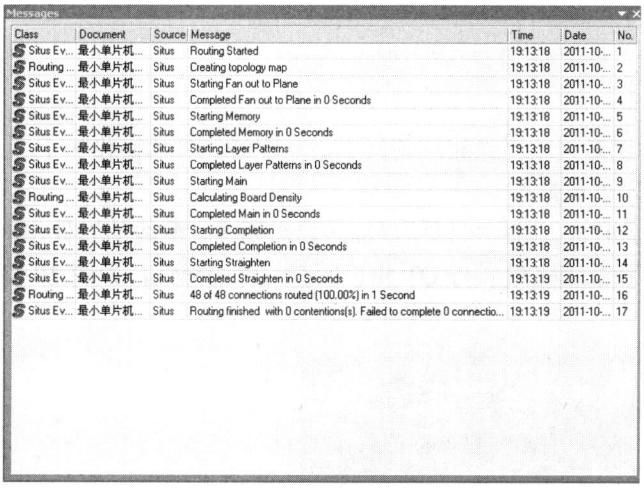

图 10-82　配线信息框

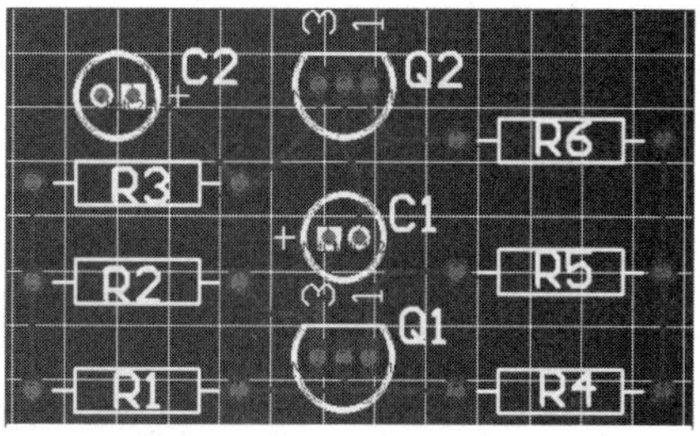

图 10-83　完成配线的结果

2. 对选定网络进行配线

对网络进行配线时，先定义需要自动配线的网络，然后执行“自动布线(A)/网络(N)”菜单命令，由程序对选定的网络进行自动配线。具体操作如下：

(1) 执行“自动布线(A)/网络(N)”菜单命令。

(2) 执行该命令后，光标变为十字形状，用户可以选取需要进行配线的网络任意飞线进行点击。每点击一次，可对选中的网络中所有的连接飞线进行配线。如图 10-84 所示。

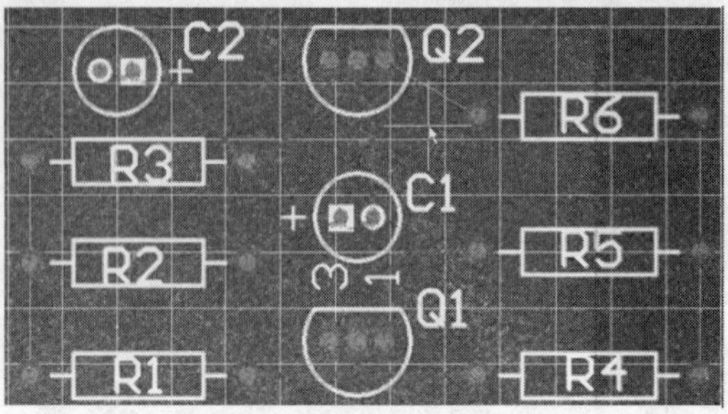

图 10-84　对选定网络进行配线

3．对两飞线连接点进行配线

对两飞线连接点进行配线，也就是对两连接点之间进行配线。具体操作如下：

(1) 执行“自动布线(A)/连接(C)”菜单命令。

(2) 执行该命令后，光标变为十字形状，用户可以选取需要进行配线的两个连接点。例如：Q1 的 1 号焊盘与 R5 的 2 号焊盘、R2 的 1 号焊盘与 C1 的 1 号焊盘、C2 的 2 号焊盘与 Q2 的 2 号焊盘，对部分连接点进行配线后的结果如图 10-85 所示。

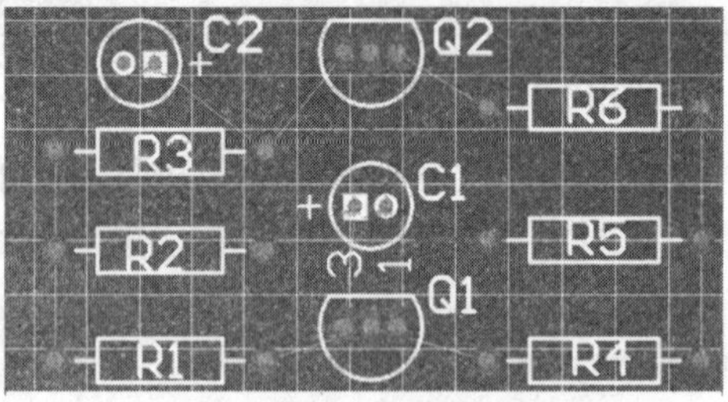

图 10-85　对两飞线连接点进行配线

4．对指定元件进行配线

对指定元件进行配线就是使程序仅对与该元件相连的网络进行配线。具体操作如下：

(1) 执行“自动布线(A)/元件(O)”菜单命令。

(2) 执行该命令后，光标变为十字形状，用户可以用鼠标选取需要进行配线的元件，本实例选取元件 Q1 进行配线，可以看到系统完成了与 Q1 相连所有元件的配线，如图 10-86 所示。

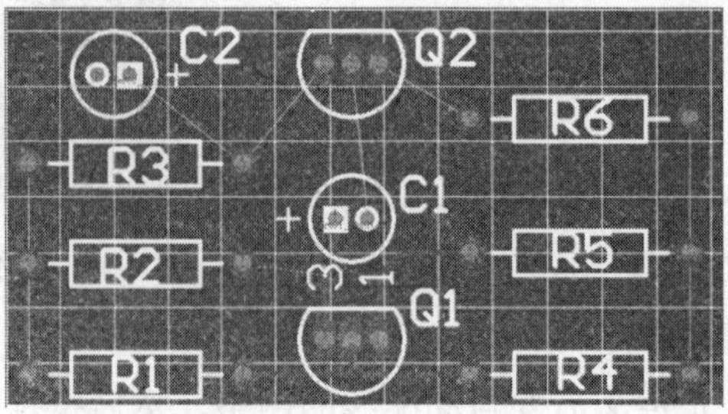

图 10-86　对指定元件进行配线

5. 对指定区域进行配线

对指定区域进行配线就是使程序的自动配线范围仅限于鼠标框定的区域内。具体操作如下：

(1) 执行“自动布线(A)/元件(O)”菜单命令。

(2) 执行该命令后，光标变为十字形状，用户可以拖动鼠标选取需要进行配线的区域，如图 10-87 所示。在图中，Q1、Q2、C1 被鼠标框定在区域内，所以系统对此框定区域中的 Q1、Q2、C1 进行了自动配线，而其他没有框定的区域则没有配线。

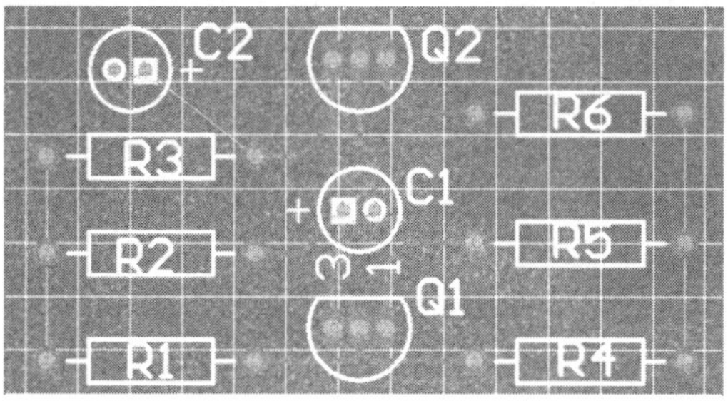

图 10-87　对指定区域进行配线

6. 其他配线命令

(1) “自动布线(A)/停止(T)”：终止自动配线过程。

(2) “自动布线(A)/重置”：重新开始自动配线过程。

(3) “自动布线(A)/Pause”：暂停自动配线过程。

(4) “自动布线(A)/设定(S)”：用于设置一些规则和测试点的特性。

10.4.3 手工调整 PCB

自动布线虽然自动化程度高，能减轻设计者的劳动强度，但是自动配线时或多或少也会存在一些令人不满意的地方。而一个设计美观的 PCB 往往都在自动配线的基础上进行多次修改，才能将其设计得尽善尽美。下面讲述如何手工调整 PCB。

点击“工具(T)/取消布线(U)”菜单，出现如图 10-88 所示的命令。

(1) “全部对象(A)”：拆除所有配线。

(2) “网络(N)”：拆除所选配线网络。

(3) “连接(C)”：拆除所选的一条连线。

(4) “元件(O)”：拆除与所选的元件相连的导线。

下面以“元件(O)”命令为例来介绍调整配线的操作步骤。

要将图 10-87 中的元件 Q2 的连接线路进行手工调整，操作步骤如下：

① 使用鼠标在层选择标签上选择工作层，将工作层切换到底层(Bottom Layer)，使底层为当前活动的工作层。

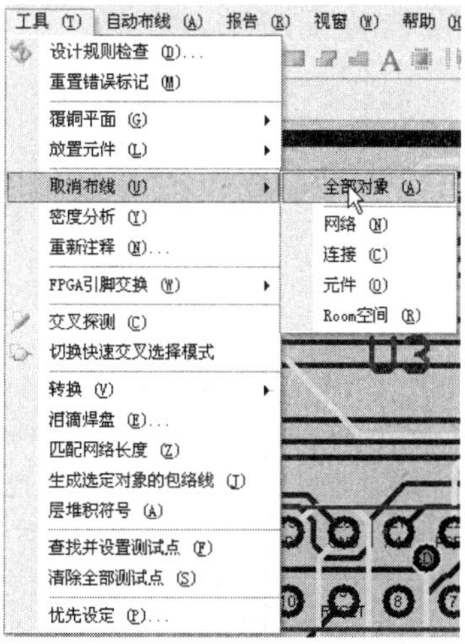

图 10-88　“取消布线(U)”子菜单

② 执行“工具(T)/取消布线(U)/元件(O)”菜单命令。

③ 执行该命令后，光标变为十字形状，移动光标到需要拆除的元件 Q2 上，单击鼠标左键确定，这时会发现元件 Q2 上原先的连线全部消失，如图 10-89 所示。

④ 执行“放置(P)/交互式布线(T)”菜单命令，将上述已拆除的元件 Q2 周围的飞线重新布线，重新走线后的配线如图 10-90 所示。

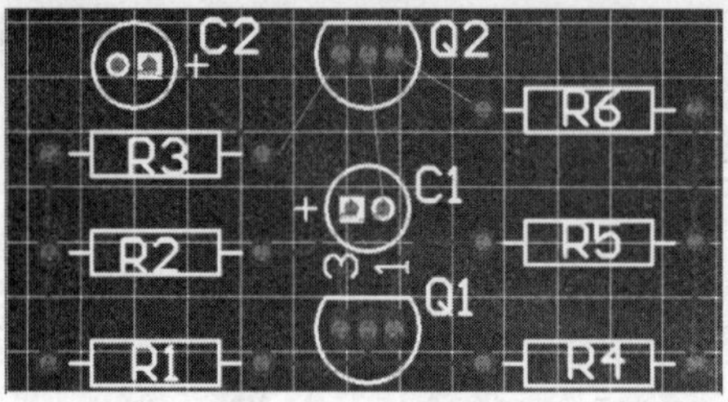

图 10-89 拆除 Q2 元件上的连线

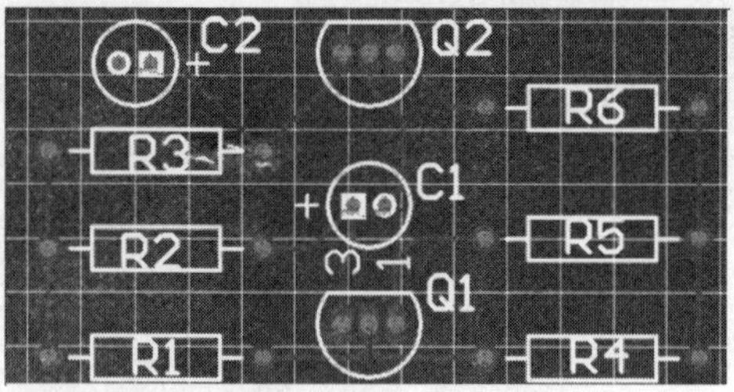

图 10-90 对 Q2 元件进行重新配线

10.4.4 对 PCB 敷铜

对 PCB 进行敷铜，可以提高 PCB 的抗干扰性，通常对要求比较高的 PCB 应实行敷铜处理。现以图 10-87 所示 PCB 为例，说明对 PCB 进行敷铜的步骤。

(1) 使用鼠标单击“绘图”工具栏中的相关按钮，或执行“放置(P)/覆铜(G)”菜单命令。

(2) 系统弹出如图 10-91 所示的“覆铜”属性对话框。在该对话框中，选择“网络选项”区域栏，点击“连接到网络”选项的下拉列表按钮，选中“GWD”，然后分别选中“Pour Over Same Net Polygons Only(仅仅和相同的网络连接一起)”和“Remove Dead Copper(去掉死铜)”复选框；在“属性”区域栏中，点击“层”选项的下拉列表按钮，选中“Bottom Layer”，其他设置项可以取默认值。

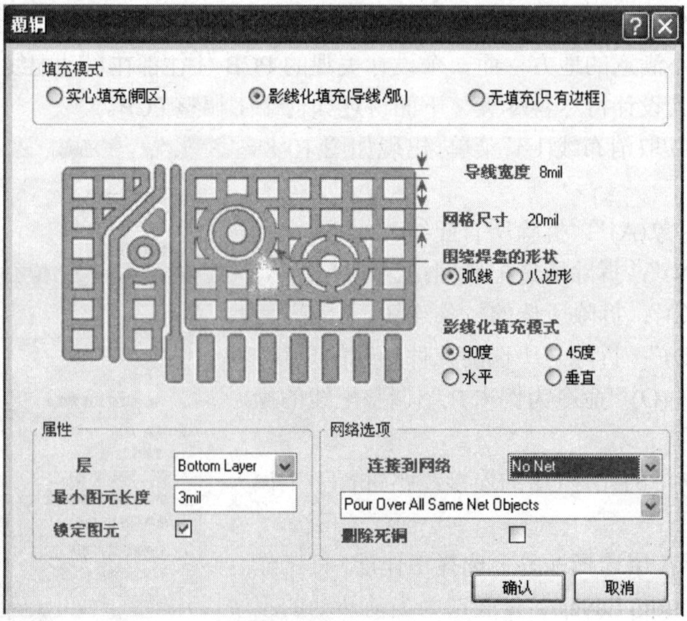

图 10-91 “覆铜”属性对话框

(3) 设置完对话框后单击“确认”按钮，光标变成了十字形状，将光标移到所需的位置，单击鼠标左键，确定多边形的起点。再移动鼠标到适当位置，单击鼠标左键，确定多边形的中间点。

(4) 在终点处单击鼠标右键，程序会自动将终点和起点连接在一起，并且去除死铜，在 PCB 上敷铜，如图 10-92 所示。

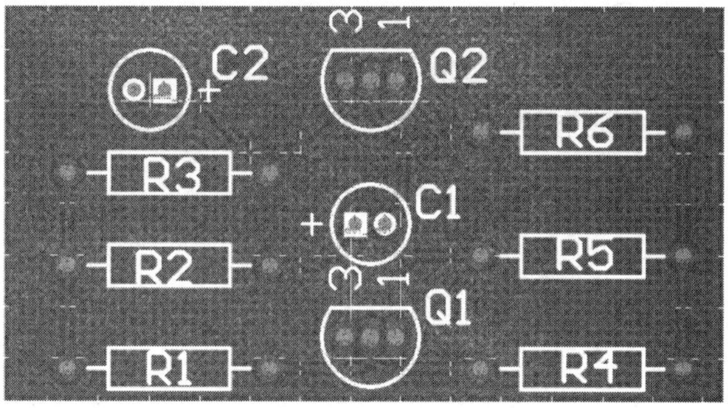

图 10-92 对 PCB 覆铜

10.4.5 电源、接地线加宽及 PCB 补泪滴处理

1. 电源、接地线加宽

电源的接地线往往要比其他信号线流过的电流大，所以为了增加系统的可靠性，需要将电源和接地线或一些流过电流较大的线加宽。当设计完电路板后，如果需要增加电源、接地线的宽度，也可以对 PCB 上的电源、接地线进行加宽。具体操作步骤如下：

(1) 移动光标，将光标指向需要加宽的电源、接地线或其他线。

(2) 使用鼠标左键双击电源或接地线，出现如图 10-93 所示的对话框。

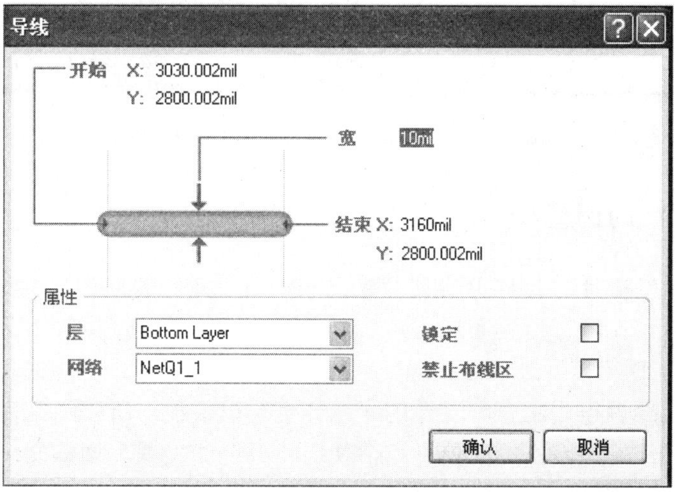

图 10-93 “导线”属性设置对话框

(3) 用户在对话框中的“宽”选项中输入实际需要的宽度值即可。电源、接地线被加宽后的结果如图 10-94 所示，如果要加宽其他线，也可按同样方法进行操作。

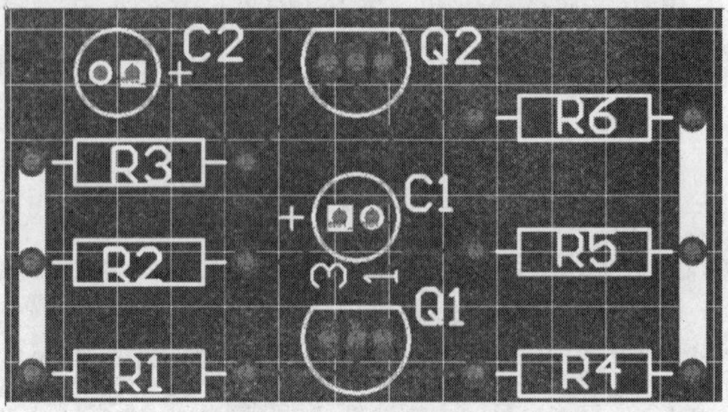

图 10-94　加宽的电源、接地线

2．PCB 补泪滴处理

PCB 补泪滴处理主要是为了增强 PCB 网络连接及将来焊接元件的可靠性。补泪滴处理的操作步骤如下：

执行“工具(T)/泪滴焊盘(E)”菜单命令，然后在弹出如图 10-95 所示的“泪滴选项”属性对话框中选择需要补泪滴的对象，对话框中有“全部焊盘”、“全部过孔”、“只有选定的对象”等选项，一般情况下焊盘有必要进行补泪滴处理。再选择泪滴的形状，并选择“追加”选项以实现向 PCB 添加泪滴。最后按“确认”按钮即可完成补泪滴操作。对图 10-94 进行补泪滴处理后的电路板如图 10-96 所示。

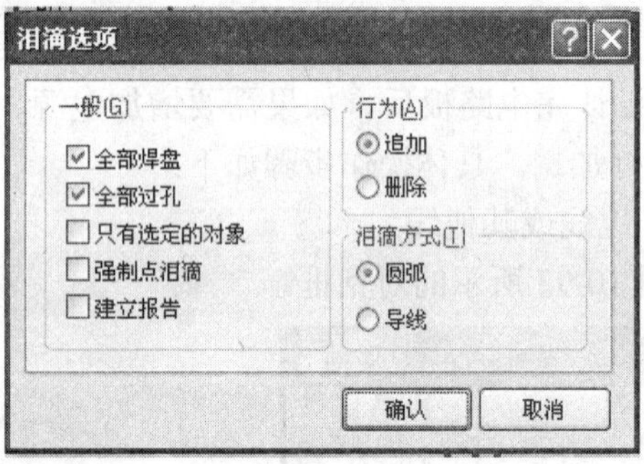

图 10-95　“泪滴选项”属性对话框

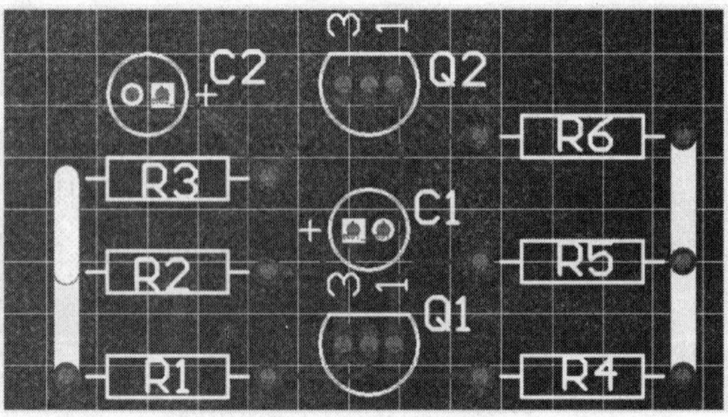

图 10-96　补泪滴处理的电路板

10.4.6　文字标注的调整

文字标注的调整主要用于 PCB 在进行手动布局后，元件的位置发生变化的情况下，需要重新编排元件号。在进行自动布局时，一般元件的标号以及注释等将从网络表中获得，并被自动放置到 PCB 上。经过自动布局，元件的相对位置与原理图中的相对位置将发生变化，在经过手动配线调整后，有时元件的序号会变得很杂乱，所以经常需要对文字标注进行调整，使文字标注排列整齐，字体一致，使电路板更加美观。调整文字标注时一般可以对元件进行流水号更新。

1．手动更新流水号

(1) 移动光标，将光标指向需要调整的文字标注。

(2) 双击鼠标，出现如图 10-97 所示的“标识符”对话框。

图 10-97 “标识符”对话框

(3) 此时可以修改流水号，也可以根据需要，修改对话框中文字标注的内容、字体、大小、位置及放置方向等。

2. 自动更新流水号

(1) 执行“工具(T)/重新注释(N)”菜单命令，系统将弹出如图 10-98 所示的“位置的重注释”对话框。在此对话框中，系统提供了以下 5 种更新方式。

① “By Ascending X Then Ascending Y”：该选项表示先按横坐标从左到右，再按纵坐标从下到上编号，如图 10-98 所示。

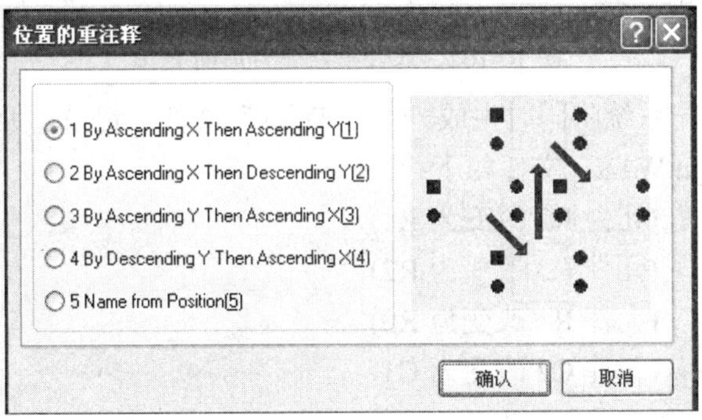

图 10-98 “位置的重注释”对话框

② “By Ascending X Then Descending Y”：表示先按横坐标从左到右，再按纵坐标从上到下编号，如图 10-99 所示。

③ “By Ascending Y Then Ascending X”：表示先按纵坐标从下到上，再按横坐标从左到右编号，如图 10-100 所示。

④ “By Descending Y Then Ascending X”：表示先按纵坐标从上到下，再按横坐标从左到右编号，如图 10-101 所示。

⑤ “Name from Position”：表示根据坐标位置进行编号。

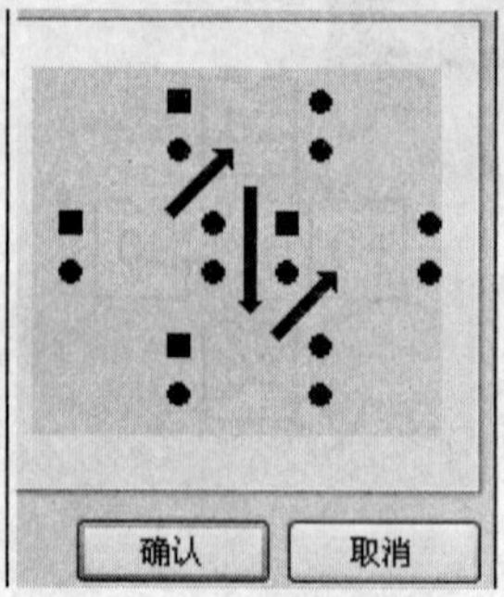

图 10-99　第 2 种更新方式

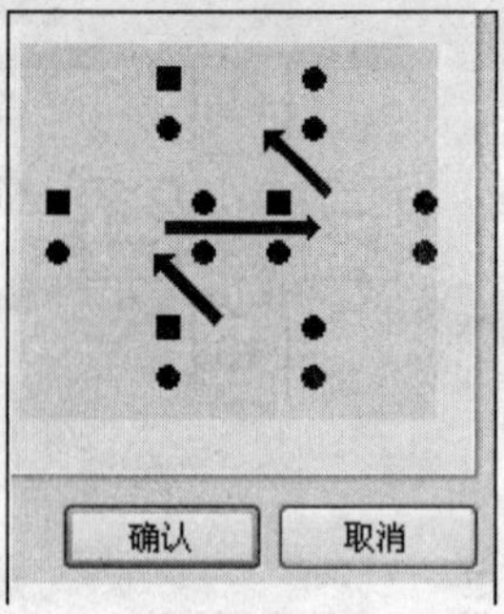

图 10-100　第 3 种更新方式

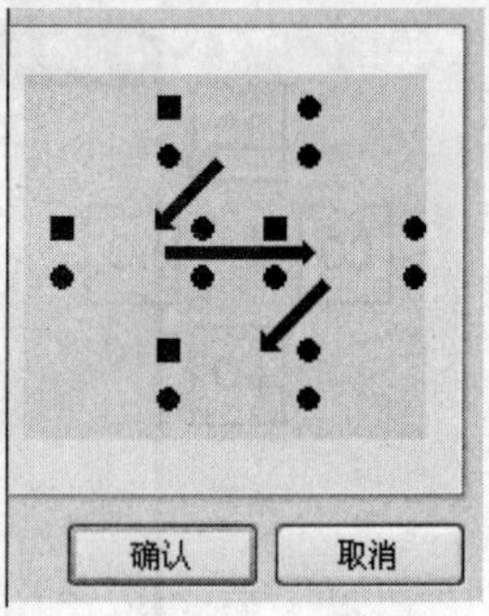

图 10-101　第 4 种更新方式

(2) 当完成以上方式选择后，单击“确认”按钮，系统将按照设定的方式对元件流水号进行重新编号。

在这里我们选择第 1 种方式对图 10-96 进行流水号排列。元件经过重新编号后可以获得如图 10-102 所示的 PCB。

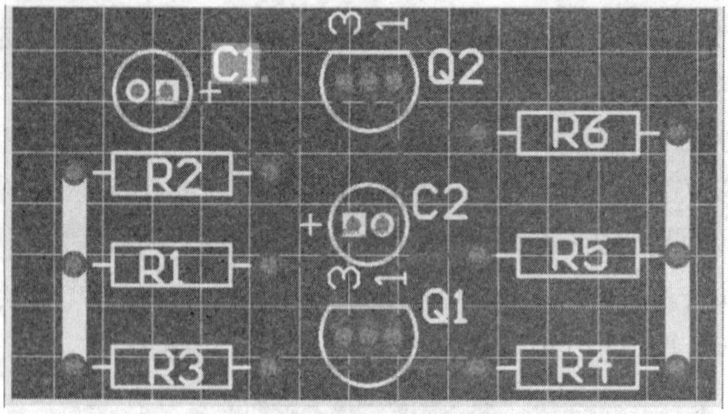

图 10-102　元件重新编号后的 PCB

元件重新编号后，系统将同时生成一个“.WAS”文件，记录了元件编号的变化情况。本例中生成的“Design.WAS”文件如下：

R2	R1	(元件 R2 改变为 R1)
R3	R2	(元件 R3 改变为 R2)
R1	R3	(元件 R1 改变为 R3)
C2	C1	(元件 C2 改变为 C1)

3. 更新原理图

当 PCB 的元件流水号发生改变后，原理图也应该相应改变，这可以在 PCB 环境下实现，也可以返回原理图环境实现相应改变。

在 PCB 环境中更新原理图的相应流水号时，执行“设计(D)/更新原理图(U)”命令，系统会弹出一个提示框，如果确认要更新原理图，则单击“确认”按钮，之后系统将弹出一个“工程改变顺序”对话框。在该对话框中，可以单击“使变化生效”按钮使更新有效，再单击“执行变化”按钮来执行这些变化，此时原理图就接受了这些变化，其元件流水号就根据 PCB 的改变而变化了。单击“关闭”按钮结束更新操作，原理图则进行了相应的更新。

10.4.7　设计规则检查

完成了 PCB 的布线后，便可以对配线的结果进行检查了。“Design Rule Check(DRC)”是 Protel 2004 提供的一个有效的设计规则检查功能，该功能可以确认设计是否满足设计规则。DRC 可以测试各种违反走线设计规则的情况，比如安全错误、未走线网络、宽度错误、长度错误和影响制造及信号完整性的错误。DRC 可以后台运行，用户也可以随时手动运行。

执行“工具(T)/设计规则检查(D)”菜单命令，系统将弹出如图 10-103 所示的“设计规则检查器”对话框。

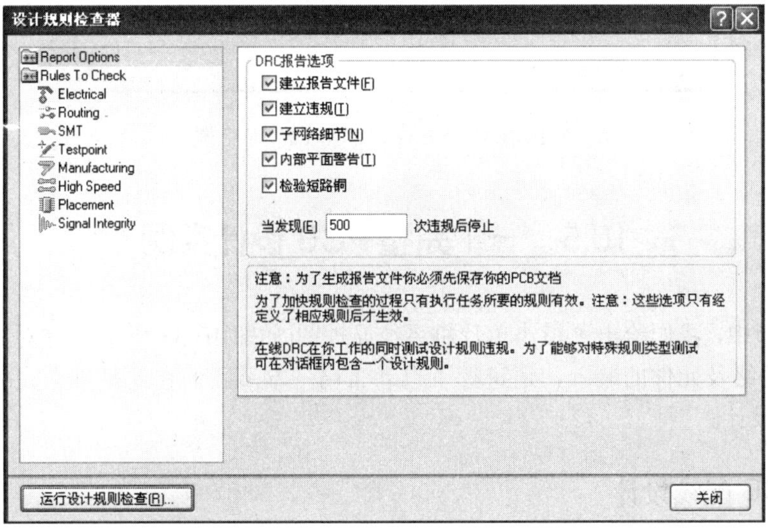

图 10-103　“设计规则检查器”对话框

(1) “Report Options(报告选项)”：该选项可以设定需要检查的规则选项，具体包括如下内容：

① “建立报告文件(F)”：选择该复选框，可以在检查设计规则时创建报告文件。

② “建立违规(T)”：选择该复选框，在检查设计规则时，如果有违反设计规则的情况，将会产生详细报告。

③ “子网络细节(N)”：如果定义了“un-Routed Net(未连接网络)”规则，选择该复选框，可以在设计规则检查报告中包括子网络的详细情况。

④ “内部平面警告(T)”：选中该选项，设计规则检查报告中会包括内部平面层的警告。

⑤ “检验短路铜”：选中该选项，会检查 Net Tie 元件，并且会检查在元件中是否存在没有连接的铜。

(2) “Rules to Check(需要检查的规则)”：该选项中包括了将要检查的规则，如图 10-104 所示，用户可根据需要设定检查的规则。

在如图 10-104 所示的对话框中，如果需要在线检查某项规则，可以选中该设计规则后面的“在线”复选框；如果需要批量检查某设计规则，可以选中“批处理”选项。

(3) 单击“运行设计规则检查(R)”按钮，可以启动 DRC 运行模式，完成检查后将在设计窗口显示任何可能违反规则的情况。

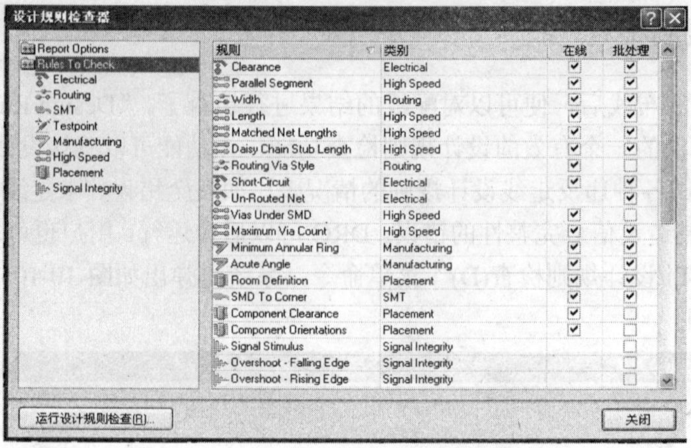

图 10-104 “Rules To Check”对话框

10.5 一个完整 PCB 设计实例

在 10.2 节中，我们给出了最小单片机系统原理图(如图 10-33 所示)，并对其进行了电路板的规划，网络及元件的装入，还进行了自动布局。本节我们在此基础上完成最小单片机系统的 PCB 设计。

10.5.1 PCB 配线设计

1. 调整元件布局

最小单片机系统原理图经过以上前期处理后，得到如图 10-105 所示的元件布局。

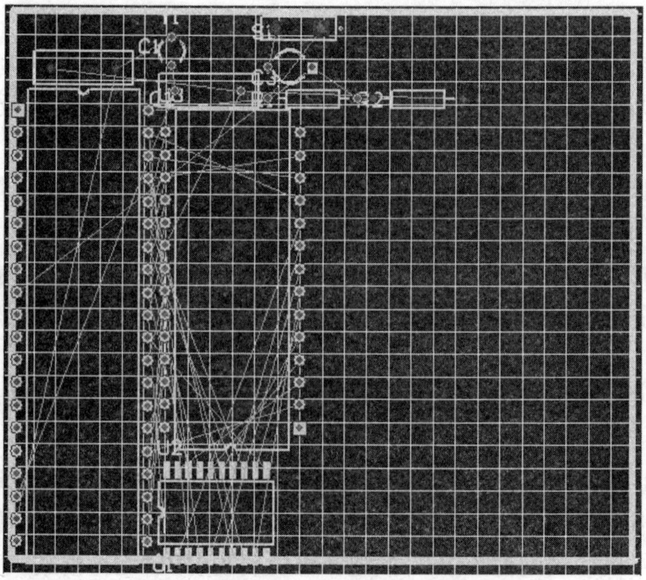

图 10-105 最小单片机系统元件布局

很明显，元件的排列不能满足 PCB 设计的要求，所以需要进一步手动调整位置。我们可以执行移动、旋转等编辑命令，将所有元件的位置调整如图 10-106 所示，元件精确的位置和相对的位置都可以通过“元件属性”对话框的坐标来设置。

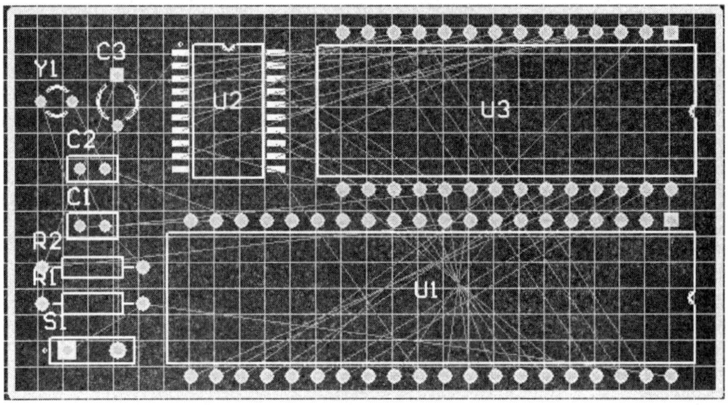

图 10-106 调整后的 PCB

2. 设置板层

执行“设计(D)/层堆栈管理器(K)”菜单命令，在弹出的“图层堆栈管理器”对话框中分别设置两个信号层——“Top Layer(顶层)”和“Bottom Layer(底层)”，如图 10-107 所示。

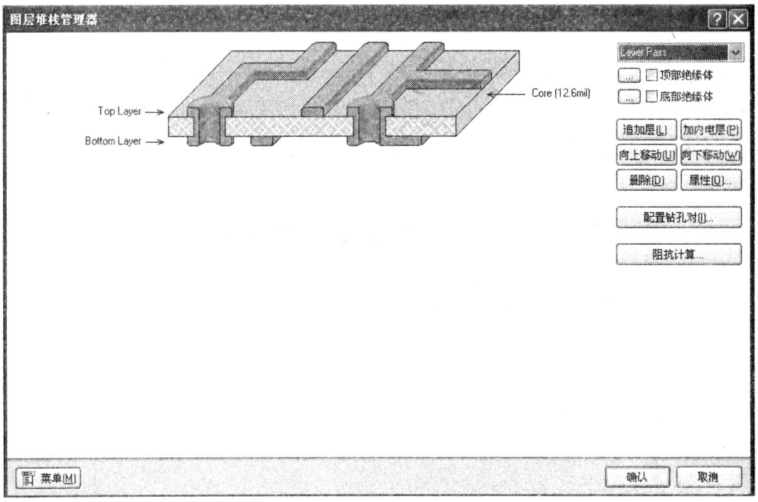

图 10-107 “图层堆栈管理器”对话框

3. 定义设计规则

执行“设计(D)/规则(R)”菜单命令，弹出“PCB 规则和约束编辑器”对话框，如图 10-108 所示。

(1) 导线宽度设置：在“Routing”选项中选择“Width”项，并新建一个导线宽度。选择宽度为 8 mil，最小值为 8 mil，最大值为 30 mil。

(2) 导线间距设置：在“Electrical”选项中选择“Clearance”项，并建立一个新的导线间距。选择导线间距为 10 mil。

(3) 过孔参数设置：在“Routing”选项中选择“Routing Via Style”项，并建立一个新的过孔参数。选择通孔直径为 18 mil，外径为 36 mil。

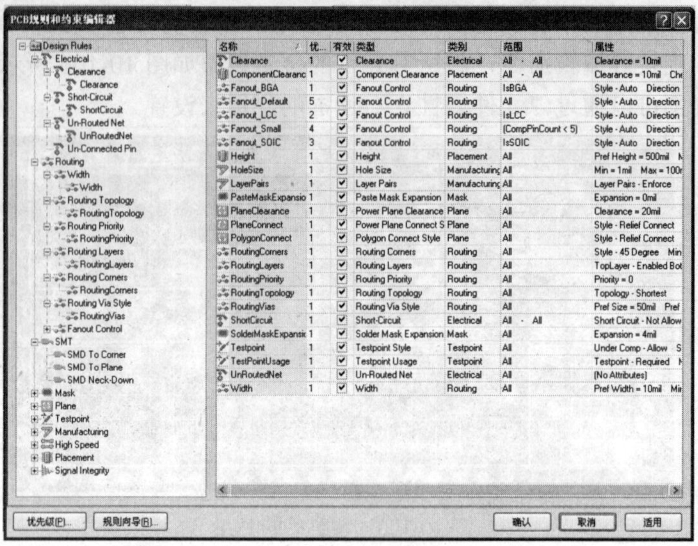

图 10-108　“PCB 规则和约束编辑器”对话框

(4) 手动调整元件：采用移动、翻转命令将 PCB 上的元件进行调整，使其符合设计要求，将设计面板切换到“Keep-Out Layer”，并将电路板的尺寸重新规划，以使布线更加紧凑美观。

(5) 自动配线：执行“自动布线(A)/全部对象(A)”菜单命令，系统弹出“Situs 布线策略”对话框中，如图 10-109 所示，选中“锁定全部预布线”复选框。如果存在违反设计规则的错误，将会显示在“布线设置报告”信息框中；如果需要修改配线规则，可以单击“编辑规则”按钮。

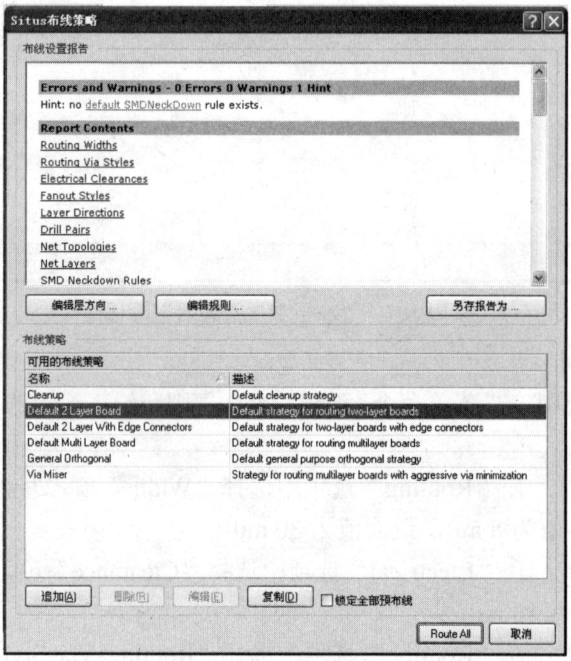

图 10-109　“Situs 布线策略”对话框

如果单击“编辑层方向”按钮，可以对信号层的走线方向进行编辑，如图 10-110 所示。在图 10-110 中，选择“Top Layer(顶层)”为“Vertical(纵向走线)”，“Bottom Layer(底层)”为“Horizontal(横向走线)”。

图 10-110　“层方向”设置对话框

如果单击“Route All”按钮，系统将开始对所有网络连接进行配线。最后对配线的 PCB 再实现敷铜、补泪滴处理等。完成后的 PCB 如图 10-111 所示。

如果我们选择“设计(D)/PCB 板层颜色(L)”菜单命令，在弹出的“板层和颜色”对话框中分别将“Top Layer(顶层)”和“Bottom Layer(底层)”关掉，可以分别得到“Bottom Layer(底层)”和“Top Layer(顶层)”的布线情况，如图 10-112 和图 10-113 所示。其中图 10-112 为“Bottom Layer(底层)”布线图；图 10-113 为“Top Layer(顶层)”布线图。

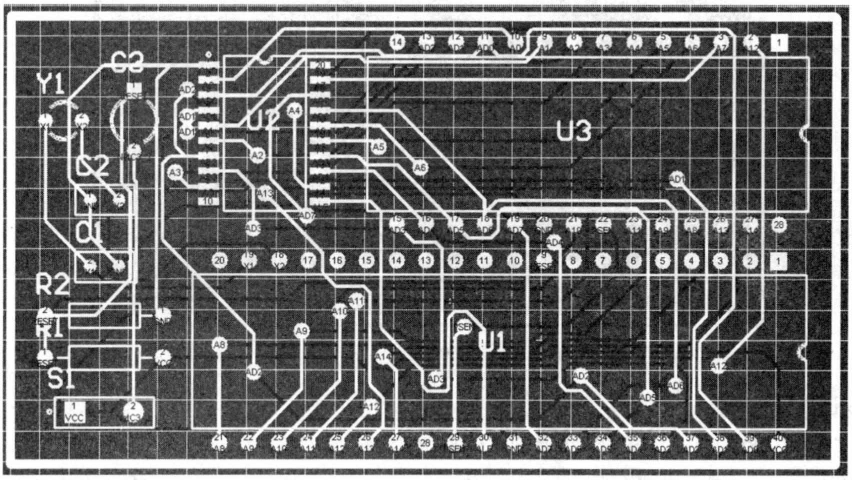

图 10-111　完成配线后的 PCB

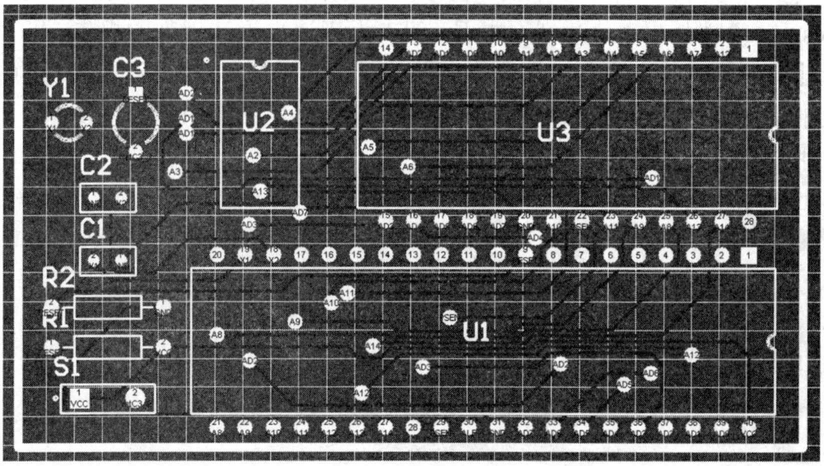

图 10-112　“Bottom Layer(底层)”布线图

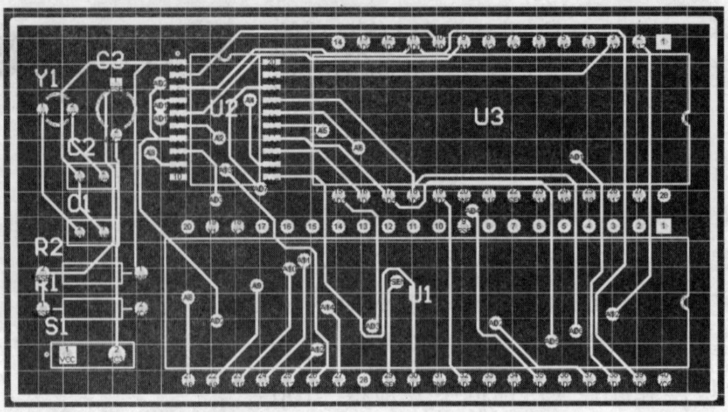

图 10-113 “Top Layer(顶层)”布线图

如果我们将“Top Layer(顶层)”和“Bottom Layer(底层)”都关掉，可以看到元件的摆放情况以及各个过孔的位置情况，如图 10-114 所示。

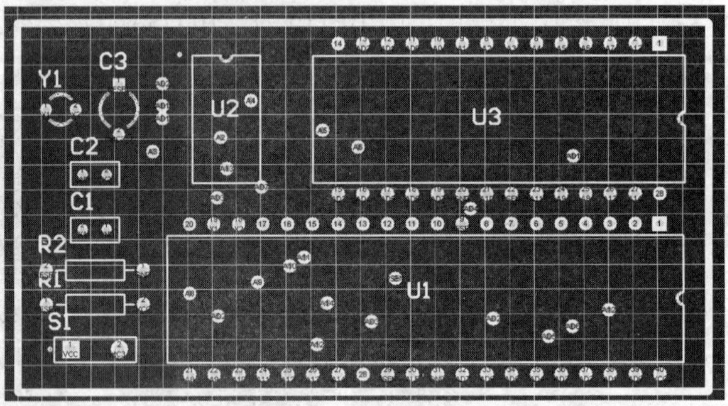

图 10-114 元件摆放及过孔位置

4．设计规则检查

完成了 PCB 的配线后，可以执行设计规则检查，以便确认系统对当前 PCB 文件配线的正确性。执行“工具(T)/设计规则检查(R)”命令，系统会弹出“设计规则检查”对话框，用户可以选择需要检查的设计规则。单击“运行设计规则检查(R)”按钮，系统弹出如图 10-115 所示的“Messages”对话框。从对话框中看，没有发现违反设计规则的报告，即“Messages”报告栏中无违反规则的报告内容，所以本例单片机最小系统 PCB 设计是成功的。如果有违反设计规则的情况，系统会提示用户进行修改。但事实上某些规则的违反并不影响设计的结果，所以用户可以根据具体情况进行处理。

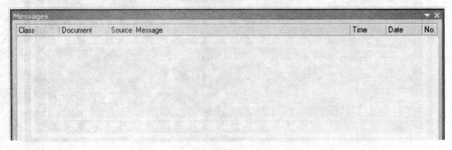

图 10-115 “Messages”对话框

10.5.2　PCB 的 3D 显示

PCB 的 3D 显示就是将设计出来的 PCB 用三维立体显示出来。利用 Protel 2004 的 3D 显示功能可以清晰地显示 PCB 的三维立体效果，不用附加高度信息，元件、丝网、铜箔均可以被隐藏，用户还可以随意旋转、缩放，改变背景颜色等。PCB 的 3D 显示可以通过执行“查看(V)/显示三维 PCB 板(3)”菜单命令来实现，执行该命令后，系统将显示 PCB 的三维立体图。如图 10-116 所示即为最小单片机系统 PCB 的三维效果图。

图 10-116　最小单片机系统 PCB 的三维效果图

第 11 章 制作 PCB 元件

功能强大的 Protel 2004 电路设计与制板系统，为电子设计人员提供了包含元器件多达数万个的元件库。但是，电子技术的日新月异使新型器件层出不穷；此外，国内外元器件所采用的标准也不尽相同，可能会有部分元器件没有被 Protel 2004 包含。因此，在进行电路设计时，遇到这些情况就要自己动手来创建元件库中没有的元器件，并把它保存在元件库中以备后用。

Protel 2004 提供了功能完善的原理图元件库编辑器和 PCB 元件库编辑器，使电子设计人员能够方便地制作并存储自己需要的元器件。在本章中，将讲述如何创建自己的原理图元件和 PCB 元件，并将它们整合成集成元件库。

11.1 制作 PCB 元件的方法

Protel 2004 的 PCB 元件制作方法有手工创建和通过向导自动创建两种方法。

11.1.1 创建 PCB 元件的步骤

在 Protel 2004 中，编辑 PCB 元件的步骤如下：

(1) 创建元件库；

(2) 编辑元件轮廓图；

(3) 设定网格和焊层等属性；

(4) 放置焊盘；

(5) 设定元件名称；

(6) 存盘。

11.1.2 启动 PCB 元件库编辑器

创建 PCB 元件和元件库要在 Protel 2004 的“PCB 元件库编辑器”中进行。PCB 元件库的启动方法是：进入 Protel 2004，选择“文件(F)/创建(N)/库(L)/PCB 库(Y)”菜单命令，进入“PCB 元件库编辑器”。此时的程序界面如图 11-1 所示。

系统默认的文件名为 PcbLib1.PcbLib。

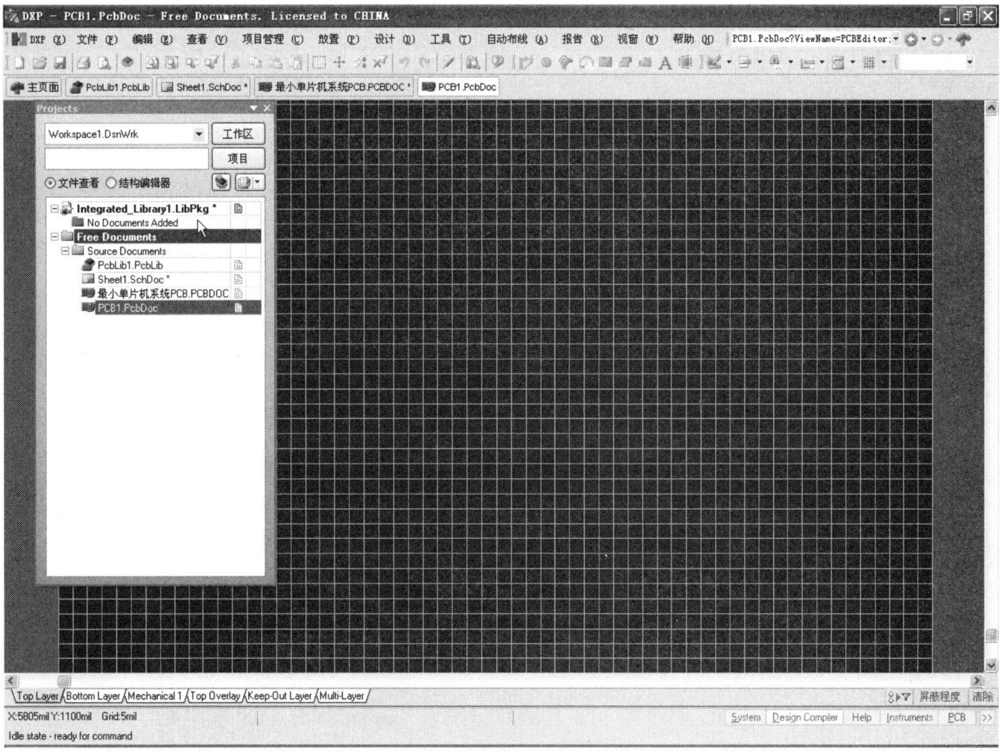

图 11-1　“PCB 元件库编辑器”界面

11.1.3　PCB 元件库绘制工具及命令介绍

“PCB 元件库编辑器”和其他编辑器类似，这里仅对其特有的 PCB 元件库绘制工具栏做详细介绍，如图 11-2 所示。

图 11-2　PCB 元件库绘制工具栏

PCB 元件库绘制工具栏各按钮的功能如下。

(1) 按钮：用于放置直线；

(2) 按钮：用于放置焊盘；

(3) 按钮：用于放置过孔；

(4) 按钮：用于放置文本；

(5) 按钮：用于放置坐标；

(6) 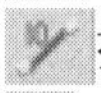按钮：用于放置标准尺寸；

(7) 按钮：用于放置中心弧；

(8) 按钮：用于放置由边确定的任意角度弧；

(9) 按钮：用于放置完全圆弧；

(10) 按钮：用于放置矩形框；

(11) 按钮：用于放置铜区域；

(12) 按钮：用于粘贴阵列。

11.1.4 PCB 元件库管理命令介绍

本节主要介绍在 PCB 元件库编辑面板中的 PCB 元件库管理命令，菜单中的命令和 PCB 元件库编辑面板中的命令基本对应。在“PCB 元件库编辑器”中，单击位于底部的“PCB”标签并选中弹出的“PCB Library”复选框，如图 11-3 所示，在窗口中将显示如图 11-4 所示的 PCB 元件库编辑面板。该面板包括以下几个部分：屏蔽查询框(Mask)、封装列表框、编辑按钮、焊盘列表。

图 11-3 “PCB Library”复选框

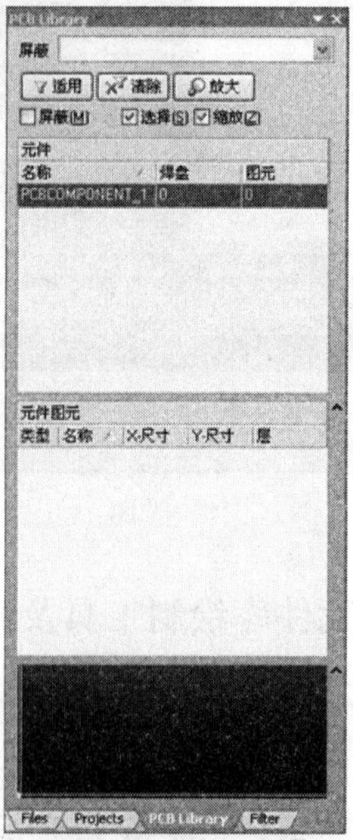

图 11-4 PCB 元件库编辑面板

11.2 PCB 元件库的创建

PCB 元件库的创建与原理图元件库的创建差不多，但 PCB 元件库的创建需要注意一个很重要的问题——元件的测量。原理图元件并不存在测量的问题，因为原理图的绘制最重要的作用是生成 PCB 设计所需要的网络表，而 PCB 才是设计的最终结果。PCB 元件封装的绘制决定了整个板的设计，因此 PCB 封装必须与实际元件的大小及管脚信息等一致，否则对板的布局、布线以及最后的制板都会产生不良的影响，甚至会功亏一篑。

元件的测量主要是要准确地测量元件管脚间的距离、元件管脚直径和元件的外形尺寸，当然这些信息也可以要求元件厂商提供。测量工具主要是游标卡尺、管脚长度和元件尺寸大小，通常采用英制单位。而公制游标卡尺主要用来测量元件的管脚直径、设置 PCB 元件管脚的钻孔尺寸等。

11.2.1　手工创建新的元件封装

下面以一个简单的元件(三极管 2N3904)封装模型的创建为例来说明如何进行 PCB 封装库的创建工作。该元件符号主要由图形和焊盘两部分组成，图形可以通过放置线、椭圆和多边形填充完成，焊盘的放置与 PCB 文件中焊盘的放置完全一样。

创建 PCB 元件封装模型的具体操作步骤如下。

(1) 选择“文件(F)/创建(N)/库(L)/PCB 库(Y)”菜单命令，进入“PCB 元件库编辑器”。在打开库编辑界面的同时也将打开“PCB Library”面板，此时用户应对新建的库文件进行保存。

首先放置元件封装的焊盘，焊盘通常放置在“Multi-Layer(多层)”上。与原理图元件符号的创建一样，PCB 封装模型也应尽量放置在作图区靠近原点的位置，通常在第 4 象限。新建的 PCB 作图区并不像原理图库作图区一样存在着一个大十字，所以需要用户自己确定作图区的原点。

(2) 单击工作窗口下方的“Multi-Layer”标签，使该层处于当前的工作窗口中。

(3) 执行“放置(P)/焊盘(P)”菜单命令，这时鼠标变成十字形状，同时焊盘附在鼠标上随鼠标一起移动。此时按下组合键 Ctrl+End，鼠标即可移动到作图区的原点处，单击鼠标左键完成焊盘的放置。

(4) 按键盘上的 G 键，将弹出一个网格设置菜单项对话框，如图 11-5 所示，从中可以选择需要的网格捕捉尺寸，或选择最后一个“设定捕获网格(G)”菜单项，以便自己设置捕获网格的大小。我们可以把捕获网格设置为 10 mil，这样就可以精确地放置焊盘了。焊盘间距应依据游标卡尺的实物测量或厂商提供的说明文字设置。放置后的焊盘如图 11-6 所示。焊盘“1”中心与焊盘“2“中心、焊盘“2”中心与焊盘“3”中心之间的距离都设为 80 mil。放置时移动鼠标，在状态栏的左下角可以观察到鼠标当前所处的位置。

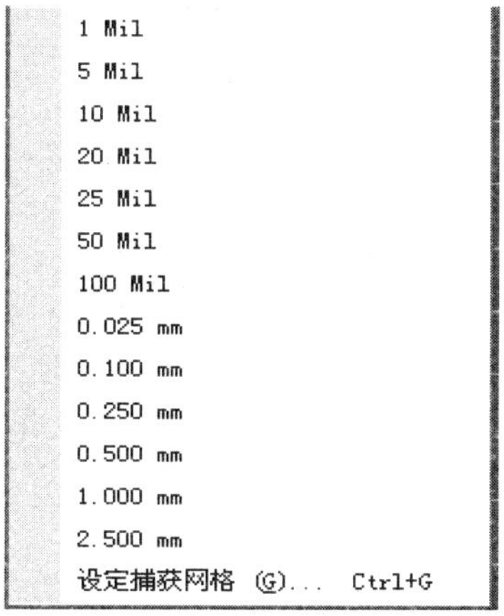

图 11-5　网格设置菜单项对话框

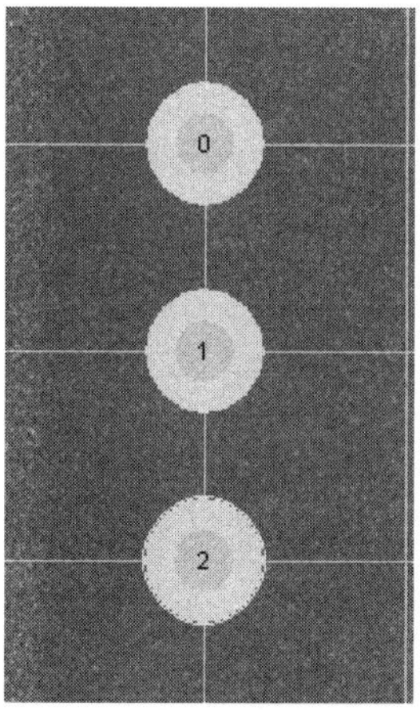

图 11-6　放置后的焊盘

接下来的工作是对焊盘的属性进行必要的设置，主要包括焊盘外径和钻孔尺寸的设置。焊盘的外径直接影响到焊盘的机械强度，焊盘外径越大，则机械强度越大。在自制元件时，应把焊盘外径定义为适合自己经常使用的尺寸，这样在绘制 PCB 图时，就可以省略最后定义焊盘大小的操作，即使有更改也可以用批量修改的方法快速修改。钻孔尺寸应该根据实物的管脚直径来设置，通常应比管脚的直径稍大一点，以便于元件的安装。

(5) 单击编辑区的某一个焊盘，将弹出如图 11-7 所示的“焊盘”对话框，在该对话框中可以对焊盘的各种属性进行详细的设置。

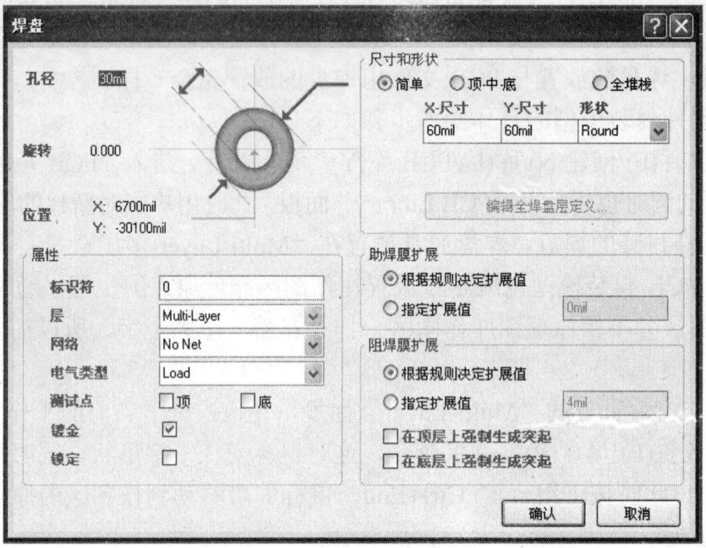

图 11-7 “焊盘”对话框

① “孔径”项：孔的内径大小，可以设置为 20～30 mil。

② “尺寸和形状”区域栏：用于外径的设置。有 3 种选择：“简单”、“顶-中-底”和“全堆栈”。

• “简单”：选中该单选按钮后，可以自定义焊盘的外径尺寸，如图 11-8 所示。“X-尺寸”表示焊盘外径 X 轴方向尺寸大小；“Y-尺寸”表示焊盘外径 Y 轴方向尺寸大小；“形状”表示焊盘的外形，有 3 种选择：“Round(圆形)”、“Rectangle(矩形)”和“Octagonal(八边形)”。选中此单选按钮后定义的焊盘属性可以通用于所有的工作层面。

• “顶-中-底”：选中该单选按钮后，可以分别对“顶(Top Layer)”、“中间(Middle Layer)”和“底(Bottom Layer)”层的焊盘进行设置，如图 11-9 所示。

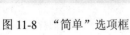

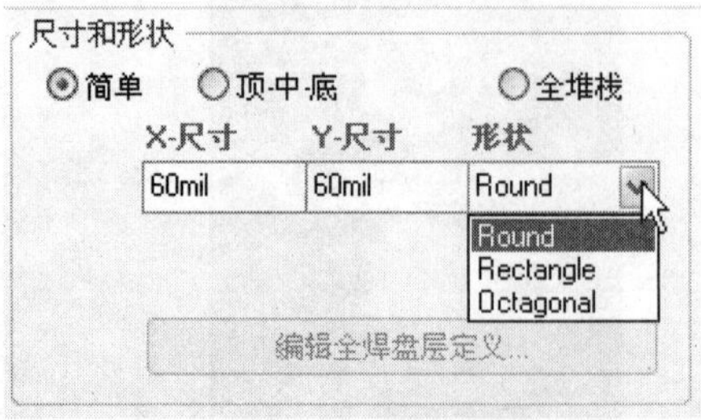

图 11-8 “简单”选项框

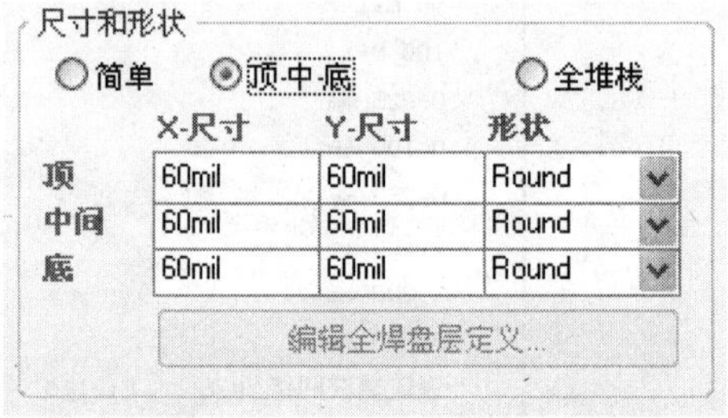

图 11-9 “顶-中-底”选项框

• “全堆栈”：选中该单选按钮后，可以对不同层的焊盘属性进行详细的设置。点击“编辑全焊盘层定义”按钮，在弹出的对话框中即可对各个层的焊盘进行大小及形状的设置。

③“标识符”文本框：设置焊盘编号，应与原理图中的管脚编号对应，且大小写一致，否则将无法进行网格布线的同步设计。

④ “镀金”复选框：该选项决定了一个焊盘是否有镀金属孔。当一个项目文件中既存在镀金属孔的焊盘又存在没有镀金属孔的焊盘时，在生成“NC drill files(钻孔)”文件时，没有镀金属孔的焊盘将使用与存在镀金属孔的焊盘不同的工具。该项通常保持缺省的选中状态。

⑤ “助焊膜扩展”区域栏和“阻焊膜扩展”区域栏的设置在布线规则设置中已详细介绍过，这里不再重述。

本例中选择焊盘的“简单”属性，“X-尺寸”和“Y-尺寸”分别设置为 78.74 mil 和 39.37 mil，“孔径”设置为 27.559 mil，单击“确认”按钮即可。之后调整焊盘间的间距为 50 mil，如图 11-10 所示。

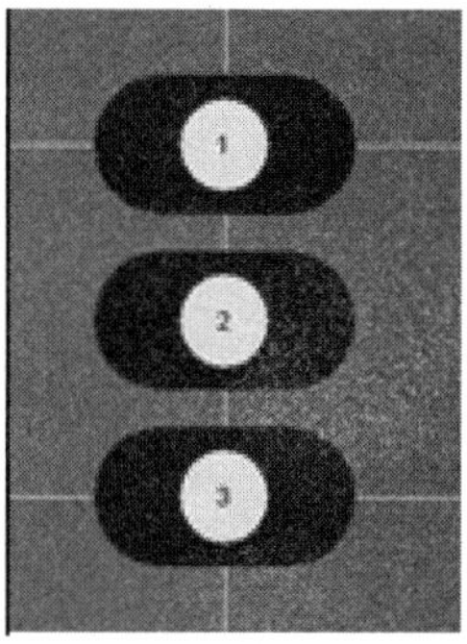

图 11-10　设置好的焊盘

下面绘制元件封装的图形部分。

(6) 绘制元件的图形部分时，必须将工作层面设置为“Top Overlay”(顶层丝印层)。单击工作窗口下方的“Top Overlay”标签，使该层处于当前的工作窗口中。通过放置弧形和线的操作即可完成图形部分的绘制，设置线宽为 10 mil。

(7) 将图形和焊盘整合在一块即可完成元件封装的绘制，焊盘 3 位于原点(0，0)处，如图 11-11 所示。

(8) 双击“PCB Library”面板标签，在面板中双击新建的元件，将弹出一个“PCB 库元件”对话框，如图 11-12 所示。

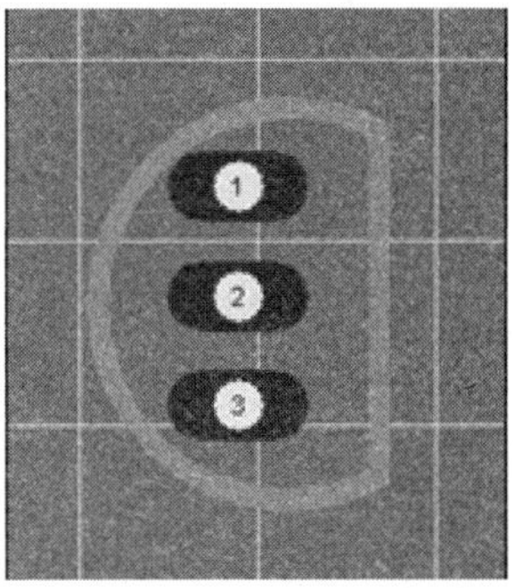

图 11-11　元件封装的绘制

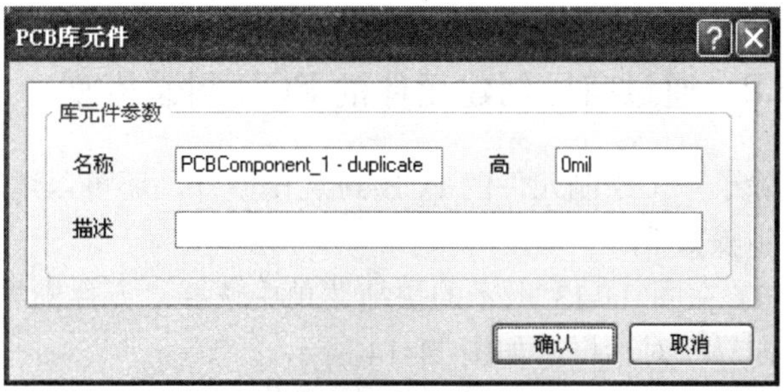

图 11-12　“PCB 库元件”对话框

在该对话框中输入刚创建的元件封装的名称、高度以及描述。其中封装的高度要满足 PCB 的“Placement”规则中的“高度”规则设置。在通常情况下，用户可以不考虑“高”和“描述”项的设置，这里在“名称”项中输入“BCY-W3/E4”。点击“确认”按钮完成元件封装的属性设置。

(9) 执行“文件(F)/保存(S)”菜单命令，保存新建的元件符号模型。这时如果用户还想建立其他元件的封装模型，可以重新创建一个作图区，用于建立新元件的封装模型。

(10) 在“PCB Library”面板中已经创建的元件处单击鼠标右键，弹出如图 11-13 所示的快捷菜单，选中“新建空元件(N)”项，即可新建一个元件，并且在工作窗口中打开此元件的封装编辑区域。其余的步骤与第一个元件封装的建立完全相同。

(11) 执行“文件(F)/保存(S)”菜单命令，至此便完成了 PCB 库文件的创建。

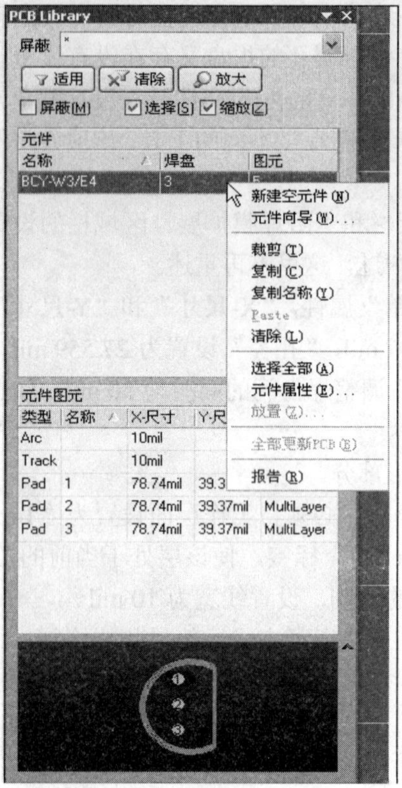

图 11-13　快捷菜单

11.2.2　通过向导创建元件的 PCB 封装模型

除了手工绘制元件的 PCB 封装模型外，还可以通过向导创建元件的封装模型，具体的操作步骤如下。

(1) 在图 11-13 所示的快捷菜单中选择“元件向导(W)”菜单项，系统弹出一个“元件封装向导”对话框，如图 11-14 所示。

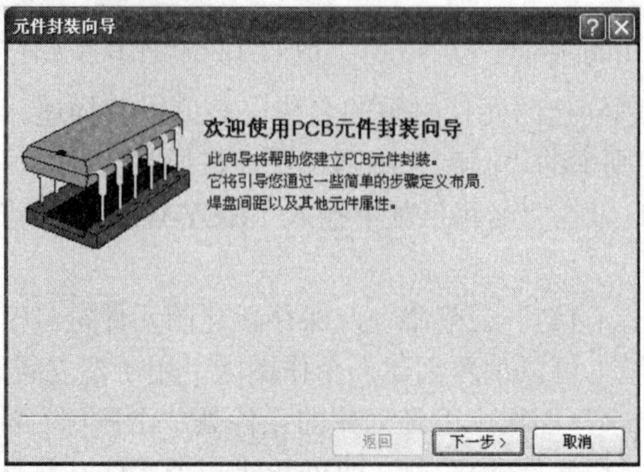

图 11-14　“元件封装向导”对话框

(2) 点击“下一步”按钮，系统弹出如图 11-15 所示的“Component Wizard”对话框，从中可以设置元件的封装形式。在该对话框的列表中列出了 12 种标准的封装形式，右下角还可以进行长度单位的设置。这里选择“Dual in-line Package(DIP)(双排直列封装)”形式，单位选择英制 mil。

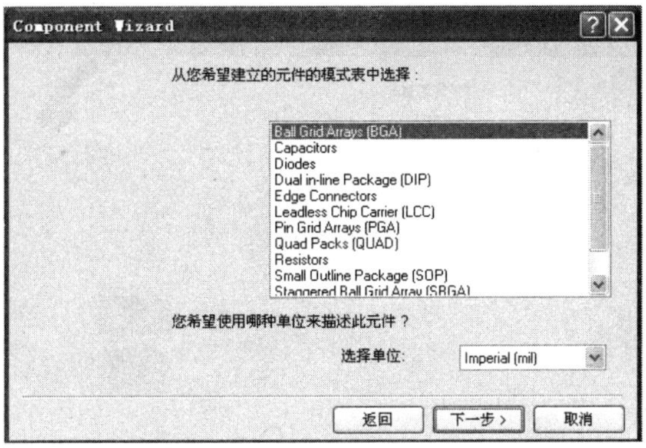

图 11-15　“Component Wizard”对话框

(3) 点击“下一步”按钮，系统弹出如图 11-16 所示的对话框，在该对话框中可以详细地设置焊盘的尺寸(包括焊盘外径和内径的尺寸)。

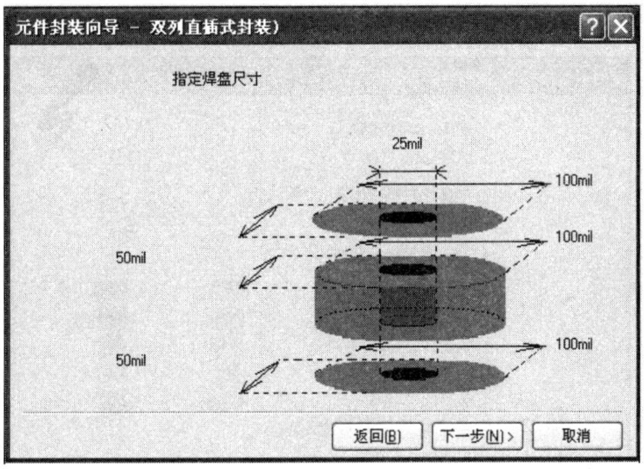

图 11-16　设置焊盘尺寸的对话框

(4) 点击“下一步(N)”按钮，系统弹出如图 11-17 所示的对话框，在该对话框中可以对焊盘行和列的间距进行设置。

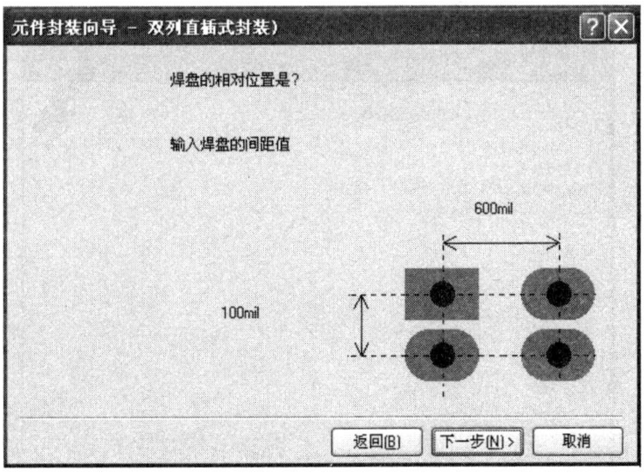

图 11-17　设置焊盘行和列间距的对话框

(5) 点击“下一步(N)”按钮，系统弹出如图 11-18 所示对话框，在该对话框中可以对封装的边框线宽进行设置，通常保持 10 mil 缺省值设置不变。

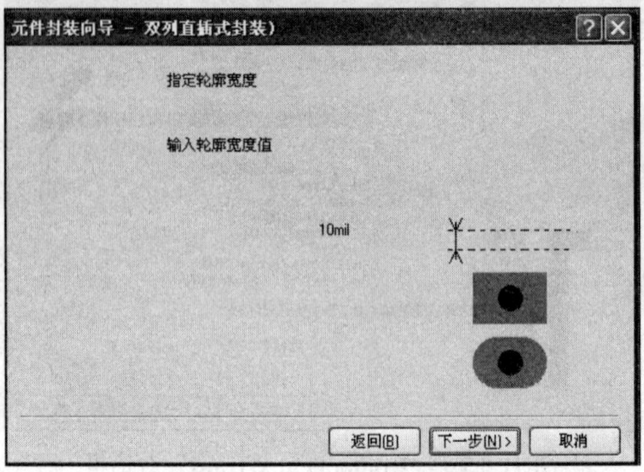

图 11-18 设置边框线宽的对话框

(6) 点击“下一步(N)”按钮，系统弹出如图 11-19 所示对话框，在该对话框中可以设置该元件封装的焊盘个数。

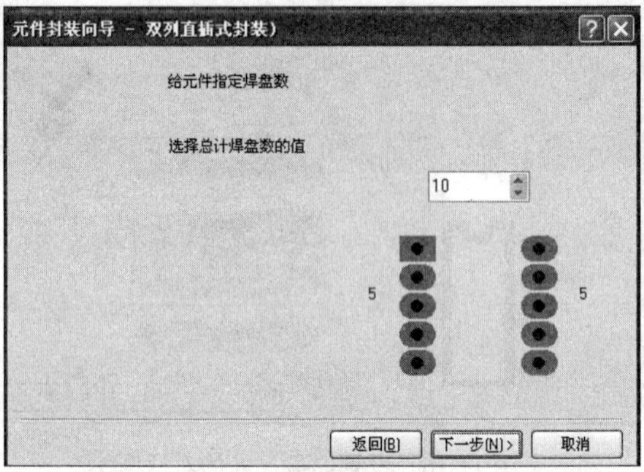

图 11-19 设置元件封装焊盘个数的对话框

(7) 点击“下一步(N)”按钮，系统弹出如图 11-20 所示对话框，用户可以在该对话框中对元件进行命名。

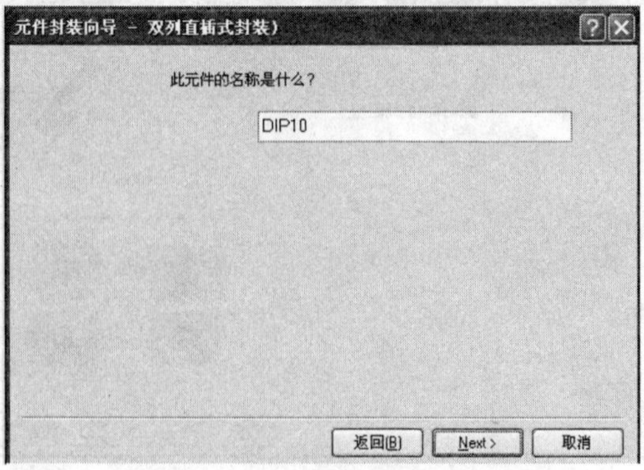

图 11-20 设置元件名称的对话框

(8) 点击“Next”按钮，系统弹出如图 11-21 所示的对话框，提示元件封装的创建工作已经完成，单击“Finish”按钮，即可关闭该对话框而生成新的元件封装，如图 11-22 所示。

图 11-21　元件封装完成的界面

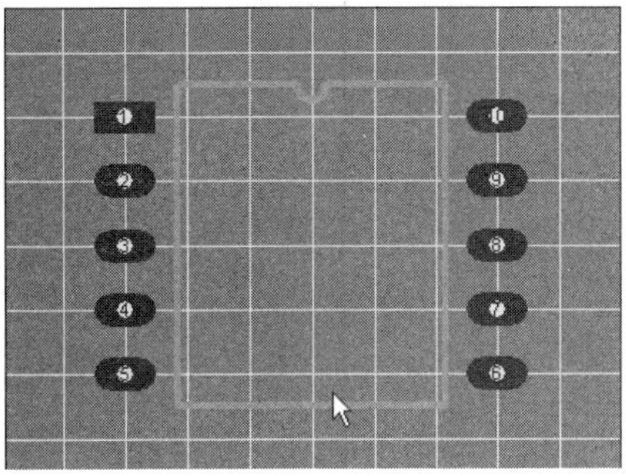

图 11-22　新的元件封装

同样，用户需要对新创建的元件进行保存操作，也可以对由向导生成的元件封装进行修改或编辑操作。

11.3　元件集成库的创建

Protel 2004 软件的一个优点就是它可以使用集成元件库。一个集成元件库中包括了元件的各种模型，即元件的符号模型、PCB 封装模型、仿真模型以及信号完整性分析模型等。用户在加载元件库的时候将同时加载该元件的所有信息，这有利于以后对网络表的导入和原理图与 PCB 图之间的同步更新。用户也可以建立一个自己的集成元件库，将常用元件的各种模型放在该库中。

创建集成元件库的具体步骤如下。

(1) 执行“文件(F)/创建(N)/项目(J)/集成元件库(I)”菜单命令，新建一个集成库，这时可以在“Projects”面板中看到新建的文件包“Integrated_Libraryl.LibPkg”，如图 11-23 所示。

图 11-23　“Projects”面板

集成元件库的后缀一般是“.IntLib”，但首先却是“.LibPkg”格式，操作后即可生成“.IntLib”的集成元件库。

(2) 执行“文件(F)/另存项目文件为”菜单命令，保存刚生成的集成文件包，此时将弹出一个对话框，如图 11-24 所示。选择合适的保存路径，在“文件名”一栏中填写文件的新名称，这里命名为“我的 Integrated_Library1”，然后单击“保存(S)”按钮完成文件的保存操作。

(3) 在“Projects”面板中新建的集成文件包上单击鼠标右键，弹出一个快捷菜单项，选择其中的“追加已有文件到项目中(A)”菜单项，如图 11-25 所示，系统弹出一个对话框，如图 11-26 所示。选中要添加的原理图库文件，然后单击“打开(O)”按钮即可将该原理图库文件添加到新建的集成文件包中。

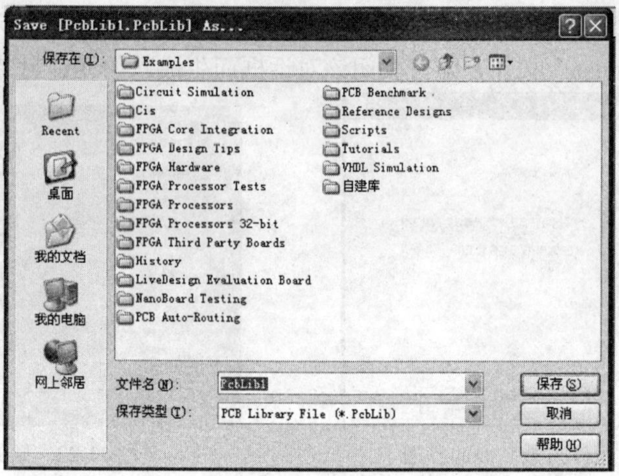

图 11-24 保存集成文件包对话框

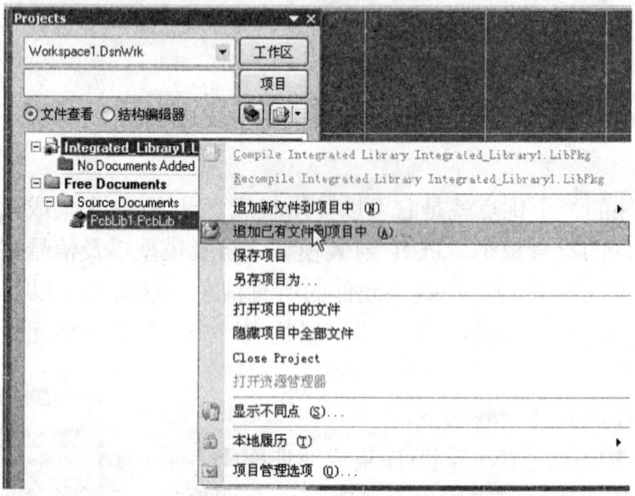

图 11-25 “追加已有文件到项目中(A)”菜单项

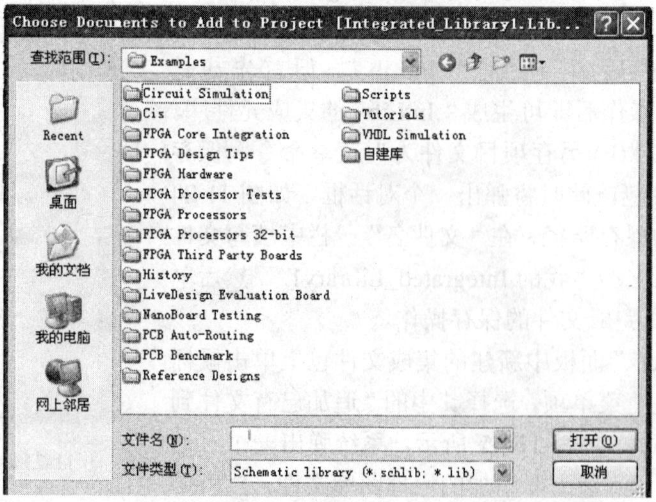

图 11-26 “Choose Documents to Add to Project”对话框

(4) 按照同样的方法添加所需的 PCB 库文件，如图 11-27 所示。

(5) 双击打开原理图库文件，同时选中面板标签栏中的“SCH Library”标签。

(6) 在“SCH Library”面板中单击最下面模型栏的“追加”按钮，如图 11-28 所示，这时将弹出如图 11-29 所示的“加新的模型”对话框。从中选择要添加的元件模型的类型，这里选择添加元件的“Footprint”封装模型。

图 11-27　添加所需的 PCB 库文件

图 11-28　“SCH Library”面板

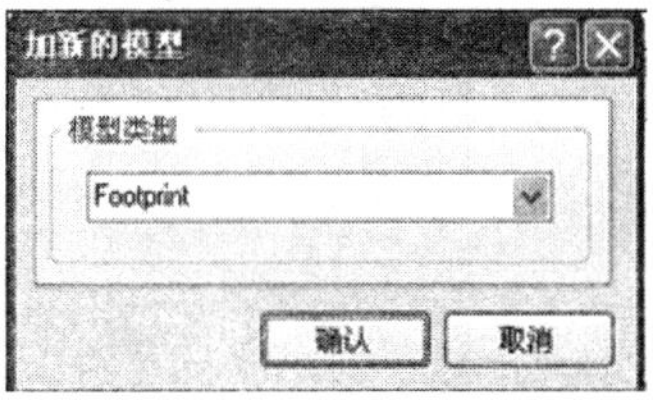

图 11-29　“加新的模型”对话框

(7) 选择完元件的模型类型后弹出如图 11-30 所示的对话框。

(8) 如果用户知道元件对应的封装模型，可以直接在“名称”栏中填写元件封装的名字，也可以单击“浏览(B)”按钮从弹出的对话框中选择要添加的封装模型。添加后可以在对话框的“PCB 库”区域栏中看到该封装对应的元件库，在“选择的封装”区域栏中看到对应的元件封装的示意图，如图 11-31 所示。

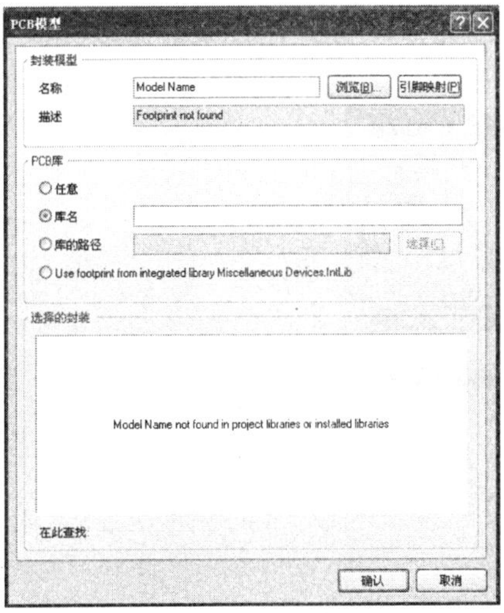

图 11-30　“PCB 模型”对话框

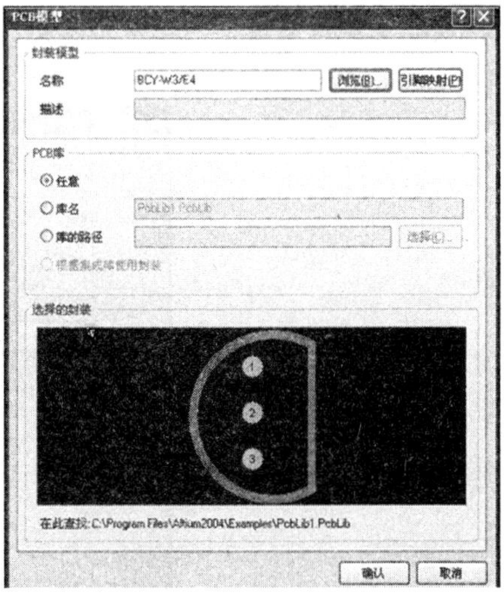

图 11-31　元件“BCY-W3/E4”PCB 模型

(9) 点击“确认”按钮，在“SCH Library”面板最下面的一栏中即可看到刚才添加的封装模型，如图 11-32 所示。

(10) 执行“项目管理(C)/Compile Integrated Library/我的 Integrated_Library1.LIBPKG”菜单命令，对该集成库进行编译。编译后激活“Libraries”面板，然后在“元件库”面板最上面的列表框中选中“我的 Integrated_Library1.IntLib”，即可在第 3 个框中看到该集成元件库中新建的元件，如图 11-33 所示。

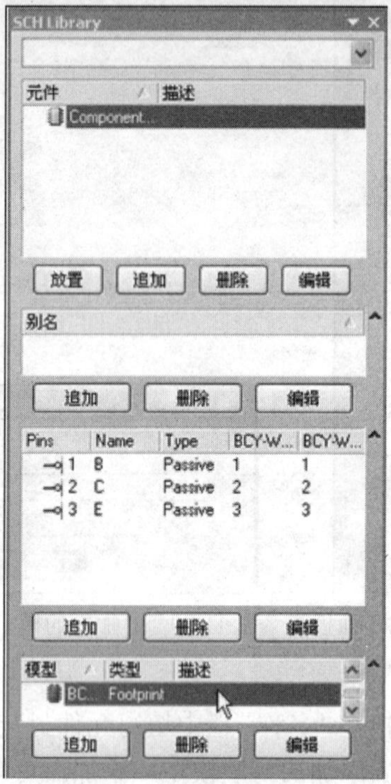

图 11-32 “SCH Library”面板中显示的元件封装模型

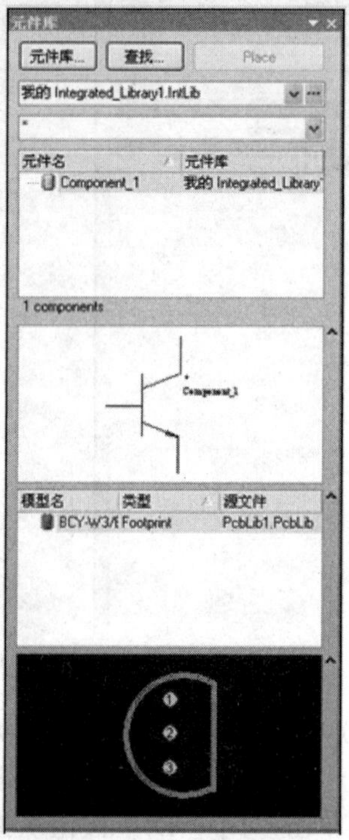

图 11-33 集成元件库中的新建元件

至此便创建了一个集成元件库，如图 11-34 所示。用户可以按照上述的步骤添加原理图符号模型和 PCB 封装模型，再生成集成元件库。这样日积月累，用户就会拥有一个丰富的元件库了。

图 11-34 创建的集成元件库

第 12 章 印刷电路报表

Protel 2004 的印刷电路板设计系统提供了生成各种报表的功能，可以为用户提供有关设计过程及设计内容的详细资料。这些资料主要包括设计过程中的电路板状态信息、引脚信息、元件封装信息、网络信息以及布线信息等。完成了电路板的设计后，还需要打印输出图形，以备焊接元件时使用和存档。

12.1 生成电路板信息报表

电路板信息报表的作用在于为用户提供一个电路板的完整信息，包括电路板尺寸、印刷电路板上的焊盘、过孔的数量以及印刷电路板上的元件标号等。下面我们以第 10 章的最小单片机系统电路板为例，讲述如何生成电路板的有关信息报表。

(1) 执行“报告(R)/PCB 板信息(B)”菜单命令，系统会弹出如图 12-1 所示的“PCB 信息”对话框。

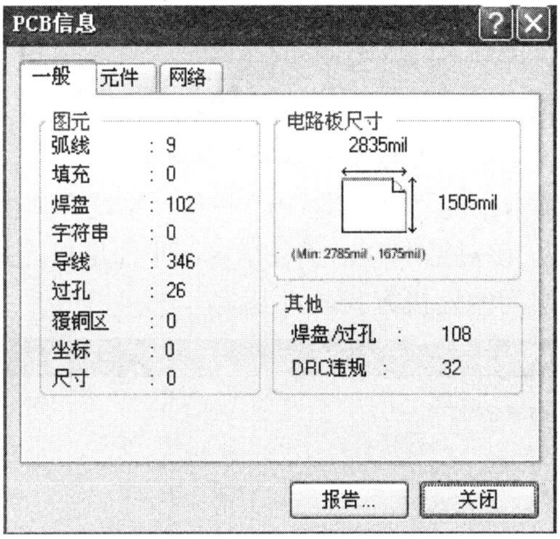

图 12-1　“PCB 信息”对话框

该对话框中包括 3 个选项卡，分别说明如下。

① “一般”选项卡：主要用于显示电路板的一般信息，如电路板大小及印刷电路板上各个组件的数量，如导线数、焊盘数、过孔数、敷铜数、违反设计规则的数量等。

② “元件”选项卡：用于显示当前印制电路板上使用的元件序号以及元件所在的层等信息，如图 12-2 所示。

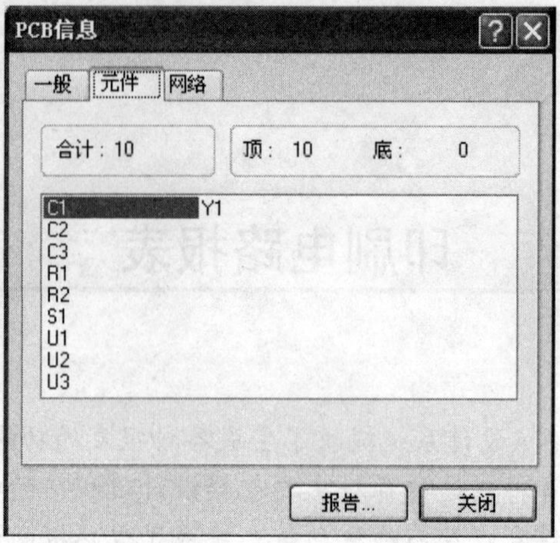

图 12-2 “元件”选项卡

③ “网络”选项卡：用于显示当前电路板中的网络信息，如图 12-3 所示。

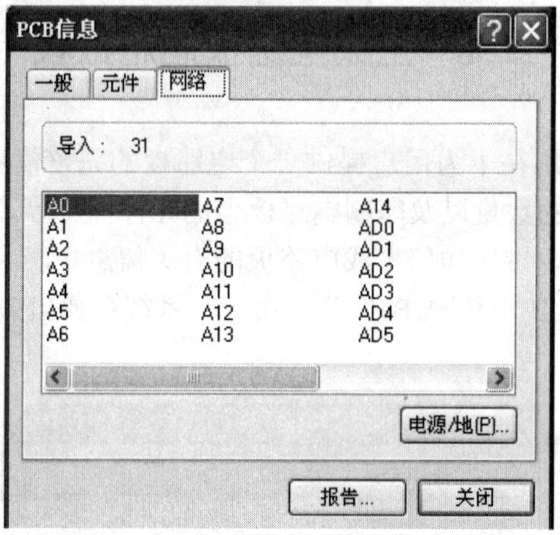

图 12-3 “网络”选项卡

如果单击“网络”选项卡中的“电源/地(P)”按钮，系统会弹出如图 12-4 所示的“内部电源/接地层信息”对话框。该对话框列出了各个内部平面层所连接的网络、过孔和焊盘以及过孔或焊盘和内部平面层间的连接方式。

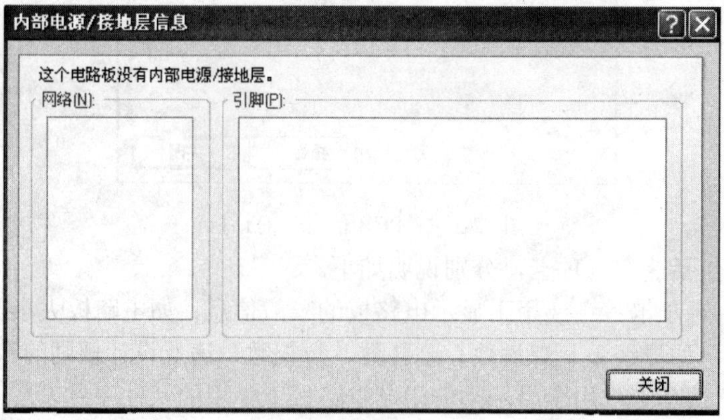

图 12-4 “内部电源/接地层信息”对话框

(2) 在任何一个选项卡中单击“报告”按钮，系统将弹出如图 12-5 所示的“电路板报告”对话框，用户可以选择需要产生报表的项目，使用鼠标选中各项目的复选框即可。用户也可以选择“全选择”按钮，选择所有项目；或者选择“全取消”按钮，不选择任何项目。另外，用户也可以选中“只有选定的对象(S)”复选框，这样就只产生所选中对象的信息报表。

(3) 按“报告”按钮，将电路板信息生成相应的报表文件，生成的文件以“.REP”为后缀。

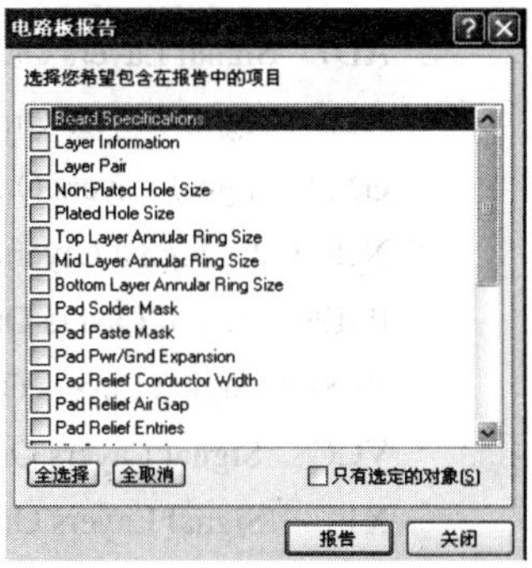

图 12-5　“电路板报告”对话框

12.2　生成网络状态报表

网络状态报表用于列出电路板中每一条网络的长度。执行“报告(R)/网络表状态(L)”菜单命令，系统将打开文本编辑器，产生相应的网络状态报表。下面为第 10 章介绍的最小单片机系统 PCB 生成的网络状态报表。

```
Nets report For
On 2011-8-10 at 22:52:45
A0    Signal Layers Only    Length:1195 mils
A1    Signal Layers Only    Length:1803 mils
A10   Signal Layers Only    Length:1895 mils
A11   Signal Layers Only    Length:1591 mils
A12   Signal Layers Only    Length:4450 mils
A13   Signal Layers Only    Length:2710 mils
A14   Signal Layers Only    Length:1912 mils
A2    Signal Layers Only    Length:2076 mils
A3    Signal Layers Only    Length:1926 mils
A4    Signal Layers Only    Length:1756 mils
A5    Signal Layers Only    Length:1565 mils
A6    Signal Layers Only    Length:1674 mils
A7    Signal Layers Only    Length:1576 mils
A8    Signal Layers Only    Length:3066 mils
A9    Signal Layers Only    Length:2422 mils
AD0   Signal Layers Only    Length:2970 mils
AD1   Signal Layers Only    Length:2935 mils
AD2   Signal Layers Only    Length:2942 mils
AD3   Signal Layers Only    Length:2648 mils
AD4   Signal Layers Only    Length:2154 mils
AD5   Signal Layers Only    Length:1734 mils
AD6   Signal Layers Only    Length:1797 mils
```

AD7 Signal Layers Only Length:1770 mils

ALE Signal Layers Only Length:1150 mils

GND Signal Layers Only Length:4324 mils

NetC3_2 Signal Layers Only Length:869 mils

PSEN Signal Layers Only Length:1795 mils

RESET Signal Layers Only Length:2891 mils

VCC Signal Layers Only Length:2924 mils

X1 Signal Layers Only Length:1150 mils

X2 Signal Layers Only Length:1218 mils

12.3 生成元件报表

元件报表的功能是通过整理一个电路或一个项目中的元件，形成一个元件报表，供用户查询。Protel 2004 提供了两种方法生成元件报表：一种是一般方法，另一种是简单方法。

1．生成元件报表的一般方法

生成元件报表的一般方法的操作过程如下：

(1) 打开需要生成元件报表的 PCB 文件。

(2) 执行“报告(R)/Bill of Materials”菜单命令，系统将弹出如图 12-6 所示的“Bill of Materials For PCB Document”对话框。在该对话框中可以设置输出的元件报表文件格式并执行相关的操作。

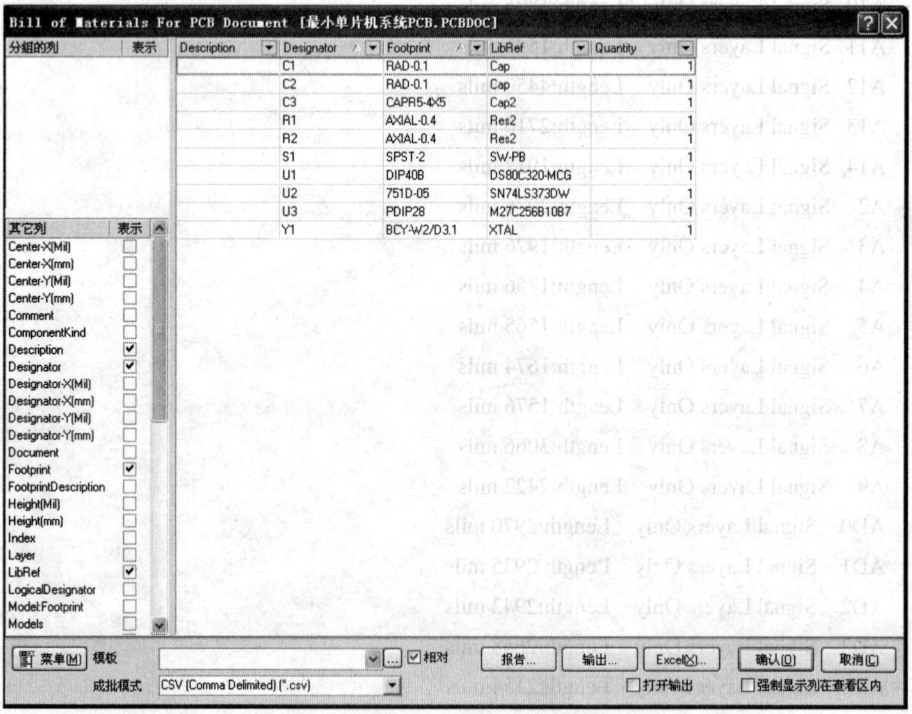

图 12-6 “Bill of Materials For PCB Document”对话框

① 如果单击“报告”按钮，则可以生成预览元件报表，如图 12-7 所示。在该对话框中，可以单击“打印(P)”按钮进行打印操作，也可以单击“输出(E)”按钮导出元件报表。

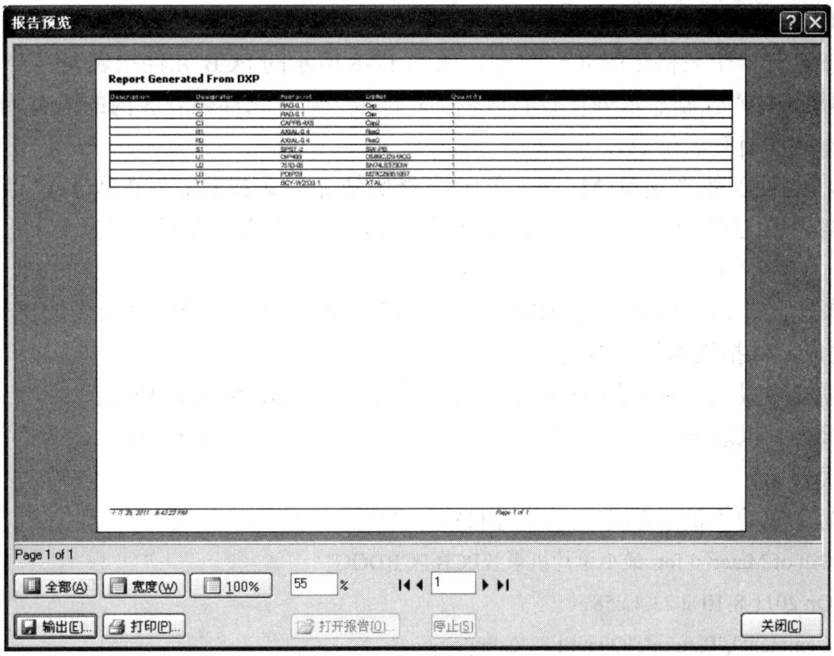

图 12-7　“报告预览”对话框

② 如果单击“输出”按钮，可以将元件报表导出，此时系统会弹出“导出项目的元件表”对话框，选择需要导出的类型即可。

③ 如果选择“打开输出”复选框，并单击“Excel(X)”按钮，系统会打开 Excel 应用程序，并生成以“.XLS”为扩展名的元件报表文件，如图 12-8 所示。

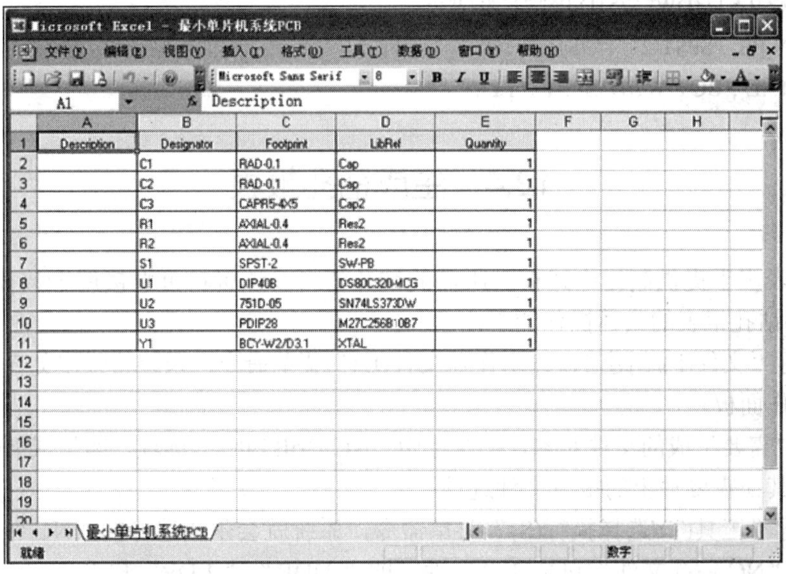

图 12-8　Excel 形式的元件报表

④ 在“模板”编辑框中可以设置输出文件名及模板。如本实例设置为“最小单片机系统 .XLS”即为 Excel 文件，也可以单击其后面的按钮选择一个文件。

⑤ 如果选中“打开输出”复选框，一旦报表文件被保存到某个文件路径，则可以在指定的应用中打开一个表格化的元件数据，如图 12-8 所示的 PCB 元件报表。

⑥ 如果选中“强制显示列在查看区内”复选框，则在元件列表区内的所有列均匀分布，并且可以看到所有列表信息。

当然，也可以从“菜单(M)”菜单中选择快捷命令来操作，“菜单(M)”菜单包括：“输出网格内容(U)”，相当于上面的“输出”按钮；“建立报告(V)”，相当于上面的“报告”按钮。

(3) 单击如图 12-6 所示对话框的“确认(O)”按钮，完成生成元件报表的操作。

2．生成元件报表的简单方法

打开需要生成元件报表的 PCB 文件后，执行“报告(R)/Simple BOM”命令就可以直接生成元件报表。以这种方法生成的元件报表文件类型只有“.BOM”和“.CSV”两种，均以纯文本方式表示。

下面为生成的“最小单片机系统 .BOM”文件。

```
"Bill of Material for  最小单片机系统PCB.PCBDOC"
"On 2011-8-10 at 23:42:58"
"Comment","Pattern","Quantity","Components"
"Cap","RAD-0.1","2","C1, C2",""
"Cap2","CAPR5-4X5","1","C3",""
"DS80C320-MCG","DIP40B","1","U1",""
"M27C256B10B7","PDIP28","1","U3",""
"Res2","AXIAL-0.4","2","R1, R2",""
"SN74LS373DW","751D-05","1","U2",""
"SW-PB","SPST-2","1","S1",""
"XTAL","BCY-W2/D3.1","1","Y1",""
```

12.4 生成钻孔报表

钻孔报表用于提供制作电路板时所需的钻孔资料，该资料可直接用于数控钻孔机。生成 NC(数控)钻孔报表的具体操作如下：

(1) 执行“文件(F)/创建(N)/输出作业文件(U)”菜单命令，系统将弹出如图 12-9 所示的输出文件工作面板。

(2) 选中需要生成的文件对象，在此选中“NC Drill Files”选项，即生成 NC 钻孔文件。也可以选择其他需要输出的报表文件选项。

(3) 执行“工具(T)/选择执行(S)”菜单命令，系统就会生成选择的“NC 钻孔文件”。

生成的“NC 钻孔文件”包括 3 个文件，即“.DDR”、“.LDP”和“.TXT”文件。

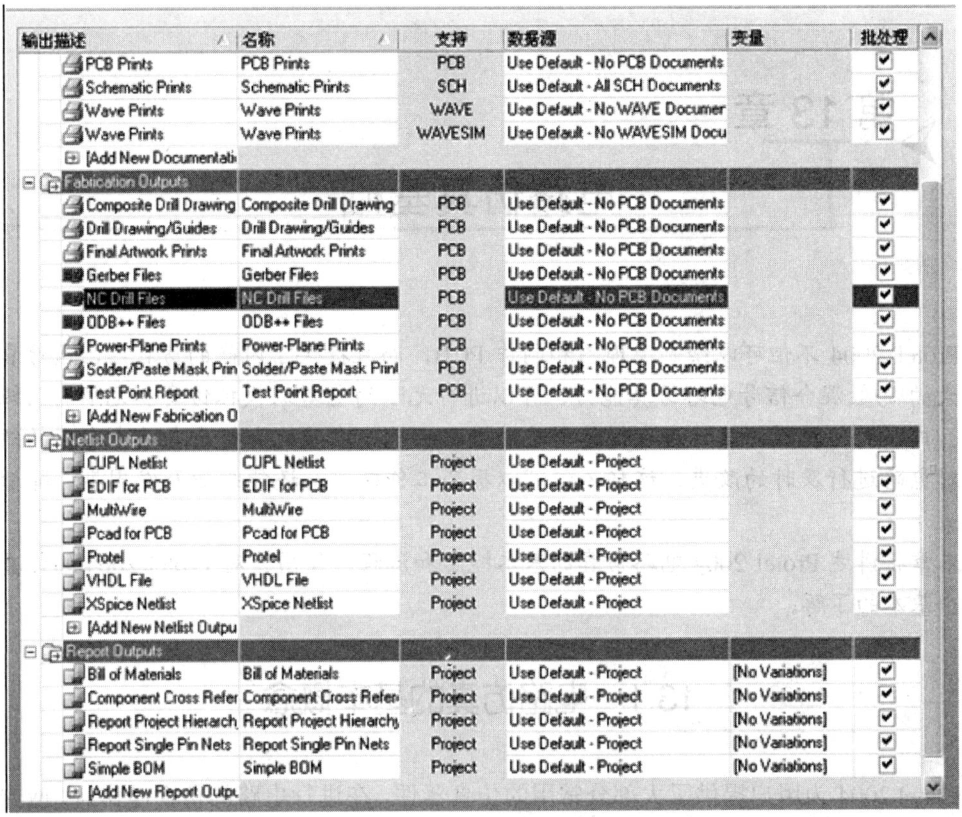

输出描述	名称	支持	数据源	变量	批处理
PCB Prints	PCB Prints	PCB	Use Default - No PCB Documents		✔
Schematic Prints	Schematic Prints	SCH	Use Default - All SCH Documents		✔
Wave Prints	Wave Prints	WAVE	Use Default - No WAVE Documer		✔
Wave Prints	Wave Prints	WAVESIM	Use Default - No WAVESIM Docu		✔
[Add New Documentati					
Fabrication Outputs					
Composite Drill Drawing	Composite Drill Drawing	PCB	Use Default - No PCB Documents		✔
Drill Drawing/Guides	Drill Drawing/Guides	PCB	Use Default - No PCB Documents		✔
Final Artwork Prints	Final Artwork Prints	PCB	Use Default - No PCB Documents		✔
Gerber Files	Gerber Files	PCB	Use Default - No PCB Documents		✔
NC Drill Files	NC Drill Files	PCB	Use Default - No PCB Documents		✔
ODB++ Files	ODB++ Files	PCB	Use Default - No PCB Documents		✔
Power-Plane Prints	Power-Plane Prints	PCB	Use Default - No PCB Documents		✔
Solder/Paste Mask Prin	Solder/Paste Mask Print	PCB	Use Default - No PCB Documents		✔
Test Point Report	Test Point Report	PCB	Use Default - No PCB Documents		✔
[Add New Fabrication O					
Netlist Outputs					
CUPL Netlist	CUPL Netlist	Project	Use Default - Project		✔
EDIF for PCB	EDIF for PCB	Project	Use Default - Project		✔
MultiWire	MultiWire	Project	Use Default - Project		✔
Pcad for PCB	Pcad for PCB	Project	Use Default - Project		✔
Protel	Protel	Project	Use Default - Project		✔
VHDL File	VHDL File	Project	Use Default - Project		✔
XSpice Netlist	XSpice Netlist	Project	Use Default - Project		✔
[Add New Netlist Outpu					
Report Outputs					
Bill of Materials	Bill of Materials	Project	Use Default - Project	[No Variations]	✔
Component Cross Refer	Component Cross Refer	Project	Use Default - Project	[No Variations]	✔
Report Project Hierarch	Report Project Hierarchy	Project	Use Default - Project	[No Variations]	✔
Report Single Pin Nets	Report Single Pin Nets	Project	Use Default - Project	[No Variations]	✔
Simple BOM	Simple BOM	Project	Use Default - Project	[No Variations]	✔
[Add New Report Outpu					

图 12-9　输出文件工作面板

第 13 章 电路仿真基础

Protel 2004 不但可以绘制原理图和制作 PCB，而且提供了内嵌的仿真器，该仿真器具有强大的模/数混合信号电路仿真能力，可以进行无限的电路级模拟仿真和无限的门级数字仿真。内嵌的仿真器使设计者在设计电路的进程中就能准确地分析出电路中存在的缺陷，进而对电路进行及时的改进。这样不仅可以提高工作效率，还能缩短开发周期，降低设计成本。

本章将讲述 Protel 2004 电路仿真的基本概念和流程，使用户对 Protel 2004 的仿真系统有一个基本的了解。

13.1 电路仿真的基本概念

Protel 2004 为用户提供了大部分常用的仿真器件，在进行电路的仿真操作前，应先了解电路仿真的基本概念及仿真器件。电路仿真即是对电路板设计进行可行性分析，在软件上模拟真实电路板的电流或电压输出。目前有很多电路仿真软件，这些软件是专门用于仿真电路板的。Protel 2004 是一个全板级的电路设计软件，其软件内嵌了功能强大的模/数混合信号电路仿真器，仿真结果用波形在类似示波器的窗口中显示，用户便可观察电路性能的优劣并进行适当的调整，这样可以提前发现问题，大大减少了以后的调试工作量。电路仿真大多用于高频数字电路中。

13.1.1 仿真器

Protel 2004 提供的仿真器是真正意义上的混合信号模式仿真器，意味着既可以对模拟电路又可以对数字电路进行仿真，主要有以下 4 种模型。

(1) Spice3f5 模拟模型(Spice3f5 Analog Models)：都是 Spice 中预定义的模拟仿真模型，其中包括了大部分常用的模拟元件类别，例如电阻、电容、电感、电流源与电压源、传输线和开关等。最常用的半导体器件有二极管、BJTs、JFETs、MESFETs 和 MOSFETs 等。这里包括了大量的“.mdl”格式的文件，定义了该器件在特定条件下的仿真特性。在软件中打开的元件的仿真模型大多为“.mdl”格式。

(2) XSpice 模拟模型(XSpice Analog Models)：都是 XSpice 中预定义的模拟编码仿真模型，可以定义较复杂的仿真模型，该模拟模型位于“C：/Program Files/Altium2004/Library/Simulation/Simulation Special Function.IntLib”文件夹下，该 Spice 模型的前缀为 A。

(3) 分支电路模型(Sub-Circuit Models)：主要包含运算放大器、定时器、晶振等复杂器件的仿真模型。通常分支电路仿真模型为“*.ckt”格式，该 Spice 模型的前缀为 X。

(4) 数字模型(Digital Models)：是使用数字 Digital Sim 编码语言生成的器件仿真模型。该描述语言可以使数字器件运用于事件驱动的 XSpice 仿真中，是标准的 XSpice 编码模型的一种。其源编码模型是 ASCII 文本文件(*.txt)，编译后的文件为“*.scb”格式的文件。由 Digital Sim 编码语言生成的仿真器件是独立的，这些仿真器件不能运用于其他的仿真器，其他仿真器生成的数字仿真器件也不能用于 Protel 2004 的混合信号仿真器中。这些仿真模型位于“C：/Program Files/Altium2004/Library/Sim”文件夹下，主要包含了编译后的 TTL 器件(LS.scb)和 CMOS 器件(CMOS.scb)的仿真模型，该 Spice 模型的前缀为 A。

13.1.2 与仿真相关的各个文件夹

Protel 2004 自带了很多器件的仿真模型。虽然“Miscellaneous Devices.IntLib”集成库中提供了常用器件的仿真模型，这些仿真模型与元件的原理图符号模型及封装模型等集成在一起，方便了原理图的仿真操作，但仍有很多仿真器件是该集成库所没有的。Protel 2004 的器件仿真库主要包含在“C：/Program Files/Altium2004/Library/Simulation”文件夹和“C：/Program Files/Altium2004/Library/Sim”文件夹下。

(1) “C：/Program Files/Altium2004/Library/Simulation”文件夹：主要包含了原理图中常用的器件仿真库，如仿真激励源(包含“.NS”、“.IC”格式，用来设置电路的初始状态的特殊元器件及工具栏中没有的电流/电压激励源等)、仿真电压源和传输线仿真器件等，如图 13-1 所示。选择其中的一个图库，点击“打开(O)”按钮即可将此图库添加到“Projects”面板或“Libraries”面板中。

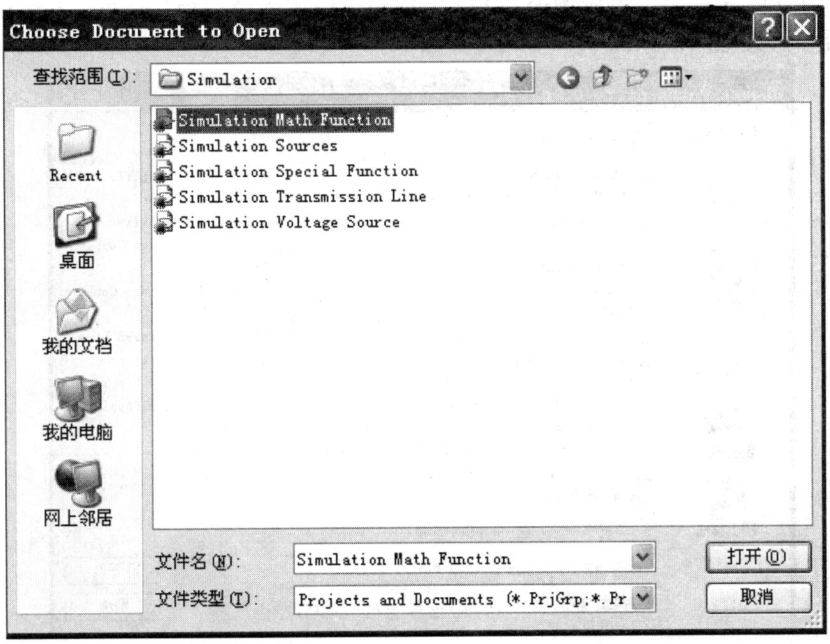

图 13-1 器件仿真库

(2)“C:/Program Files/Altium2004/Library/Sim”文件夹：主要包括两种格式的文件“*.txt”和“*.scb”，如图 13-2 所示。在图 13-2 中的“文件类型(T)”栏中，选择“All files(*.*)”，可以显示该文件夹下的所有文件。由其扩展名可以看出此库中主要包括的是数字元器件的仿真模型。

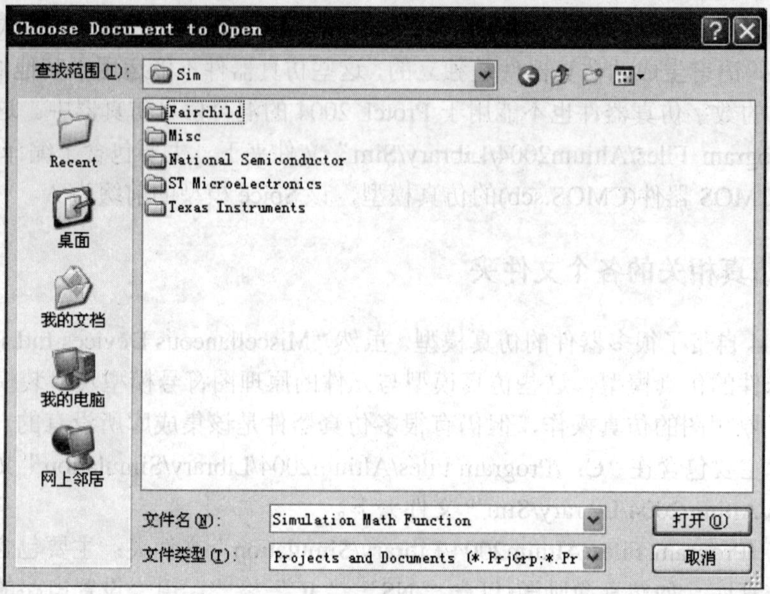

图 13-2 Sim 文件夹

此外 Protel 2004 还提供了一系列原理图仿真实例，以帮助用户更深入地了解仿真器的使用方法。这些实例主要包含在“C:/Program Files/Altium2004/Examples/Circuit Simulation”文件夹下，有 555 非稳态多谐振荡器、555 单稳态多谐振荡器、741 运算放大器、模拟放大器和滤波器等仿真电路，如图 13-3 所示。

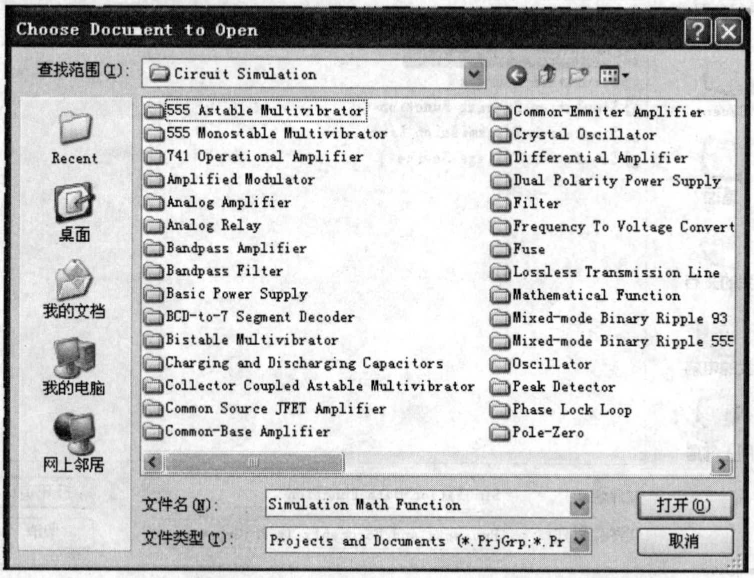

图 13-3 Circuit Simulation 文件夹

13.1.3　仿真器提供的分析方法

Protel 2004 仿真器可以进行无限的电路级模拟仿真和无限的数字仿真。Protel 2004 仿真器提供的分析方法主要有以下 9 种。

(1) 直流工作点分析(Operating Point Analysis)：在将电路中的电源、电感视为短路，电容视为开路的假设条件下，计算该电路的静态工作点。在进行瞬态分析和交流小信号分析之前，仿真程序将自动地先进行直流工作点分析，以确定瞬态分析的初始条件和交流小信号情况下非线性器件的线性化模型。

(2) 瞬态/傅立叶分析(Transient/Fourier Analysis)：包括两种分析方法，即瞬态分析和傅立叶分析。

① 瞬态分析是一种非线性时域分析方法，在给定激励信号(或没有任何激励)的条件下计算电路的时域响应，并在仿真窗口中以电流或电压波形显示出来。在进行瞬态分析时，电路的初始状态可以由用户自己设定，在没有给定初始条件或仿真中未使用设定的初始条件的情况下，系统将自动地进行直流分析，并将直流分析结果作为电路的初始状态。

② 傅立叶分析是在大信号正弦瞬态分析时，对输出的最后一个周期波形进行的谐波分析。

(3) 直流扫描分析(DC Sweep Analysis)：在仿真窗口中显示电路直流输出变量相对于电源变化的波形曲线，即当独立电源的参数变化时，对应的电路直流输出变量的变化曲线。用户也可以定义两个独立电源来进行嵌套循环扫描。

(4) 交流小信号分析(AC Small Signal Analysis)：主要用来分析仿真电路的频率响应特性，即输出信号随输入信号频率变化的情况。仿真程序在进行交流小信号分析之前，首先分析计算电路的直流工作点，以确定电路中非线性元器件的线性化模型参数，然后在指定的频率范围内对已经线性化的电路进行频率扫描分析。在进行交流小信号分析前必须确保原理图中至少存在一个交流仿真激励源。

(5) 噪声分析(Noise Analysis)：噪声分析是与交流小信号分析一起进行的。噪声分析时将电容、电感及受控源看做理想的无噪声元器件，而半导体和电阻为仿真电路中的噪声源。在交流小信号分析过程中，每一个频率都对应着噪声源的噪声，该噪声传输到某个输出节点时，所有传输到该节点的噪声都进行均方根相加，即可得到输出节点的等效噪声。用户可以通过噪声谱密度图来观察电阻和半导体元器件对电路噪声特性的影响。如果知道了从输入端到输出端的电压或电流增益，那么用输出节点的等效噪声除以增益，即可得到等效的输入噪声值。仿真程序可以分析的噪声有输出噪声(Output Noise)、输入噪声(Input Noise)和元器件噪声(Component Noise)。

(6) 直流传输函数分析(Transfer Function Analysis)：在直流工作点分析的基础上，在电路直流偏置附近将电路线性化，从而计算出电路的直流输入及输出阻抗和直流增量。

(7) 温度扫描(Temperature Sweep)：仿真元器件库中的所有元器件参数假定的都是常温下的值，但对于某些特殊的元器件而言，不同的温度下其性能存在着明显的差异，这时就需要用户设定不同的温度对其进行扫描分析。但需要注意的是：只有在进行直流、交流小信号或瞬态分析时才可以进行温度扫描分析，否则将会出错。

(8) 参数扫描(Parameter Sweep)：参数扫描允许用户在指定的范围内以自定义的增幅扫描元器件的参数值，研究电路参数变化对电路特性的影响，从而找到某一个元器件在仿真电路中最佳的工作参数。该分析方法可以与瞬态分析、直流扫描分析或交流小信号分析配合起来使用。

(9) 蒙特卡罗分析(Monte Carlo Analysis)：是一种统计模拟方法，它在给定电路元器件参数容差的统计分布的基础上，用一组组随机数据求得元器件参数的随机抽样序列，然后对这些随机抽样的电路进行直流、交流小信号和瞬态分析，并通过多次分析结果的比较，预算出电路性能的统计分布规律、电路合格率以及生产成本等。该方法适用于很复杂的电路分析。

13.1.4 仿真激励源类型

在绘制原理图时，通常添加“VCC”等表示电路所用到的电源，但是这并没有真正用到电源元器件。所以用户在进行电路仿真时可以根据需要，手动添加各种仿真激励源。在手动添加各种仿真激励源时，用户可根据以下提供的各种激励源的名称在原理图编辑器中进行元器件的查找。

常见的仿真激励源主要有以下几种。

(1) 直流电源。直流电源主要包括两种：直流电压源(VSRC)和直流电流源(ISRC)，它们为仿真电路提供工作所需的直流电压或电流，如图 13-4 所示。

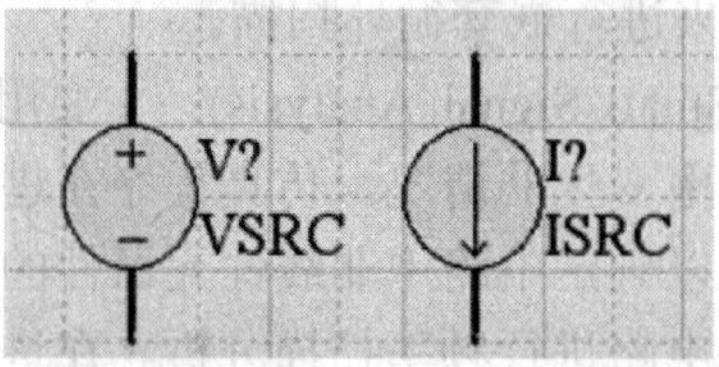

(a) (b)

图 13-4 直流电源

(a) 直流电压源；(b) 直流电流源

(2) 正弦波交流电源。正弦波交流电源主要包括两种：正弦波交流电压源(VSIN)和正弦波交流电流源(ISIN)，它们提供仿真电路工作所需的正弦波交流电压或电流，如图 13-5 所示。

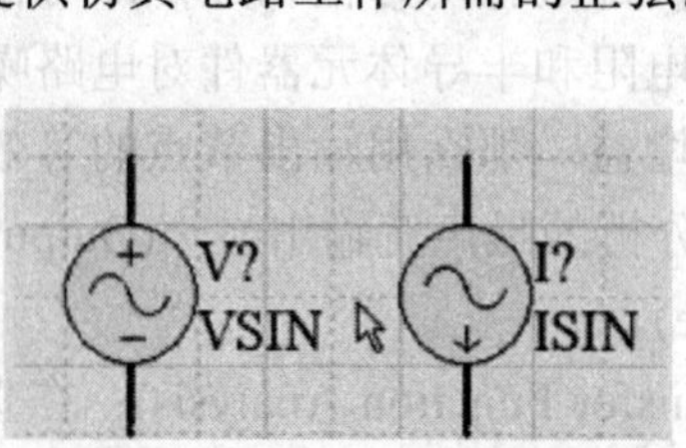

(a) (b)

图 13-5 正弦波交流电源

(a) 正弦波交流电压源；(b) 正弦波交流电流源

(3) 周期性脉冲电源。周期性脉冲电源主要包括两种：脉冲电压源(VPULSE)和脉冲电流源(IPULSE)，它们用于提供仿真电路所需的周期性脉冲电压或电流，如图 13-6 所示。

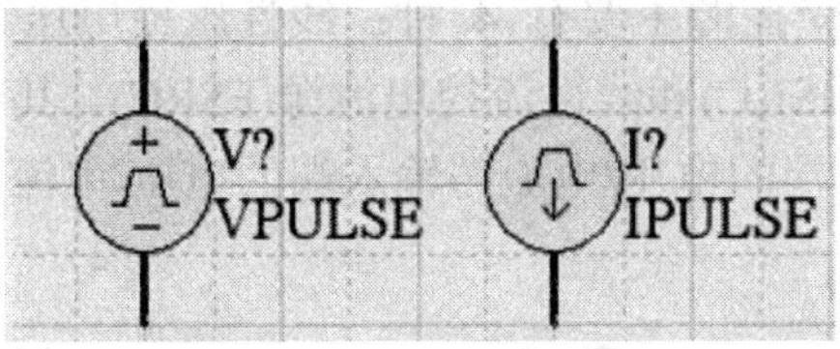

(a)　(b)

图 13-6　周期性脉冲电源

(a) 脉冲电压源；(b) 脉冲电流源

(4) 分段线性电源。分段线性电源主要有两种：分段线性电压源(VPWL)和分段线性电流源(IPWL)，通过设置不同时刻的电压值或电流值即可得到任意波形的电源，如图 13-7 所示。

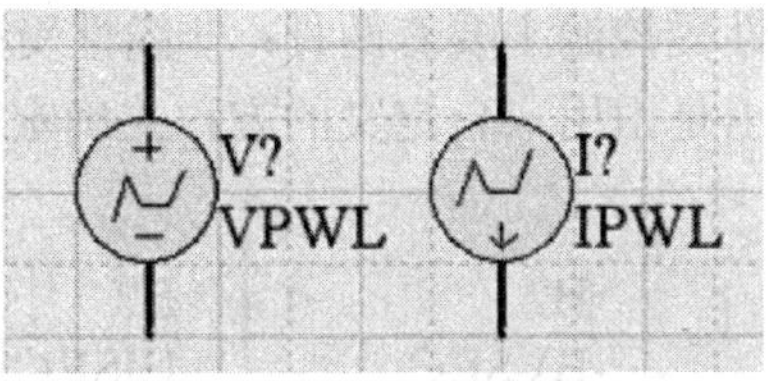

(a)　(b)

图 13-7　分段线性电源

(a) 分段线性电压源；(b) 分段线性电流源

(5) 指数电源。指数电源主要有两种：指数电压源(VEXP)和指数电流源(IEXP)，可以输出含有指数上升沿或下降沿的脉冲波形，如图 13-8 所示。

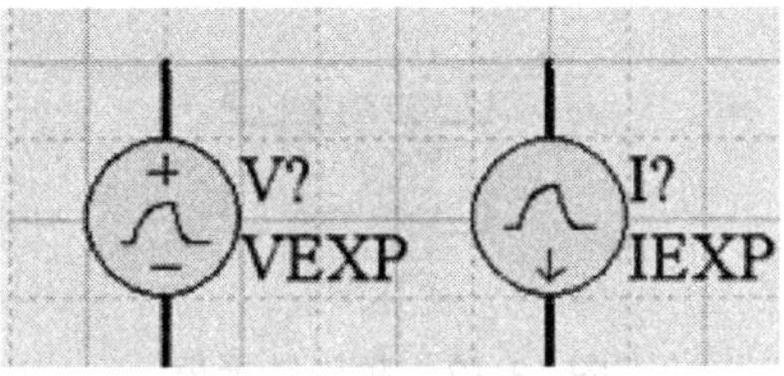

(a)　(b)

图 13-8　指数电源

(a) 指数电压源；(b) 指数电流源

(6) 单频调频电源。单频调频电源主要有两种：调频电压源(VSFFM)和调频电流源(ISFFM)，它们为仿真电路提供工作所需的单一频率的电压或电流，如图 13-9 所示。

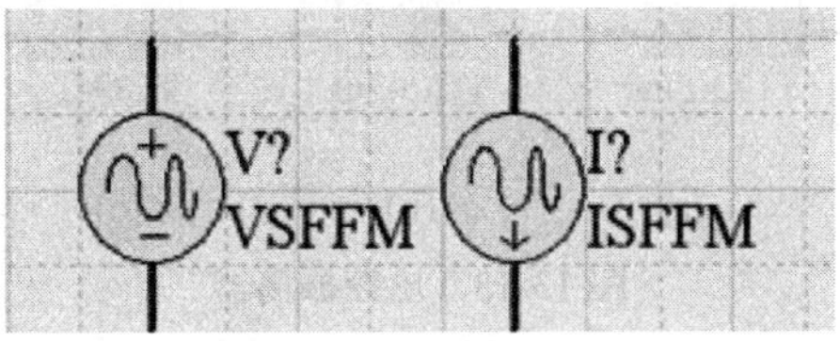

(a)　(b)

图 13-9　单频调频电源

(a) 调频电压源；(b) 调频电流源

(7) 线性受控源。线性受控源主要有 4 种：线性压控电压源(ESRC)、线性压控电流源(GSRC)、线性流控电压源(HSRC)和线性流控电流源(FSRC)。其中每一种电源都有两个输入端和两个输出端，并且输出端的电压/电流与输入端的电压/电流成线性关系。线性受控源如图 13-10 所示。

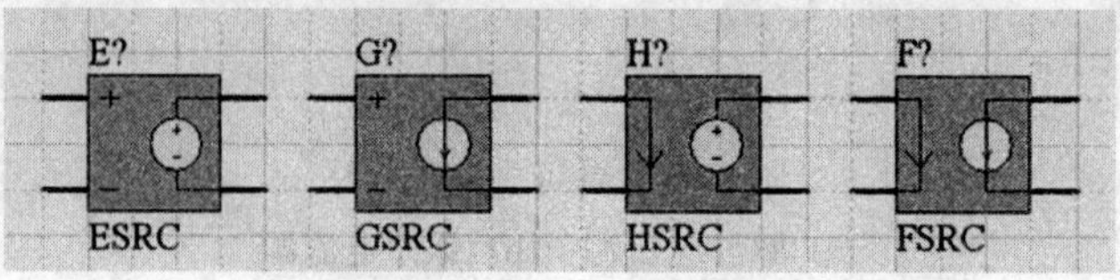

(a) (b) (c) (d)

图 13-10 线性受控源

(a) 线性压控电压源；(b) 线性压控电流源；(c) 线性流控电压源；(d) 线性流控电流源

(8) 非线性受控源。非线性受控源主要有两种：非线性受控电压源(BVSRC)和非线性受控电流源(BISRC)，它们的输出是由用户自定义的方程式确定的，如图 13-11 所示。

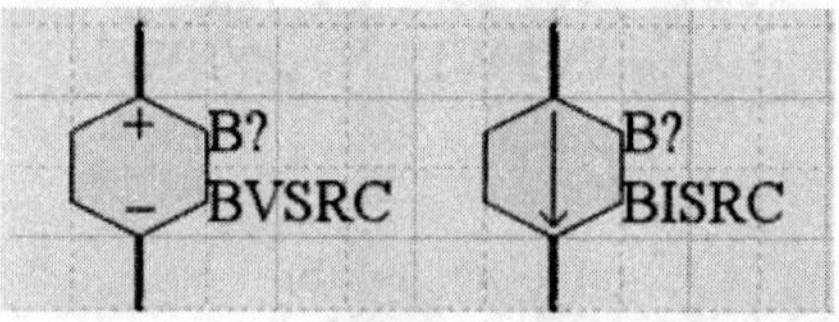

(a) (b)

图 13-11 非线性受控源

(a) 非线性受控电压源；(b) 非线性受控电流源

(9) 频压转换器。频压转换器(FTOV)的输出电压与输入频率成线性关系，如图 13-12 所示。

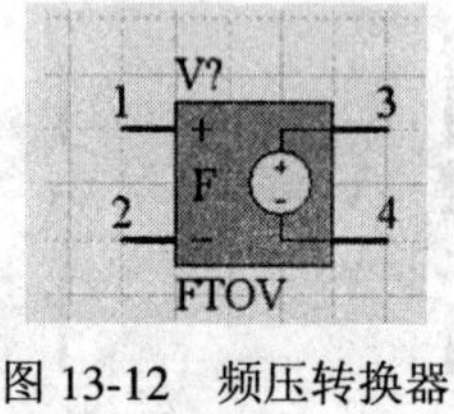

图 13-12 频压转换器

(10) 压控振荡器。压控振荡器主要有 3 种：压控正弦波振荡器(VCO-Sine)、压控方波振荡器(VCO-Sqr)和压控三角波振荡器(VCO-Tri)，如图 13-13 所示。

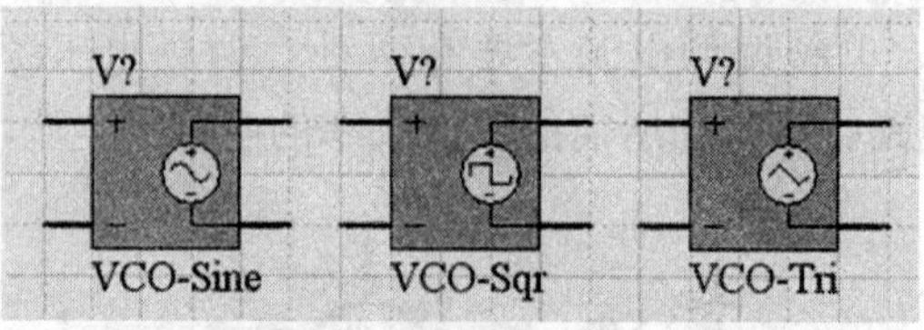

(a) (b) (c)

图 13-13 压控振荡器

(a) 压控正弦波振荡器；(b) 压控方波振荡器；(c) 压控三角波振荡器

(11) 电流/电压控制开关。电流/电压控制开关有两种：电流控制开关(ISW)和电压控制开关(VSW)，如图 13-14 所示。

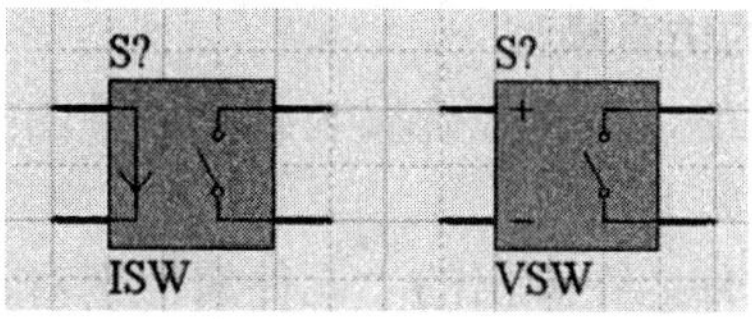

(a)　　(b)

图 13-14　电流/电压控制开关

(a) 电流控制开关；(b) 电压控制开关

双击各种激励源即可打开其属性编辑对话框，从中可对激励源的各种参数进行详细的设置。

13.1.5　电路仿真步骤

进行电路仿真一般有以下 5 个步骤：

(1) 确保装载了电路图中各元件的仿真模型，并对元件的仿真参数进行设置；

(2) 在电路图中添加振荡器的电压源；

(3) 设置仿真节点和电路的初始状态；

(4) 设置仿真分析参数；

(5) 运行电路仿真，得出仿真结果。

如果用户对仿真结果不满意，可以修改仿真电路中的相应参数或更换仿真元器件，重新进行仿真，直到得到满意的结果为止。

13.2　对原理图进行电路仿真

下面我们以一个简单的单级放大电路为例来进行电路的仿真实验。单级放大电路原理图如图 13-15 所示。

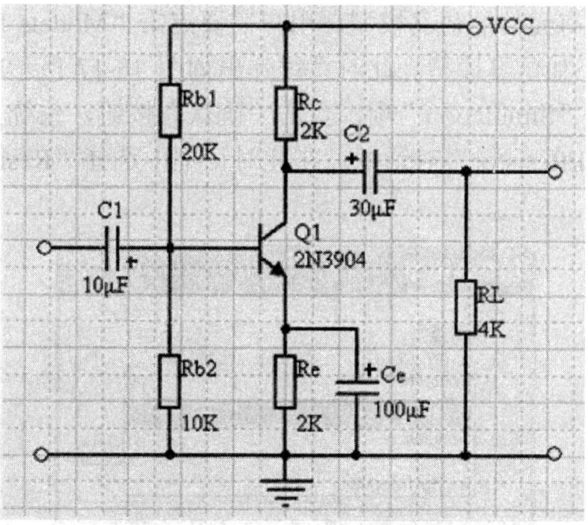

图 13-15　单级放大电路原理图

1．装载原理图中各元件的仿真模型

在进行原理图的仿真操作前，首先应确保装载了原理图中各元件的仿真模型。装载原理图中各元件仿真模型的方法如下：

双击原理图中的每一个元件，在弹出的“元件属性”对话框中查看是否存在该元件的仿真模型。例如，图 13-16 为双击电阻 Rb1 后弹出的“元件属性”对话框，在“Models for R?-Res1”区域栏中“描述”项下的“Resistor”即为元件的仿真模型。

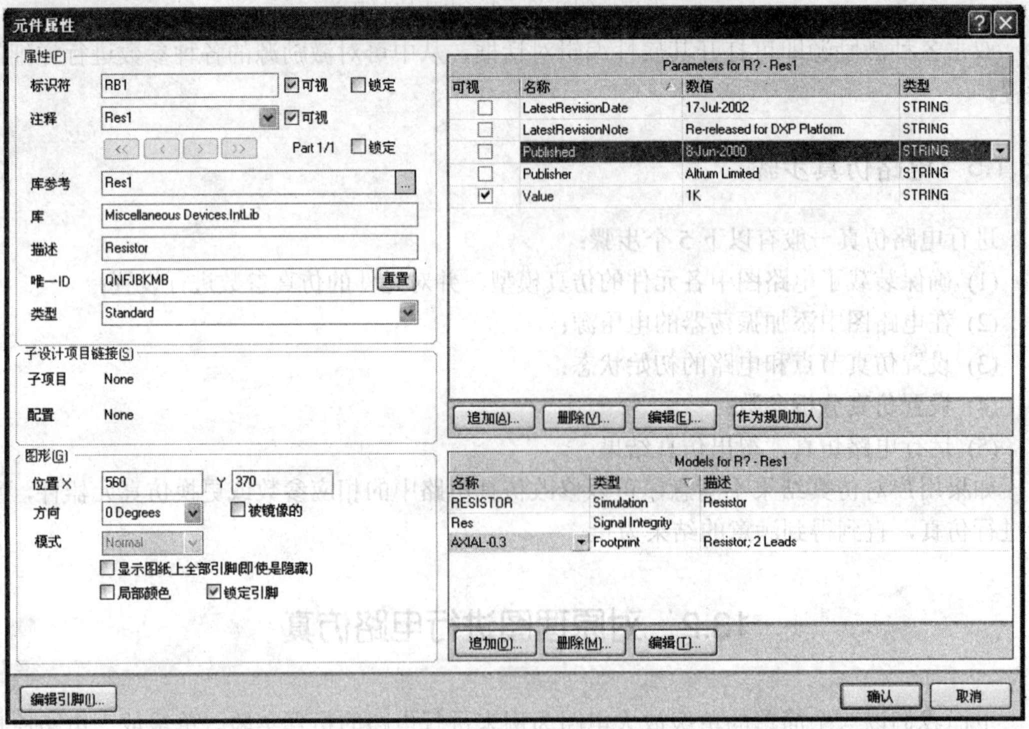

图 13-16 “元件属性”对话框

如果该对话框中没有元件的仿真模型，用户需要点击“Models for R?-Res1”区域栏中的“追加(D)”按钮，添加仿真模型。此时系统弹出如图 13-17 所示的“加新的模型”对话框，在此对话框中选择“Simulation”项，点击“确认”按钮，系统又弹出如图 13-18 所示的“Sim Model-General/Resistor”对话框。在此对话框中选择“Resistor(电阻)”，然后点击“确认”按钮。

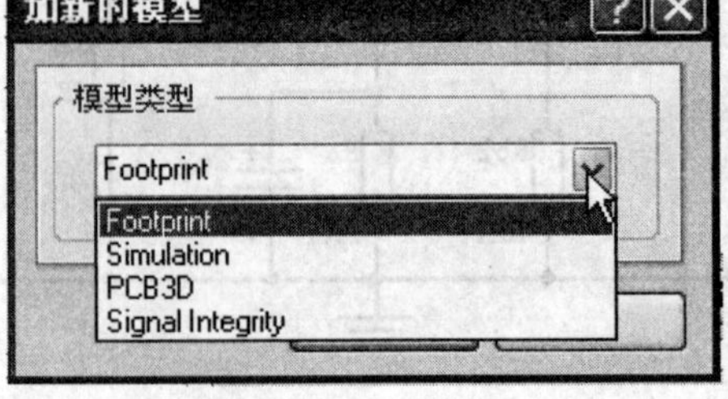

图 13-17 “加新的模型”对话框

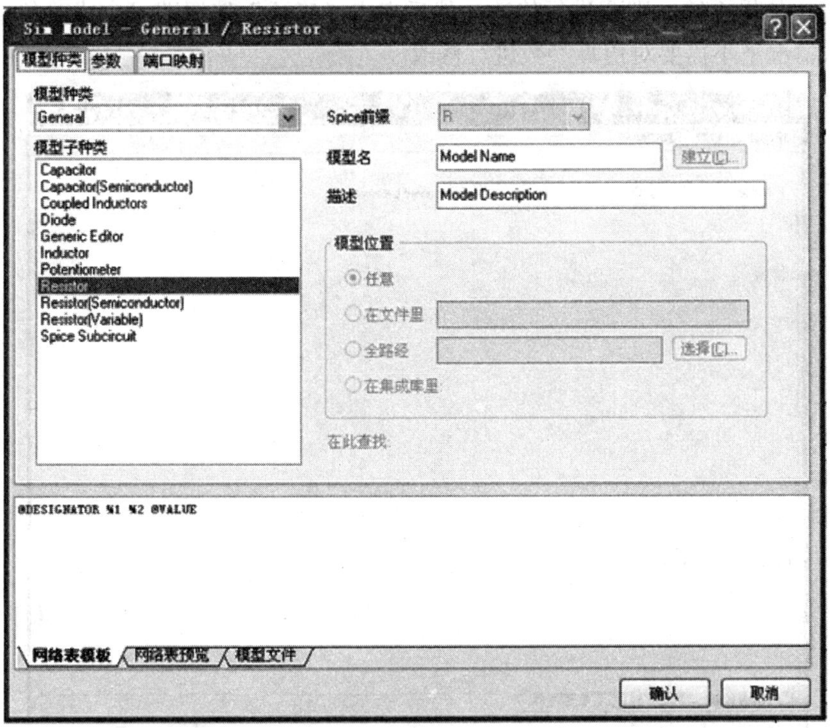

图 13-18　“Sim Model-General/Resistor”对话框

2．仿真模型参数的设置

在图 13-16 所示的对话框中，双击“Models for R?-Res1”区域栏中电阻的仿真模型，或者点击该仿真模型后再点击“编辑(T)”按钮，随即弹出该仿真模型的属性编辑对话框，如图 13-18 所示。

(1) “模型种类”下拉列表框：包含了所有的 Spice3f5 模型，即 General(常用仿真模型)、Current Source(电流源仿真模型)、Voltage Source(电压源仿真模型)、Initial Condition(用于初始状态设置的元器件仿真模型)、Switch(控制开关仿真模型)、Transistor(晶体管仿真模型)和 Transmission Line(传输线仿真元器件模型)。

(2) “模型子种类”列表框：列出了在“模型种类”下拉列表中选中模型类别的分类模型，例如 General(常用仿真模型)中就包含了电容、电感以及电阻等最常用的元器件。

(3) “Spice 前缀”下拉列表框：包含了 Spice 的前缀，标准的 Spice 元件都对应着一个 Spice 前缀。例如，电容仿真模型对应的 Spice 前缀为 C，电阻仿真模型对应的 Spice 前缀为 R，集成电路仿真模型对应的 Spice 前缀为 X 等。

(4) “模型位置”区域栏：设置模型所在的仿真库。有时系统将自动指定仿真库，有时则需要用户进行设置。

(5) 标签栏：点击不同的标签可以分别观察该元器件的“网络表模板”、“网络表预览”和“模型文件”的相关内容。

(6) 在图 13-18 所示的“Sim Model-General/Resistor”对话框中选择“参数”选项卡，这时系统弹出如图 13-19 所示的对话框。从图 13-19 中可以查看该电阻的值是否与电路设计的要求相符。如果不符，则要进行修改，然后点击“确认”按钮即可完成对仿真参数的设置。大多数情况下不需要对仿真参数进行修改。

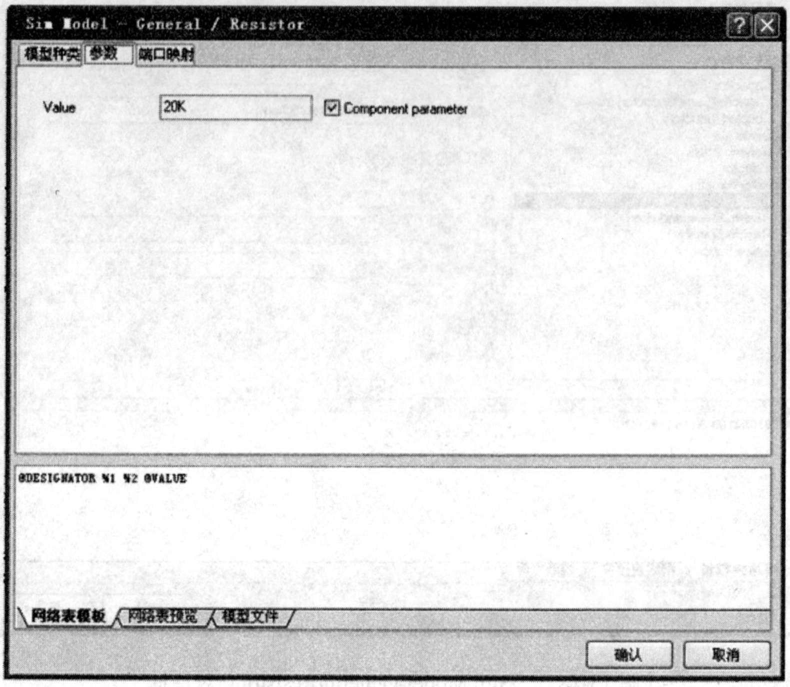

图 13-19 “参数”选项卡

如果对每一个元件都进行了检查，即可进行下一步的工作。

3. 在电路图中添加振荡器源(激励源)

(1) 打开原理图文件，使之处于当前的工作窗口中，删除图中的电源器件。用鼠标选中图中的对象“VCC”和“GND”元件，按 Delete 键即可删除该对象。然后执行菜单命令“查看(V)/工具(T)/实用工具”，打开“实用工具”栏，在工作窗口中将出现“实用工具”栏，如图 13-20 所示。点击振荡源工具选择合适的振荡源，在这里选 +12 V 电源。

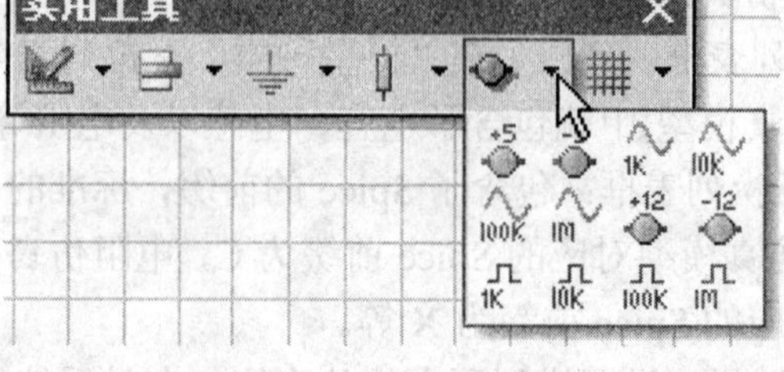

图 13-20 “实用工具”栏

(2) 选择 +12 V 电源后鼠标将变成十字形状，同时 +12 V 电源的振荡源将悬浮于鼠标上，如图 13-21 所示。在放置前可以按 Tab 键对 +12 V 电源进行属性编辑。振荡源的属性编辑对话框如图 13-22 所示。这里只需修改该元件的“标识符”属性和“注释”属性即可，分别将其改为+12 V 和 V1，然后点击“确认”按钮完成振荡源属性的设置。在合适的位置点击鼠标左键即可完成该振荡源的放置操作。点击鼠标右键或按 Esc 键可退出放置操作。

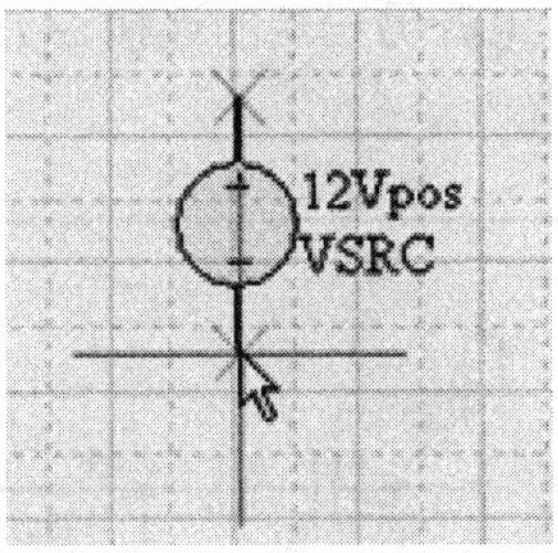

图 13-21　悬浮于鼠标上的振荡源

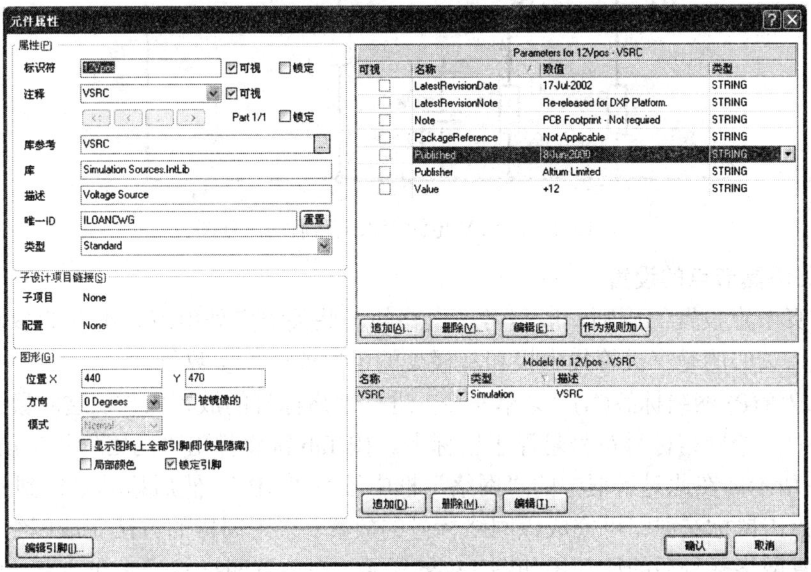

图 13-22　振荡源的属性编辑对话框

接着需要设置 +12 V 电源与电路的电气连接特性。选中需要连接到振荡源的导线，将鼠标移到导线的一个端点，这时鼠标将变成两端有箭头的形状，如图 13-23 所示。按住鼠标左键即可对导线进行拖动操作，在拖动出现拐角时系统将自动添加固定点，同时也可以按 Shift + Space 快捷键进行放置导线模式的切换。

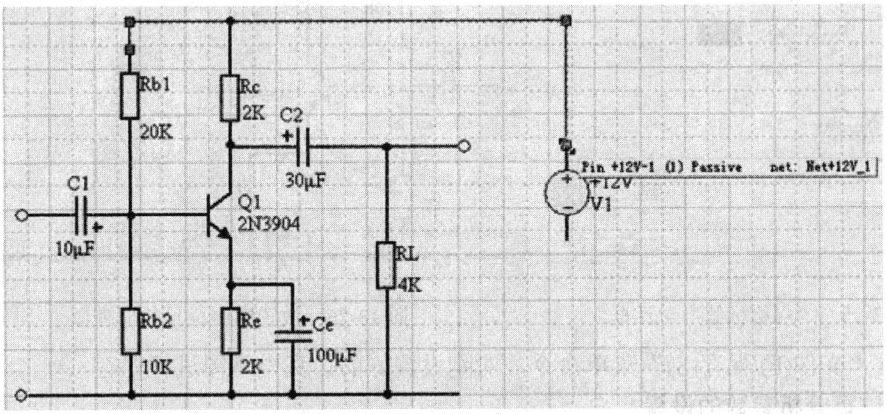

图 13-23　振荡源与电路的连接

用同样的方法可以进行 +12 V 电源另一端的连接。+12 V 电源连接导线后的原理图如图 13-24 所示。

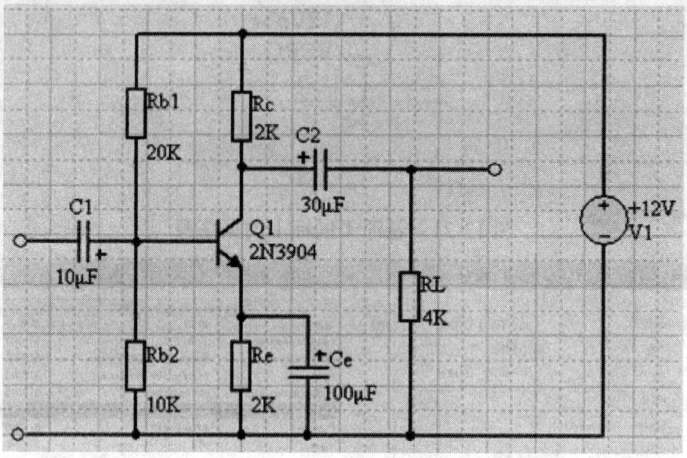

图 13-24 +12 V 电源接入电路后的原理图

4．电路仿真节点的设置

电路仿真节点设置的原则一般是考虑电路的一些关键点处电流、电压的参数值。对于本电路来说，关心的是三极管集电极和基极处的电压或电流参数值。

执行“放置(P)/网络标签(N)”菜单命令，进行网络标号的放置操作。这时鼠标将变成十字形状，同时一个网络标号符号悬浮于鼠标上。按 Tab 键将弹出“网络标签”属性对话框，如图 13-25 所示。在此对话框中的“网络”框中填写“QB”，然后移动鼠标到元件“Q1”的基极处，点击鼠标左键即可完成该网络标号的放置。采用同样的方法完成网络标号“QC”的放置。放置网络标号后的原理图如图 13-26 所示。在放置网络标号时应注意，只有出现表示电气连接成功的红叉时才表示网络标号放置成功。

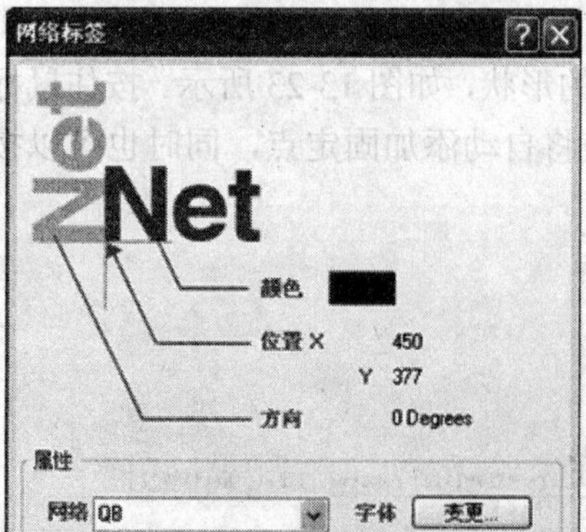

图 13-25 “网络标签”对话框

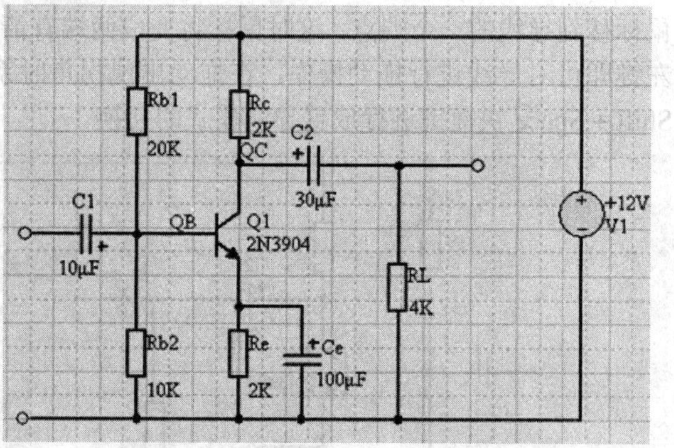

图 13-26 放置网络标号的原理图

执行“文件(F)/保存(S)”菜单命令，对刚设置好的仿真电路图进行保存。

5．仿真分析参数的设置

执行“设计(D)/仿真(S)/Mixed Sim”菜单命令，系统弹出如图 13-27 所示的仿真“分析设定”对话框。在此对话框中可以对仿真分析的方法进行设置，也可以对仿真的相关参数进行设置。

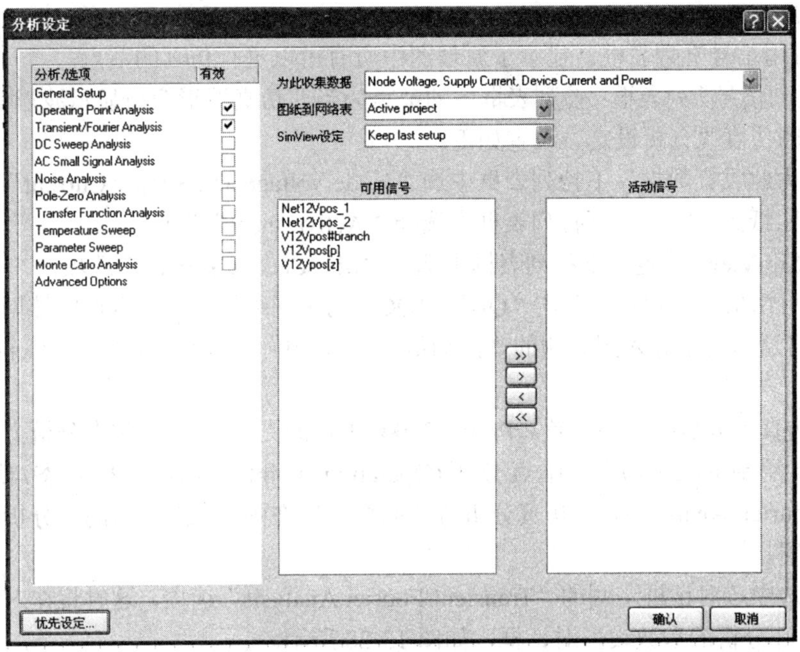

图 13-27　“分析设定”对话框

在左侧的列表框中点击“General Setup”选项，即可在右侧进行通用仿真相关参数的设置。

(1) 对仿真相关参数的设置。

① “为此收集数据”下拉列表框：主要定义了在仿真进程中用户想要保存的数据类型，主要有以下 5 种数据类型。

- “Node Voltage and Supply Current”项：保存节点电压和供电电源的电流。
- “Node Voltage，Supply and Device Currents”项：保存节点电压、供电电源的电流和元器件上的电流。
- “Node Voltages，Supply Currents，Device Current and Power”项：保存节点电压、供电电源的电流、元器件上的电流和功耗。
- “Node Voltages，Supply Currents and Subcircuit VARs”项：保存节点电压、供电电源的电流、分支电路各个变量上的电压和电流。
- “Active Signals”项：保存“Active Signals”列表中节点的电压和供电电源的电流。

② “图纸到网络表”下拉列表框：设置生成仿真网络表文件的原理图范围，包括以下两项：

- “Active sheet”项：对当前处于工作窗口的电路原理图进行仿真。
- “Active project”项：对当前处于激活状态下的项目文件中的全部原理图进行仿真。

③ “SimView 设定”下拉列表框：仿真窗口波形显示的设置，包括以下两项：

- “Show active signals”项：选中此选项后，系统将使用此次设置的“active signals”

项以及其他设置的内容进行仿真并显示波形信息。

- “Keep last setup”项：选中此选项后，系统使用上一次仿真时的设定值进行仿真并显示波形信息。

④ “可用信号”列表框：显示了原理图中所有可以进行仿真的节点。

⑤ “活动信号”列表框：该列表框中的节点为当前仿真波形窗口显示波形信息的节点。

本原理图仿真“分析设定”设置如下：

- 在“为此收集数据”下拉列表框中选“Node Voltage and Supply Current”选项。
- 在“图纸到网络表”下拉列表框中选择“Active sheet”选项。
- 在“SimView 设定”下拉列表框中选中“Show active signals”选项。
- 在“可用信号”列表中双击“QB”、“QC”两个网络标号；或者选中该网络，然后点击 > 按钮将这些网络导入到右侧的“活动信号”列表中，这样便完成了“General Setup”的设置。

(2) 对仿真器分析方法的设置。Protel 2004 仿真器提供了 9 种仿真分析方法，该原理图仿真主要用到的是直流工作点分析(Operating Point Analysis)和瞬态/傅立叶分析(Transient/Fourier Analysis)。该仿真分析方法同样可以在图 13-27 所示的“分析设定“对话框中进行设置。

点击并选中该对话框左侧的“Transient/Fourier Analysis”选项，这时将在对话框右侧显示瞬态/傅立叶分析的参数设置对话框，如图 13-28 所示。

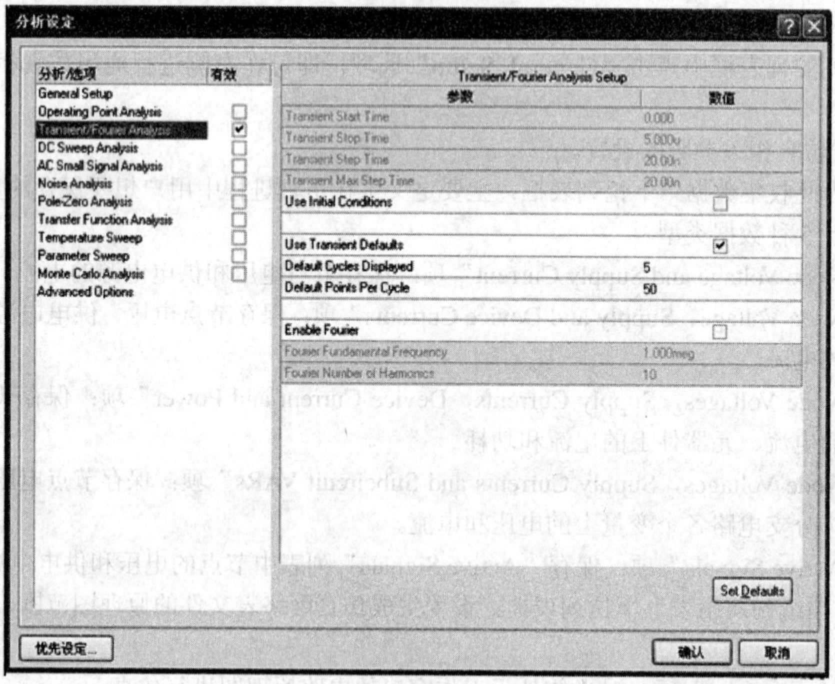

图 13-28　瞬态/傅立叶分析参数设置对话框

① “Transient Start Time”参数：瞬态分析的起始时间。

② “Transient Stop Time”参数：瞬态分析的终止时间。

③ “Transient Step Time”参数：瞬态分析的时间步长。

④ “Transient Max Step Time”参数：瞬态分析的最大步长。

⑤ “Use Initial Conditions”参数：使用用户设置的初始条件。

⑥ “Use Transient Defaults”参数：选中此参数后，瞬态分析和谐波分析将使用默认值。

⑦ “Default Cycles Displayed”参数：设置仿真波形分析器中显示的波形周期个数。

⑧ “Default Points Per Cycle”参数：设置每一个周期中抽样点的数目。

⑨ “Enable Fourier”参数：选中此参数，可以进行傅立叶分析参数的设置。

⑩ “Fourier Fundamental Frequency”参数：设置傅立叶分析时的基频。

⑪ “Fourier Number of Harmonics”参数：设置傅立叶谐波分量的数目。

⑫ “Set Defaults”按钮：点击此按钮，系统自动地将瞬态/傅立叶分析的所有参数设为默认值。

对本原理图仿真分析方法的设置如下：取消对“Use Transient Defaults”参数的选中状态，这样可以使用瞬态特性分析规则；指定一个 10 ms 的仿真窗口，将“Transient Stop Time”设置为 10 ms；设置“Transient Step Time”为 10 μs，表示仿真可以每 10 μs 显示一个点；设置“Transient Max Step Time”为 10 μs，一般情况下该项与“Transient Step Time”项保持一致；其他参数保持缺省设置。设置好的参数如图 13-29 所示。

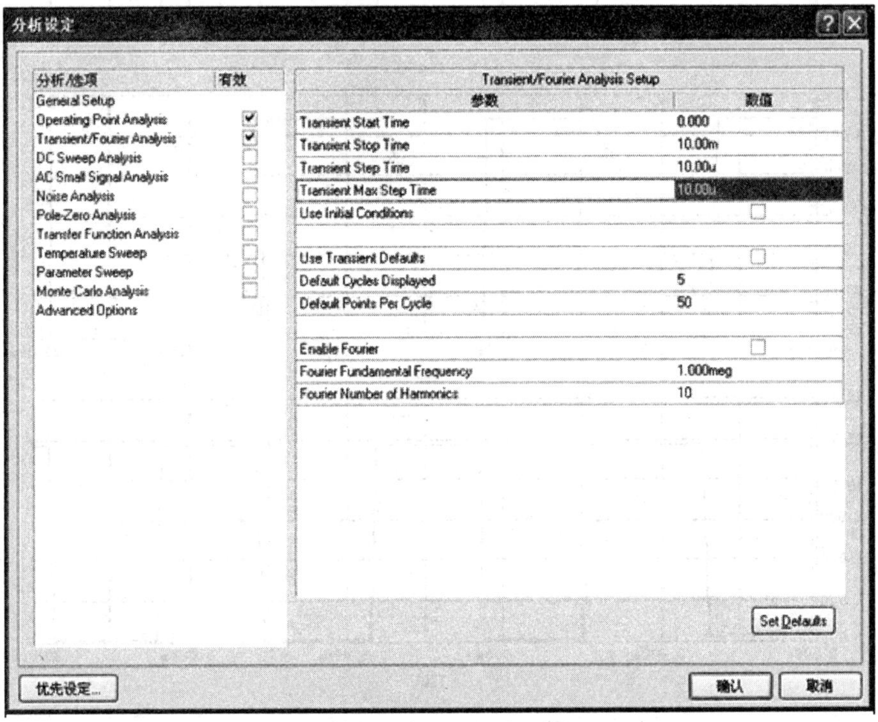

图 13-29　设置好参数的瞬态/傅立叶分析设置对话框

6．运行电路仿真

在运行电路仿真前首先应确定在图 13-29 所示的“分析设定”对话框中，“Operating Point Analysis”和“Transient/Fourier Analysis”仿真分析方法处于选中状态。

点击图 13-29“分析设定”对话框右下角的“确认”按钮，即可运行仿真。仿真执行后将在工作窗口中显示仿真的波形视图文件“.sdf”，如图 13-30 所示，同时弹出“Messages”面板，其中记录了电路仿真的各种信息等。

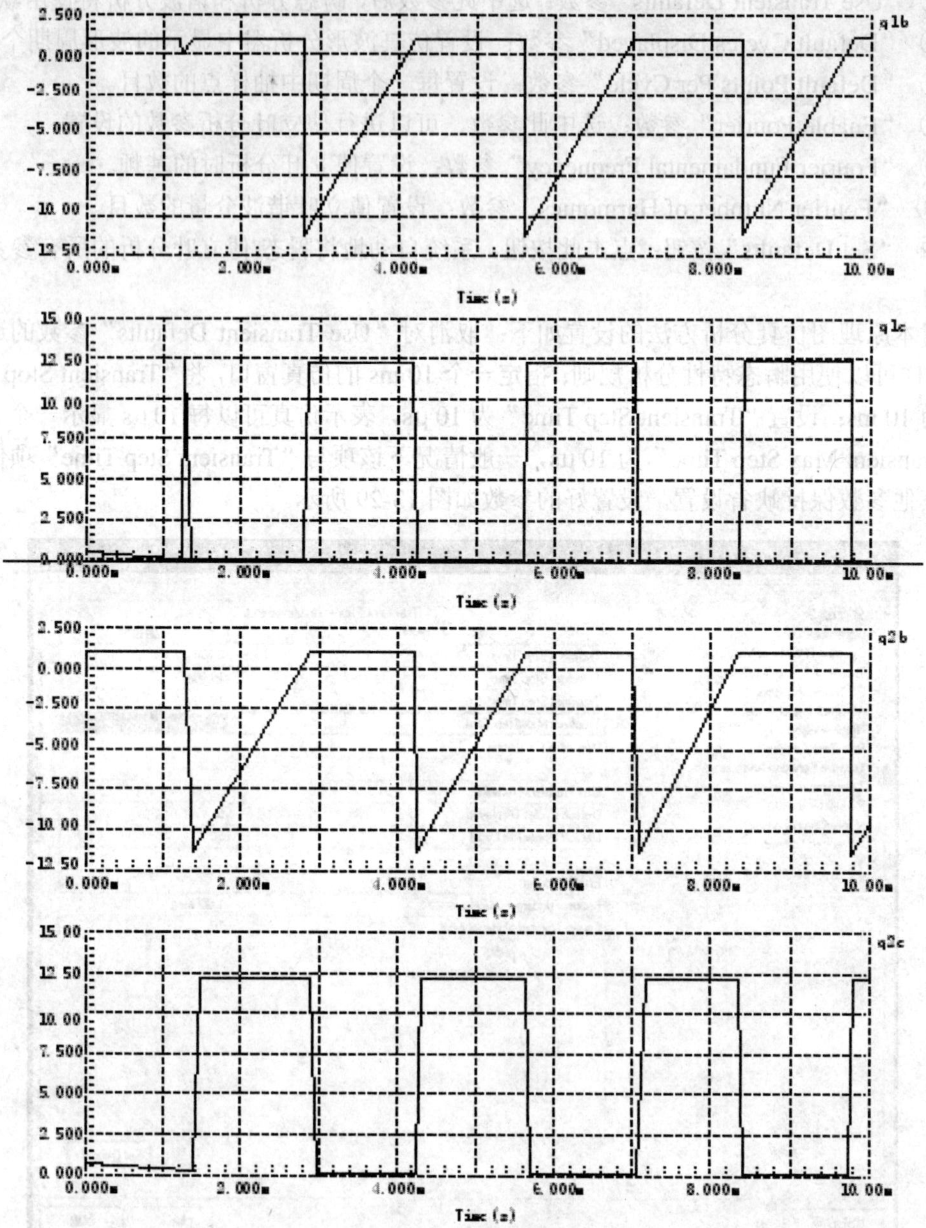

图 13-30 仿真的波形

参 考 文 献

[1] 恒盛杰资讯. Protel 电路板设计从入门到精通. 北京：中国青年出版社，2006.

[2] 神龙工作室. Protel 2004 入门与提高. 北京：人民邮电出版社，2004.

[3] 老虎工作室. Protel DXP 高级应用. 北京：人民邮电出版社，2004.

[4] 唐俊翟，冯军勤，张曜. Protel DXP 应用实例教程. 北京：冶金工业出版社，2004.

[5] 王栓柱. Protel 99SE 电路原理图设计技术. 西安：西北工业大学出版社，2002.

[6] 王栓柱. Protel 99SE 印刷电路板设计技术. 西安：西北工业大学出版社，2002.